Rekenen-wiskunde in de praktijk

Kerninzichten

Wil Oonk
Ronald Keijzer
Sabine Lit
Frits Barth
Martine den Engelsen
Anita Lek
Caroliene van Waveren Hogervorst

Tweede druk

Noordhoff Uitgevers Groningen/Houten

Ontwerp omslag: G2K
Omslagillustratie: iStockphoto

Eventuele op- en aanmerkingen over deze of andere uitgaven kunt u richten aan: Noordhoff Uitgevers bv, Afdeling Hoger Onderwijs, Antwoordnummer 13, 9700 VB Groningen, e-mail: info@noordhoff.nl

1 / 16

ISBN 978-90-01-84700-5
NUR 846

Woord vooraf

Het vak rekenen-wiskunde staat volop in de aandacht: de inzichten en vaardigheden van leerlingen, maar ook van leraren moeten op een hoger niveau gebracht worden. Daarom heeft een landelijke commissie voorstellen gedaan over wat leerlingen van de verschillende onderwijstypen zouden moeten beheersen. Voor de aanstaande leraren is een kennisbasis geformuleerd. Voor zowel leerlingen als leraren ligt de lat hoog.
Gelukkig weten we steeds beter hoe leerlingen en studenten leren. Leerlingen leren het best door een goede afwisseling van samen en individueel actief nadenken over wiskundige problemen op een bij hen passend niveau. De verworven vaardigheden moeten inzichtelijk worden geoefend. Studenten leren effectief vanuit de basisschoolpraktijk, met de theorie als gereedschap voor de doordenking van die praktijk.
Dit boek biedt een overzicht van wat zowel leerlingen als hun leraren moeten kennen en kunnen als het gaat om rekenen-wiskunde op de basisschool.
Het boek gaat uit van eenendertig kerninzichten voor rekenen-wiskunde die leerlingen in hun basisschoolloopbaan verwerven. Ze hebben betrekking op de verschillende domeinen van rekenen-wiskunde: hele getallen, gebroken getallen, meten en meetkunde.
De kerninzichten worden aan de hand van sprekende praktijkvoorbeelden geïntroduceerd en in beknopte vorm uitgewerkt in leerlijnen. De theorie die verweven is in de praktijkverhalen rond de kerninzichten en de toelichtingen daarop, maken we vooral zichtbaar in belangrijke vak- en vakdidactische begrippen.
Een belangrijk idee achter dit boek is studenten een redelijk beknopt, maar volledig en betekenisvol overzicht te geven van wat leerlingen moeten leren begrijpen en kunnen op het gebied van rekenen-wiskunde. We laten zien wat leraren in hun mars moeten hebben om hen daarbij te ondersteunen. Dat heeft geleid tot een boek dat op verschillende manieren gebruikt kan worden: als studieboek, als naslagwerk of als handboek voor de leerkracht. Pabostudenten kunnen in elke fase van de studie met het boek aan de slag.
Het boek *Kerninzichten* kan beschouwd worden als 'dekkend' voor de kennisbasis van leraren voor dit vakgebied. Dat geldt ook voor de honderd opgaven van hoofdstuk 13; ze sluiten aan bij de eenendertig kerninzichten en de kennisbasis rekenen-wiskunde. Studenten kunnen op die manier hun niveau van kennis, vaardigheid en inzicht peilen.
In het boek staan verwijzingen naar de website www.rwp-kerninzichten.noordhoff.nl. Daar vind je videobeelden van praktijksituaties en antwoorden op studievragen en opdrachten.

Voor de opleiders zijn er bovendien ideeën te vinden voor het gebruik van het boek in bijeenkomsten met studenten.

Onze dank gaat uit naar de leerlingen, leraren en opleiders die de inhoud van dit boek tot leven hebben gebracht: theorie en praktijk konden we daardoor verweven tot een geheel.
We hopen dat studenten met veel plezier zullen lezen en studeren uit dit boek.

De auteurs,
Utrecht, mei 2011

Woord vooraf bij de tweede druk
Mede op basis van een veldraadpleging onder studenten en opleiders zijn in de tweede druk diverse wijzigingen en toevoegingen aangebracht. Ook nieuwe ontwikkelingen, zoals de invoering van de referentieniveaus, noopten ons de inhoud aan te passen. Het heeft ertoe geleid dat deze versie van *Kerninzichten* verder is toegespitst op de kennisbasis, zonder overigens af te wijken van onze fundamentele keuze de didactiek en de eigen vaardigheid in samenhang aan te bieden.
In de eerste plaats zijn twee nieuwe hoofdstukken toegevoegd. Het boek start nu met het nieuwe hoofdstuk Oriëntatie op de inhoud, bedoeld om een eerste invulling te geven van de begrippen kerninzichten, leerlijnen en referenties, en vooral ook de verbanden daartussen. Verder is het boek aangevuld met een nieuw hoofdstuk Verbanden, ingericht op grond van de nieuwste inzichten en eisen. Ook zijn aan elk hoofdstuk oefenopgaven toegevoegd op het niveau van de kennisbasistoets. Ten slotte zijn er door het hele boek heen nieuwe begrippen verwerkt, zodat alle relevante begrippen uit de landelijke kennisbasistoets voor de Pabo in dit boek aan de orde komen.
Bij het herzien van *Kerninzichten* maakten we dankbaar gebruik van reacties die we mochten ontvangen van tal van opleiders en studenten. Wij bedanken in het bijzonder de studenten en opleiders Wiskunde en didactiek van de Hogeschool De Kempel, de Hogeschool iPabo en de Hogeschool Windesheim Flevoland voor het delen van hun kennis en ervaring met ons.
Veel plezier en succes gewenst met de studie!

De auteurs,
Utrecht, maart 2015

Serie Rekenen-wiskunde in de praktijk

De serie *Rekenen-wiskunde in de praktijk* bestaat uit de volgende delen:
- Rekenen-wiskunde in de praktijk: onderbouw
- Rekenen-wiskunde in de praktijk: bovenbouw
- Rekenen-wiskunde in de praktijk: kerninzichten
- Rekenen-wiskunde in de praktijk: verschillen in de klas

De serie wordt online ondersteund via **www.rwp-kerninzichten.noordhoff.nl** met daarop:
- Het e-book (digitale hoofdstukken)
- Samenvattingen per hoofdstuk
- Videofragmenten ter illustratie van de kerninzichten
- Antwoorden op vragen en opdrachten
- Bronnen en literatuurverwijzingen
- Lessuggesties voor opleiders

Inhoud

Studiewijzer 11
Oriëntatie op de inhoud 15

DEEL 1
Hele getallen 27

1 Tellen en getallen 29
1.1 Synchroon tellen 30
1.2 Resultatief tellen 33
1.3 Representeren van getallen 36
1.4 Leerlijn tellen en getallen 39
1.5 Kennisbasis 45

2 Tientallig stelsel 49
2.1 Tientallige bundeling 51
2.2 Positiewaarde 55
2.3 Leerlijn tientallig stelsel 58
2.4 Kennisbasis 66

3 Bewerkingen 71
3.1 Optellen en aftrekken 73
3.2 Vermenigvuldigen en delen 80
3.3 Leerlijn bewerkingen 86
3.4 Kennisbasis 94

4 Hoofdrekenen en cijferen 99
4.1 Hoofdrekenen 101
4.2 Leerlijn hoofdrekenen 106
4.3 Schattend rekenen 109
4.4 Leerlijn schattend rekenen 113
4.5 Kolomsgewijs rekenen en cijferen 116
4.6 Leerlijn kolomsgewijs rekenen en cijferen 120
4.7 Kennisbasis 122

DEEL 2
Gebroken getallen 127

5 Verhoudingen 129
5.1 Vergelijking tussen grootheden 131
5.2 Gelijkwaardige getallenparen 136
5.3 Leerlijn verhoudingen 142
5.4 Kennisbasis 149

6 **Breuken** 155
6.1 Breuken in verdeel- en meetsituaties 157
6.2 Een breuk als een verhouding van twee getallen 165
6.3 Leerlijn breuken 172
6.4 Kennisbasis 180

7 **Kommagetallen** 185
7.1 De decimale structuur van kommagetallen 186
7.2 Decimale verfijning 192
7.3 Leerlijn kommagetallen 198
7.4 Kennisbasis 203

8 **Procenten** 207
8.1 Gestandaardiseerde verhouding 208
8.2 Percentage als deel-geheelverhouding 214
8.3 Leerlijn procenten 220
8.4 Kennisbasis 225

DEEL 3
Meten, meetkunde en verbanden 231

9 **Meten** 233
9.1 Grootheden kwantificeren 235
9.2 Effectiviteit van standaardmaten 239
9.3 Verfijning en nauwkeurig meten 243
9.4 Het metrieke stelsel 247
9.5 Leerlijn meten 252
9.6 Kennisbasis 254

10 **Meetkunde** 259
10.1 Meetkundige eigenschappen 261
10.2 Perspectief en viseerlijnen 265
10.3 Schuiven, spiegelen en roteren 269
10.4 Plaats bepalen 272
10.5 Leerlijn meetkunde 277
10.6 Kennisbasis 280

11 **Verbanden** 285
11.1 Aan de slag met verbanden 287
11.2 Leerlijn verbanden 300
11.3 Kennisbasis 305

DEEL 4
Verdieping van de professionaliteit 311

12 **Visie en samenhang** 313
12.1 Gecijferdheid 314
12.2 Waarden in het reken-wiskundeonderwijs 316
12.3 Kerndoelen en referentieniveaus 319
12.4 Leer- en onderwijsprincipes 323
12.5 Rekenen-wiskunde als onderzoeksgebied 326
12.6 Professionele gecijferdheid 328

13 **Honderd opgaven** 331

Overzicht kerninzichten 389

Begrippenregister 396

Illustratieverantwoording 437

Over de auteurs 439

Studiewijzer

Dit studieboek gaat over het vak rekenen-wiskunde in de basisschool en de wiskundige en wiskundig-didactische bagage, de zogenaamde professionele gecijferdheid, die een leerkracht basisonderwijs moet bezitten om goed reken-wiskundeonderwijs te kunnen geven.
Dit boek biedt de (aanstaande) leerkracht:

- een overzicht van de belangrijkste wiskundige noties die leerlingen moeten verwerven, beschreven in 31 kerninzichten die verweven zijn in betekenisvolle praktijksituaties
- een beschrijving van de leerlijnen bij die kerninzichten
- bij elk hoofdstuk opgaven op het niveau van de kennisbasistoets voor de pabo, met in het laatste hoofdstuk honderd extra opgaven voor verdere verbreding en verdieping van de professionele gecijferdheid

In dit boek komen alle onderwerpen aan de orde die vermeld zijn in de Kennisbasis rekenen-wiskunde voor de lerarenopleiding basisonderwijs.
De begrippen in de marge bevatten begrippen uit de Toetsgids pabo. Het boek bestaat uit vier delen:

1 Hele getallen
2 Gebroken getallen
3 Meten, Meetkunde en Verbanden
4 Verdieping van de professionaliteit

Professionele gecijferdheid
Het spreekt vanzelf dat je als (aanstaande) leerkracht voldoende wiskundig inzicht moet hebben en vaardig moet zijn in het rekenen, in het bijzonder in het oplossen van opgaven uit reken-wiskundemethoden voor de basisschool. Wie dat kan, wordt gecijferd genoemd. Maar een leerkracht basisonderwijs moet 'professioneel gecijferd' zijn en daar is meer voor nodig.

Om goed reken-wiskundeonderwijs te kunnen geven, is het nodig dat je als leerkracht vooral over de volgende kennis, vaardigheden, inzichten en houding beschikt:

- het herkennen van wiskunde in zowel de eigen omgeving als die van kinderen. De leerkracht moet situaties uit de belevingswereld van kinderen kunnen herkennen als geschikte wiskundige contexten of als geschikte toepassingssituaties.
- gericht zijn op oplossingsprocessen bij het (laten) oplossen van reken-wiskundeproblemen, onder andere door te reflecteren op eigen en andermans oplossingen. De leerkracht moet oplossingen van leerlingen kunnen volgen en moet kunnen zien of ze wiskundig correct zijn en functioneel in het leerproces. De leerkracht moet flexibel kunnen omgaan met oplossingen en altijd verschillende oplossingsmanieren naast elkaar kunnen zetten.

- inspelen op het wiskundig denken van de leerlingen, onder andere door te anticiperen op hun denkprocessen en hen te stimuleren tot niveauverhoging. De leerkracht moet wiskundige redeneringen kunnen verwoorden op het niveau van (jonge) kinderen en ze kunnen uitdagen om wiskundige ontdekkingen te doen. Daarbij is het van belang dat de leerkracht ook plezier heeft in wiskunde, want daarmee draagt hij op leerlingen over dat dit een mooi vak is om te leren.

Theorie en praktijk
In dit boek is de praktijk het uitgangspunt voor het leren. De theorie is in de vorm van kenmerkende vak- en vakdidactische begrippen verwerkt in praktijkverhalen rond de kerninzichten. Deze begrippen vind je ook in de marge van de bladzijden, terwijl achter in het boek een begrippenregister is opgenomen met omschrijvingen van alle begrippen. Die begrippen hebben betrekking op het hele vakgebied, op de leerstof, de activiteiten van leerlingen en de didactische aanpak van de leerkracht. Het samenhangende cognitief netwerk van begrippen dat je door deze studie gaat ontwikkelen, vormt in feite de theoretische basis die je nodig hebt om het vak goed te kunnen onderwijzen.

De belangrijke begrippen horen tot de vaktaal, je hebt ze nodig om:
- leerprocessen van leerlingen te kunnen begrijpen, te volgen en daarop in te spelen als je lesgeeft of kinderen begeleidt
- de leerstof(-opbouw) van reken-wiskundemethodes te herkennen en te kunnen aanpassen aan je eigen groep
- vakliteratuur te kunnen lezen
- de handleiding van de rekenmethode te kunnen begrijpen en kritisch te kunnen volgen
- gesprekken over rekenen-wiskunde te kunnen voeren met de collega's uit je schoolteam
- te kunnen overleggen met of advies te vragen aan begeleiders of andere deskundigen

Door na te denken over de relatie tussen theorie en praktijk leer je het vak op een steeds hoger niveau te beheersen.
Op de website vind je een lijst met alle begrippen en een instructie hoe je de lijst kunt gebruiken om je eigen kennis te peilen. In de tabel hierna krijg je een beeld van die lijst.

Begrippenlijst
Zelfpeiling
Zet een kruisje in de kolom die van toepassing is

	Begin/eindpeiling	**Begin/eindpeiling**	**Eindpeiling**
Begrip	**Ik weet wat dit begrip betekent**	**Ik kan een praktijkverhaal vertellen bij dit begrip**	**Dit begrip is voor mij *beter bekend* geworden. Ik kan een praktijkverhaal vertellen waarin dit begrip betekenis heeft.**
Aanpak			
Aanzicht			
Absoluut			
Abstract niveau			

Het vierde deel van het boek gaat over de verdieping van de professionaliteit. Je maakt in dit deel kennis met algemene ideeën achter het reken-wiskundeonderwijs, zoals die in methoden voor de basisschool zijn vormgegeven. Bovendien geeft het je zicht op de samenhang tussen de kerninzichten uit de voorgaande hoofdstukken.
Het laatste hoofdstuk van het vierde deel bestaat uit honderd opgaven. Ze bestrijken de gehele kennisbasis die aanstaande leraren geacht worden te verwerven. Ook kennis die geen onderdeel is van de leerstof van de basisschool, maar volgens de kennisbasis wel tot de bagage van de leerkracht behoort, heeft er een plaats gekregen. De opgaven zijn bedoeld om je uit te dagen je professionele gecijferdheid te toetsen. De meeste opgaven hebben bovendien een extra didactische dimensie, die gelegenheid geeft de specifieke inzichten in de didactiek van dit vak te vergroten.

Vragen en opdrachten
Om het gericht studeren te bevorderen, zijn er naast de begrippen in de marge ook vragen in de tekst opgenomen. Vragen met een vraagteken in de kantlijn zijn bedoeld om je tijdens het lezen te laten nadenken over het voorafgaande. In de loop van de tekst vind je het antwoord.
Aan het eind van de paragrafen waarin kerninzichten beschreven en toegelicht zijn, staan genummerde vragen en opdrachten. Deze zijn bedoeld om de stof uit de voorafgaande paragraaf te verwerken. De antwoorden kun je vinden op de website.

Website
Op www.rwp-kerninzichten.noordhoff.nl vind je:

- videofragmenten ter illustratie van de kerninzichten
- antwoorden op vragen en opdrachten
- de begrippenlijst om je eigen kennis te peilen
- bronnen en literatuursuggesties

CLUB

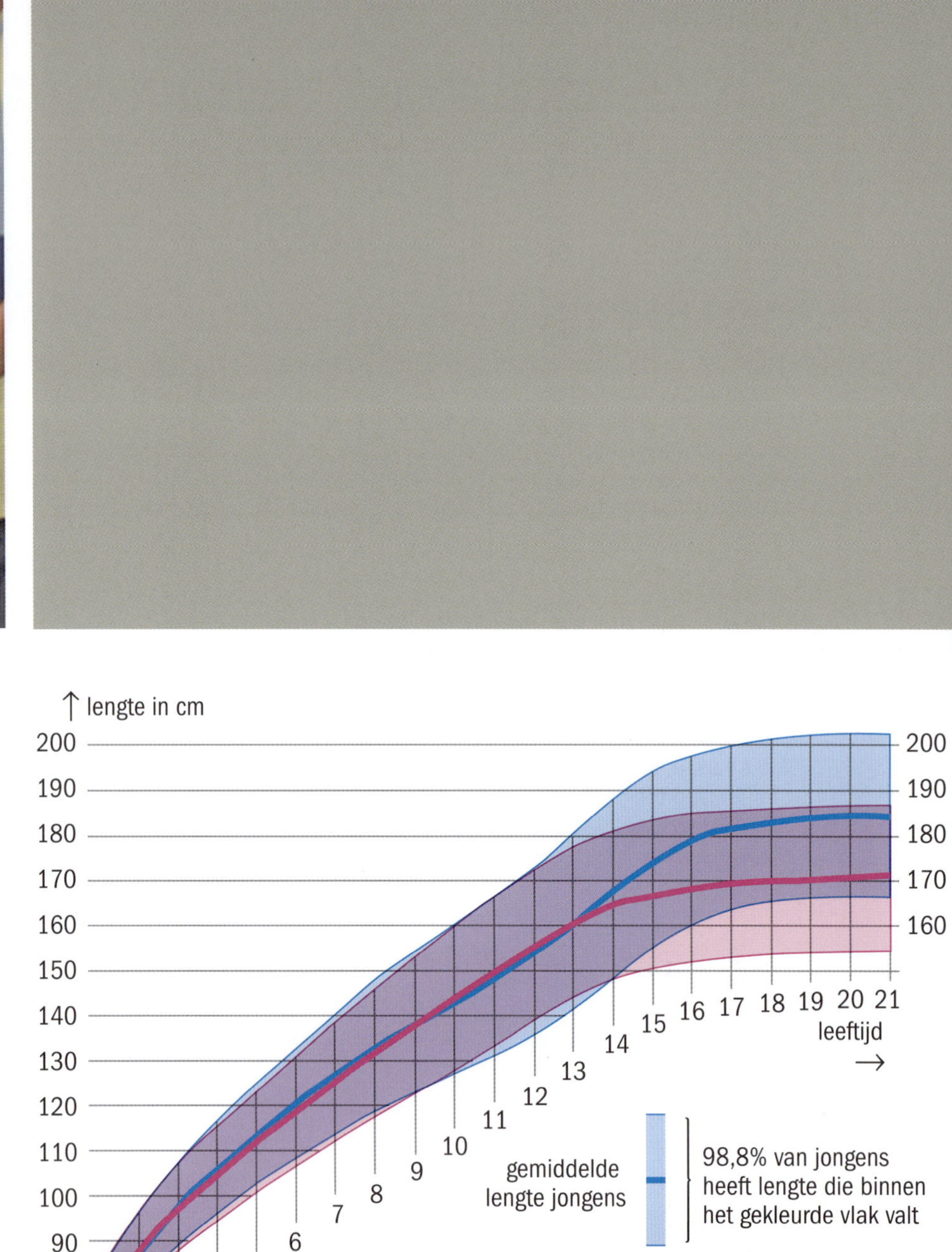
↑ lengte in cm
200
190
180
170
160
150
140
130
120
110
100
90
80
70
1
2
3
4
5
6
7
8
9
10
11
12
13
14
15
16
17
18
19
20
21
leeftijd
→
gemiddelde lengte jongens
98,8% van jongens heeft lengte die binnen het gekleurde vlak valt
gemiddelde lengte meisjes
98,8% van meisjes heeft lengte die binnen het gekleurde vlak valt

Oriëntatie op de inhoud

De eerste drie delen van dit boek beschrijven de leerstof voor het vak reken-wiskunde in de vorm van 31 kerninzichten die leerlingen in hun basisschooltijd moeten verwerven. Het zijn de belangrijkste mijlpalen in hun leerproces. Als leerkracht moet je goed op de hoogte zijn van deze kerninzichten om de kinderen die aan jouw zorgen zijn toevertrouwd te kunnen volgen en begeleiden in hun wiskundige ontwikkeling. Ook geven de kerninzichten een helder overzicht van het vakgebied.
Bij elk kerninzicht wordt in het boek een leerlijn geschetst. Bovendien wordt verwezen naar de achterliggende kerndoelen en de referentieniveaus voor het reken-wiskundeonderwijs op de basisschool.

In dit eerste, oriënterende hoofdstuk wordt aan de hand van enkele praktijkvoorbeelden toegelicht wat de kerninzichten, leerlijnen, kerndoelen en referentieniveaus betekenen en hoe ze met elkaar samenhangen. Deze componenten vormen, samen met belangrijke begrippen die er betekenis aan geven, de theorie van het reken-wiskundeonderwijs.

Kerninzichten en leerlijnen

Een idee van de betekenis en de samenhang van kerninzichten en leerlijnen krijg je in de volgende praktijkvoorbeelden, waarin kerninzichten rond het onderwerp 'verhoudingen' aan de orde komen.

Praktijkvoorbeelden

Het onderwerp 'verhoudingen' speelt een rol in de gehele basisschool. Het begint dus al bij de kleuters. We nemen eerst een kijkje in groep 2, waar drie kinderen met poppen spelen. Daarna gaan we naar groep 7, waar leerlingen discussiëren over een probleem dat met schaduwverhoudingen te maken heeft.

Poppen in groep 2

Chaimae, Damian en Naomi spelen in de huiskamerhoek. In de relatieve chaos van poppenspullen hebben ze een probleem met het vinden van passende kleertjes. Juf Monique ziet wat er aan de hand is en vraagt: 'Waar zouden jullie naar kunnen kijken om te zien welke pop bij welke kleertjes past?'

Damian antwoordt: 'Je kunt kijken welke pop groot is en welke pop klein.'

Hij legt de poppen naast elkaar. Maar Chaimae en Naomi protesteren: 'Zo moet het niet. Zo kan je het niet zien.' Naomi verschuift de poppen zo dat ze met de voeten op één lijn liggen. 'Kijk, zo zie je het wel!'

Juf: 'Dat is een goed idee van Naomi. Als je begint met de kleinste pop, dan kun je de andere poppen die steeds een beetje groter zijn ernaast leggen. En dan kunnen jullie gaan uitzoeken welke kleertjes bij welke poppen horen. Leg de kleertjes die bij een pop horen er maar netjes onder.'

Daar hebben de kinderen zin in, ze gaan meteen aan de slag…

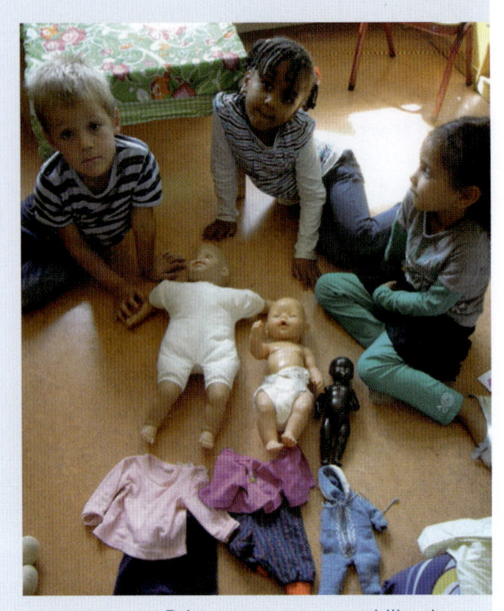

AFBEELDING 0.1 Drie poppen van verschillende lengte op een rij

? Juf Monique probeert met die laatste interventie kerninzichten bij de kinderen te versterken. Over welke inzichten zou dat volgens jou kunnen gaan?

De uitdrukking 'netjes eronder leggen' die juf Monique gebruikt tijdens haar interventie spreekt boekdelen. Zij doet een beroep op het vermogen van de kinderen om de poppen te vergelijken en te ordenen op lengte van klein naar groot. Maar dat niet alleen. Het woord 'netjes' betekent hier in volwassen wiskundetaal: de kleertjes geordend neerleggen, naar verhouding van de grootte van de poppen. Als de grootste pop drie keer zo lang is als de kleinste pop en de middelste twee keer, dan weten de kleuters natuurlijk niet dat de lengtes van de poppen zich verhouden als 3 : 2 : 1. Maar door het zoeken naar de passende kleertjes en het met elkaar daarover praten, krijgen ze spelenderwijs wel inzicht in het verhoudingsgewijs vergelijken van die lengtes. Dat inzicht in het vergelijken van grootheden als lengte, oppervlakte, inhoud en tijd, is in de basisschool een belangrijk kerninzicht voor het leren rekenen met verhoudingen.

Verhouding

Grootheid

Schaduwen in groep 7

Vijf jaren basisschool verder speelt datzelfde kerninzicht, maar nu in groep 7, in een andere context en op een ander niveau. Op het moment dat we het lokaal binnenstappen, zijn de leerlingen in groepjes van twee aan het discussiëren over een opgave uit het rekenboek.

9 Hoe hoog is de toren?

De schaduw van de toren is 74 meter lang.
De schaduw van de boom is 480 cm lang. De hoogte van de boom is 360 cm.
Reken de hoogte van de toren uit.
Je kunt de verhoudingstabel gebruiken.

AFBEELDING 0.2 Hoe hoog is de toren?

Tess en Bram lijken een verschillende aanpak op het oog te hebben.
Bram: 'We moeten een verhoudingstabel maken. Dat is handig, dan kun je je niet vergissen!' Tess: 'De toren is in ieder geval een flink stuk lager dan 74 meter... even kijken... wel een kwart lager, denk ik.'
Bram: 'Oké, maar dat is niet precies, we moeten precies de hoogte uitrekenen.'
Tess: 'Je mág de tabel gebruiken, dat hoeft niet.'
Bram: 'Laten we het eerst met een verhoudingstabel proberen, zoals de juf deed, dan gaan we daarna kijken of jouw manier op hetzelfde uitkomt, oké?'
Bram krijgt zijn zin, ze maken een verhoudingstabel. Dat is al lastig genoeg, want waar moet je welke getallen zetten? Het komt er bij Tess en Bram eerst uit te zien als in verhoudingstabel 1, met een vraagteken bij de hoogte die ze zoeken; zie afbeelding 0.3.

	Boom				Toren
Hoogte	360 cm				?
Schaduw	480 cm				74 m

AFBEELDING 0.3 Verhoudingstabel 1

Bram ziet de stap naar 36 en 48 (afbeelding 0.4), maar Tess herkent eigenlijk al meteen de verhouding 3 : 4. Nu nog van 4 naar 74. Volgens Tess maakt het even niet uit of het centimeters of meters zijn, het is een verhouding. Het viervoud 72 (18 × 4), dicht bij 74, wordt gevonden en dan is het bijbehorende hoogtegetal dus 18 × 3 = 54.

	Boom					Toren
Hoogte	360 cm	36	3	54	1,5	55,5
Schaduw	480 cm	48	4	72	2	74 m

AFBEELDING 0.4 Verhoudingstabel 2

Bram: 'Dan hebben we nu nog 2 nodig om op 74 te komen.'
Tess: 'Ja, en bij die kolom...' (ze wijst naar de kolom met de 3 en de 4) 'zie je dat bij 2 de helft van 3, dus 1,5 hoort. Dan hoort bij de schaduw van 74 m dus een hoogte van 55,5 m.'

Juf heeft op een afstandje meegeluisterd en vraagt Tess welke oplossing, zonder de verhoudingstabel, zij in gedachten had...

? Welke oplossing zou Tess volgens jou aanvankelijk in gedachten kunnen hebben, gezien ook haar opmerkingen aan het begin en verderop bij de stap van 36 : 48 naar 3 : 4?

Het is bijzonder om te zien hoe meegaand Tess is als Bram voorstelt om met de verhoudingstabel aan de slag te gaan. Aan de ene kant begrijpelijk, want dat is wat de kinderen tot dan toe gewend zijn bij het oplossen van verhoudingsproblemen. Anderzijds lijkt Tess vrijwel meteen in de gaten te hebben dat het hier gaat om de verhouding 3 : 4 en dat je de hoogte van de toren dus kunt vinden door een kwart van 74 af te trekken.

Kerninzichten

Kerninzicht

Wiskunde is een vak waarbij inzicht een grote rol speelt. Inzichten in wiskundige essenties, kerninzichten dus – in de literatuur ook wel *big ideas* genoemd – worden niet lineair en stapsgewijs verworven, maar cyclisch en sprongsgewijs. Zonder deze inzichten stagneert het leerproces. Ze zijn nodig om vaardigheden te kunnen aanleren, om te kunnen begrijpen wat je doet en zodoende effectief en efficiënt te kunnen werken. In dit eerste hoofdstuk zijn de kerninzichten voor het domein 'verhoudingen' als voorbeeld genomen.
Kleuters doen nog spelenderwijs hun eerste ervaringen op met verhoudingen, zoals in het voorbeeld met de poppen. Gaandeweg hun basisschoolloopbaan krijgen leerlingen de gelegenheid verhoudingsproblemen getalsmatig aan te pakken, al of niet met behulp van een model, zoals een verhoudingstabel in het voorbeeld van de schaduwen. In dit laatste geval gaat het, net als bij de kleertjes en de poppen, om het vergelijken van lengte. Maar wel een flinke stap verder, want nu moet een reeks van verhoudingsgetallen gezocht worden in dezelfde verhouding 3 : 4. Dat vraagt dus een heel ander (kern-)inzicht.

Verhoudingstabel

Ook voor de andere domeinen rond hele getallen, gebroken getallen, meten, meetkunde en verbanden zijn kerninzichten geformuleerd. In een overzicht achter in het boek (voorafgaand aan het Begrippenregister) vind je ze alle 31.

Leerlijnen

Om op een goede manier te kunnen werken aan de ontwikkeling van (kern-)inzichten, moet je als leerkracht uiteraard in de eerste plaats zelf die inzichten hebben. Vervolgens gaat het erom dat je de leerlingen kunt begeleiden bij het verwerven van die inzichten en de bijbehorende kennis en vaardigheden. Geen eenvoudige opdracht. Gelukkig spannen onderwijsontwikkelaars, onderzoekers en auteurs van reken-wiskundeboeken zich in om de leerlijnen op grond van ervaringen in de praktijk steeds weer aan te passen. Leerlijnen geven globaal aan langs welke lijn leerlingen kerninzichten en bijbehorende begrippen en vaardigheden kunnen verwerven. Het is belangrijk kerninzichten en leerlijnen als een samenhangend geheel te leren kennen, omdat die kennis houvast geeft bij het plannen, uitvoeren en evalueren van het onderwijs.

In dit hoofdstuk laten we aan de hand van het onderwerp 'verhoudingen' zien hoe kerninzichten en leerlijnen samenhangen. In paragraaf 5.3 van dit boek is de leerlijn voor verhoudingen beschreven. De titels van de subparagrafen (tabel 0.1) geven je een eerste beeld van de belangrijke leerervaringen die kinderen uiteindelijk moeten leiden naar de kerninzichten voor verhoudingen en de bijbehorende vaardigheden voor het rekenen met verhoudingen.

TABEL 0.1 Titels van subparagrafen leerlijn verhoudingen

- Meetkundige en getalsmatige voorervaringen
- Het betekenisvol organiseren van verhoudingssituaties in eenvoudige schema's en modellen
- Het modelondersteund redeneren en rekenen met verhoudingen
- Formeel rekenen en toepassen
- Toepassingen

Zo is het eerdergenoemde ordenen van de poppen (afbeelding 0.1) een voorbeeld van een meetkundige voorervaring van verhoudingen. Het rekenen met behulp van de verhoudingstabel door Tess en Bram (afbeeldingen 0.3 en 0.4) is een voorbeeld van modelondersteund redeneren en rekenen. In de tweede oplossing van Tess, een kwart van 74 aftrekken, rekent ze formeel ('kaal'). Overigens kun je uit het verhaal niet met zekerheid opmaken in hoeverre de context van de verhouding tussen hoogte en schaduw haar nog steun biedt bij die laatste berekening.

Context

Kerndoelen en referentieniveaus

In opdracht van de overheid zijn kerndoelen beschreven. Later zijn daar referentieniveaus aan toegevoegd. Kerndoelen beschrijven wat leerlingen in het reken-wiskundeonderwijs moet worden aangeboden, referentieniveaus geven aan wat zij moeten begrijpen, kennen en kunnen op 12-, 16- respectievelijk 18-jarige leeftijd. In deze paragraaf worden voorbeelden gegeven van kerndoelen en referentieniveaus, en wordt ook de samenhang met kerninzichten en leerlijnen besproken.

Kerndoelen

De belangrijkste zaken die kinderen moeten leren om actief deel te nemen aan de samenleving, inclusief hun eigen persoonlijke ontwikkeling, heeft de overheid vastgelegd in de zogenaamde kerndoelen. Die worden overigens regelmatig herzien; de maatschappij verandert immers en daarmee ook de eisen die aan de ontwikkeling van haar burgers worden gesteld. Van de 58 kerndoelen voor het basisonderwijs (2006) zijn er 11 bedoeld voor het reken-wiskundeonderwijs (zie tabel 0.2). Alleen al het taalgebruik verraadt veel aandacht voor betekenisvol reken-wiskundeonderwijs: praktische problemen oplossen door redeneren, onderbouwen en beoordelen van oplossingen, en de rekenmachine met inzicht gebruiken.

TABEL 0.2 De elf kerndoelen voor het reken-wiskundeonderwijs

	Kerndoelen reken-wiskundeonderwijs
23	De leerlingen leren wiskundetaal gebruiken.
24	De leerlingen leren praktische en formele rekenwiskundige problemen op te lossen en redeneringen helder weer te geven.
25	De leerlingen leren aanpakken bij het oplossen van reken-wiskundeproblemen te onderbouwen en leren oplossingen te beoordelen.
26	De leerlingen leren structuur en samenhang van aantallen, gehele getallen, kommagetallen, breuken, procenten en verhoudingen op hoofdlijnen te doorzien en er in praktische situaties mee te rekenen.
27	De leerlingen leren de basisbewerkingen met gehele getallen in elk geval tot 100 snel uit het hoofd uitvoeren, waarbij optellen en aftrekken tot 20 en de tafels van buiten gekend zijn.
28	De leerlingen leren schattend tellen en rekenen.
29	De leerlingen leren handig optellen, aftrekken, vermenigvuldigen en delen.
30	De leerlingen leren schriftelijk optellen, aftrekken, vermenigvuldigen en delen volgens meer of minder verkorte standaardprocedures.
31	De leerlingen leren de rekenmachine met inzicht te gebruiken.
32	De leerlingen leren eenvoudige meetkundige problemen op te lossen.
33	De leerlingen leren meten en leren te rekenen met eenheden en maten, zoals bij tijd, geld, lengte, omtrek, oppervlakte, inhoud, gewicht, snelheid en temperatuur.

Kerndoelen zijn streefdoelen, die aangeven waarop basisscholen zich moeten richten bij de ontwikkeling van hun leerlingen. Scholen mogen zelf bepalen hoe de kerndoelen binnen bereik komen; daarom zijn ze ook ruim gedefinieerd. Tegelijkertijd vormen ze een garantie dat kinderen zich in hun schoolperiode blijven ontwikkelen en dus een breed en gevarieerd onderwijsaanbod krijgen. De ruime formulering van de doelen maakt dat ze van toepassing zijn op veel leeractiviteiten van leerlingen over de volle breedte van de basisschool.

Welke kerndoelen vind je van toepassing op de beschreven praktijkproblemen uit dit hoofdstuk (poppen in groep 2 en schaduwen in groep 7)?

Het ordenen van de poppen en de kleertjes in groep 2 past vooral bij het leren gebruiken van eenvoudige wiskundetaal en redeneren (doel 23 en 24). Ook past het bij eerste ervaringen opdoen met verhoudingen (doel 26). Het rekenen van Bram en Tess sluit aan bij de doelen 23 tot en met 26, met het accent op doelstelling 26.
In tabel 0.3 zie je een deel van de leerlijn bij kerndoel 26. Bedenk dat bij de leeractiviteiten voor elke bouw in dat overzicht de activiteiten van voorgaande groepen zijn inbegrepen.

TABEL 0.3 Leerlijn kerndoel 26, Getallen, breuken en verhoudingen: betekenis en verband

Groepen 1/2	Groepen 3/4	Groepen 5/6	Groepen 7/8
Het onderscheiden van verschillende betekenissen van getallen bij het benoemen van onder andere: • aantallen • posities (de derde in de rij, huisnummers)	Het onderscheiden van verschillende betekenissen van getallen bij het gebruik van getallen als: • hoeveelheidgetal (resultatief tellen) en het rekenen daarmee	Het onderscheiden van verschillende betekenissen van getallen bij: • digitale kloktijden lezen en hanteren, zoals 21:34 uur • breuk als maatgetal: stroken van $\frac{1}{2}$, $\frac{1}{3}$, $\frac{1}{4}$, et cetera	Het onderscheiden van verschillende betekenissen van getallen bij: • verhoudingsgetallen voor bijvoorbeeld: snelheid (50 km/uur), 30% (dertig van elke honderd), 3/5 (drie van elke vijf) en in vijfden verdelen en er drie nemen • het verschil tussen 3,5 meter en 3,50 meter

TABEL 0.3 Leerlijn kerndoel 26, Getallen, breuken en verhoudingen: betekenis en verband (vervolg)

Groepen 1/2	Groepen 3/4	Groepen 5/6	Groepen 7/8
• tijd, leeftijd, gewicht, lengte • grootte van kledingmaten en andere groottes • prijzen	• op de klok, de kalender, maatgetallen op meetlat en liniaal, getallen op de weegschaal, tijd en data, leeftijd, waarde (prijs, kosten), gewicht en temperatuur • in allerlei (con)texten, zoals: de krant, de winkel, kledingmaten, rugnummers, huisnummers, autonummers, leeftijden, data (15 juli of de vijftiende van de zevende of 15-07-2007)	• breuken en kommagetallen als maatgetal in prijzen, maten en gewichten • breuk als operator: $\frac{3}{4}$ nemen van een strook of een aantal • breuk als verhoudingsgetal, zoals in recepten • vanuit een deel het geheel berekenen • van niet evenredige verhoudingen, zoals bij: een vierkant wordt vier keer zo groot als de zijden twee keer zo groot worden	• verband leggen tussen breuken en delen • relaties tussen percentages als 50%, 25%, 10%, 5% • relatie tussen breuken en procenten (voor uitrekenen van percentages) • percentages als verhoudingsgetallen, in verhoudingstabel, sectordiagram, stroken • percentage als 1/100 • verhoudingen bij: toename en afname, stijging/daling, rente, winst, verlies, korting • inzicht in lineaire en niet-lineaire maten, lineaire vergroting, oppervlaktevergroting, inhoudsvergroting

Bron: www.tule.slo.nl

Welke van de betekenissen uit tabel 0.3 kun je verbinden met de activiteiten van de kinderen uit groep 2 en 7 in de voorgaande praktijkvoorbeelden?

In het praktijkvoorbeeld van het ordenen van de poppen in groep 1 en 2 (afbeelding 0.1) gaat het vooral over de betekenis van verhoudingen in de zin van verhoudingsgewijs vergelijken en ordenen van de grootte (lengte) van de poppen en hun kleding. Bij het rekenwerk van Bram en Tess moeten de betekenissen van meetgetallen bekend zijn (lengte en hoogte in cm en m, kommagetallen) evenals de tafels van vermenigvuldiging, handig rekenen bij het halveren en verdubbelen, en van verhoudingsgetallen. Vooral is inzicht nodig in het gebruik van de verhoudingstabel, zoals het maken van handige getallenparen in gelijke (evenredige) verhoudingen.

Verhoudingsgewijs

Verhoudingstabel
Evenredigheid

Referentieniveaus

De overheid heeft weliswaar in (kern-)doelen beschreven welk reken-wiskundeonderwijs scholen moeten aanbieden en heeft dat door experts in leerlijnen laten uitwerken, maar dat betekent niet zonder meer dat daarmee een voor alle leerlingen gewenst minimum eindniveau of hoger wordt bereikt. Met name de daling in de leeropbrengsten en de zorg voor doorlopende leerlijnen hebben ertoe geleid dat zogenoemde referentieniveaus zijn ontwikkeld. De niveaus zijn gedefinieerd voor 12-, 16- en 18-jarigen (afbeelding 0.5). Er zijn drie soorten referentieniveaus: het ‘fundamenteel niveau’, aangeduid met de letter F, het ‘streefniveau’, aangeduid met de letter S, en het X-niveau. Voor 12-jarigen gaat het om de niveaus 1F en 1S (einde basisschool). Het cijfer 1 geeft hier aan dat het om het laagste referentieniveau gaat.

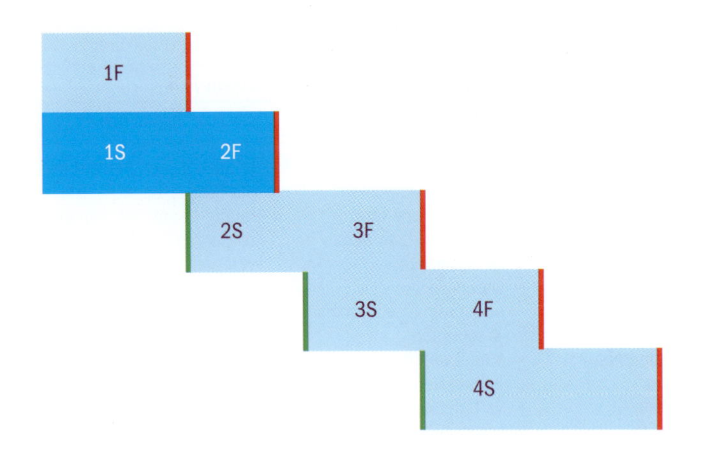

Toewijzing aan sectoren:

Taal

1F en 1S: primair en speciaal onderwijs
1F: praktijkonderwijs
2F: mbo 1, 2, 3, vmbo
3F: mbo 4, havo
4F: vwo

Rekenen

1F en 1S: primair en speciaal onderwijs
1F: praktijkonderwijs
2F: mbo 1, 2, 3, vmbo
3F: mbo 4, havo, vwo

AFBEELDING 0.5 De referentieniveaus

Het is de bedoeling dat 90 procent van de leerlingen het fundamentele niveau haalt. Het streefniveau is bedoeld voor twee derde van de leerlingen. Het X-niveau geldt voor excellente leerlingen.

Redeneren

Elke school zal ernaar streven om zo veel mogelijk kinderen op het streefniveau 1S te brengen, een hoger niveau van abstractie en logisch redeneren dan 1F. Niveau 1S is overigens ook nodig voor leerlingen die willen doorstromen naar havo of vwo of naar de gemengde leerweg of theoretische leerweg in het vmbo. Een leerkracht basisonderwijs moet voor rekenen-wiskunde het streefniveau 3S beheersen. Dat niveau is toegespitst op de wiskundige kennis en vaardigheden die de leerkracht nodig heeft om goed te kunnen functioneren en 'boven de stof' te staan. Die wiskundige kennis en vaardigheden zijn beschreven in de Kennisbasis rekenen-wiskunde voor de lerarenopleiding basisonderwijs.

Op de website www.rwp-kerninzichten.noordhoff.nl is het document 'Doorlopende leerlijnen Taal en Rekenen' te vinden, waarin de referentieniveaus voor de vakken rekenen-wiskunde en taal uitgebreid zijn beschreven. Ook vind je daar een verwijzing naar de Kennisbasis rekenen-wiskunde voor de pabo en de bijbehorende toetsgids.

Voor het vak rekenen-wiskunde zijn bij elk referentieniveau vier domeinen (Getallen, Verhoudingen, Meten en meetkunde, en Verbanden) beschreven, met voor elk domein drie onderdelen (zie tabel 0.4):

a *notatie, taal en betekenis*, waarbij het gaat om de uitspraak, schrijfwijze en betekenis van getallen, symbolen en relaties en om het gebruik van wiskundetaal
b *met elkaar in verband brengen*, waarbij het gaat om het verband tussen begrippen, notaties, getallen en dagelijks spraakgebruik
c *gebruiken*, waarbij het erom gaat rekenkundige vaardigheden in te zetten bij het oplossen van problemen

TABEL 0.4 Overzicht onderdelen referentieniveaus

	a Notatie, taal en betekenis	**b Met elkaar in verband brengen**	**c Gebruiken**
Getallen	Uitspraak, schrijfwijze en betekenis van getallen, symbolen en relaties. Wiskundetaal gebruiken	Getallen en getalsrelaties. Structuur en samenhang	Berekeningen uitvoeren met gehele getallen, breuken en decimale getallen
Verhoudingen	Uitspraak, schrijfwijze en betekenis van getallen, symbolen en relaties. Wiskundetaal gebruiken	Verhouding, procent, breuk, decimaal getal, deling, 'deel van' met elkaar in verband brengen	In de context van verhoudingen berekeningen uitvoeren, ook met procenten en verhoudingen
Meten en meetkunde	Maten voor lengte, oppervlakte, inhoud en gewicht, temperatuur. Tijd en geld. Meetinstrumenten. Schrijfwijze en betekenis van meetkundige symbolen en relaties	Meetinstrumenten gebruiken. Structuur en samenhang tussen maateenheden. Verschillende representaties, 2D en 3D	Meten. Rekenen in de meetkunde
Verbanden	Analyseren en interpreteren van informatie uit tabellen, grafische voorstellingen en beschrijvingen. Veelvoorkomende diagrammen en grafieken lezen en interpreteren	Verschillende voorstellingsvormen met elkaar in verband brengen. Gegevens verzamelen, ordenen en weergeven. Patronen beschrijven	Tabellen, diagrammen en grafieken gebruiken bij het oplossen van problemen. Rekenvaardigheden gebruiken

Bron: SLO Concretisering referentieniveau

Elk van de drie onderdelen a, b en c, dus elke 'cel' in tabel 0.4, is steeds opgebouwd uit drie typen kennis en vaardigheden (niet te zien in de tabel). Die zijn als volgt kort te karakteriseren:

- paraat hebben: kennis van feiten en begrippen, reproduceren, routines, technieken
- functioneel gebruiken: kennis van een goede probleemaanpak, het toepassen, het gebruiken binnen en buiten het schoolvak
- weten waarom: begrijpen en verklaren van concepten en methoden, formaliseren, op een hoger niveau abstraheren en generaliseren, blijk geven van overzicht

Om een indruk te krijgen van de onderdelen in de referentieniveaus (tabel 0.4) gaan we na of die zichtbaar worden in het denkwerk van Bram en Tess als zij het schaduwprobleem oplossen (afbeeldingen 0.3 en 0.4).

> Welke activiteiten van Bram en Tess kun je verbinden aan de karakteristieken van tabel 0.4?

?

Verhouding
Wiskundetaal
Kommagetal

Als we het denk- en rekenwerk van Bram en Tess bekijken, gaat het in ieder geval over het *gebruik* van *verhoudingen* (c). Daarbij moeten ze de nodige *wiskundetaal* gebruiken en de betekenis daarvan kennen, zoals de begrippen verhouding, 3 'staat tot' 4, verhoudingstabel, lengte, hoogte, kwart en kommagetal. Die begrippen moeten ze ook met elkaar *in verband brengen*, bijvoorbeeld wanneer ze de lengte van de schaduw en de hoogte van de toren in verhoudingsgetallen in de verhoudingstabel moeten verwerken in een rij van verhoudingsgetallen. Daarbij moeten ze onder andere ook de tafel van 4 kennen en kunnen gebruiken. Tess ziet bovendien al meteen dat 360 en 480 zich verhouden als 3 : 4, en legt daarna het verband met breuken, namelijk dat 360 '*een kwart minder*' is dan 480. Vooral deze laatste soort inzichten en vaardigheden in het denk- en rekenwerk van Tess zijn elementen van het 1S-niveau.

Breuken

Het praktijkvoorbeeld van Bram en Tess laat ook zien dat kerninzichten, leerlijnen, leerdoelen en referentieniveaus sterk samenhangen. Voor hun leerkracht betekent het bijvoorbeeld dat het opbouwen en volgen van de leerlijn verhoudingen met bijbehorende doelen nog geen garantie biedt voor succes. Als Bram of Tess de tafels van vermenigvuldiging (bijvoorbeeld de tafel van 4) niet kennen en kunnen toepassen, komt er van inzicht in het werken met verhoudingen weinig terecht en wordt referentieniveau 1F niet bereikt. Vooral alertheid van de leerkracht op de (kern-)inzichten van leerlingen is van essentieel belang voor het in gang zetten en op gang houden van hun leerprocessen.

Vermenigvuldigen

Inzicht

DEEL 1
Hele getallen

1 Tellen en getallen 29
2 Tientallig stelsel 49
3 Bewerkingen 71
4 Hoofdrekenen en cijferen 99

3
4
5

PIRATES
SWASHBUCKLING
ADVENTURES

1
Tellen en getallen

Tellen en getalbegrip liggen aan de basis van tal van reken-wiskundeactiviteiten. Kunnen tellen is een belangrijke vaardigheid om te leren rekenen. Men zegt ook wel: 'Tellen is de basis voor het leren rekenen.'

Dit hoofdstuk beschrijft hoe kinderen in de onderbouw kennis maken met getallen en leren tellen. Het kennismaken met tellen en getallen gebeurt al vanaf de vroegste kinderjaren. In groep 1 en 2 stimuleert de leerkracht de verdere ontwikkeling, door activiteiten aan te bieden en vragen te stellen die kinderen op het spoor zetten van nieuwe inzichten in getallen. Tellen is een vaardigheid die veel geoefend moet worden. Gelukkig hebben jonge kinderen daar vaak veel plezier in!

Overzicht kerninzichten

Bij tellen en getallen verwerven kinderen het inzicht dat:

- bij het tellen van een aantal voorwerpen het opzeggen van de telrij gelijk loopt met het aanwijzen (kerninzicht synchroon tellen)

- het laatste getal bij tellen van een aantal objecten de hoeveelheid aanduidt (kerninzicht resultatief tellen)

- je hoeveelheden kunt representeren met behulp van materialen, schema's en cijfersymbolen (kerninzicht representeren)

Deze kerninzichten sluiten aan bij de kerndoelen 23 en 26:

23 De leerlingen leren wiskundetaal gebruiken.

26 De leerlingen leren structuur en samenhang van aantallen, gehele getallen, kommagetallen, breuken, procenten en verhoudingen op hoofdlijnen te doorzien en er in praktische situaties mee te rekenen.

In de referentieniveaus staat dat kinderen op 12-jarige leeftijd hele getallen moeten kunnen uitspreken en schrijven, voor niveau 1F tot 100.000 en voor niveau 1S tot 1 miljard. Kinderen moeten in de telrij tot ongeveer 100.000 kunnen doortellen en terugtellen, en deze rijen kunnen opschrijven op basis van de structuur in de telrij en de structuur van getallen.

1.1 Synchroon tellen

Bij het leren tellen van voorwerpen moeten kinderen leren dat ze steeds één voorwerp moeten aanwijzen en daarbij tegelijkertijd één telwoord moeten noemen: dat heet synchroon tellen. Bijvoorbeeld bij het spelen van spelletjes komt de noodzaak van synchroon tellen op een heel natuurlijke manier naar voren. Wie niet synchroon telt, speelt vals.

1.1.1 Praktijkvoorbeelden

Twee voorbeelden uit de kleutergroepen laten zien hoe kinderen spontaan bezig zijn met leren tellen.

Het racebaanspel wordt vaak gespeeld in de kleutergroep van José en Asrin. De kinderen kennen de regels inmiddels goed: vooraan beginnen met je pion, om beurten met de dobbelsteen gooien en dan met de pion vooruit 'lopen' in de vakjes van het spelbord. Wie het eerst aan het eind komt heeft gewonnen. José en Asrin spelen met verhitte gezichten en naderen het eind van het spel.
José gooit met de dobbelsteen. Ze ziet direct dat het vier is en roept: 'Vier!' Dan pakt ze haar pion en zegt: 'Eén, twee, drie, vier, ik heb gewonnen.'

AFBEELDING 1.1 Synchroon tellen

'Nee!' zegt Asrin, 'Kijk, je moet zo tellen, één, twee, drie, vier.' Asrin telt opnieuw met de pion en tikt hierbij steeds een vak verder aan. José komt helemaal niet aan het eind! Hij heeft nog een kans om te winnen.

?

| Wat doet José niet goed? Hoe zou dat komen?

José en Asrin kennen allebei de telwoorden tot en met zes. Toch ontstaat er een probleempje: José telt één, twee, drie, vier, maar ze wijst niet bij elk telwoord een vakje aan. Ze maakt wat bewegingen met haar pion boven de vakjes tot helemaal naar het einde van de racebaan en denkt dat ze gewonnen heeft. Asrin steekt daar een stokje voor en laat zien hoe José had moeten tellen. Hij telt opnieuw één, twee, drie, vier en tikt de vakjes één voor één correct aan. Hij telt synchroon, dat is het tegelijk aanwijzen en benoemen van het telwoord. Bij het spelen van een bordspel komt het asynchroon tellen al snel aan het licht. José wordt hier op de vingers getikt door Asrin. Geen probleem, het spel gaat gewoon verder. Dit is een belangrijk kenmerk van spelletjes. Door de interactie in het spel corrigeren kinderen elkaar spelenderwijs.

Tellen
Synchroon
Interactie

Bij kinderen die aan het tellen zijn, kun je vaak goed observeren hoe ver hun inzicht ontwikkeld is. Koos overziet de hoeveelheid niet, waardoor het moeilijk wordt elk stuk fruit maar één keer te tellen. Hij weet niet wanneer hij klaar is met tellen en telt sommige vruchten twee of drie keer. Verder blijkt dat Koos de telrij vanaf twaalf nog niet goed kent. Als het moeilijk wordt, kan hij het ritme niet meer volhouden. Hij heeft er steeds meer moeite mee om tegelijkertijd een vrucht aan te wijzen en het volgende telwoord te noemen. Bij één en dezelfde appel noemt Koos de telwoorden 'vijftien' en 'zestien'. Koos kan nog niet goed synchroon tellen. Overigens is dat in deze situatie geen probleem: jonge kinderen hoeven nog niet zoveel te tellen en

Observeren
Telrij

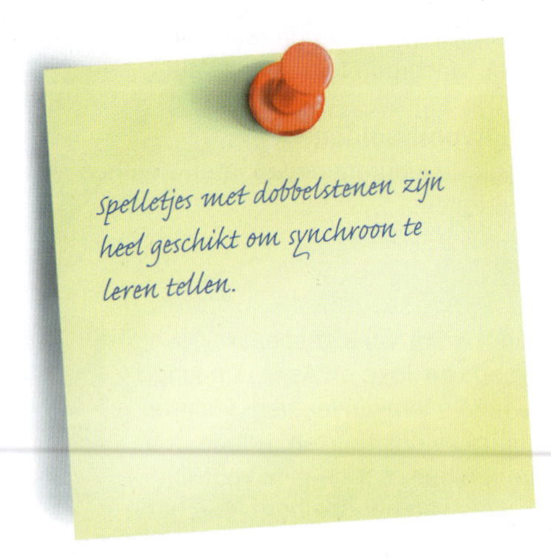

Een ander voorbeeld uit deze kleutergroep:

In de kring liggen verspreid op de grond allerlei soorten fruit. De klas werkt met het thema groente en fruit, en de meester heeft een sorteeractiviteit met het meegenomen fruit gepland. Sommige kinderen beginnen echter al spontaan te tellen. Dat valt nog niet mee, omdat er wel twintig stuks fruit liggen. Koos telt in het wilde weg, waardoor sommige vruchten worden overgeslagen en andere meer dan één keer worden geteld. Anne weet raad en maakt mooie rijen van het fruit. Koos begint opnieuw en telt de rijen af: een, twee, drie, vier, tot en met twaalf. Dan vervolgt hij aarzelend: dertien, veertien. Bij de volgende appel noemt hij vijftien en zestien tegelijkertijd.

AFBEELDING 1.2 Verschillende soorten fruit

oefenen het tellen hier spontaan en gewoon voor hun plezier. Kinderen vinden het ritme van tellen vaak leuk.

1.1.2 Kerninzicht synchroon tellen

Na de praktijkvoorbeelden in subparagraaf 1.1.1 kun je in deze paragraaf lezen waar het bij dit kerninzicht precies om gaat.

> Kinderen verwerven het inzicht dat bij het tellen van een aantal voorwerpen het opzeggen van de telrij gelijk loopt met het aanwijzen.

Synchroon tellen

Het inzicht dat je synchroon moet tellen is een kerninzicht dat kinderen moeten ontwikkelen om later een aantal objecten goed te kunnen tellen. Als je voorwerpen wilt tellen, moet je elk voorwerp precies één keer aanwijzen. Je mag geen voorwerpen overslaan of dubbel tellen. Bij elk voorwerp dat je aanwijst, moet je precies één telwoord noemen, en wel steeds het volgende telwoord. Hiermee is synchroon tellen een noodzakelijke voorwaarde om te kunnen vaststellen hoeveel voorwerpen er zijn: om resultatief te kunnen tellen. Wanneer een kind de getallen niet tegelijkertijd zegt met het aanwijzen, zal het resultaat, de hoeveelheid, dus ook niet kloppen.

Resultatief tellen

Aspecten van synchroon tellen
Bij het synchroon tellen spelen verschillende aspecten een rol. Als je terugkijkt naar de beide praktijkvoorbeelden hiervoor zie je dat:

- José de pion sneller over de vakken van het speelbord beweegt dan ze de telwoorden uitspreekt
- Koos vruchten dubbel telt of overslaat, omdat het fruit verspreid door elkaar ligt
- Koos bij het tellen van fruit dat geordend ligt in rijen, langzamer is met het noemen van de telwoorden dan hij aanwijst
- Koos de telwoorden groter dan twaalf nog niet zo goed kent

Waaraan herken je het kerninzicht synchroon tellen bij leerlingen?
Uit welke kennis of handelingen van een leerling kun je als leerkracht opmaken dat een leerling inzicht toont in synchroon tellen? Dat inzicht kan erg verschillen in niveau en kun je vaststellen als een leerling:

- bij het tellen van voorwerpen precies tegelijk een voorwerp aanwijst en daarbij één telwoord noemt
- weet dat je alle voorwerpen moet tellen
- voorwerpen ordent om ze beter te kunnen tellen
- bij het aanwijzen geen voorwerpen dubbel telt of overslaat
- bij het tellen van voorwerpen de telwoorden correct en in de goede volgorde opnoemt (voor jongste kleuters tot en met zes, en oudste kleuters tot en met tien minimaal)

1.2 Resultatief tellen

Om een hoeveelheid te tellen is naast het synchroon tellen ook noodzakelijk dat je begrijpt dat het telwoord bij het laatst getelde object het aantal van de hele verzameling weergeeft.

1.2.1 Praktijkvoorbeelden

In de voorbeelden hierna wordt weer geteld door kleuters, maar nu naar aanleiding van vragen van de leerkracht.

Sinterklaas heeft in een brief nieuwe potloden beloofd, voor elk kind één. Juffrouw Stefanie vraagt aan de kinderen in de kring: 'Hoeveel potloden moet Sinterklaas vrijdag meebrengen?'
Felien reageert direct: 'Dat kun je toch zien in de lijst?'
Juf zegt: 'Je hebt gelijk', en ze pakt de lijst erbij. 'Dat zijn er dan 28. Zitten alle kinderen vandaag in de kring?' Felien mag tellen: 'Eén, twee, drie…' Ze komt uit bij haar eigen stoel: '25', en zegt: 'Nee, er zijn er maar 25!'

Ordinale functie
Ordeningsfunctie
Kardinale functie
Hoeveelheidsfunctie
Resultatief tellen

Bij het aftellen of nummeren worden getallen gebruikt. Felien telt de kinderen in de kring. Ze wijst één voor één de kinderen aan en noemt hierbij elke keer een getal, kortom: Felien telt keurig synchroon. De getallen die worden opgenoemd tijdens het tellen, hebben hier een ordinale of ordeningsfunctie. Dat wil zeggen dat het om de volgorde gaat. Op het moment dat Felien het laatste telwoord zegt, 'vijfentwintig', beseft zij dat die 25 slaat op het aantal kinderen in de kring. Het gaat niet meer om de ordinale functie, maar om de kardinale of hoeveelheidsfunctie: het zijn er 25. Uit de opmerking van Felien dat het er maar 25 zijn, wordt duidelijk dat zij begrijpt dat het laatste telwoord de hoeveelheid aangeeft. Felien laat hiermee zien dat ze het kerninzicht verworven heeft dat nodig is voor het resultatief tellen: het tellen van voorwerpen om te weten hoeveel het er zijn.

AFBEELDING 1.3 Een telactiviteit samen met de kinderen

Uit het voorbeeld hiervoor blijkt dat getallen gebruikt worden om een hoeveelheid vast te stellen. Er wordt geteld en het laatstgenoemde getal geeft vervolgens het resultaat. Resultatief tellen heeft een kardinaal aspect. Bij wat Felien doet vallen de ordinale en de kardinale functie samen. Ze kan de telrij goed opzeggen en ze begrijpt dat het laatstgenoemde telwoord iets zegt over de hoeveelheid die geteld is. In het volgende voorbeeld kun je zien dat hiervan bij Jos nog geen sprake is.

'We gaan beginnen', zegt juffrouw Stefanie. Een deel van de groep zit bij de knutseltafel en wacht gespannen af. Ze gaan een Piet maken. Juffrouw Stefanie: 'Oh... ik heb de potloden nog niet gepakt. Hoeveel potloden hebben we in deze groep nodig?'
Jos telt de kinderen die aan de groepstafel zitten af: 'Eén, twee, drie, vier... twaalf.'
Juffrouw Stefanie: 'Pak jij ze maar even Jos.'
Jos loopt naar de kast en haalt de bak met potloden.
Juf: 'Hoeveel heb je er nodig?'
Jos begint weer te tellen: 'Eén, twee, drie, vier... twaalf.'
Juf: 'Dus?'
Jos kijkt de juffrouw vragend aan en kijkt in de bak potloden die hij in zijn handen heeft. Dan begint hij met uitdelen...

De leerkracht van deze groep stelt veel vragen aan Jos. Waarom doet zij dit, denk je?

De leerkracht geeft Jos een opdracht om te kunnen observeren of hij al inzicht heeft in resultatief tellen. Het is natuurlijk helemaal niet nodig om precies het aantal potloden te weten als de potloden uitgedeeld worden. Toch vraagt zij bewust door: 'Hoeveel heb je er nodig?' Jos begint dan gewoon weer van voren af aan te tellen, terwijl hij net de kinderen ook al geteld heeft. Jos heeft nog niet in de gaten dat het laatstgenoemde getal, 'twaalf', de hoeveelheid weergeeft: hij verbindt het ordinale aspect nog niet aan het kardinale aspect. Het vragen stellen door de leerkracht kan kinderen helpen zich bewust te worden van het resultatief tellen.

Observeren
Resultatief tellen
Vragen stellen

1.2.2 Kerninzicht resultatief tellen

Na het synchroon tellen zijn kinderen eraan toe inzicht te ontwikkelen in het resultatief tellen.

> Kinderen verwerven het inzicht dat het laatste getal bij tellen van een aantal voorwerpen de hoeveelheid aanduidt.

Als het erom gaat te tellen hoeveel er van iets zijn, dan moet een kind allereerst de telwoorden kennen en synchroon kunnen tellen. Maar dat is nog niet genoeg. Het kind moet ook begrijpen dat het laatste telwoord dat het noemt, de hoeveelheid aangeeft. 'Eén, twee, drie: samen zijn het er drie.' Dit is een samengaan van de ordinale functie van een getal, het 'telgetal', met de kardinale functie of 'hoeveelheidsgetal'.

Synchroon tellen
Ordinale functie
Kardinale functie

Resultatief tellen moeten kinderen leren. Als je terugkijkt naar de beide praktijkvoorbeelden hiervoor, zie je dat Felien tot 25 telt en begrijpt dat 25 de hoeveelheid is. Zij kan resultatief tellen. Jos telt tot twaalf, maar kan niet antwoorden op de vraag van de leerkracht hoeveel er dan nodig zijn. Jos kiest een praktische oplossing: hij pakt de potloden en deelt die uit. Jos kan al wel goed synchroon tellen en is er dus aan toe om het resultatief tellen te gaan begrijpen.

Resultatief tellen

Bij kleinere gestructureerde hoeveelheden zien kinderen soms direct hoeveel het er zijn. Een voorbeeld daarvan is het herkennen van de hoeveelheid zes op de dobbelsteen. Er is dan geen sprake van resultatief tellen, maar van globale perceptie. Het kind telt niet, maar herkent het dobbelsteenpatroon en weet dat daarbij het hoeveelheidsgetal zes hoort.

Getalfuncties

Bij het resultatief tellen zijn twee functies van getallen in het geding:
- hoeveelheidsgetal: het gaat om de hoeveelheid of kardinale functie
- telgetal: het gaat om de volgorde of ordinale functie, de getallen waarmee je telt. Bijvoorbeeld: bladzijde 5, huisnummer 37

Hoeveelheidsgetal
Telgetal

Getallen kunnen nog drie andere functies hebben:

Meetgetal
- een meetgetal is een getal met een maat erachter: 7 meter, 3 kilogram, 2 jaar

Naamgetal
- een naamgetal is een getal dat als het ware een naam aangeeft, zoals bij 'bus 15'

Rekengetal
- een rekengetal is een (abstract) getal om mee te rekenen, zoals in: $5 + 3 = 8$

Vijf kleuters zijn aan het spelen in een speeltuin. 'Is iedereen er nog?' vraagt de begeleidster. 'Ik zal ons tellen', reageert Daan. Hij wijst zijn vriendjes aan: 'Eén, twee, drie, vier', en komt dan bij zichzelf: 'vijf.' 'Dat kan niet!' roept hij, 'want ik ben vier.'

Daan gebruikt telgetallen en raakt ineens in de war door zijn leeftijd. Dat is een meetgetal, namelijk het resultaat van een meting, in dit geval een tijdmeting. De eigen leeftijd is een heel bijzonder getal voor kleuters. Het is bijna een 'naamgetal', dat wil zeggen een getal dat een label is voor een situatie, een object of een gebeurtenis.

Waaraan herken je het kerninzicht resultatief tellen bij leerlingen?
Uit welke kennis of handelingen van een leerling kun je als leerkracht opmaken dat een leerling inziet dat het laatste getal bij tellen van een aantal voorwerpen de hoeveelheid aanduidt? Dat inzicht kan erg verschillen in niveau en kun je vaststellen als een leerling:
- na het noemen van telwoorden bij het tellen weet dat het laatste telwoord de hoeveelheid aangeeft
- bij zowel geordende als ongeordende hoeveelheden in staat is te tellen hoeveel het er zijn
- een kleine hoeveelheid bewegende voorwerpen (eenden, vissen) kan tellen
- een aantal al of niet ritmische geluiden kan tellen
- het aantal van enkele kort getoonde voorwerpen weet
- het juiste aantal en de juiste betekenis toekent aan hoeveelheden of getallen die verschillende functies hebben

1.3 Representeren van getallen

Cijfersymbolen

Getallen worden met de cijfersymbolen 0 tot en met 9 geschreven. Jonge kinderen kunnen getallen ook uitbeelden met andere symbolen, zoals streepjes, stippen, dobbelsteenpatronen of met hun vingers.

'Hoeveel jaar ben je vandaag geworden?' vraagt de verjaardagsvisite.
Sem steekt vier vingers in de lucht. Daar moeten ze het mee doen. Telkens weer komen er vier vingers in de lucht en iedereen begrijpt wat Sem hiermee bedoelt: Sem is vandaag vier jaar geworden en mag morgen naar school!

1.3.1 Praktijkvoorbeelden

Een voorbeeld uit de voorschoolse situatie en een voorbeeld uit een kleutergroep illustreren het volgende kerninzicht.

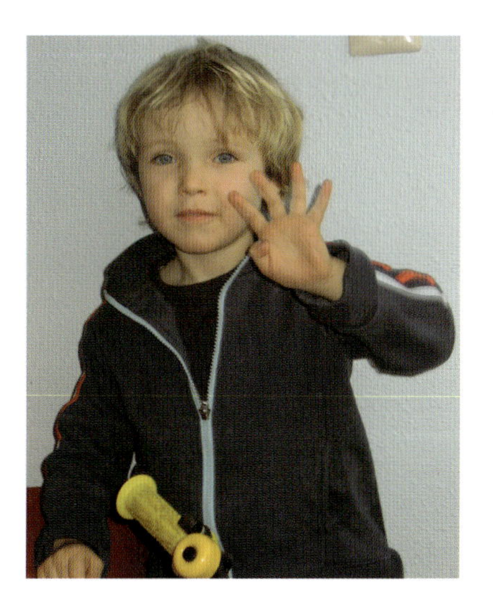

AFBEELDING 1.4 Hoeveel jaar ben ik?

Representatie

Sem laat in dit voorbeeld een representatie van het getal vier zien; hij heeft een manier gevonden om anderen te laten weten hoe oud hij is. Vier vingers betekenen hier vier jaar.

> Op welke andere manieren zouden kinderen het getal vier kunnen uitbeelden dan door vier vingers op te steken?

Kinderen kunnen getallen op veel verschillende manieren laten zien. Het is juist goed om kinderen zelf actief naar verschillende mogelijkheden te laten zoeken. Door het uitwisselen en bespreken van verschillende representaties gaan leerlingen deze met elkaar in verband brengen en komen ze steeds dichter bij het inzicht van wat een getal nu eigenlijk betekent.

Getal

Bij het getal 'vier' kunnen kinderen denken aan:
- vier vingers
- vier stippen op de dobbelsteen
- het cijfer 4, zoals dat bijvoorbeeld op de kalender staat
- vier fiches op een rijtje
- een groepje van vier poppen of knuffels

Juf Monique gaat samen met groep 1 en 2 groentesoep maken. Ze hebben alle boodschappen op een 'boodschappenbrief' getekend. Je ziet dat er vier tomaten getekend zijn en tien champignons. De cijfers staan erbij. Naast de champignons zijn heel veel doperwtjes getekend. De kinderen vertellen daarbij: 'Die kunnen niet geteld worden, want die zitten in een potje.'

AFBEELDING 1.5 De boodschappenbrief

1

1.3.2 Kerninzicht representeren van getallen

In deze paragraaf wordt het kerninzicht representeren van getallen toegelicht.

Kinderen verwerven het inzicht dat je hoeveelheden kunt representeren met behulp van materialen, schema's en cijfersymbolen.

Representeren

Cijfersymbool

Representeren

Een getal is een abstractie. Volwassenen zijn gewend om een getal aan te geven met een cijfersymbool. Kinderen moeten dat nog leren. Voordat zij vertrouwd zijn met de cijfers, kunnen ze hoeveelheden ook op andere manieren representeren of uitbeelden.

De foto's en praktijkvoorbeelden hiervoor laten zien hoe kinderen een hoeveelheid kunnen representeren:

- Sem steekt vier vingers op om te laten zien dat hij vier jaar is.
- Bij vier kunnen kinderen ook denken aan: de vier stippen op de dobbelsteen, vier poppen of vier fiches op een rijtje, of het cijfer 4 op bijvoorbeeld de kalender.
- Op de boodschappenbrief tekenen kinderen vier tomaten en tien champignons, met het getal erbij, en heel veel doperwtjes.

Getallen en cijfersymbolen

Getal

Cijfersymbolen

Representeren

Als leerkrachten in de onderbouw kinderen uitdagen om zelf representaties te bedenken om hoeveelheden en getallen weer te geven, dan leren kinderen verschillende mogelijkheden kennen. Voorbeelden van de leerkracht en vondsten van andere kinderen spelen een rol. Juf kan blokjes klaarleggen of een aanzetje geven om te gaan turven. Uiteindelijk zullen kinderen, omdat ze meerdere mogelijkheden leren kennen om hoeveelheden te representeren, de cijfersymbolen accepteren als gezamenlijke afspraak voor het representeren van getallen.

AFBEELDING 1.6 Representaties van vier

De getallen tot en met 10 worden vaak in de juiste volgorde opgehangen in de kleutergroep, al dan niet met stippenpatronen erbij, zodat kinderen er vertrouwd mee raken. In groep 3 en 4 hangt vaak een waslijn met getalkaartjes tot 20 en later tot 100. Zo'n getallenlijn is daar al snel niet meer zozeer bedoeld om kinderen de getallen te leren kennen, maar ondersteunt kinderen bij het leren optellen en aftrekken.

Getallenlijn

Waaraan herken je het kerninzicht representeren bij leerlingen?
Uit welke kennis of handelingen van een leerling kun je als leerkracht opmaken dat een leerling inziet dat je hoeveelheid kunt representeren? Dat inzicht kan erg verschillen in niveau en kun je vaststellen als een leerling:
- bij een getal dat uitgesproken wordt, een juiste hoeveelheid voorwerpen kan neerleggen of de juiste hoeveelheid vingers kan opsteken
- bij een getal dat uitgesproken wordt, het juiste dobbelsteenpatroon of stippenpatroon kan aanwijzen
- bij een getal dat uitgesproken wordt, het juiste cijfersymbool kan aanwijzen

1.4 Leerlijn tellen en getallen

Al ver voor hun vierde jaar maken kinderen kennis met tellen en getallen. In de kleutergroepen moeten kinderen zich een aantal basale kerninzichten eigen maken. Deze paragraaf schetst een leerlijn.

Jonge kinderen leren tellen
Leren tellen begint niet op school. Jonge kinderen kunnen voordat ze naar groep 1 gaan al tellen en hoeveelheden herkennen. Vanaf ongeveer 2 jaar kunnen kinderen de hoeveelheid twee en drie, soms ook vier en vijf benoemen op basis van herkenning. Structuur speelt hierbij een grote rol.
Een peuter die zegt dat ze drie auto's voor haar verjaardag heeft gekregen, zal de auto's misschien nog niet kunnen tellen, maar ziet in één oogopslag dat het drie autootjes zijn. Een bekend voorbeeld van hoeveelheden herkennen is het herkennen van hoeveelheden in een dobbelsteenstructuur.

Tellen

Structuur

Kinderen leren de telwoorden door volwassenen te imiteren. Volwassenen tellen vaak van alles samen met hun kinderen: borden en bestek, sokken, blokjes, traptreden en zo meer. Zonder dat zij het zich bewust zijn, oefenen jonge kinderen de telwoorden. Het ritme en de cadans geven plezier. Zo kun je jonge kinderen in het dagelijks leven spontaan en met veel plezier zien tellen.

> Bij de supermarkt staat een vader met een boodschappenkar bij de groente- en fruitafdeling. In de kar zit een jongetje van ongeveer drie jaar. Hij houdt een plastic zak vast. Zijn vader wil de kiwi's er al in doen. Dan neemt het jongetje het over en doet de kiwi's rap één voor één in de zak. Hij telt hierbij enthousiast en hardop: 'Eén, twee, drie, acht, negen, tien.' 'Ho, ho, zo is het wel genoeg', zegt zijn vader. Maar hij gaat nog even door: 'Acht, negen, tien!' roept hij heel hard.

1

Akoestisch tellen

Telrij
Akoestisch tellen

De meeste kinderen kennen al een aantal telwoorden als ze in groep 1 beginnen. Op school wordt de telrij verder geoefend. Het ritmisch opzeggen van de telrij, zonder besef van wat de telwoorden betekenen, noemen we akoestisch tellen. Regelmatig herhalen is belangrijk. Je kunt eenvoudig elke dag in de kring een stukje met de kinderen tellen: met z'n allen van 1 tot 10 en dan weer terug van 10 naar 1 of 0. Dat vinden veel kinderen spannend.

I Waarom zou je niet beginnen te tellen bij nul?

Er zijn veel eenvoudige telspelletjes, rijmpjes en liedjes om de telwoorden te leren. Een oud liedje is: **'Een twee drie vier hoedje van papier'**.
Eén, twee, drie, vier
Hoedje van, hoedje van
Eén, twee, drie, vier
Hoedje van papier.

'Tien kleine visjes' is een modern versje, waarbij kinderen aftellen van tien naar één:
Tien kleine visjes
Die zwommen naar de zee
Moeder zei:
Maar ik ga niet mee
Ik blijf lekker in die oude boerensloot
Want in de zee zwemmen haaien
En die bijten je blub, blub, blub, blub, blub

Negen kleine visjes
Die zwommen naar de zee
...

Natuurlijke getallen
Gehele getallen

En zo gaat het verder tot één klein visje. Terugtellen is moeilijker dan vooruit tellen, omdat we het minder gebruiken. Bij het terugtellen komt het getal nul op een natuurlijke manier aan de orde; bij vooruit tellen start je gewoon bij één. Het vermogen om terug te tellen is een essentiële voorbereiding op het latere aftrekken. De getallen van de telrij 1, 2, 3 enzovoort heten natuurlijke getallen. De natuurlijke getallen en de negatieve gehele getallen heten samen de gehele getallen.

Synchroon tellen

Telrij
Synchroon tellen
Betekenisvol
Eén-één-relatie
Objectgebonden tellen

Als kinderen de telrij kunnen zingen of opzeggen, betekent dat nog niet dat zij een hoeveelheid kunnen tellen. Hiervoor moeten kinderen ook tegelijk met het opzeggen van de telrij voorwerpen kunnen aanwijzen. Het één voor één de getallen in volgorde opzeggen en gelijk en in hetzelfde tempo objecten aanwijzen, heet synchroon tellen. Synchroon tellen is pas betekenisvol voor kinderen als zij de noodzaak zien om de getallen goed op rij op te zeggen en om daarbij en tegelijkertijd ook nog de voorwerpen aan te wijzen. Dat is bijvoorbeeld het geval bij spelletjes met pionnen en dobbelstenen (zie afbeelding 1.7). Gelijktijdig met tellen een beweging laten maken ondersteunt het leggen van de één-één-relatie. De context van het spel geeft betekenis aan het tellen. Kinderen zijn pas later toe aan objectgebonden tellen: het tellen van een aantal voorwerpen, zonder dat voor het kind duidelijk is waarom er geteld moet worden.

AFBEELDING 1.7 Bordspel

Van synchroon tellen naar resultatief tellen

Het vaardig synchroon tellen vormt de opstap naar het resultatief tellen. Wanneer het synchroon tellen op orde is, ligt ook het resultatief tellen binnen bereik, ofwel in de zone van de naaste ontwikkeling. De leerkracht kan uitnodigende telactiviteiten aanbieden, die de gewenste ontwikkeling in het tellen verder stimuleren. Dat kunnen activiteiten zijn die uitlokken tot imiteren, maar ook situaties die kinderen uitdagen om op onderzoek te gaan naar hoeveelheden. Het is goed om situaties te nemen waarin de hoeveelheid betekenisvol is voor kinderen. Zo'n situatie is bijvoorbeeld het aantal kaarsjes op een verjaardagstaart.

Resultatief tellen

Zone van de naaste ontwikkeling

Betekenisvol

Is het tellen van kaarsjes op een taart zoals afgebeeld een makkelijke of moeilijke telopdracht, en waarom?

AFBEELDING 1.8 Taart met kaarsjes

Het tellen van de kaarsjes is niet eenvoudig, omdat de kaarsjes in een cirkel staan: waar moet je beginnen en wanneer houd je op? Het feit dat deze situatie betekenisvol is voor kinderen helpt: het aantal kaarsjes is de leeftijd van de jarige. De vraag 'Hoeveel jaar zal het kind zijn voor wie deze verjaardagstaart is?' is een vraag met betekenis voor kinderen: het gaat om het aantal jaren en voor elk jaar is er een kaarsje. Een goede context helpt kinderen het kerninzicht te ontwikkelen dat het laatste telgetal de hoeveelheid aangeeft.

Context

Het tellen van een klein aantal voorwerpen in een rijtje is relatief makkelijk. Moeilijker zijn telopdrachten waarbij de te tellen voorwerpen niet geordend zijn. Een voorbeeld daarvan zag je in subparagraaf 1.1.1, waar kinderen een grote hoeveelheid fruit tellen, zoals in afbeelding 1.2. Moeilijk is ook het tellen van (deels) niet zichtbare dingen, zoals de blokjes aan de achterkant van een bouwwerk (zie afbeelding 1.9), of bewegende objecten, zoals vissen in een aquarium of zwanen in een vijver (zie afbeelding 1.10).

AFBEELDING 1.9 Onzichtbare hoeveelheden

AFBEELDING 1.10 Zwanen

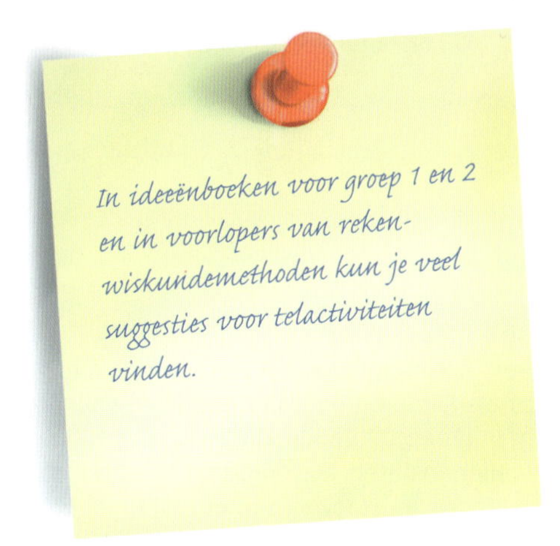

Kinderen leren de verschillende functies van getallen kennen door er in het dagelijks leven en in rijke leersituaties op school mee in aanraking te komen. Een mooi voorbeeld is het 'winkeltje spelen' in de onderbouw. Kinderen komen bijvoorbeeld 2 kilo appels en 2 kilo peren kopen, en betalen daarvoor 1 euro en 2 euro is 3 euro. Het gewicht en de prijs worden in meetgetallen uitgedrukt. Het berekenen van de totale prijs doet een beroep op de rekenfunctie: 1 euro en 2 euro is samen 3 euro. Als ze willen weten of er meer appels of peren zijn, kunnen ze de vruchten tellen. Dan zijn ze bezig met de ordeningsfunctie en de hoeveelheidsfunctie.

Functies van getallen

Meetgetal

Getalbeelden

Naarmate kinderen vaker objecten tellen – vooral ook objecten die in een vaste structuur liggen, zoals de stippen in een dobbelsteenpatroon – ontwikkelen kinderen getalbeelden. Een getalbeeld is een mentale voorstelling van een getal. Bij het getal vijf kunnen kinderen als 'plaatje in hun hoofd' hebben: het dobbelsteenpatroon, een hele hand met vijf vingers, een rijtje van vijf eieren in een eierdoos van tien stuks of de vijf rode kralen op de bovenste stang van het rekenrek. In alle gevallen helpt de structuur. Die meervou-

Structuur

Getalbeeld

Rekenrek

dige inbedding (*multiple embodyment*) in verschillende contexten zorgt voor een toenemend begrip van de hoeveelheid vijf en (later) het getal vijf.

Als kinderen in groep 1 en 2 hun vingers gebruiken om op te tellen, loop je dan niet het risico dat kinderen altijd op hun vingers blijven rekenen?

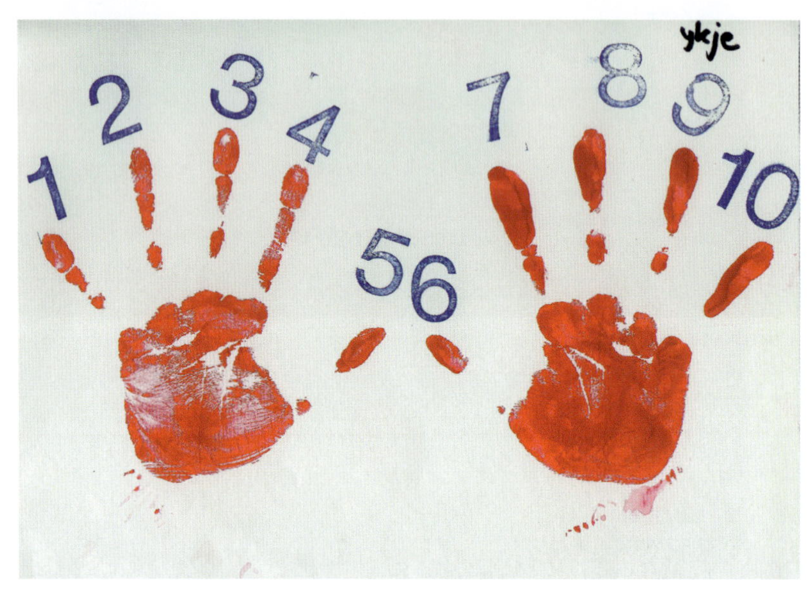

AFBEELDING 1.11 Tellen op je vingers

Bij het leren tellen is het heel natuurlijk om je vingers te gebruiken. In groep 1 en 2 is het goed als kinderen door het opsteken van vingers hoeveelheden leren ervaren. In groep 3 kunnen kinderen met behulp van getalbeelden het één voor één tellen loslaten. Bijvoorbeeld: er zitten zes mensen in de bus en er stappen er drie in. Hoeveel zijn er dan in de bus?
Begin groep 3 hebben veel kinderen materiaal nodig om dit één voor één te tellen. Maar als kinderen gebruikmaken van de vijfstructuur van hun vingers, gaat het op een verkorte manier: zes is een handvol en nog een vinger, dan drie erbij, en dan zie je dat je op één na alle vingers gebruikt hebt, dus het antwoord is negen. Het goed gebruiken van de structuur van de vingers biedt dus juist mogelijkheden om het één voor één tellen te verkorten. De structuur van verschillende aantallen vingers kan als mentaal getalbeeld in het geheugen worden opgeslagen.

Vijfstructuur

Verkorten

Verkort tellen

Wie wil weten hoeveel objecten er zijn, hoeft die niet altijd één voor één te tellen. Je kunt bijvoorbeeld gebruikmaken van getalbeelden: bij een worp met twee dobbelstenen begin je te tellen bij een van de worpen die je herkent, bijvoorbeeld de 5, en tel je de ogen van de tweede dobbelsteen daarbij: 6, 7, 8. Kinderen die twee aan twee in de rij lopen, tel je als volgt: 2, 4, 6, 8, 10. Als je het fruit in een fruitschaal wilt tellen, en je ziet in een oogopslag drie grote groene appels liggen, begin je bij 3 en tel je het andere fruit erbij: 4, 5, 6. Het tellen op deze manier, waarbij niet alle voorwerpen meer één voor één geteld worden, heet verkort tellen.

Verkort tellen

Verkort tellen wordt gestimuleerd en gemakkelijk gemaakt door een structuur in het te tellen materiaal. Tellen met twee tegelijk wordt ook wel tellen met sprongen genoemd, in dit geval dus met sprongen van twee. Je kunt ook tellen met sprongen van vijf of van tien. Het tellen met sprongen is een vorm van verkort tellen en is een voorbereiding op het leren vermenigvuldigen.

Structuur

Tellen met sprongen

VRAGEN EN OPDRACHTEN

1.1 Kijk naar de videofragmenten over tellen en getallen, die je op de website vindt. Welke kerninzichten spelen hier een rol?

1.2 Je kunt kinderen met verschillende vragen en opdrachten stimuleren om te gaan tellen. Bijvoorbeeld:
a Tel jij de kinderen maar!
b Hoeveel kinderen zijn er?
c Zijn er genoeg scharen voor alle kinderen?

Vergelijk vraag a, b en c op hun bruikbaarheid in verschillende situaties, de te verwachten reacties van kinderen en het leereffect.

1.3 Kijk terug naar het voorbeeld van Sem in subparagraaf 1.3.1. Sem steekt vier vingers op om te laten zien hoeveel jaar hij is. Welke verschillende functies van getallen spelen daar een rol?

1.4 Beschrijf een activiteit waarbij kinderen op een natuurlijke wijze uitgenodigd worden om resultatief te tellen in een hoek die is ingericht als schoenwinkel.

1.5 Kennisbasis

Kleuters maken kennis met getallen, de verschillende functies en representaties van getallen. Hoe goed ben jij zelf thuis in de getallenwereld? Kun jij handig tellen, kun je redeneren met negatieve getallen en ken je de wetenschappelijke notatie van getallen?

Hoe staat het met jouw wiskundige en vakdidactische kennis en inzichten op het gebied van getallen?

VRAGEN EN OPDRACHTEN

1.5 Sinaasappelstapel

Brabants dagblad, 5 DECEMBER 2011

KAATSHEUVEL – 5500 sinaasappels werden zondag in Kaatsheuvel binnen 5,5 uur tot een toren van bijna 2 meter hoog gestapeld. Volgens Luuk Broos, de initiatiefnemer, is daarmee een nieuw wereldrecord sinaasappel stapelen neergezet. ‘Het was ontzettend spannend,’ aldus Broos. ‘Vooral als er weer eens een hoek wegrolde.’ Broos heeft al het wereldrecord champagneglazen vullen (43.680 glazen) op zijn naam staan.

a In afbeelding 1.12 zie je hoe je een stapel maakt van tien sinaasappels. Hoeveel sinaasappels zijn er nodig voor een stapel met vier lagen? En voor vijf lagen? Welke systematiek herken je?

AFBEELDING 1.12 A, B, C Sinaasappelstapel

b Hoeveel lagen heeft een sinaasappelstapel van vijfhonderd sinaasappels die volgens deze systematiek is opgebouwd?

c Je kunt het aantal sinaasappels van een stapel met n lagen berekenen met behulp van de formule $\frac{1}{6}n(n+1)(n+2)$. Hoeveel sinaasappels heeft een stapel met twintig lagen (n = 20)? En een stapel met dertig lagen?

d Hoeveel lagen heeft de sinaasappelstapel van 5.500 sinaasappels in het persbericht? Is de 5.500 in het persbericht een exact of een afgerond getal?

1.6 Redeneren en rekenen met negatieve getallen

Welk getal hoort bij de pijl?

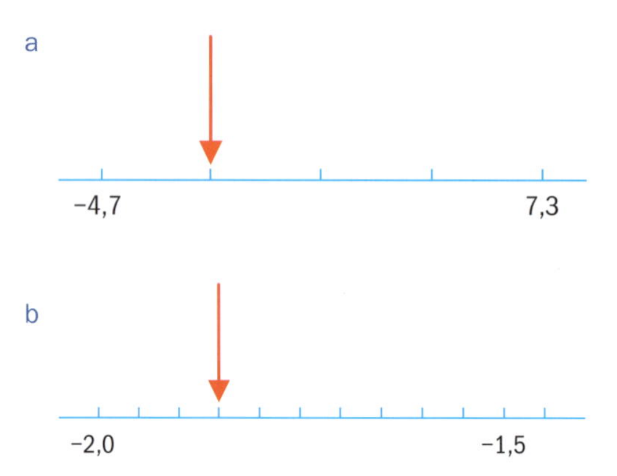

c Teken boven getallenlijn a vanaf het getal bij de pijl een sprong naar links naar het getal −4,7. Welke aftrekopgave hoort daarbij? Daarna vanaf het getal bij de pijl een sprong naar rechts naar het getal 7,3. Welke optelopgave hoort daarbij?

d Doe de opdracht bij c ook voor getallenlijn b. Hoe kan zo'n getallenlijn leerlingen in de brugklas helpen als ze leren optellen en aftrekken met negatieve getallen?

e Je hebt in dit hoofdstuk vijf verschillende functies van getallen leren kennen. In welke twee getalfuncties kom je negatieve getallen vooral tegen?

Negatief getal

Functies van getallen

1.7 Wetenschappelijke notatie van getallen

a Schrijf op volgorde van klein naar groot

$$4 \text{ miljard} \quad \frac{4}{100} \quad 4{,}4 \times 10^6 \quad 4 \times 10^{-3} \quad 40.000.000 \quad 1{,}4 \times 10^{12}$$

b Spreek de getallen uit.

c 4×10^6, 4×10^{-3} en $1{,}4 \times 10^{12}$ zijn getallen die geschreven zijn 'in de wetenschappelijke notatie': als een getal tussen 1 en 10 maal een macht van tien. Schrijf ook de andere drie getallen in de wetenschappelijke notatie. Wat is het nut van de wetenschappelijke notatie?

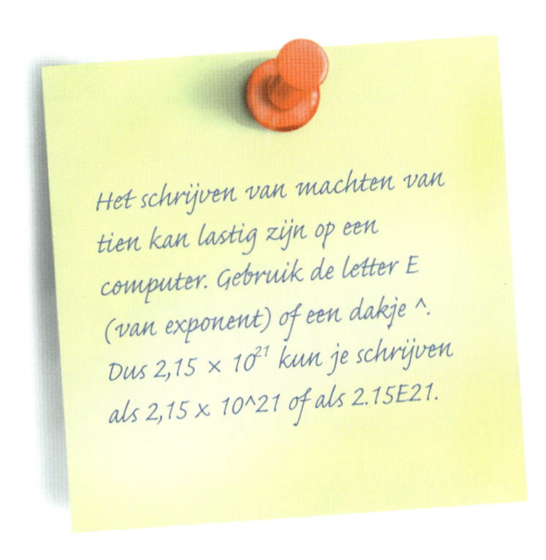

Meer oefenopgaven vind je in hoofdstuk 13, opgave 1 tot en met 8 en 43.

Samenvatting

De samenvatting van dit hoofdstuk staat op www.rwp-kerninzichten.noordhoff.nl.

In dit hoofdstuk ben je de volgende begrippen tegengekomen:

Akoestisch tellen
Betekenisvol
Cijfer, cijfersymbool
Driehoeksgetal
Functies van getallen
Getal
Getalbeeld
Hoeveelheidsgetal
Interactie
Kardinale of hoeveelheidsfunctie
Meetgetal
Naamgetal
Natuurlijk getal
Objectgebonden handelen
Observeren
Ordinale of ordeningsfunctie
Rekengetal
Representatie, representeren
Resultatief tellen
Structuur
Synchroon tellen
Telgetal
Tellen
Tellen met sprongen
Telrij
Verkort tellen
Vijfstructuur
Vragen stellen
Zone van de naaste ontwikkeling

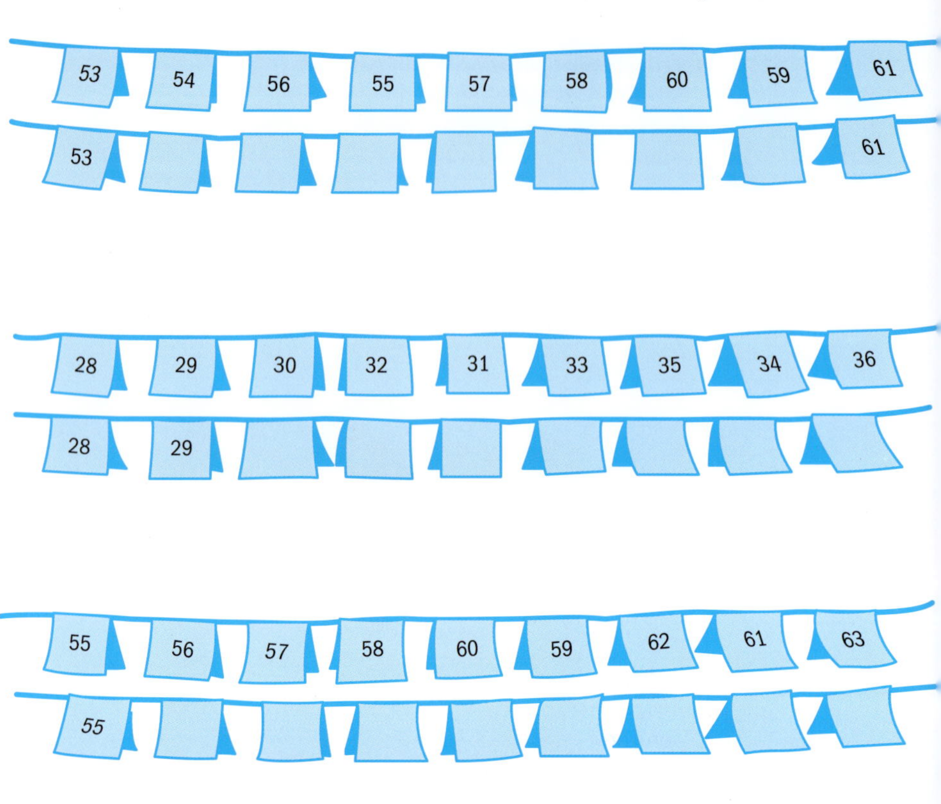
53
54
56
55
57
58
60
59
61
53
61
28
29
30
32
31
33
35
34
36
28
29
55
56
57
58
60
59
62
61
63
55

2
Tientallig stelsel

Het getalsysteem dat wereldwijd gebruikt wordt, is een decimaal positioneel getalsysteem.
Dit hoofdstuk beschrijft de inzichten die kinderen nodig hebben om vertrouwd te raken met dat systeem. De praktijkvoorbeelden laten zien hoe zij die inzichten verwerven en leren benutten.

Overzicht kerninzichten

Bij het tientallig stelsel gaat het erom dat kinderen het inzicht verwerven dat:

- het efficiënt is om aantallen te bundelen in bundels van tien, honderd, duizend, enzovoort (kerninzicht tientallige bundeling)

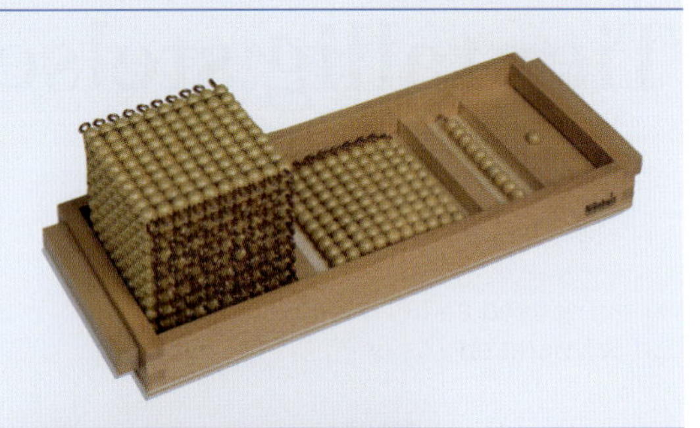

- de waarde van een cijfer in een getal afhangt van de plaats waar het cijfer staat (kerninzicht plaatswaarde)

Deze kerninzichten sluiten aan bij de kerndoelen 23 tot en met 26:

23 De leerlingen leren wiskundetaal gebruiken.

24 De leerlingen leren praktische en formele rekenwiskundige problemen op te lossen en redeneringen helder weer te geven.

25 De leerlingen leren aanpakken bij het oplossen van reken-wiskundeproblemen te onderbouwen en leren oplossingen te beoordelen.

26 De leerlingen leren structuur en samenhang van aantallen, gehele getallen, kommagetallen, breuken, procenten en verhoudingen op hoofdlijnen te doorzien en er in praktische situaties mee te rekenen.

In de referentieniveaus staat vermeld dat kinderen op 12-jarige leeftijd moeten weten en begrijpen hoe ons tientallig positiestelsel is opgebouwd. Ze moeten de betekenis en waarde van cijfers en hun plaats in getallen kennen (honderdduizendtallen – tienduizendtallen – duizendtallen – honderdtallen – tientallen – eenheden – tienden – honderdsten – duizendsten). Ze moeten getallen kunnen splitsen, ook in duizendsten, tienduizendtallen, honderdduizendtallen en miljoenen, en in dit getalgebied getallen kunnen aanvullen tot ronde getallen. Voor niveau 1S geldt bovendien dat kinderen ook moeten begrijpen dat cijfers (0 tot en met 9) symbolen zijn, die gebruikt worden om getallen te noteren, en dat de waarde van een cijfer wordt bepaald door de plaats waar het cijfer staat in het getal. De nul is van belang om de waarden van andere cijfers in een getal correct te kunnen interpreteren. Kinderen moeten begrijpen wanneer de nul wel, en wanneer hij niet weggelaten mag worden.

2.1 Tientallige bundeling

Wij zijn gewend aan een tientallig getalsysteem. Kinderen moeten nog leren hoe dat werkt en wat er de voordelen van zijn.

2.1.1 Praktijkvoorbeelden

Drie voorbeelden van heel verschillende situaties laten zien hoe kinderen ontdekken dat het handig is om tien losse objecten samen te nemen in groepjes van tien.

Tanisha (7 jaar) rekent bij de supermarkt drie pakjes kauwgom af van €1,25 per stuk. Ze keert haar portemonneetje helemaal om. Er rolt heel veel klein muntgeld uit, waaronder één munt van 2 euro en één munt van 1 euro.
'Zal ik het zo klein mogelijk doen?' vraagt de caissière. Tanisha knikt. De caissière begint in rap tempo muntjes van 5 cent bij elkaar te leggen en komt op twee maal twintig stuks. Dan begint ze aan de muntjes van 10 cent.
'Kijk maar of de caissière het goed doet', zegt de volgende klant tegen Tanisha. De caissière kijkt verstoord op. Tanisha wacht in goed vertrouwen af welke munten ingenomen worden.

De caissière pakt het tellen van de grote hoeveelheid muntgeld handig aan: twintig muntjes van 5 cent zijn samen een euro. Ze laat de twintig muntjes in een geordende rechthoek liggen en legt er nog zo'n zelfde rechthoek met muntjes van 5 cent naast. Je overziet gelijk dat dit 2 euro is. Dan ziet ze dat er niet nog eens twintig muntjes van 5 cent zijn en zoekt tien muntjes van 10 cent bij elkaar.
Het benodigde bedrag wordt afgemaakt met een munt van 50 cent, een van 20 cent en nog eentje van 5 cent. Het ordenen van de munten in groepjes ter waarde van een euro geeft overzicht en zekerheid over de juistheid van de telling.

In een potje zitten 83 fiches. Juf Caroliene vraagt aan Rordy om ze te tellen. Rordy telt de fiches één voor één (clip 2.1).
Juf Caroliene: 'Nou heb ik laatst ook iemand gehoord die zei: ik leg het in een rijtje van tien.' Juf begint rijtjes van tien te maken. Als ze vier rijtjes gelegd heeft, ziet Rordy meteen dat daar veertig fiches liggen.

Juf Caroliene: 'Hoe zie je dat zo snel?'
Rordy: 'Een, twee, drie... hier zijn er tien van, en als je die bij elkaar telt, zijn het er veertig.'
Juf Caroliene: 'Als we er nog een rijtje van tien onder leggen?'
Rordy: 'Vijftig en dan zestig, zeventig, tachtig, negentig.'

AFBEELDING 2.1 Rordy telt fiches

Juf Julia laat de kinderen van groep 4 regelmatig tellen tot honderd. De kinderen beheersen de grote telrij van 10, 20, 30 enzovoort, en tellen goed verder bij de overgang naar het volgende tiental, dus wat er komt na bijvoorbeeld 29 of 39.
Nu gaat de juf verder met het springspel. Ze doet het eerst zelf voor. Ze springt met vier sprongen van 10 en twee huppen van 1 naar 42. De kinderen mogen raden waar ze uit is gekomen. Ongeveer de helft van de kinderen aan wie ze het vraagt, geeft het goede antwoord; de andere kinderen zeggen 6, 18, 41 of 60.

I Probeer de vier antwoorden van de kinderen te verklaren.

Telrij
Structuur

Het kunnen opzeggen van de telrij geeft nog niet de garantie dat de kinderen doorzien hoe getallen zijn opgebouwd. Als je als leerling die structuur wel doorziet, weet je: als de juf vier sprongen van 10 maakt en twee van 1, komt ze uit bij 42. En niet bij 6 (zes sprongen van 1), 60 (zes sprongen van 10), 18 (vier sprongen van 4 en twee van 1) of 41 (vier sprongen van 10 en maar één van 1), of nog ergens anders.

2.1.2 Kerninzicht bundeling

Het samennemen van losse objecten in groepjes van tien is een belangrijk kerninzicht.

Kinderen verwerven het inzicht dat het efficiënt is om aantallen te bundelen in bundels van tien, honderd, duizend, enzovoort.

Bundelen
Getalsysteem

Bij het tellen van grotere hoeveelheden is het efficiënt om te bundelen, om groepjes te maken. Het bundelen in groepjes van tien (of honderd bij grote hoeveelheden) is het handigst, omdat dit precies aansluit bij ons tientallige getalsysteem. Veel kinderen ontdekken spontaan dat het handig is om

AFBEELDING 2.2 Tientallige bundeling

gelijke groepjes te maken als je ze de opdracht geeft een grote hoeveelheid te tellen. Toch is de overstap van het tellen van eenheden naar het tellen van groepjes van tien voor sommige leerlingen een moeilijke stap. Als je terugkijkt naar de praktijkvoorbeelden hiervoor, zie je dat:

- het overzien van een grotere hoeveelheid losse voorwerpen gemakkelijker is als je daarin een structuur aanbrengt, met name een tienstructuur
- het springen van getallen in groep 4 een oefening is om de tientallen en de eenheden in een getal te leren onderscheiden. Het getal 42 kun je representeren met vier sprongen voor vier tientallen en twee hupjes voor twee eenheden.

Tienstructuur

Representeren

De opbouw van onze getallen is tientallig, dat wil zeggen dat we grotere hoeveelheden bundelen in tientallen, honderdtallen, duizendtallen, enzovoort. Als we tien 'lossen' of eenheden geteld hebben, maken we daar als het ware één bundel van en noteren die als één tiental. Daarna tellen we verder met eenheden tot we twee tientallen hebben, enzovoort. Na tien tientallen noteren we dat als één honderdtal en zo gaat het bundelen alsmaar door (zie afbeelding 2.3). Het bundelen van tien leidt tot een tientallig of decimaal talstelsel. De bundeling van tien is ooit zo gekozen, waarschijnlijk omdat wij tien vingers hebben. We hadden ook bundels kunnen maken van zestig, zoals in het oude Babylonië. De Babyloniërs werkten met een zestigtallig of sexagesimaal talstelsel. Daaraan danken wij nog steeds de onderverdeling van een uur in zestig minuten en een minuut in zestig seconden. Computers werken met bundels van twee: een binair talstelsel.

Eenheid
Tiental
Honderdtal
Talstelsel
Sexagesimaal
Binair

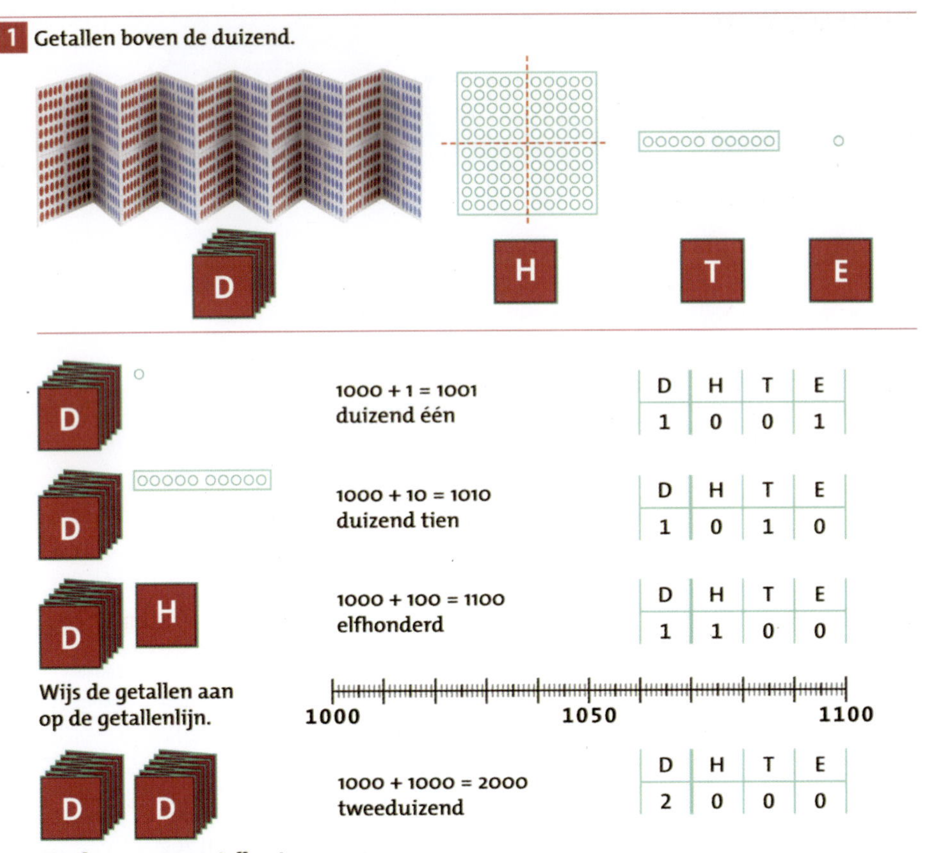

AFBEELDING 2.3 Getallen boven de duizend

Waaraan herken je het kerninzicht bundelen bij leerlingen?

Bundelen

Uit welke kennis of handelingen van een leerling kun je als leerkracht opmaken dat een leerling inzicht toont in het tientallig bundelen van aantallen? Dat inzicht kan sterk verschillen in niveau en kun je vaststellen als een leerling:

- bij het tellen van een grote hoeveelheid groepjes maakt om overzicht te krijgen
- bij het tellen van grote hoeveelheden waar mogelijk groepjes van tien kiest
- een gegeven hoeveelheid, die geordend is in groepjes van tien, makkelijk met tien tegelijk telt, bijvoorbeeld heel snel 75 blokjes telt als er zeven groepjes van tien en vijf losse blokjes liggen, en tegelijk aanwijst en benoemt: 10, 20, 30, 40, 50, 60, 70, 75
- tien bundels van tien samenvoegt tot een bundel van honderd
- in getallen de opbouw in eenheden, tientallen, honderdtallen, enzovoort herkent
- gebundelde aantallen correct in een getal kan benoemen, bijvoorbeeld vier sprongen van tien en twee kleine hupjes kan benoemen als 42
- weet dat je bij 49 op de kralenketting uitkomt als je vijf keer een groepje van tien kralen afpast en er daarna eentje weer terugschuift

2.2 Positiewaarde

Getallen noteren wij volgens een wiskundige systematiek: een positioneel systeem. Dat houdt in dat de plaats waar een cijfer staat in een getal bepalend is voor de waarde die het heeft.

2.2.1 Praktijkvoorbeelden

De volgende voorbeelden laten zien wat kinderen moeten leren om getallen te kunnen noteren.

Een getallendictee in groep 4. De juf noemt een getal en de kinderen schrijven het op. Het begint makkelijk: 'vierentwintig', 'zesendertig'. De grotere getallen vinden de kinderen soms nog lastig: 'achtenzestig', 'drieënnegentig'. Als laatste getal vraagt juf 'honderdéén'. Daan noteert 1001 en legt tevreden zijn blaadje op de hoek van zijn tafel.

Wat is de gedachtegang van Daan? Bedenk eens een paar moeilijke getallen voor een getallendictee in groep 7.

Ook in de bovenbouw wordt geoefend met het schrijven van getallen. Een getallendictee in groep 7 verloopt op dezelfde manier als in groep 4, maar hier worden natuurlijk andere getallen gevraagd: 'tweehonderdduizend', 'drie miljoen', 'twaalfduizend zevenhonderd', 'vier en vijf tienden', 'tweehonderdachttien en vijf honderdsten'.
Bij het nakijken blijkt dat Mark bij de laatste opgave 218,005 geschreven heeft. Juf loopt even naar Mark toe en vraagt hem om uit te spreken wat hij geschreven heeft. 'Tweehonderd achttien komma nul nul vijf', zegt Mark. Juf kijkt teleurgesteld. 'O nee, tweehonderd achttien en vijf ... honderdsten.' 'Waarom honderdsten?' vraagt juf. 'Omdat honderd twee nullen heeft', zegt Mark aarzelend.

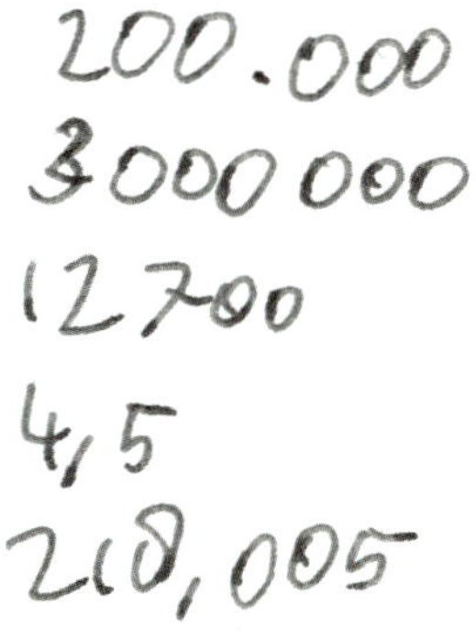

200.000
3000 000
12700
4,5
218,005

AFBEELDING 2.4 Werk van Mark

Cijfersymbool

Decimaal positioneel getalsysteem

Bij het schrijven van getallen moet je weten dat de plaats waar een cijfer staat, bepalend is voor de waarde die het heeft. Als je 1001 opschrijft, dan is het cijfersymbool 1 aan de rechterkant precies één waard, maar hetzelfde symbool links is een duizendtal waard, omdat zijn positie anders is. Dit is een tweede facet van ons decimaal positioneel getalsysteem, naast de tientallige bundeling.

Symmetrie

De tientallige verfijning vraagt extra aandacht. We markeren de positie van de eenheden door er een komma achter te plaatsen en noteren daarna tienden, honderdsten, duizendsten, enzovoort. Sommige kinderen vinden dit lastig, vooral als ze een perfecte symmetrie veronderstellen, die er niet is: de tientallen staan op de tweede plaats naar links, maar de tienden direct rechts naast de komma; de honderdtallen staan op de derde positie, maar de honderdsten op de tweede plaats naar rechts.

2.2.2 Kerninzicht positiewaarde

Het positioneel getalsysteem bepaalt hoe wij getallen noteren.

> Kinderen verwerven het inzicht dat de waarde van een cijfer in een getal afhangt van de positie waar het cijfer staat.

Plaatswaarde of positiewaarde

Cijfersymbool

Positioneel getalsysteem

Het getalsysteem waaraan wij gewend zijn, is gebaseerd op het bundelen in groepen van tien, tien maal tien, tien maal tien maal tien, enzovoort. We noteren eenheden, tientallen, honderdtallen, en zo verder van rechts naar links. Dit is een praktische afspraak, het had ook van links naar rechts gekund. Als iedereen die afspraak nakomt, begrijpen we wat een getal betekent. De plaats waar een cijfer staat, bepaalt wat dat cijfer waard is; we noemen dat plaatswaarde of positiewaarde. Kijk bijvoorbeeld eens naar het getal 202,5. Het cijfersymbool 2 aan de linkerkant is niet hetzelfde waard als die andere 2. Het zijn allebei tweebundels, maar door de positie wordt bepaald dat het linkercijfer tweehonderd waard is, en de 2 voor de komma slechts twee eenheden. De nul kun je niet weglaten in dit getal, want dan staat er 22, een heel ander getal. De nul heeft hier dus de essentiële betekenis van nul tientallen. De 5 staat voor vijf tienden, dus 0,5. Uitgeschreven kun je 202,5 zien als $2 \times 100 + 0 \times 10 + 2 \times 1 + 5 \times 0{,}1$. Omdat de positie waarop het cijfer staat, bepalend is voor de waarde die het heeft, noemen we dit een positioneel getalsysteem.

I Hoeveel kost een liter eurobenzine (zie afbeelding 2.5)?

Gebruikelijk is om geldbedragen te schrijven met twee cijfers achter de komma. De honderdsten geven eurocenten aan. Wat is dat kleine negentje dan in de prijs van een liter eurobenzine? Het is minder dan een cent. De positiewaarde maakt het exact duidelijk: 0,9 eurocent.

Decimaal positioneel getalsysteem

Andere talstelsels

Ons getalsysteem heet een decimaal positioneel getalsysteem. In de vorige paragraaf zag je al dat er ook zestigtallige en tweetallige talstelsels gebruikt

AFBEELDING 2.5 Benzineprijzen

zijn of worden. Verder hoeft een getalsysteem niet positioneel genoteerd te worden. De Romeinse getallen zijn niet positioneel: de X betekent altijd tien en de C betekent altijd honderd. Het Romeinse getal CXX schrijven wij als 120. Je ziet dat de Romeinen geen nul nodig hadden om aan te geven dat er geen eenheden zijn. De waarde van een letter hangt niet af van de positie waarop die letter staat, zoals in ons positionele getalsysteem wel het geval is.

AFBEELDING 2.6 Romeins jaartal

Waaraan herken je het kerninzicht positiewaarde bij leerlingen?

Positiewaarde

Uit welke kennis of handelingen van een leerling kun je als leerkracht opmaken dat een leerling inzicht toont in positiewaarde? Dat inzicht kan sterk verschillen in niveau en kun je vaststellen als een leerling:

- weet dat het getal 456 betekent: 400 en 50 en 6; vier honderden, vijf tientallen en zes eenheden
- onmiddellijk weet, zonder tellen, dat 40 + 8 = 48 en dat 68 – 8 = 60
- in een keer ziet dat het getal 87 gesplitst kan worden in 80 en 7
- 567 + 344 kan uitrekenen door te splitsen in 500 + 300, 60 + 40 en 7 + 4, deze apart op te tellen en de drie uitkomsten van de deelopgaven samen te nemen
- weet dat 8899 links naast 8900 op de getallenlijn ligt
- 0,375 precies kan aanwijzen (tekenen) op de getallenlijn
- weet en begrijpt dat 0,589 kleiner is dan 0,61

2.3 Leerlijn tientallig stelsel

Bundelen
Plaatswaarde

Deze paragraaf beschrijft hoe kinderen geleidelijk aan vertrouwd raken met ons decimaal positioneel getalsysteem. Het inzicht heeft twee aspecten: tientallige bundeling en plaatswaarde. In de leerlijn start je met het principe van het bundelen. Als het gaat om getallen tot 100 (meestal groep 4), komt daarnaast aandacht voor plaatswaarde aan de orde.

Systematiek in de telrij

Telrij

Bij het leren van de telwoorden tot 20 in groep 1 en 2, en tot 100 in groep 3 en 4, ontdekken kinderen dat daarin een systematiek zit: na elk volgend tiental komt de korte telrij van 1 tot en met 9 terug, en de grote telrij 10, 20, 30, 40 is net zo opgebouwd als de korte telrij.
Hanneke (6 jaar) laat zien dat ze de regelmaat heeft ontdekt als ze vraagt: 'Waarom is het geen acht, negen, tien, eenentien, tweeëntien, drieëntien?'

?

Hoe zit het met de systematiek van de telwoorden in het Engels? Wat valt je daaraan op?

Bij het noteren van de getallen is de systematiek duidelijk te zien. Toch brengt het noteren een probleempje met zich mee voor de leerlingen, omdat onze Nederlandse uitspraak van de getallen niet precies gelijk loopt met de notatie. Het getal 52 spreken wij uit als tweeënvijftig en niet als vijftig-en-twee, de logische volgorde die in de meeste andere talen gebruikelijk is. Kinderen hebben het nogal eens moeilijk met het noteren van de getallen en zijn bijvoorbeeld geneigd om 34 te schrijven als 43 of omgekeerd. Dit probleem hebben Engelse kinderen niet: vanaf 20 is hun telrij logisch en consistent.

Tientallige bundeling

Het herkennen van de systematiek in de telrij betekent nog niet dat alle kinderen daarmee ook begrijpen dat wij bundelingen maken van tientallen en dat je ook de tientallen zelf kunt tellen. Dat is een apart inzicht.

Bundelen

Bundelen is efficiënt bij grotere hoeveelheden. Vandaar dat het vooral aandacht krijgt in groep 4, als er geteld en gerekend wordt met getallen tot honderd. Maar ook in de groepen 1, 2 en 3 kunnen kinderen al kennismaken met het nut van bundelen of groeperen. Bij minder grote hoeveelheden is een bundeling in vijven zinvol. De vijfstructuur herkennen kinderen in de vingers van een hand. Tellen met vijf tegelijk gebruikt men ook bij het zogenaamde turven.

Vijfstructuur

Voorbeelden van een activiteit waarbij kleuters ervaring kunnen opdoen met het nut van bundelen en turven zijn niet moeilijk te bedenken. Laat de kinderen bijvoorbeeld bij een spelletje kegelen zelf bijhouden hoeveel kegels ze omgooien. Bespreek in de kring hoe je dat zo kunt noteren dat je snel kunt zien wie de meeste kegels omgooide. Werk toe naar het turven.
In afbeelding 2.7 zie je een kleuter die bijhoudt hoeveel dagen het duurt tot de amaryllisbol in bloei staat.

AFBEELDING 2.7 Turven

Als er gewerkt wordt met hoeveelheden groter dan twintig – dat is meestal in groep 4 – wordt het zinvol om te bundelen in groepjes van tien.

Contexten voor de bundeling van tien

Contexten en modellen zijn belangrijke didactische hulpmiddelen, die kinderen inzicht kunnen geven in de tientallige bundeling. Je kunt kinderen inzicht geven in de tientallige bundeling door passende contexten en modellen te gebruiken.

Context

Een geschikte context is het laten tellen van grote hoeveelheden, bijvoorbeeld een grote hoeveelheid lucifers. Kinderen zullen ontdekken dat het handig is om groepjes te maken. Groepjes van tien zijn bovendien makkelijk te tellen: 10, 20, 30, …

Tienstructuur

Ook met een geldcontext kun je de kinderen het bijzondere van de tienstructuur laten ervaren, zoals in het voorbeeld hierna.

De meester vertelt aan groep 4 over zijn dochter die sinds kort iedere week oppast op de kinderen van de buren. Ze verdient daarmee 10 euro per avond; ze wil dit geld sparen om er iets moois van te kopen. Voordat ze ging oppassen, had ze al 16 euro in haar geldkistje. De meester tekent het geld dat ze had op het bord: een tientje, een briefje van vijf en een munt van 1, en schrijft het bedrag erbij (zie afbeelding 2.8).

€10 €5 €1 €16

AFBEELDING 2.8 Startkapitaal: 16 euro

Hij vraagt de kinderen te tekenen hoeveel geld zijn dochter had na een week oppassen, en er ook het totaal bij te schrijven. De kinderen nemen de tekening van het bord over; sommigen tekenen er losse munten bij, anderen tekenen er een extra briefje van tien bij. De meester laat beide soorten tekeningen zien aan de kinderen en vraagt ook aan welke tekening zij het snelst zien hoeveel zijn dochter nu heeft (zie afbeelding 2.9).

AFBEELDING 2.9 Elke week een tientje meer…

Sommige kinderen krijgen al door dat het tekenen van een extra tientje het snelste zicht geeft.

Vervolgens herhaalt hij de vraag nog een aantal keer: hoeveel heeft ze na twee weken oppassen? En na drie? Steeds tekenen de kinderen de hoeveelheid geld en bespreekt de meester de tekeningen en de uitkomst. Hij zet de berekening en de uitkomst ook in formele taal op het bord (zie afbeelding 2.10).

AFBEELDING 2.10 Na drie keer oppassen

Ten slotte stelt hij de vraag: 'Valt jullie iets op als je kijkt naar deze getallen? Hoe zou dat komen?'

De meester uit het voorgaande praktijkverhaal laat zien hoe je uitgaande van een context de kinderen tot niveauverhoging kunt stimuleren. Eerst rekenen ze door te tekenen, dus op schematisch niveau. Door zijn vragen probeert hij ze de regelmaat te laten zien in de getallen en daarmee te komen op het formele niveau. Een mooie vervolgvraag zou nog zijn: wat denk je dat het volgende getal wordt?

Schematisch

Formeel niveau

Modellen voor de bundeling van tien

De bundeling van tien kun je mooi laten zien met een kralenketting met honderd kralen, die tien om tien gekleurd zijn. Laat de kinderen ontdekken dat je, als je de kralen telt, aan het eind van een rijtje rode of witte kralen steeds een rond getal noemt: 10, 20, 30.

Hoe kun je observeren of een kind de bundeling van tien gebruikt bij het werken met de kralenketting?

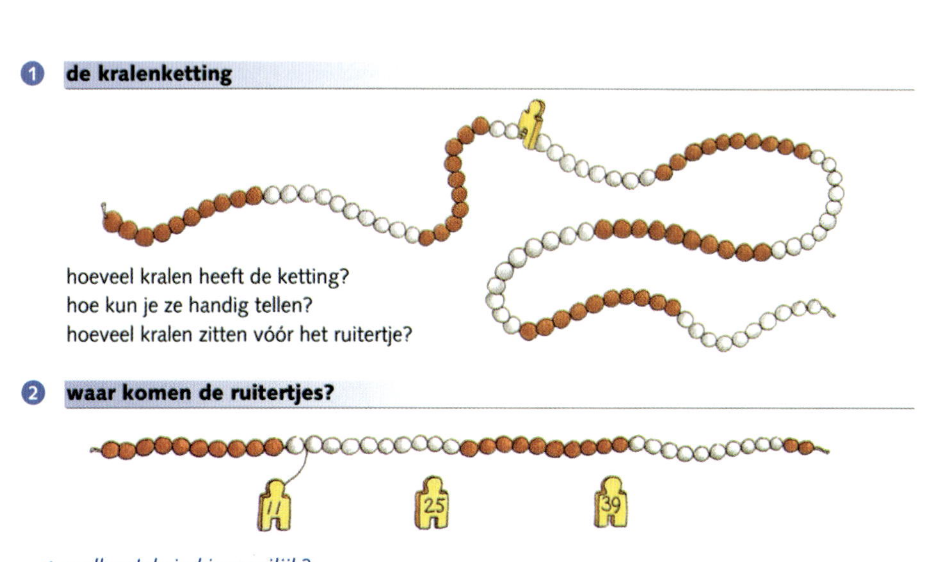

AFBEELDING 2.11 De kralenketting

Laat kinderen vertellen hoe ze de 45ste kraal gevonden hebben: door één voor één te tellen, of via 10, 20, 30, 40, en dan vijf verder. In dat laatste geval wordt de tienstructuur functioneel gebruikt. Laat kinderen daarna de 45ste kraal opzoeken. Schrijf het getal 45 ook op en bespreek wat de vier en de vijf betekenen.

Tienstructuur

Getallenlijn

De kralenketting kan na enige tijd geschematiseerd worden tot een getallenlijn op het bord. Zorg voor een soepele overgang, waarbij de ketting boven de getallenlijn hangt. Op de getallenlijn kunnen alle tientallen genoteerd worden, maar gaandeweg wordt de getallenlijn 'leeg'. Kinderen moeten dan zichzelf kunnen voorstellen waar ongeveer het getal 53 zit, en waar 96.

Lijnstructuur
Groepjesmodel

De kralenketting en de getallenlijn hebben een lijnstructuur. Een andere structuur die de tientalligheid goed laat zien, is het groepjesmodel. Hieronder zie je een aantal voorbeelden (zie afbeelding 2.12 a en b: groepjesmodellen met een tientallige structuur).

Bij de opgave met de eierdozen bespreek je met de kinderen hoe je handig kunt vaststellen hoeveel eieren er zijn. Laat het getal opschrijven: 'Waarom 64 en geen 46?' Laat ook op de getallenlijn deze hoeveelheid zien. De kinderen leren zo de overeenkomst zien tussen alle manieren van weergeven van getallen. In hogere groepen komt ook de bundeling in honderdtallen, duizendtallen en zo verder er nog bij. Steeds komt de bundeling in tien keer zo grote hoeveelheden terug.

Plaatswaarde

Plaatswaarde

Samen met de bundeling van tien komt bij de verkenning van de getallen tot honderd in groep 4 het inzicht in de plaatswaarde aan de orde. In het getal 45 is de 4 veertig waard omdat hij links van de 5 staat, die gewoon vijf (eenheden) waard is. Kinderen leren de termen 'eenheden' of 'lossen' en 'tientallen'. In groep 5 komen daar de 'honderdtallen' en 'duizendtallen' bij.

Positieschema

Een positieschema laat schematisch zien op welke positie de honderdtallen in een getal staan. Het is gebruikelijk om deze te noteren in hoofdletters, in de volgorde waarin ze in getallen staan, dus H T E of D H T E.

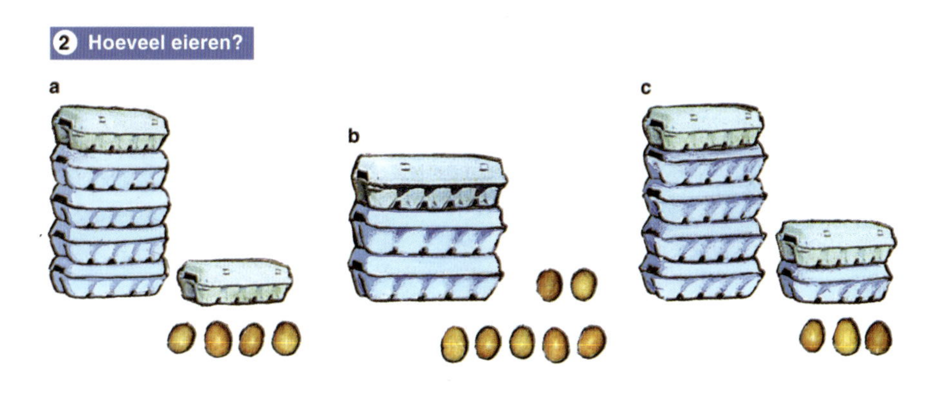

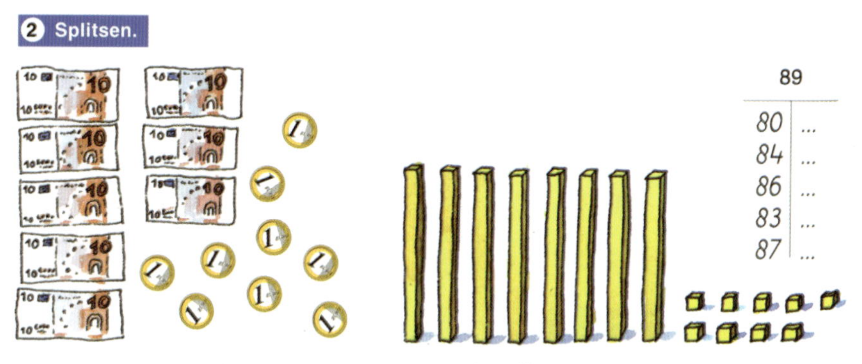

AFBEELDING 2.12 A EN B Groepjesmodellen met een tientallige structuur

D	H	T	E

10^3	10^2	10^1	10^0

AFBEELDING 2.13 Positieschema DHTE

In de bovenbouw breidt het getallengebied zich nog veel verder uit, naar het tellen en rekenen met tienduizenden (groep 6), honderdduizenden (groep 7) en miljoenen (groep 8). Belangrijk blijft dat kinderen inzien dat iedere positie die erbij komt, weer een waarde heeft die tien keer zo groot is als de vorige. Afbeelding 2.13b laat de opbouw van het getalsysteem zien als machten van tien. Tien tot de macht 0 is 1, tien tot de macht 1 is 10, tien tot de macht 2, ofwel tien kwadraat, is 100, en tien tot de macht 3 is 1000. Kinderen leren de getallen noteren en benoemen tot 1 miljard. Voor hun leraren geldt dat zij ook weten dat duizend miljard een biljoen heet, duizend biljoen heet biljard, duizend biljard heet triljoen en zo verder triljard, quadriljoen en quadriljard. Zie tabel 2.1.

Macht

Kwadraat

Biljoen

Quadriljard

TABEL 2.1 Namen van grote getallen

10^3	duizend
10^6	miljoen
10^9	miljard
10^{12}	biljoen
10^{15}	biljard
10^{18}	triljoen
10^{21}	triljard
10^{24}	quadriljoen
10^{27}	quadriljard

2

Uitbreiding van het inzicht

Van het inzicht in het decimaal positioneel talstelsel wordt volop gebruikgemaakt bij het rekenen. Je ziet een voorbeeld uit groep 4 en een voorbeeld uit de bovenbouw.

Klaartje bekijkt een rijtje sommen:
5 + 4 =
15 + 4 =
25 + 4 =
55 + 4 =
95 + 4 =

Klaartje zucht ervan en denkt hardop: 'Veel getallen zeg, en wat worden die getallen groot.'
Juf vraagt: 'Valt je nog wat op aan de sommen?' Klaartje: 'Steeds 4 erbij, juf, maar het eerste getal is steeds anders.' Maar Klaartje blijft moeilijk kijken.

Analogie

Eenheid

Klaartje heeft waarschijnlijk nog niet het inzicht dat met 5 + 4 = 9 ook de uitkomst van de volgende sommen gemakkelijk bepaald kan worden. Altijd eindigt het antwoord op 9, omdat je steeds vijf eenheden en vier eenheden bij elkaar moet nemen, onafhankelijk van de tientallen die opgeteld moeten worden. Dit principe van de analogie is kenmerkend voor ons tientallige, positionele systeem. Het berekenen van 25 + 4 verloopt naar analogie van 15 + 4.
Iets vergelijkbaars doet zich voor wanneer je vanaf 23 met sprongen van tien gaat verder springen. Je komt dan steeds uit op een getal dat eindigt op het cijfer 3. Er worden alleen tientallen toegevoegd; het aantal eenheden blijft gelijk.

Het volgende rijtje sommen dat Klaartje moet maken, bestaat uit minsommen. Juf heeft er eentje op het bord voorgedaan: 34 – 7. Ze maakte eerst een sprong van vier terug, dan kwam je op de 30, en dan nog drie terug en je zat op de 27.

Klaartje gaat aan de slag met 25 – 7. Wat moest je ook alweer eerst doen? O ja, de zeven splitsen in vijf en twee. Maar 25 – 7, waar kom je dan uit? Naast Klaartje zit Christine. Die ziet wat Klaartje aan het doen is. 'Nee, joh', zegt ze, 'je moet eerst naar 20 springen.'

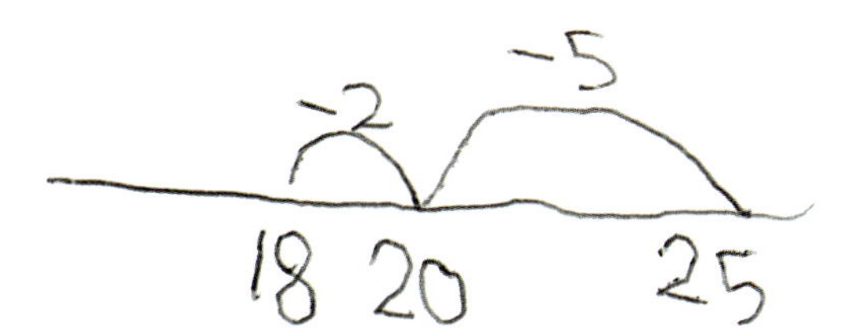

AFBEELDING 2.14 25 – 7 = 18 op de getallenlijn

Bij het aftrekken over het tiental is het belangrijk dat je kijkt naar de opbouw van het eerste getal om te zien hoe je het tweede getal handig kunt splitsen. Christine heeft dit door, Klaartje nog niet. Klaartje gaat niet af op de opbouw van het getal, maar zoekt haar houvast in het zo nauwkeurig mogelijk nadoen van wat de juf doet bij 34 – 7. Gelukkig biedt het model van de getallenlijn ondersteuning. Er moet ook al heel wat kennis en inzicht zijn om die berekening te maken. Je moet de structuur van 25 weten – hier dat 25 gesplitst kan worden in 20 en 5. Bovendien is het inzicht nodig dat 7 gesplitst moet worden in 5 en 2, om vervolgens eerst de 5 van de 25 af te halen en daarna nog 2 van de 20.

Splitsen

Getallenlijn

Maar ook in de bovenbouw zijn er veel opgaven waarbij kinderen inzicht in de tientalligheid nodig hebben. Neem bijvoorbeeld de opgave 20 × 743.

> Anthony rekent 20 × 743 uit door 2 × 743 te doen en dan een nul erachter. Waarom mag dat?

?

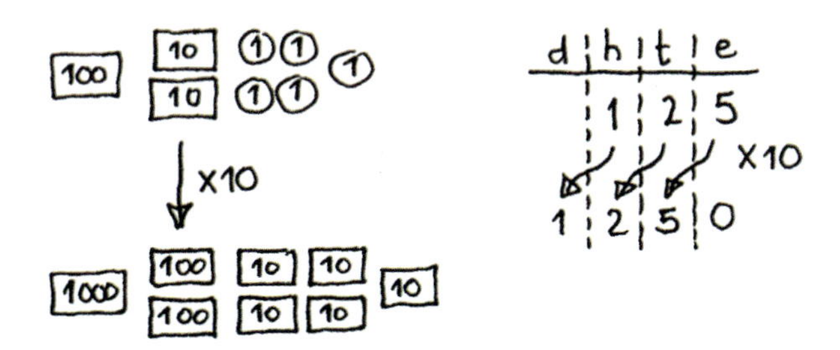

AFBEELDING 2.15 De nulregel

Het blijkt dat leerlingen de tijd nodig hebben om te wennen aan de 'nulregel': bij vermenigvuldigen van een getal met tien komt er een nul achter dat getal. Een enkele keer duidelijk uitleggen is niet genoeg. Laat kinderen onderzoeken hoe je tien keer of honderd keer een geldbedrag kunt uitrekenen.

Uitleggen

Reflecteren

Positieschema

Bijvoorbeeld: 10 × €43. Laat de kinderen nadenken over de vraag wat er met de getallen gebeurt. Hier is reflecteren zinvol! In de context van geldbedragen zien kinderen dat bij vermenigvuldigen met tien de euro's tientjes worden, de tientjes worden honderdjes. Genoteerd in een positieschema zie je dat er nul euro's overblijven; alle cijfers schuiven een positie naar links op. Zie afbeelding 2.15.

Het inzicht in het decimaal positioneel getalsysteem komt leerlingen later goed van pas bij het leren rekenen met kommagetallen.

VRAGEN EN OPDRACHTEN

2.1 Kijk naar de videofragmenten met gesprekjes over het tientallig stelsel, die je op de website vindt. Welke kerninzichten spelen hier een rol?

2.2 Getalpuzzel. Sanne heeft een getal in gedachten en zegt: 'Als ik achter mijn getal een nul zet, wordt het 108 groter. Wat is mijn getal?' Welk getal zou Sanne in gedachten hebben als het 234 groter werd? Welke kennis en welk inzicht moet je hebben om Sannes getal te vinden?

2.3 Reken met Romeinse cijfers de opgave 146 + 319 uit. Wat gaat er anders dan bij het optellen in een decimaal positioneel getalsysteem?

2.4 Kennisbasis

Binair getalsysteem

Hexadecimaal getalsysteem

Leerlingen leren dat het getalsysteem waarmee wij gewend zijn te werken, tientallig positioneel is opgebouwd. Computers rekenen met binaire getallen, ofwel tweetallig. In de computerwereld werkt men ook wel met hexadecimale getallen – zestientallig – omdat deze manier van representeren van getallen beter aansluit op de manier waarop computerapparatuur werkt. Kortom, het kan ook anders dan tientallig positioneel.

Hoe staat het met jouw wiskundige inzicht in de opbouw van getallen?

VRAGEN EN OPDRACHTEN

2.4 Turfjes turven

a Een parkeerwachter wil weten hoeveel auto's er op de parkeerplaats staan. Hij besluit de geparkeerde auto's te turven: hij zet voor elke auto een streepje en zet elk vijfde streepje dwars door de vier voorgaande (zie afbeelding 2.16).

De rij turfjes is zo lang dat de parkeerwachter, om meer overzicht te krijgen, daarna zijn turfjes gaat turven: een soort 'superturven' dus (ronde 2). Het aantal losse streepjes uit de eerste turfronde – dat waren er twee – noteert hij apart. De tweede ronde levert alsnog heel wat turfjes op. Er blijven er nog vier over, die hij weer als 4 noteert. De parkeerwachter is tevreden over zijn aanpak en doet een

AFBEELDING 2.16 Turven

derde ronde 'super-superturven'. De derde ronde levert op: één super-superturf en drie over. Hij noteert 13 voor de 42 die er al stond, dus 1342. Hoeveel auto's stonden er op het parkeerterrein?

b Op een volgende dag komt de parkeerwachter op dezelfde manier tot 2104. Hoeveel auto's zijn dat?

c Als er op een dag 376 auto's geparkeerd zijn, wat komt er dan op het blaadje van onze parkeerwachter te staan?

d Hoe staat het met het inzicht van de parkeerwachter in bundeling en positiewaarde?

2.5 Achttallig stelsel

Het octale talstelsel werkt niet zoals het decimale met het grondtal tien, maar met het grondtal acht. Men heeft daarin alleen de beschikking over de cijfers 0 tot en met 7.

voor **8** (decimaal) schrijft men **10** octaal (ofwel **1** x 8^1 + **0** x 8^0 decimaal)

voor **9** (decimaal) schrijft men **11** octaal (ofwel **1** x 8^1 + **1** x 8^0 decimaal)

voor **16** (decimaal) schrijft men **20** octaal (ofwel **2** x 8^1 + **0** x 8^0 decimaal) enzovoort

a Met welk tientallig getal komt 100 in het achttallige stelsel ('Land van Okt') overeen? En hoeveel is 1000 in het 'Land van Okt' bij ons?

b De methode *Rekenrijk* laat leerlingen in deel 8B rekenen in het achttallig systeem. Om verwarring te voorkomen noteert men hier achter elk achttallig getal een punt. Maak zelf de opgaven in afbeelding 2.17 op de volgende pagina.

c Omdat je zelf niet gewend bent achttallig te rekenen, kun je hierbij zelf ervaren wat de functie is van een rekenrek. Waarbij helpt het gebruik van het rekenrek?

2.6 Romeins rekenen

Het getalsysteem van de Romeinen is wel tientallig, maar niet positioneel.

a Hoe oud zijn deze gebouwen? Maak deze opgave voor groep 8 in afbeelding 2.18.

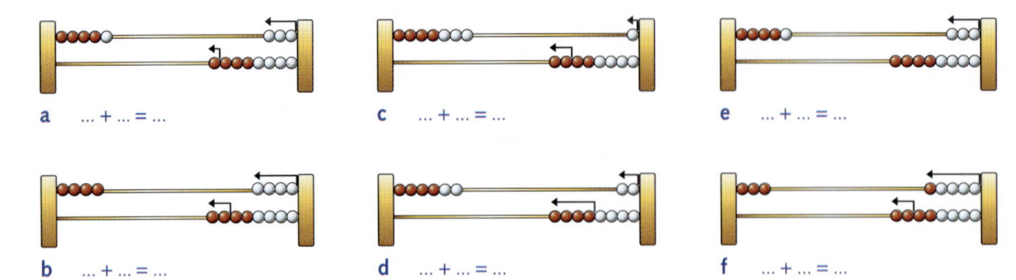

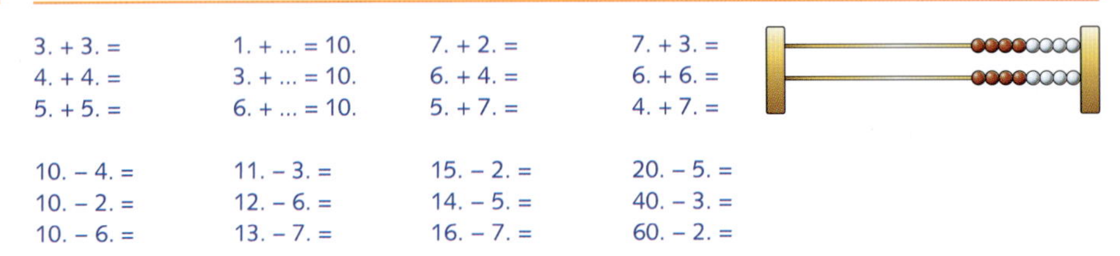

AFBEELDING 2.17 Land van Okt

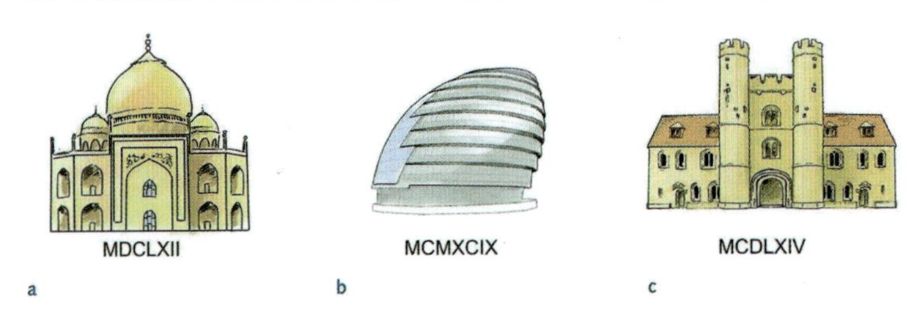

AFBEELDING 2.18 Hoe oud?

b Schrijf zelf in Romeinse cijfers: 150, 154 en 2045.
c Een toga kost CCXX sestertiën. Hoeveel kosten tien toga's? Geef het antwoord in Romeinse cijfers.
d Een fibula (speld) kost XIV sestertiën. Hoeveel kosten honderd fibulae? Geef het antwoord in Romeinse cijfers.
e Tien Romeinen gaan samen dineren. De rekening bedraagt MDCL sestertiën. Ze delen de rekening eerlijk. Hoeveel moet ieder betalen? Geef het antwoord in Romeinse cijfers.

Meer oefenopgaven vind je in hoofdstuk 13, opgave 9 tot en met 19, 38 en 72.

Samenvatting

De samenvatting van dit hoofdstuk staat op www.rwp-kerninzichten.noordhoff.nl.

In dit hoofdstuk ben je de volgende begrippen tegengekomen:

Analogie
Biljard, biljoen
Binair talstelsel
Bundelen
Decimaal positioneel getalsysteem
Eenheid
Getalsysteem
Groepjesmodel
Groepsstructuur
Hexadecimaal getalsysteem
Kwadraat
Lijnstructuur
Macht
Miljard, miljoen
Plaatswaarde, positiewaarde
Positioneel getalsysteem
Positieschema
Reflecteren
Quadriljard, quadriljoen
Sexagesimaal
Splitsen
Structuur
Tienstructuur
Triljard, triljoen

4
1 x 4 =
2 x 4 =
3 x 4 =
4 x 4 =
5 x 4 =
6 x 4 =
7 x 4 =
8 x 4 =
9 x 4 =
10 x 4 =
11 x 4 =
12 x 4 =

3 Bewerkingen

De meeste mensen denken bij rekenen op de basisschool aan rijtjes optel- en aftreksommen, en aan de tafels voor vermenigvuldiging. Optellen, aftrekken, vermenigvuldigen en delen zijn de vier bewerkingen die kinderen op de basisschool leren. Er wordt veel onderwijstijd besteed aan het begrip van deze bewerkingen en het vaardig rekenen ermee.

Optellen en aftrekken worden meestal tegelijkertijd aan de orde gesteld in groep drie.
Daarom beschrijft dit hoofdstuk de kerninzichten die kinderen moet verwerven voor optellen en aftrekken bij elkaar. Ook de kerninzichten voor vermenigvuldigen en delen worden in samenhang beschreven, omdat juist het inzicht in de relatie tussen vermenigvuldigen en delen zo belangrijk is.

Overzicht kerninzichten

Bij bewerkingen moeten kinderen het inzicht verwerven dat:

- er sprake is van optellen in situaties waarbij hoeveelheden worden samengevoegd of waar sprongen vooruit worden gemaakt (kerninzicht optellen)

- er sprake is van aftrekken in situaties waar het gaat om verschil bepalen, eraf halen of aanvullen van aantallen (kerninzicht aftrekken)

- de bewerkingen optellen en aftrekken elkaars inverse zijn (kerninzicht inverse optellen aftrekken)

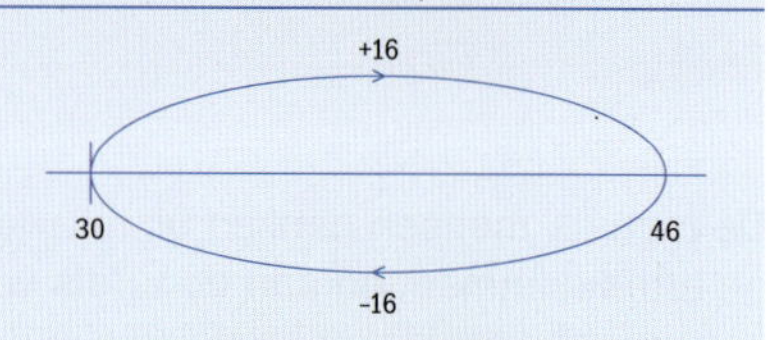

- er sprake is van vermenigvuldigen in situaties waarbij het gaat om herhaald optellen van dezelfde hoeveelheid, het maken van gelijke sprongen of van een rechthoekstructuur (kerninzicht vermenigvuldigen)

- er sprake is van delen in situaties die betrekking hebben op herhaald aftrekken van eenzelfde hoeveelheid of het één voor één verdelen van een hoeveelheid (kerninzicht delen)

- de bewerkingen vermenigvuldigen en delen elkaars inverse zijn (kerninzicht vermenigvuldigen delen)

4 × 7 = 28
7 × 4 = 28
28 : 4 = 7
28 : 7 = 4

Deze kerninzichten sluiten aan bij de kerndoelen:

23 De leerlingen leren wiskundetaal gebruiken.

24 De leerlingen leren praktische en formele reken-wiskundige problemen op te lossen en redeneringen helder weer te geven.

25 De leerlingen leren aanpakken bij het oplossen van reken-wiskundeproblemen te onderbouwen en leren oplossingen te beoordelen.

27 De leerlingen leren de basisbewerkingen met gehele getallen in elk geval tot 100 snel uit het hoofd uitvoeren, waarbij optellen en aftrekken tot 20 en de tafels van buiten gekend zijn.

Op het gebied van de bewerkingen staat in de referentieniveaus niet veel meer dan in de kerndoelen. Wat alle kinderen moeten kunnen, is:

- uit het hoofd splitsen, optellen en aftrekken onder 100, ook met eenvoudige decimale getallen: 12 = 7 + 5; 67 – 3 0; 1 – 0,25; 0,8 + 0,7
- producten uit de tafels van vermenigvuldiging (tot en met 10) uit het hoofd kennen: 3 × 5; 7 × 9
- delingen uit de tafels (tot en met 10) uitrekenen: 45 : 5; 32 : 8
- een (eenvoudige) situatie vertalen naar een berekening

3.1 Optellen en aftrekken

Bewerking

Rekenen is in feite het uitvoeren van bewerkingen met getallen. De eerste vier bewerkingen, ook wel operaties genoemd, zijn: optellen, aftrekken, vermenigvuldigen en delen. Die leer je op de basisschool. Later volgen nog machtsverheffen en worteltrekken. Kinderen leren de vier basisbewerkingen of hoofdbewerkingen uitvoeren, maar moeten natuurlijk ook begrijpen wat de betekenis is van elk van deze bewerkingen. Deze paragraaf gaat in op de inzichten die kinderen moeten verwerven bij het leren optellen en aftrekken.

3.1.1 Praktijkvoorbeelden

In groep 3 leren de kinderen de beginselen van optellen en aftrekken. De voorbeelden uit de praktijk illustreren welke inzichten daarbij verworven moeten worden.

Tirza (7 jaar) legt uit aan de leerkracht hoe zij rekent bij de som 4 + 5: 'Ik doe er eerst twee bij, dat is zes, dan nog twee erbij, dat is acht, en dan nog een, dat is negen.'
'Kun je ook een verhaaltje bij de som verzinnen?', vraagt juf.
Dat wil Tirza wel: 'Er lagen vier knikkers in het knikkerpotje, toen gooiden vijf kinderen er een knikker bij. Toen lagen er negen.'
Dan de som 7 + 9. Daar wil Tirza blokjes bij gebruiken. Eerst telt ze er negen af. Dan doet ze er drie bij en telt hardop: 'Dat is 10, 11, 12.' Dan nog drie: 'Twaalf erbij drie is vijftien, dat weet ik.' En dan nog eentje.
'Kun je dit op de getallenlijn laten zien?' vraagt juf. Dat kan ze (zie afbeelding 3.1)

AFBEELDING 3.1 7 + 9 op de getallenlijn

Optellen
Aftrekken
Formeel niveau
Mathematiseren

In groep 3 leren kinderen de bewerkingen optellen en aftrekken. Ze leren bij welke situaties een optelling of een aftrekking hoort, en hoe je die noteert met de symbolen +, – en =. Het is belangrijk dat kinderen doorkrijgen dat een opgave op formeel niveau als 5 + 4 = 9 hoort bij een heleboel situaties. De formele optelsom is de wiskundige 'vertaling' van al die situaties. Die activiteit van vertalen wordt wel horizontaal mathematiseren genoemd. Leren optellen begint dus met het bespreken van heel veel optelsituaties en daar de optelling in gaan zien. Wat juf hier aan Tirza vraagt, is iets moeilijker: bij een gegeven opgave zelf een verhaaltje verzinnen. Tirza laat met haar verhaaltje en met de blokjes zien dat zij weet waar het om gaat bij optellen: je hebt een hoeveelheid en daar moet een tweede hoeveelheid bij gedaan worden. Als je dan bepaalt hoeveel het er samen zijn, is dat de uit-

Som komst van de optelling of de 'som'. Tirza maakt ook gebruik van het feit dat je een optelopgave kunt omdraaien: zij rekent 9 + 7 uit in plaats van 7 + 9. **Commutatieve eigenschap** Dat dit bij optellen altijd mag, noemen we de commutatieve eigenschap of verwisseleigenschap van het optellen.

Leone (groep 4) maakt de opgave 51 – 49. Ze mag de lege getallenlijn erbij gebruiken. In afbeelding 3.2 zie je haar werk.

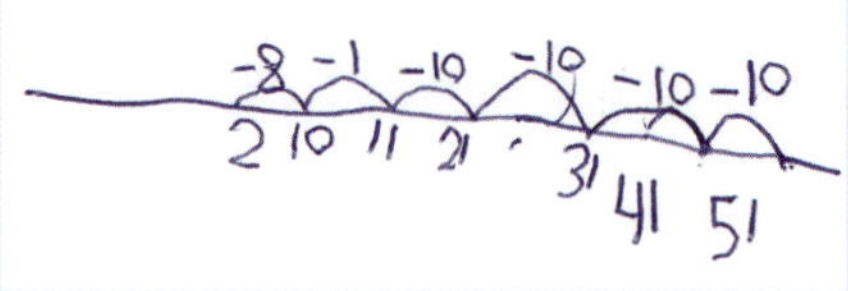

AFBEELDING 3.2 De oplossing van Leone

Getallenlijn
Rijgen
Aanpak

Leone rijgt op de lege getallenlijn. Rijgen is een aanpak waarbij het eerste getal heel wordt gelaten, waar dan de tientallen en de eenheden van het tweede getal gesplitst vanaf gehaald worden. Leones aanpak is correct, maar omslachtig. Ze had ook 49 en 51 op de getallenlijn kunnen noteren en kunnen zien dat er maar twee tussen zit. Met andere woorden: in plaats van afhalen had ze handiger kunnen aanvullen.

Vader heeft 36 foto's gemaakt. Er zijn 29 foto's gelukt. Hoeveel foto's zijn er niet gelukt? In afbeelding 3.3 zie je een aantal oplossingen bij deze opgave.

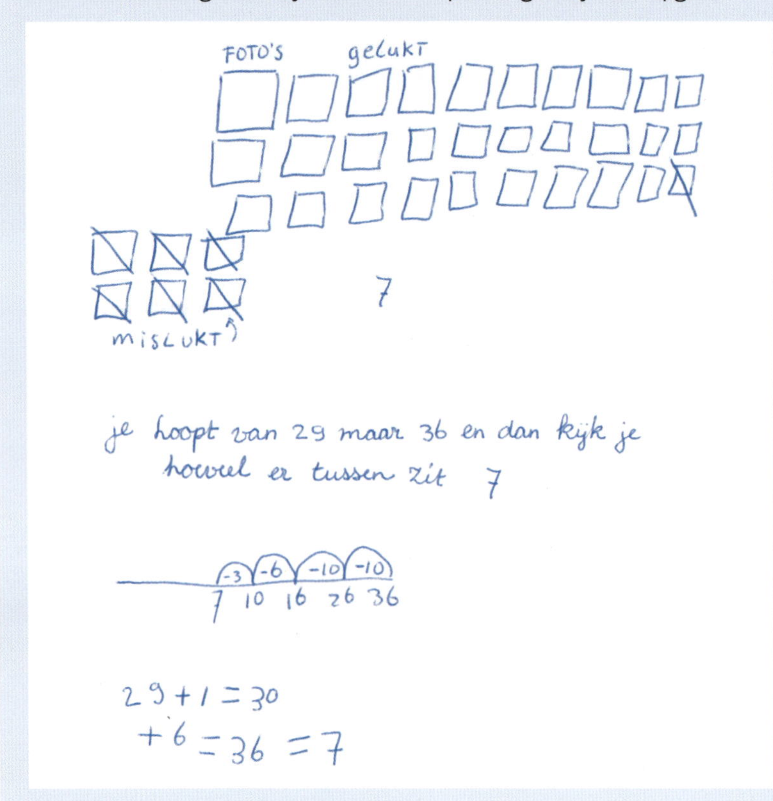

AFBEELDING 3.3 Oplossingen van kinderen

Welke verschillen zie je tussen de vier oplossingen in afbeelding 3.3? Welke oplossingen verwacht je nog meer van kinderen in groep 4?

Verschil

De opgave van de mislukte foto's vraagt naar het bepalen van een verschil. Dat kun je op verschillende manieren doen. In twee oplossingen is duidelijk sprake van aanvullen: de geschreven zin 'je loopt van 29 naar 36 en dan kijk je hoeveel er tussen zit', en in de oplossing op formeel niveau 29 + 1 = 30 + 6 = 36. De oplossing op de getallenlijn laat een andere aanpak zien: begonnen is bij 36 en daar zijn er 29 van afgetrokken. Bij de oplossing waarin eerst alle foto's getekend zijn, is het denkproces niet met zekerheid te achterhalen. Het kan zijn dat eerst 36 foto's getekend zijn, en daarvan al terugtellend is afgestreept, maar het kan ook dat het kind bij 29 begonnen is en daarvandaan is gaan strepen.

Formeel niveau
Getallenlijn
Aanpak

Op de website vind je meer oplossingen van kinderen bij deze opgave.

3.1.2 Kerninzichten optellen en aftrekken

Deze paragraaf beschrijft de kerninzichten die kinderen moeten verwerven bij het leren optellen en aftrekken.

Kinderen verwerven het inzicht dat:
- er sprake is van optellen in situaties waarbij hoeveelheden worden samengevoegd of waar sprongen vooruit worden gemaakt
- er sprake is van aftrekken in situaties waar het gaat om verschil bepalen, eraf halen of aanvullen van aantallen
- de bewerkingen optellen en aftrekken elkaars inverse zijn

Optelsituaties

In dagelijkse situaties komt het samenvoegen van hoeveelheden of tellen in sprongen vaak voor:
- Er zwemmen vier eenden in het water, er komen er drie bij, nu zijn er zeven.
- Er liggen vier rode appels op de fruitschaal en drie groene.
- Ik heb twee munten van 2 euro in mijn spaarpot en drie munten van 1 euro.
- Naar school loop ik eerst drie minuten naar mijn vriendinnetje, en samen lopen we dan nog vier minuten, bij elkaar zeven minuten.

Omdat optelsituaties vaak voorkomen, vinden kinderen het meestal niet moeilijk om deze situaties te leren herkennen en benoemen als 'optellen'. Kinderen hebben pas echt goed inzicht in de bewerking optellen als ze in een bepaalde situatie de optelling herkennen én als ze bij een kale optelsom zelf een situatie kunnen bedenken. Dit inzicht wordt duidelijk bij Tirza, in het eerste praktijkvoorbeeld van subparagraaf 3.1.1.

Optellen

AFBEELDING 3.4 In een situatie een optelling zien en omgekeerd

Aftreksituaties

Als je naar aftreksituaties kijkt, zijn er drie verschillende typen te onderscheiden.

Aftrekken

Aftrekken kan zijn:
1 verschil bepalen
2 wegnemen, eraf halen
3 aanvullen van een bepaalde hoeveelheid tot een andere hoeveelheid

Ad 1 Verschil bepalen

Verschil

De opgave over de niet gelukte foto's in een van de praktijkvoorbeelden vraagt om het bepalen van een verschil. Kinderen zien niet altijd dat je een verschilsituatie kunt noteren als aftreksom. Misschien is het je opgevallen dat in twee van de vier oplossingen in afbeelding 3.3 geen som genoteerd is. Andere situaties waarin een verschil bepaald moet worden, zijn bijvoorbeeld:
- Rik heeft 58 voetbalplaatjes. Zijn broertje heeft er 31. Hoeveel heeft Rik er meer dan zijn broertje?
- Gisteren was het 24 graden. Vandaag is het 19 graden. Hoeveel graden kouder is het vandaag?

Strategie
Context
Generaliseren

Je kunt het verschil bepalen door eraf te halen of door aan te vullen. Er is nog een andere strategie mogelijk. Die strategie wordt duidelijk in een context met leeftijden: opa is 71, vader is 39. Hoeveel jaar ouder is opa dan vader? Die opgave kun je slim oplossen door te bedenken dat ze volgend jaar 72 en 40 zijn en die getallen te vergelijken. De ontdekking van deze oplossing kunnen kinderen generaliseren: in een aftreksom kun je altijd beide termen evenveel verlagen of ophogen, want het verschil blijft gelijk.

Kun je de opgave over de niet-gelukte foto's (afbeelding 3.3) ook oplossen door te compenseren?

Als vader één foto meer gemaakt had, en die was gelukt, dan was het aantal niet-gelukte foto's gelijk gebleven. Je kunt bij deze opgave dus ook het verschil bepalen tussen 30 en 37, of tussen 40 en 33.

Ad 2 Wegnemen, eraf halen
Als je kinderen vraagt zelf een verhaaltje te vertellen bij een aftreksom, zullen ze vaak met iets komen als: ik had eerst zeventien snoepjes, toen heb ik er acht opgegeten, dus 17 – 8 = 9 snoepjes over. Situaties waarin er een hoeveelheid was waarvan een deel wordt weggenomen, zijn voor kinderen het makkelijkst te herkennen als aftreksituaties.

Ad 3 Aanvullen
Sommige aftreksituaties nodigen uit om vanaf het kleinste getal aan te vullen. De aanpak van het aanvullen wordt ook wel doortellen genoemd. Voorbeelden van aanvulsituaties zijn:

Aanpak
Doortellen

- Het boek heeft 217 bladzijden. Je bent op bladzijde 146. Hoeveel bladzijden moet je nog lezen?
- We maken een fietstocht van 35 kilometer. We hebben er nu 19 gehad. Hoe ver moeten we nog?
- Anisha heeft 9 euro gespaard. Zij wil een pet kopen van 14 euro. Hoeveel moet zij nog sparen?

Maar eigenlijk kan elke aftreksom worden opgelost door aan te vullen. Het voorbeeld van Leone (afbeelding 3.2) laat zien dat het bij een opgave als 51 – 49 makkelijker is om aan te vullen van 49 naar 51 dan om 49 van de 51 af te halen.

Opgaven als 63 – 61 nodigen kinderen uit om te ontdekken dat je een aftreksom ook kunt uitrekenen door aan te vullen, juist omdat het verschil zo klein is. Samen met de kinderen kun je dit soort opgaven benoemen als 'bijna-verdwijnsommen'. Laat kinderen ook zelf dit soort sommen bedenken. Dat maakt ze extra bewust van wat het verschil is. Het oefenen op deze manier, waarbij je kinderen zelf sommen laat bedenken, wordt het maken van eigen producties genoemd.

Oefenen

Eigen producties

AFBEELDING 3.5 In een situatie een aftrekking zien en omgekeerd

Aftrekken

Ook voor aftrekken geldt dat kinderen pas echt goed inzicht in de bewerking hebben als ze in een bepaalde situatie de aftrekking herkennen én als ze bij een aftreksom een situatie kunnen bedenken.
Wissel in je lessen beide activiteiten af. Presenteer regelmatig aftreksituaties en laat kinderen bedenken en noteren welke kale som bij die situatie hoort. Laat kinderen ook bij kale sommen zelf verhaaltjes of tekeningen maken. Bespreek met de kinderen hoe je een aftrekopgave het handigst kunt uitrekenen. Soms is dat door eraf halen, soms door aanvullen of doortellen, soms door de opgave te veranderen in een opgave waarbij het verschil gelijk blijft.

Inverse bewerkingen

Inverse

Aftrekken en optellen zijn elkaars omgekeerde, ofwel: de bewerking aftrekken is de inverse van de bewerking optellen en de bewerking optellen is de inverse van de bewerking aftrekken. Het inverse karakter van optellen en aftrekken wordt in groep 3 vaak op een heel natuurlijke manier aan de orde gesteld door met de kinderen te praten over een bus waar mensen in- en uitstappen. Bijvoorbeeld: er zitten vijf mensen in de bus. De bus stopt bij de halte en daar stappen er drie in. Hoeveel mensen zitten er nu in de bus? Bij de volgende halte stappen er weer drie mensen uit. Hoeveel zitten er dan (weer!) in de bus? Bij de eerste situatie hoort de som $5 + 3 = 8$, bij de tweede $8 - 3 = 5$. Als er evenveel uitstappen als er net ingestapt waren, kom je *weer uit op het aantal waarmee je begon*. Het is goed om met de kinderen hierop te reflecteren, hierbij stil te staan: is het altijd zo dat als er iets bijgekomen is en je haalt dat er weer af, dat je dan weer bij het getal uitkomt waarmee je bent begonnen?

Reflecteren

3

In groep 4 kun je het verband tussen optellen en aftrekken laten zien op de lege getallenlijn. Bijvoorbeeld: 30 + 16 = 46; 46 – 16 = 30 (zie afbeelding 3.6).

Lege getallenlijn

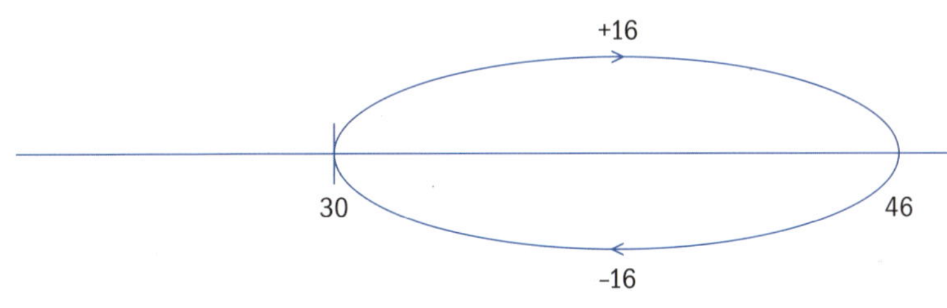

AFBEELDING 3.6 Samenhang tussen optellen en aftrekken

Waaraan herken je de kerninzichten voor optellen en aftrekken bij leerlingen?

Uit welke kennis of handelingen van een leerling kun je als leerkracht opmaken dat een leerling inzicht heeft in optellen en aftrekken? Dat inzicht kan sterk verschillen in niveau en kun je vaststellen als een leerling:

- een formele optel- of aftrekopgave kan laten zien met blokjes of kan tekenen op de getallenlijn
- een verhaaltje kan vertellen bij een optel- of aftreksom
- een optelsituatie kan noteren als formele optelsom met de tekens + en =
- een aftreksituatie kan noteren als formele aftreksom met de tekens – en =
- redeneert 8 – 3 = 5, want 5 + 3 = 8
- in een verschilsituatie een aftreksom ziet, dan wel het verschil oplost door aan te vullen
- opgaven als 81 – 79, 517 – 498 en 2342 – 2337 uitrekent door aanvullen en kan vertellen waarom dat bij deze opgaven handig is
- een aftrekking als 2500 – 75 = 2425 controleert door de bijbehorende optelling uit te rekenen

VRAGEN EN OPDRACHTEN

3.1 Kijk naar de videofragmenten over optellen en aftrekken die je op de website vindt. Welke kerninzichten spelen hier een rol?

3.2 In het eerste praktijkvoorbeeld van subparagraaf 3.1.1 maakt Tirza gebruik van het feit dat je een optelopgave kunt omdraaien: zij rekent 9 + 6 uit, in plaats van 6 + 9. Dat dit bij optellen altijd mag, noemen we de commutatieve eigenschap. Hoe zou je de commutatieve eigenschap duidelijk kunnen maken aan een kind dat dit niet begrijpt?

3.3 In afbeelding 3.5 zijn drie verschillende aftreksituaties gevisualiseerd bij de som 5 – 3. Welk plaatje hoort bij welke van de drie aftreksituaties, zoals die onderscheiden worden in het kerninzicht aftrekken? Bedenk zelf drie nieuwe plaatjes bij deze drie aftreksituaties, die je snel voor kinderen op het bord zou kunnen tekenen.

3.2 Vermenigvuldigen en delen

Bewerking

Nadat kinderen in groep 3 een basaal inzicht hebben gekregen in de bewerkingen optellen en aftrekken, maken ze in groep 4 kennis met de bewerking vermenigvuldigen en daarna met de bewerking delen. Deze vier 'basisbewerkingen' of 'hoofdbewerkingen' vormen de basis voor het rekenen.

3.2.1 Praktijkvoorbeelden

De voorbeelden in deze subparagraaf laten zien dat je een bewerking pas echt goed begrijpt als je die in verschillende betekenissen kunt gebruiken.

Aron (groep 4) is naar een feestje geweest en heeft daar grappige stickertjes gekregen. Vandaag heeft hij ze mee naar school genomen. Khalid kijkt er met enige jaloersheid naar. 'Dat zijn er veel!' zegt hij. Hij begint te tellen: 'Een, twee, drie…' 'Het zijn er 24', zegt Aron. Die had ze thuis ook al geteld. 'O ja', zegt Khalid, '6 en 6 is 12, en nog eens 12 is 24.'

AFBEELDING 3.7 Stickervel

De stickers op het stickervel van Aron zijn mooi geordend. Daarom hoef je ze niet één voor één te tellen. Je kunt gebruikmaken van de structuur die erin ligt. Khalid ziet vier rijtjes van zes en rekent 6 + 6 = 12 en 2 × 12 = 24. Ziet Khalid vier groepjes van zes in het dobbelsteenpatroon? Of ziet hij vier rijtjes van zes? In ieder geval ziet hij ofwel een groepsstructuur ofwel een rechthoekstructuur in de situatie, op basis waarvan hij de hoeveelheid sneller kan bepalen dan door alles te tellen. Khalid lijkt te beginnen met herhaald optellen, maar verkort dat nog verder door te verdubbelen. Khalid is al aardig op weg bij het verwerven van het kerninzicht vermenigvuldigen.

Structuur

Groepsstructuur

Rechthoekstructuur

Stefans moeder vraagt aan Stefan (7 jaar): 'Kun jij eigenlijk een verhaaltje verzinnen bij 3 × 5?'
Stefan: 'Ja hoor. Een man kocht drie keer vijf appels.'
Moeder: 'Ja, maar dat bedoel ik niet.'
Stefan: 'O, ik snap het al. Er was eens een man en die ging naar de groenteboer. Hij kocht vijf appels. De volgende dag ging hij weer naar de groenteboer en kocht weer vijf appels. De dag daarna kocht hij weer vijf appels.'

Als je echt begrip hebt van vermenigvuldigen, kun je bij een kale som voor je zien wat hij betekent en hoe je hem kunt uitrekenen. Stefan in het voorbeeld kan dit. In zijn verhaaltje zit een groepsstructuur. Stefan denkt aan drie groepjes van telkens vijf appels. Als kinderen nog niet hebben leren vermenigvuldigen, kunnen ze het aantal appels berekenen door herhaald op te tellen: 5 + 5 + 5. Hier zie je dat vermenigvuldigen in wezen herhaald optellen is. In de vermenigvuldigsom 3 x 5 is het getal 3 de vermenigvuldiger en 5 het vermenigvuldigtal. De uitkomst van een vermenigvuldiging heet het product. De getallen 3 en 5 heten de factoren of delers van 15.

Groepsstructuur

Vermenigvuldiger

Vermenigvuldigtal

Product

Jasper (groep 5) laat trots zijn tafeldiploma zien aan Mary, zijn leerkracht van vorig jaar. De tafels tot en met 10 × 10 kent hij allemaal. Juf Mary vraagt hem: 'En kun jij dan ook uitrekenen hoeveel 4 × 12 is?' Jasper schudt van nee. Juf: '12 × 4 dan? … 11 × 4?' Jasper heeft geen idee: 'Nee, … die hebben we nog niet gehad.'

De tafels van vermenigvuldiging tot en met 10 moeten kinderen memoriseren: uit het hoofd kennen. Om kinderen te stimuleren en de voortgang te controleren, reiken veel scholen tafeldiploma's uit. Jasper heeft de tafel van 12 niet hoeven leren. De hoogste tafel was die van 10. Toch zou hij 4 × 12 moeten kunnen uitrekenen.

Memoriseren

Hoe kan een kind dat de tafels tot en met 10 × 10 kent, de som 4 × 12 uitrekenen?

Om de som 4 × 12 uit te kunnen rekenen is inzicht nodig in de bewerking vermenigvuldigen. Het inzicht dat vermenigvuldigen herhaald optellen is, leidt tot de oplossing 12 + 12 + 12 + 12. Weten dat je een vermenigvuldig-

Commutatieve eigenschap

Distributieve eigenschap

som mag omkeren, de commutatieve eigenschap, geeft 12 × 4. Maar omdat die som ook niet gememoriseerd is, moet je dan nog de distributieve eigenschap of verdeeleigenschap kennen om 12 × 4 te splitsen in (10 × 4) + (2 × 4).

> Maaike (groep 5) leest een opgave:
> Het is sportdag. Er willen 26 kinderen meedoen aan de estafetterace. Een ploeg bestaat uit 6 kinderen. Hoeveel ploegen kunnen we vormen?

Hoe denk je dat kinderen in groep 5 deze opgave zullen oplossen? Bedenk een aantal verschillende manieren.

Visualiseren

Herhaald aftrekken

Voor het oplossen van deze deelopgave zijn verschillende manieren. Deze context geeft kinderen veel houvast om te gaan visualiseren. Kinderen kunnen 26 stipjes tekenen en daarvan groepjes van 6 maken. Ze kunnen herhaald aftrekken, al dan niet op de getallenlijn, of hun kennis van vermenigvuldigen inzetten.

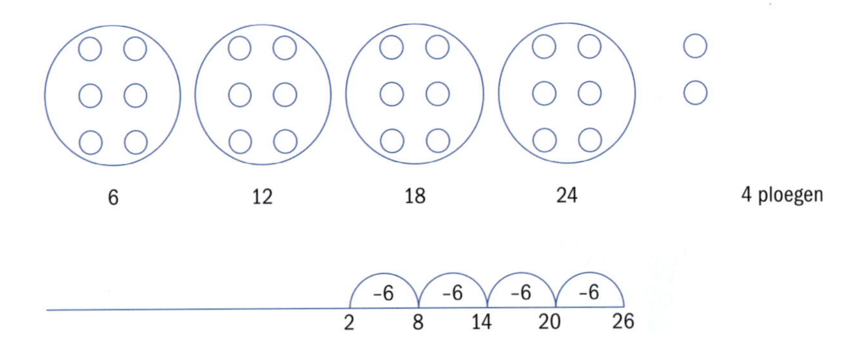

26 - 6 = 20 - 6 = 14 - 6 = 8 - 6 = 2

1 × 6 = 6
2 × 6 = 12
4 × 6 = 24 ←
5 × 6 = 30

AFBEELDING 3.8 Oplossingen bij 26 : 6

Opvermenigvuldigen

De oplossingen van Ajoub en Soufian zijn beide goed. De wijze waarop Ajoub rekent, noemen we 'opvermenigvuldigen': hoeveel keer 4 is 1700? Hij heeft veel tussenstappen nodig. Soufian denkt meer aan het verdelen, waarbij er in dit geval vier porties moeten komen. Hij rekent de opgave uit door twee keer te halveren.

3.2.2 Kerninzichten vermenigvuldigen en delen

Deze subparagraaf beschrijft de kerninzichten die kinderen moeten verwerven bij het leren vermenigvuldigen en delen.

Ajoub en Soufian maken de opgave 1700 : 4 =

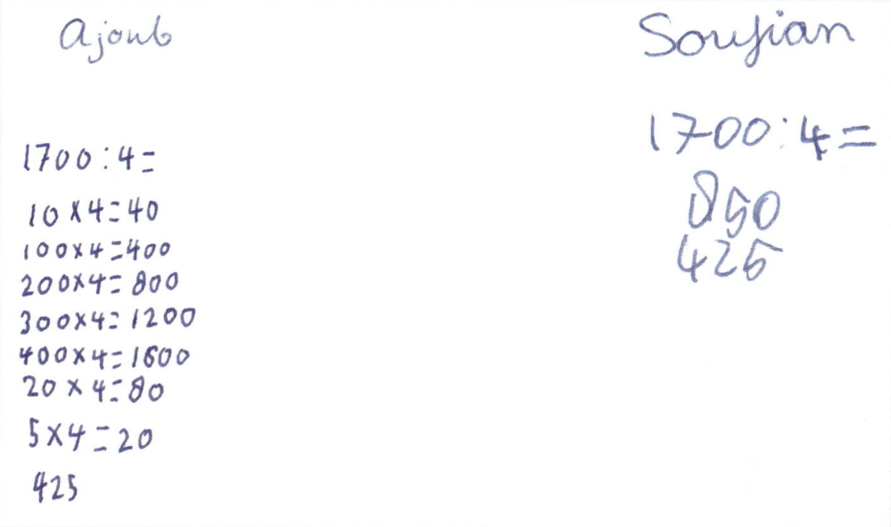

Ajoub

1700 : 4 =
10 x 4 = 40
100 x 4 = 400
200 x 4 = 800
300 x 4 = 1200
400 x 4 = 1600
20 x 4 = 80
5 x 4 = 20
425

Soufian

1700 : 4 =
850
425

AFBEELDING 3.9 Twee oplossingen van 1700 : 4 =

Kinderen verwerven het inzicht dat:
- er sprake is van vermenigvuldigen in situaties waarbij het gaat om herhaald optellen van dezelfde hoeveelheid, het maken van gelijke sprongen of van een rechthoekstructuur
- er sprake is van delen in situaties die betrekking hebben op herhaald aftrekken van eenzelfde hoeveelheid of het één voor één verdelen van een hoeveelheid
- de bewerkingen vermenigvuldigen en delen elkaars inverse zijn

Vermenigvuldigsituaties

Vermenigvuldigen

Herhaald optellen

Vermenigvuldigen is herhaald optellen. De praktijkvoorbeelden in subparagraaf 3.2.1 met drie keer vijf appels en vier rijtjes met zes stickers laten dat zien. Net als bij de bewerkingen optellen en aftrekken geldt dat kinderen in een situatie een vermenigvuldiging moeten kunnen herkennen én dat ze zelf bij een vermenigvuldigsom een passende situatie moeten kunnen noemen.
Het herhaald samenvoegen van dezelfde hoeveelheid kan op drie verschillende manieren gestructureerd zijn:
- als groepsstructuur
- als lijnstructuur
- als rechthoeksstructuur

Groepsstructuur

In het voorbeeld van Stefan gaat het om een groepsstructuur. Hij verzint een verhaaltje waarin steeds een zakje van vijf appels gekocht wordt. Je kunt

AFBEELDING 3.10 In een situatie een vermenigvuldiging zien en omgekeerd

ook denken aan vijf doosjes met twaalf potloden, aan drie auto's met ieder vier wielen of aan twaalf kinderen die in groepjes van twee lopen.

Rechthoekstructuur

In het voorbeeld van de stickers gaat het om een rechthoekstructuur. Je komt deze structuur regelmatig tegen, bijvoorbeeld bij de tegels in de badkamer, bij postzegels op een velletje, bij flessen in een krat en bij bonbons in een doosje.

Lijnstructuur

Voorbeelden van een lijnstructuur zijn: drie sprongen van vijf op de getallenlijn, een zwembad van 25 meter lang waarin je tien baantjes zwemt, en drie touwen van elk 5 meter aan elkaar geknoopt.

Deelsituaties

Delen

Delen is een bewerking die in het dagelijks leven van kinderen vaak voorkomt. Kinderen krijgen al op jonge leeftijd te maken met het verdelen van eten, speelgoed en snoepjes met andere kinderen. Toch zijn deelopgaven in groep 5 en hoger niet makkelijk. Delen kan er in verschillende situaties voor kinderen heel anders uitzien.
Deelsituaties zijn in te delen in drie typen:

Opdelen

1 Herhaald aftrekken of opdelen. Bijvoorbeeld: er worden lunchpakketjes gemaakt. Er zijn twaalf broodjes. Er gaan drie broodjes in een lunchpakket. Hoeveel lunchpakketten?

Verdelen

2 Verdelen of 'eerlijk verdelen'. Bijvoorbeeld: er zijn twaalf dropjes. Drie kinderen mogen die dropjes eerlijk verdelen. Hoeveel krijgt ieder?

Omgekeerd vermenigvuldigen

3 Omgekeerd vermenigvuldigen. Bijvoorbeeld: er worden rijen stoelen neergezet om naar een voorstelling te kijken. Er moeten twaalf stoelen komen. Er passen drie stoelen naast elkaar in een rij. Hoeveel rijen komen er achter elkaar te staan? Je komt achter het aantal rijen door na te gaan hoe vaak je drie stoelen moet neerzetten: $? \times 3 = 12$. Antwoord: vier keer.

AFBEELDING 3.11 In een situatie een deling zien en omgekeerd

Inverse bewerkingen

Inverse

Vermenigvuldigen en delen zijn elkaars omgekeerde, ofwel: de bewerking delen is de inverse van de bewerking vermenigvuldigen en andersom. Laat kinderen bij zeven groepjes van vier verschillende sommen noteren: 7 × 4 = 28 en 28 : 4 = 7. De inverse relatie tussen vermenigvuldigen en delen is heel duidelijk zichtbaar als je een rechthoek tekent van vier bij zeven vakjes en daarbij noteert: 4 × 7 = 28, 7 × 4 = 28, 28 : 4 = 7, 28 : 7 = 4, zoals je kunt zien in afbeelding 3.12.

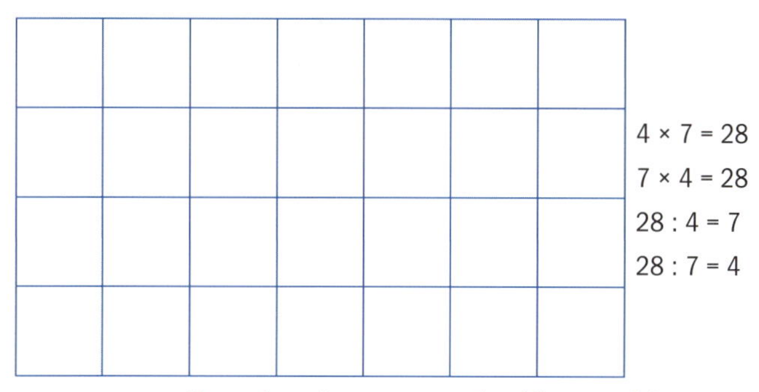

AFBEELDING 3.12 Samenhang tussen vermenigvuldigen en delen

Opvermenigvuldigen

Aanpak

Kinderen leren vaak om bij delen hun kennis van vermenigvuldigen in te zetten. Het antwoord van 24 : 6 = ? wordt dan gezocht via 'opvermenigvuldigen': ? × 6 = 24 ('Hoeveel keer 6 is 24?'). Dit is een goede aanpak. Maar kijk nog eens naar de opgave in de praktijkvoorbeelden in subparagraaf

Deeltal
Deler
Quotiënt

3.2.1: voor de estafette moeten 26 kinderen ingedeeld worden in ploegen van 6. Bij de opgave 26 : 6 is 26 het deeltal en is 6 de deler. Als leerlingen gebruik willen maken van het feit dat delen het omgekeerde is van vermenigvuldigen, is dit een lastige opgave. Ze gaan dan de tafel van de deler – in dit geval 6 – opzeggen tot ze bij 26 zijn... en komen daar niet uit. Er is bij zo'n opgave een goed inzicht nodig in de bewerking delen om een antwoord – het quotiënt – te vinden.

Context

Een goed inzicht in de bewerking delen is ook belangrijk in de bovenbouw, bijvoorbeeld als kinderen een som moeten uitrekenen als $\frac{3}{4} : \frac{1}{8}$. Dat vinden kinderen vaak heel moeilijk. Een goede context helpt vaak: uit een fles van $\frac{3}{4}$ liter worden glazen geschonken van $\frac{1}{8}$ liter. Hoeveel glazen? Twee glazen is $\frac{1}{4}$ liter, dus 3 × 2 = 6 glazen. Controle door de inverse: 6 × $\frac{1}{8}$ liter = $\frac{3}{4}$ liter.

Waaraan herken je de kerninzichten voor vermenigvuldigen en delen bij leerlingen?
Uit welke kennis of handelingen van een leerling kun je als leerkracht opmaken dat een leerling inzicht heeft in vermenigvuldigen en delen? Dat inzicht kan sterk verschillen in niveau en kun je vaststellen als een leerling:

- een formele vermenigvuldig- of deelopgave kan laten zien met blokjes of kan tekenen op de getallenlijn
- een verhaaltje kan vertellen bij een vermenigvuldig- of deelsom
- in een vermenigvuldigsituatie de groepjes-, rechthoeks- of lijnstructuur herkent (zonder deze te benoemen)
- vermenigvuldig- en deelsituaties kan noteren als formele sommen met de tekens ×, : en =, en op de juiste manier kan intoetsen op een rekenmachine
- redeneert 24 : 8 = 3, want 3 × 8 = 24
- een deelopgave kan oplossen door herhaald aftrekken of opvermenigvuldigen
- het antwoord van een deling controleert door terug te vermenigvuldigen
- een deelsom met breuken als $\frac{3}{4} : \frac{1}{8}$ interpreteert als: 'hoe vaak kan $\frac{1}{8}$ uit $\frac{3}{4}$?'

VRAGEN EN OPDRACHTEN

3.4 Kijk naar de videofragmenten over vermenigvuldigen en delen die je op de website vindt. Welke kerninzichten spelen hier een rol?

3.5 Kijk nog eens naar de opgave '26 kinderen in ploegen van 6 kinderen voor de estafette' in de praktijkvoorbeelden in subparagraaf 3.2.1. Is dit een opdeelsituatie of een verdeelsituatie?

3.6 Vermenigvuldigingen kun je weergeven met behulp van een rechthoeksstructuur, een groepsstructuur of een lijnstructuur. Bedenk bij de som 3 × 2,5 drie verschillende contexten bij elk van de drie structuren. Stel je voor dat je een kind in de bovenbouw bij deze opgave wilt helpen. Welke context en welke structuur zou je dan het liefst inzetten en waarom?

3.3 Leerlijn bewerkingen

Eerst leren kinderen de bewerkingen optellen en aftrekken, daarna vermenigvuldigen en delen. In beide gevallen wordt gewerkt van tellend rekenen via structurerend rekenen naar formeel rekenen.

Oriëntatie op optellen en aftrekken

De bewerkingen optellen en aftrekken moeten betekenis krijgen voor kinderen, inclusief het inverse karakter van optellen en aftrekken. De basis daarvoor ligt in het vaardig voor- en achteruit kunnen tellen, dat in groep 1 en 2 geoefend wordt. Met oudste kleuters kunnen ook al situaties verkend worden van één of twee meer, één of twee erbij en één of twee eraf op concreet niveau. Voorbeelden (in opklimmende moeilijkheidsgraad):

Inverse

Concreet niveau

Contexten

- De kinderen werken met concrete situaties en contexten, waarbij handelingen als in- en uitstappen, toevoegen en weghalen, 'erbij' en 'eraf' of 'verschil bepalen' in eerste instantie uitgebeeld en nagespeeld worden. Het gaat om het benoemen van wat er met de hoeveelheid gebeurt.
- Er zijn zeven dropjes, één dropje erbij is...? Er zijn vijf dropjes, één eraf is...? En vier dropjes, twee erbij? In eerste instantie lossen kleuters dergelijke opgaven op met materiaal. Geleidelijk aan weten ze sommige opgaven uit het hoofd en kunnen ze die met concreet materiaal controleren.
- Bedekspelletjes. Er zitten zes eieren netjes in een eierdoos. Kort laten zien en de kinderen laten zeggen hoeveel het er zijn. 'Ik haal er eentje uit.' (Doos snel weer dicht doen.) 'Hoeveel eieren zitten er nu nog in de doos? Hoe heb je dat bedacht?' De kinderen mogen het controleren door na te tellen. Bedekspelletjes kun je ook doen met blokjes of andere voorwerpen onder een doek. Door bedekspelletjes worden kleuters genoodzaakt om representaties te zoeken, vervangers voor de concrete objecten: hun vingers, streepjes, stippen of andere telbare zaken. Deze vaardigheid kan worden ingezet in toepassingssituaties met 'erbij' en 'eraf', zoals bij het winkeltje spelen.
- In de winkelhoek kan speelgoed gekocht worden. Een balletje kost 2 euro. Een autootje 3 euro. Hoeveel kosten een balletje en een autootje samen? Kinderen kunnen het totaalbedrag uitrekenen door 2 en 3 bij elkaar te tellen op hun vingers of met streepjes, stippen of fiches.

Representaties

Tellend rekenen bij optellen en aftrekken

In groep 3 krijgen kinderen veel optel- en aftreksituaties voorgelegd, ook wel verhaaltjessommen genoemd. Ze leren welke sommen hierbij horen in de gangbare wiskundetaal met de bewerkingstekens +, – en =.

Verhaaltjessom

Wiskundetaal

> Welke optel- en aftreksituaties kunnen kinderen in groep 3 verbinden aan de praatplaat uit de methode *Pluspunt* (afbeelding 3.13)?

De praatplaat uit *Pluspunt* op afbeelding 3.13 nodigt uit tot tellen en rekenen op verschillende niveaus: het één voor één tellen van alle kinderen, het tellen met sprongen – 2, 4, 6 – van een aantal knikkers, vijf skippyballen waarvan er twee lek zijn, de uitgesproken som 'zeven en twee erbij' en een bus met drie passagiers met de opdracht '+ 2'. Veel methodes bieden de context van de bus aan, waarin passagiers in- en uitstappen. De buscontext maakt de betekenis van optellen en aftrekken duidelijk, en tegelijkertijd het inverse karakter, want als er twee passagiers instappen en die stappen de volgende halte weer uit, zijn er weer evenveel passagiers als eerst in de bus. Het busverhaal heeft nog een voordeel: het is gebruikelijk om bussommen eerst te noteren in pijlentaal: $4 + 2 \rightarrow 6$. Kinderen begrijpen de pijl als 'de bus gaat rijden en dan zitten er zoveel mensen in de bus'. Later komt voor de pijl het formele =-teken in de plaats, waarvan de betekenis in het begin moeilijk te begrijpen is voor kinderen.

Tellen met sprongen

Context

Inverse

Pijlentaal

AFBEELDING 3.13 Hoeveel kinderen op het plein?

Tellend rekenen

Observeren

In groep 3 lossen kinderen de verhaaltjessommen op door middel van tellen: tellend rekenen. Dat is het laagste niveau van oplossen. Je hebt er materiaal, een plaatje of je vingers bij nodig. Als kinderen op dit niveau aan het werk zijn, valt er voor de leerkracht veel te observeren: begrijpt het kind wat de bedoeling is, telt het steeds vanaf 1 of durft het al door te tellen, telt het op de vingers, en zo ja hoe?

Structurerend rekenen bij optellen en aftrekken

Getalbeeld

Structurerend rekenen

Het is de bedoeling dat kinderen optel- en aftrekopgaven leren oplossen zonder te tellen en zonder dat ze er vingers of materiaal bij nodig hebben. Dat kunnen kinderen leren door gebruik te maken van structuren en getalbeelden. Bijvoorbeeld: bij 5 + 5 denken aan de vingers van twee handen, dus 5 + 5 = 10. En als je dat weet, kun je ook 4 + 5 uitrekenen, want dat is er eentje minder: 4 + 5 = 9. Of 10 – 5 en 9 – 5. We noemen dat structurerend rekenen. Inzicht in de betekenis van optellen en aftrekken, en in de inverse relatie daartussen, zoals geformuleerd in de kerninzichten, is nodig om te begrijpen hoe je de structuren kunt benutten.

Model

Rekenrek

Denkmodellen kunnen kinderen helpen structuren te ontdekken en te benutten. Voor het optellen en aftrekken tot 20 wordt het rekenrek veel gebruikt. Het is de bedoeling dat kinderen eerst de getalbeelden op het rekenrek leren kennen. Bij de eerste opgave in afbeelding 3.14 zetten kinderen dan zeven kralen op zonder te tellen, omdat ze weten dat zeven eruitziet als vijf rode kralen en twee witte. Daar komen zes kralen bij en dan ziet het kind meteen dat er dertien zijn.

Getallenlijn

Rijgen

In groep 4 is de getallenlijn een bruikbaar model bij het optellen en aftrekken tot honderd. In afbeelding 3.15 zie je hoe Ramaya de som 45 – 13 oplost op de lege getallenlijn. Ze doet eerst 45 – 10 en dan nog 3 eraf. Deze aanpak heet rijgen. Het rekenen op een getallenlijn bevordert het gebruik van de rijgstrategie.

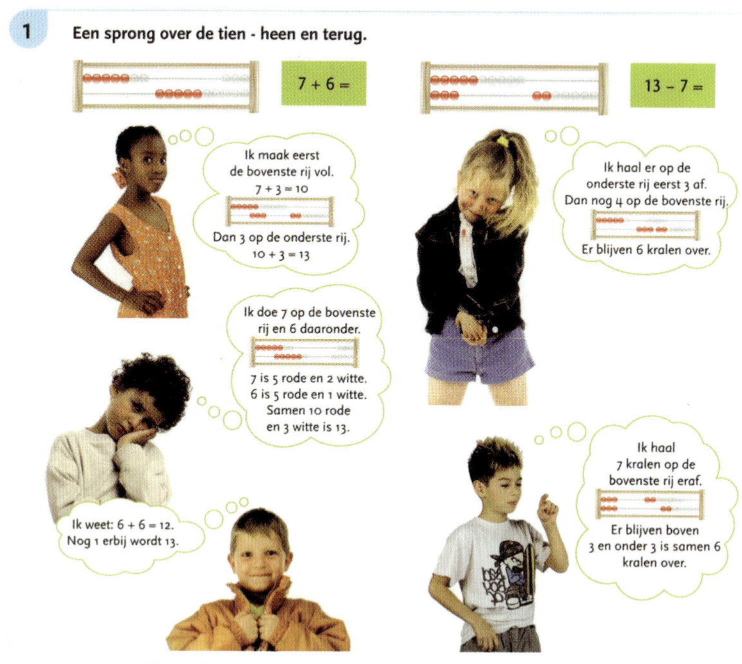

AFBEELDING 3.14 Het rekenrek

AFBEELDING 3.15 45 – 13 op de getallenlijn

Formeel rekenen bij optellen en aftrekken

Als kinderen geen model meer nodig hebben, rekenen ze op formeel niveau. Op dat niveau gaan kinderen steeds meer sommen onthouden. **Formeel niveau**

Volgens de kerndoelen moeten 'leerlingen leren de basisbewerkingen met gehele getallen in elk geval tot 100 snel uit het hoofd uit te voeren, waarbij optellen en aftrekken tot 20 en de tafels van buiten gekend zijn'. Als kinderen er niet in slagen de optel- en aftreksommen tot 20 te memoriseren, is het belangrijk om goed te diagnosticeren wat daarvan de oorzaak is. Deze kinderen zijn vaak blijven hangen in het één voor één tellen en hebben te weinig ervaring met het structurerend rekenen. **Memoriseren** **Diagnosticeren**

In het getaldomein tot 100 hebben kinderen de getallenlijn steeds minder nodig. Bij het rekenen met kale sommen, op formeel niveau, dient zich een nieuwe aanpak aan: het splitsen. Daarbij worden eerst de tientallen bij elkaar opgeteld of afgetrokken en daarna de eenheden. Er is ook een derde strategie, die echter niet bij alle opgaven gebruikt kan worden en die handig of gevarieerd rekenen genoemd wordt. Tabel 3.1 laat voorbeelden van deze strategieën zien. **Splitsen** **Handig rekenen** **Gevarieerd rekenen**

TABEL 3.1 Rijgend, splitsend of handig hoofdrekenen

Opgave	Rijgend hoofdrekenen	Splitsend hoofdrekenen	Handig of gevarieerd hoofdrekenen
45 - 13	45 - 10 = 35 35 - 3 = 32	40 - 10 = 30 5 - 3 = 2 30 + 2 = 32	45 - 15 = 30 30 + 2 = 32
24 + 25	24 + 20 = 44 44 + 5 = 49	20 + 20 = 40 4 + 5 = 9 40 + 9 = 49	25 + 25 = 50 50 - 1 = 49
55 + 39	55 + 30 = 85 85 + 9 = 94	50 + 30 = 80 5 + 9 = 14 80 + 14 = 94	55 + 40 = 95 95 - 1 = 94
62 - 27	62 - 20 = 42 42 - 7 = 35	60 - 20 = 40 2 - 7 = 5 tekort 40 - 5 = 35	62 - 30 = 32 32 + 3 = 35

Strategie

Toelichting bij de opgave 62 – 27: hoewel deze opgave ook splitsend en handig kan worden opgelost, is voor leerlingen in groep 4 het rijgen de beste strategie. Bij splitsend rekenen lopen leerlingen vast op 2 – 7, want dat kan niet als je nog niet hebt geleerd te rekenen met tekorten. Handig rekenen gebruiken kinderen vooral als er slechts 1 of 2 gecompenseerd hoeft te worden.

Tellend vermenigvuldigen

Voorkennis

Tellen met sprongen

Herhaald optellen

Om te kunnen starten met vermenigvuldigen is kunnen optellen op formeel niveau noodzakelijke voorkennis. Kinderen krijgen vermenigvuldigsituaties voorgelegd in een groepjes-, lijn- of rechthoeksstructuur, bijvoorbeeld zeven bakjes met in elk vijf potloden. Hoeveel zijn het er? Je kunt ze één voor één tellen, maar al snel zien kinderen dat je makkelijker kunt tellen met sprongen of herhaald optellen: 5 + 5 + 5 + 5 + 5 + 5 + 5. Het herhaald optellen op formeel niveau, het hoogste niveau van rekenen bij het optellen, is het eerste niveau bij het vermenigvuldigen. De meeste kinderen in groep 4 vinden dit geen moeilijke som meer: '5, 10, 15, 20, 25, 30, 35!'
Door gevarieerde vermenigvuldigsituaties te verkennen overziet het kind steeds makkelijker dat er meer groepjes, sprongen of rijtjes van gelijke grootte zijn. Hier ligt de basis voor het kerninzicht vermenigvuldigen: bij vermenigvuldigen gaat het om herhaald optellen van eenzelfde hoeveelheid, het maken van gelijke sprongen of van een rechthoekstructuur. Kinderen leren de bijbehorende wiskundetaal 'keer' en het symbool ×.

Wiskundetaal

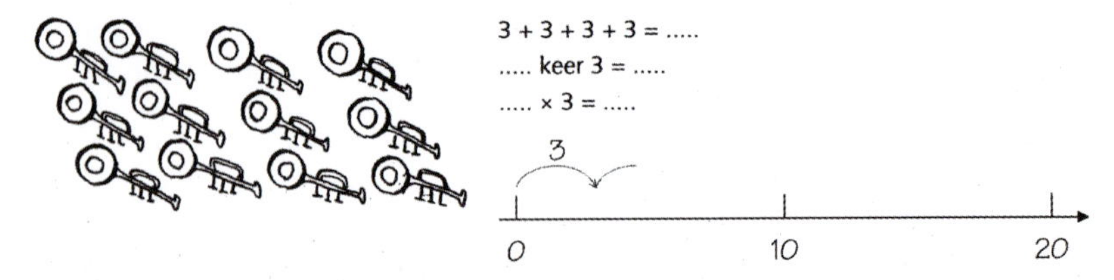

AFBEELDING 3.16 Van begrip naar notatie

Structurerend vermenigvuldigen

Structurerend rekenen

Op het niveau van structurerend rekenen bij vermenigvuldigen gaan kinderen steeds meer gebruikmaken van de structuur. Bij de opgave met vier keer drie trompetten uit afbeelding 3.16 rekenen ze niet meer 3 + 3 + 3 + 3, maar 2 × 3 = 6 en dat verdubbelen tot 12, of 3 × 3 = 9 en nog een sprong van 3 verder is 12. Afbeelding 3.17 geeft een context met kokers tennisballen. Kinderen worden aangemoedigd de structuur te gebruiken: in tien kokers zitten 10 × 4 tennisballen, dus in vijf kokers de helft daarvan.

Hoeveel tennisballen zitten in 10 kokers?
Hoeveel tennisballen zitten in 5 kokers?
Welke keersommen maak je daarbij?

AFBEELDING 3.17 Halveren

Herhaald optellen

Kenmerkend voor het structurerend rekenen is dat kinderen niet meer vermenigvuldigen door herhaald optellen, maar de structuur gebruiken om één tussenstap te nemen. Daarvoor is een context of model nodig met een duidelijke structuur. Bovendien moeten er wel keersommen zijn die ze al weten en die als ankerpunt of steunpunt voor de tussenstap kunnen dienen. Kinderen kennen algauw een aantal uitkomsten uit hun hoofd, zoals de uitkomst van 10 × 4, in het voorbeeld hiervoor met de tennisballen. De som 10 × 4 kan dan als ankerpunt gebruikt worden om bijvoorbeeld 5 × 4 te automatiseren.

Ankerpunt
Steunpunt
Automatiseren

Welke tafelsommen kunnen kinderen makkelijk uitrekenen als ze 10 × 4 = 40 en 5 × 4 = 20 weten?

Strategie

In het voorbeeld van afbeelding 3.17 zag je al dat je 10 × 4 kunt gebruiken om 5 × 4 uit te rekenen. Maar ook 9 × 4 komt binnen bereik: 10 × 4 en dan 1 × 4 eraf. Als kinderen 5 × 4 weten, kunnen ze met de strategie 'één keer meer' ook 6 × 4 uitrekenen: 5 × 4 = 20, en dan nog 4 erbij is 24. Of met de strategie 'één keer minder' de som 4 × 4. Tabel 3.2 laat enkele vermenigvuldigstrategieën met voorbeelden zien. De voorbeelden in de linkerkolom hebben betrekking op het vermenigvuldigen tot 100; de voorbeelden in de rechterkolom laten zien dat deze strategieën ook handig zijn bij het vermenigvuldigen met grotere getallen.

TABEL 3.2 Vermenigvuldigstrategieën

Vermenigvuldigstrategie	Voorbeeld 1	Voorbeeld 2
Tien keer is een nul erachter	10 × 3 = 30	10 × 700 = 7000
Verdubbelen	2 × 6 = 6 + 6 = 12	40 × 6 = 2 × (20 × 6)
Halveren	5 × 7 = de helft van 10 × 7	50 × 26 = de helft van 100 × 26
Omkeren	7 × 3 = 3 × 7	38 × 2 = 2 × 38
Eén keer meer	6 × 5 = 5 × 5 + 1 × 5	201 × 36 = 200 × 36 + 36
Eén keer minder	9 × 4 = 10 × 4 - 1 × 4	19 × 8 = 20 × 8 - 8
Verdelen	7 × 2 = 5 × 2 + 2 × 2	23 × 7 = 20 × 7 + 3 × 7

Model
Groepjesmodel

Denkmodellen kunnen deze strategieën duidelijk maken. Bij vermenigvuldigen kan gebruikgemaakt worden van de getallenlijn, een groepjesmodel of een rechthoekmodel. Deze modellen passen bij de drie vermenigvuldigstructuren (zie subparagraaf 3.2.2).

Teken een rechthoek van zeven keer twee hokjes. Hoe kun je hiermee duidelijk maken dat je de som 7 × 2 mag omkeren tot 2 × 7? En dat je 7 × 2 mag verdelen in 5 × 2 + 2 × 2?

Rechthoekmodel

Commutatieve eigenschap

Distributieve eigenschap

Verdeeleigenschap

Kinderen ontdekken sommige strategieën zelf. Andere strategieën pikken ze op van klasgenoten. Natuurlijk moeten ze wel begrijpen waarom de strategie werkt. Zo kun je in een rechthoekmodel laten zien dat je een vermenigvuldiging altijd mag omkeren: het maakt niet uit of je 2 × 7 uitrekent of 7 × 2. Dat is evenveel, op basis van de commutatieve eigenschap van vermenigvuldigen. En als je een lijntje trekt bij de 5 (zie afbeelding 3.18), zie je dat je de som kunt verdelen volgens de distributieve of verdeeleigenschap van het vermenigvuldigen. Goed inzicht in de strategieën helpt om deze ook in te zetten voor sommen boven 10 × 10. Dat inzicht ontbreekt bij Jasper in het voorbeeld in subparagraaf 3.2.1. Hij kent de tafels tot en met 10, maar kan 4 × 12 niet uitrekenen.

AFBEELDING 3.18 Rechthoekmodel bij 2 × 7

Formeel vermenigvuldigen

Automatiseren

Op het formele niveau hebben kinderen geen modellen meer nodig om een vermenigvuldigsom uit te rekenen. Ze maken gebruik van sommen die ze al kennen en van vermenigvuldigstrategieën. Op deze manier worden de tafels van vermenigvuldiging geautomatiseerd. Bij automatiseren passen kinderen de strategieën vlot toe.

Juf Fatiha toetst de tafelkennis van Hassan (groep 5).
10 × 7? Hassan (meteen): '70.'
5 × 7? Hassan: '35, de helft van 70.'
3 × 3? Hassan: '9, weet ik.'
6 × 3? Hassan: '5 × 3 = 15, + 3 = 18.'
7 × 3? Hassan: '18, die hadden we net, + 3 = 21.'
3 × 7? Hassan: 'Het omgekeerde van 7 × 3, ook 21.'
7 × 8? Hassan: 'Die weet ik niet. Ik keer hem om, 8 × 7, nee, die weet ik ook niet.
7 × 7... is eh... 49?'

Hassan heeft de sommen 10 × 7 en 3 × 3 gememoriseerd, dat wil zeggen dat hij ze uit het hoofd kent. Aan het einde van groep 5 moeten kinderen de tafels tot en met 10 gememoriseerd hebben. Hassan rekent 5 × 7, 6 × 3, 7 × 3 en 3 × 7 vlot uit: deze sommen heeft hij geautomatiseerd. Deze sommen fungeren als ankerpunt voor sommen die erop lijken. De som 7 × 8 is berucht: het is de moeilijkste tafelsom, omdat er geen steunpunten in de buurt liggen. Zo leidt het gebruik van strategieën tot steeds meer geautomatiseerde opgaven, die op hun beurt als ankerpunt ingezet kunnen worden voor andere opgaven. Door te automatiseren hoeven kinderen niet veel opgaven meer domweg in het hoofd te stampen. Om echt alle tafelsommen uit het hoofd te kennen, zullen kinderen enkele lastige sommen wel apart moeten oefenen. Dat noemen we memoriseren. Als het memoriseren of inprenten gebeurt op basis van een netwerk , een 'relatienetwerk' ofwel cognitief netwerk aan ankerpunten, liggen automatiseren en memoriseren dicht bij elkaar.

Ankerpunt

Oefenen

Cognitief netwerk

Memoriseren

3

De vermenigvuldigtafels tot en met 10 vormen op hun beurt de ankerpunten voor het vermenigvuldigen met grotere getallen. Als een kind de tafels niet tijdig gememoriseerd heeft, is het belangrijk te diagnosticeren wat daarvan de oorzaak is. Zonder voldoende tafelkennis loopt een kind vast in het rekenwerk van de bovenbouw. Bij het vermenigvuldigen met grotere getallen zijn de strategieën opnieuw nodig. Kijk terug naar tabel 3.2. Het vermenigvuldigen met grotere getallen wordt meestal opgepakt op het niveau van structureren, met veel aandacht voor de te gebruiken strategieën met bijpassende denkmodellen. Als kinderen handig kunnen rekenen met strategieën, oefenen ze verder op het formele niveau.

Diagnosticeren

Leerlijn delen

Al voordat kinderen op de basisschool komen, doen ze ervaringen op met verdelen en eerlijk delen. Om met de leerlijn delen van start te gaan, is kennis van vermenigvuldigen op structurerend niveau een wenselijke beginsituatie. Daarom zien we meestal pas in groep 5 aandacht voor het delen in de reken-wiskundemethodes.

Beginsituatie

Net als bij het vermenigvuldigen begint het delen met het verkennen van allerlei situaties waarin gedeeld moet worden (zie afbeelding 3.19).

AFBEELDING 3.19 Delen

Hoe kunnen kinderen in groep 5, die nog niet hebben leren delen, de opgaven met de oliebollen en de vuurpijlen uitrekenen?

Kinderen zouden een potlood kunnen pakken en steeds zes oliebollen kunnen omcirkelen. Omdat ze niet in hun rekenboek mogen schrijven, zullen ze de oliebollen wel eerst tellen. Het zijn er achttien. In een zakje gaan er zes, dus je stelt je voor dat je ze inpakt: 18 – 6 = 12, 12 – 6 = 6 en dan nog een zakje, in totaal drie zakjes. Dit is herhaald aftrekken. Herhaald optellen kan ook: 6 + 6 + 6 = 18. Misschien zijn er ook kinderen die meteen denken aan 3 × 6 = 18 en weten dat het dus drie zakjes zijn. Deze kinderen maken gebruik van de inverse relatie tussen vermenigvuldigen en delen.

Herhaald aftrekken

Inverse

Uit dit voorbeeld blijkt gelijk hoeveel voordeel kinderen bij het delen hebben als ze al wat verder gevorderd zijn met vermenigvuldigen.
Kijken we naar deelstrategieën, dan blijkt er niet veel meer te zijn dan het omslachtige herhaald aftrekken, halveren, de distributieve eigenschap en het opvermenigvuldigen.
Neem 40 : 8. De mogelijke strategieën zijn:

Distributieve eigenschap

Opvermenigvuldigen

- herhaald aftrekken: 40 – 8 = 32, 32 – 8 = 24, 24 – 8 = 16, – 8 = 8, – 8 = 0. Vijf keer acht eraf. Antwoord: 5
- halveren 80 : 8 = 10, dus de helft 40 : 8 = 5
- distributieve eigenschap 40 : 8 = (24 : 8) + (16 : 8) = 3 + 2 = 5
- opvermenigvuldigen: 40 : 8 is 5, want 5 × 8 = 40

Formeel niveau

Delen gebeurt al gauw op het formele niveau. Dat kan ook, op basis van het inzicht in vermenigvuldigen en het inzicht in de relatie tussen delen en vermenigvuldigen.

3.4 Kennisbasis

Kinderen leren optellen, aftrekken, vermenigvuldigen en delen. Als (aanstaande) juf of meester ben je je er soms niet van bewust hoe moeilijk het is voor kinderen om inzicht te krijgen in de betekenis van die bewerkingen. In deze paragraaf vind je opgaven om je eigen inzicht en wiskundig denkvermogen te testen.

? Hoe staat het met jouw wiskundige en vakdidactische kennis en inzichten op het gebied van bewerkingen?

VRAGEN EN OPDRACHTEN

3.7 Makkelijke maten?

a Je wilt een vierkant terras leggen. Je hebt tegels gekocht van 12 cm bij 20 cm. Hoeveel tegels heb je minstens nodig om hiermee een vierkant te leggen?

b Je besluit de tegels te ruilen voor tegels van 24 cm bij 41 cm. Hoeveel tegels heb je dan nodig?

c Combineer je ervaringen bij vraag a en b. Zie je een manier om, gegeven een bepaalde tegelmaat, uit te rekenen hoeveel tegels je nodig hebt voor een vierkante oppervlakte? Denk aan de grootste gemene deler van beide maten.

Grootste gemene deler

d Hoeveel tegels heb je minstens nodig voor een vierkant terras als je uitgaat van tegels van 24 cm bij 39 cm?

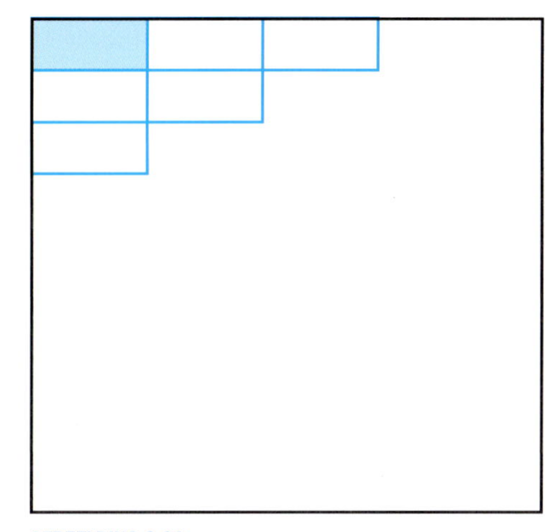

AFBEELDING 3.20

3.8 Rekenen met machten

a Reken uit:

$5^3 + 5^2 =$

$5^3 - 5^2 =$

$5^3 \times 5^2 =$

$5^3 : 5^2 =$

$5^2(5+1) =$

b Wat stel jij je voor bij 5^2 en wat bij 5^3 ? Kun je daar ook tekeningen bij maken?

c Welke rekenregels voor het optellen, aftrekken, vermenigvuldigen en delen met machten kun je opstellen op basis van jouw berekeningen bij a?

Macht

d Rekenen met machten kan het rekenwerk soms flink vereenvoudigen. Zie je hoe dat kan bij de volgende opgaven?

$8 \times 2^5 =$

$3^5 : 9^2 =$

4 miljard : 2000 =

3.9 Goochelen met twee dobbelstenen

a Je laat iemand gooien met twee dobbelstenen, zonder dat jij het kunt zien. Dan vraag je om een van beide worpen te kiezen en die, zonder het te zeggen, te vermenigvuldigen met 2 en er 5 bij op te tellen. Die uitkomst laat je vermenigvuldigen met 5. Daarna moet diegene het aantal ogen van de tweede worp erbij tellen. Nu mag de ander zeggen welk getal hij heeft. Hij komt bijvoorbeeld uit op 68. Wat heeft hij met de dobbelstenen gegooid?

b Bedenk zelf een variant op dit spelletje.

Meer oefenopgaven vind je in hoofdstuk 13, opgave 10 tot en met 19 en 27, 28 en 29.

Samenvatting

De samenvatting van dit hoofdstuk staat op www.rwp-kerninzichten.noordhoff.nl.

In dit hoofdstuk ben je de volgende begrippen tegengekomen:

Aanpak
Aftrekken
Ankerpunt
Automatiseren
Beginsituatie
Bewerking
Commutatieve eigenschap
Concreet niveau
Context
Delen, deeltal, deler
Diagnosticeren
Distributieve eigenschap
Doortellen
Eigen producties
Formeel niveau
Generaliseren
Getallenlijn, lege getallenlijn
Groepjesmodel
Groepsstructuur
Grootste gemene deler
Herhaald optellen, herhaald aftrekken
Inverse
Lijnstructuur
Mathematiseren
Memoriseren
Model
Oefenen
Opdelen
Optellen
Opvermenigvuldigen
Pijlentaal
Product
Quotiënt
Rechthoekmodel
Rechthoekstructuur
Rekenrek
Rijgen
Som
Splitsen

Steunpunt
Strategie
Structurerend rekenen
Tellen met sprongen
Tellend rekenen
Verdelen
Verhaaltjessom
Vermenigvuldiger, vermenigvuldigtal
Verschil
Visualiseren
Voorkennis
Wiskundetaal

473
268

600
130
11

741

4 Hoofdrekenen en cijferen

In de bovenbouw zijn er vier manieren om opgaven met grotere getallen uit te rekenen, namelijk hoofdrekenen, schattend rekenen, kolomsgewijs of cijferend rekenen, en het gebruiken van een rekenmachine.
Voor het hoofdrekenen, schattend rekenen en kolomsgewijs of cijferend rekenen worden in dit hoofdstuk drie kerninzichten gepresenteerd, voor elk domein één. Aan het gebruiken van een rekenmachine is geen specifiek kerninzicht verbonden. Wel hebben kinderen veel andere kerninzichten nodig om goed met een rekenmachine te kunnen werken, zoals de kerninzichten in de bewerkingen. Bovendien moeten kinderen leren werken met de rekenmachine en leren kiezen wanneer het handig is om de rekenmachine te gebruiken en wanneer je beter uit je hoofd, schattend of cijferend kunt rekenen.

De leerlijnen voor hoofdrekenen, schattend rekenen en voor kolomsgewijs en cijferend rekenen zijn in aparte paragrafen beschreven, die direct volgen op het betreffende kerninzicht.

Overzicht kerninzichten
Kinderen verwerven het inzicht dat:

- je berekeningen in bepaalde gevallen efficiënt kunt uitvoeren door gebruik te maken van getalrelaties en eigenschappen van bewerkingen (kerninzicht handig rekenen)

4×99
4×90=360
4×9=36
360+36=396

- je een globale uitkomst kunt bepalen door te werken met afgeronde getallen (kerninzicht schattend rekenen)

- je getallen kunt bewerken via standaardprocedures, die ontstaan door maximale, schematische verkorting van rekenaanpakken (kerninzicht standaardprocedures)

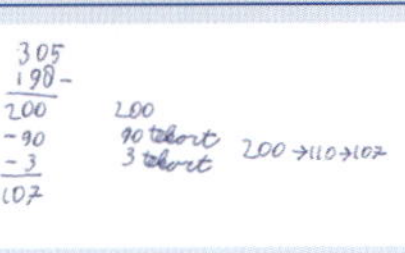

Deze kerninzichten sluiten aan bij de kerndoelen:

28 De leerlingen leren schattend tellen en rekenen.
29 De leerlingen leren handig optellen, aftrekken, vermenigvuldigen en delen.
30 De leerlingen leren schriftelijk optellen, aftrekken, vermenigvuldigen en delen volgens meer of minder verkorte standaardprocedures.
31 De leerlingen leren de rekenmachine met inzicht te gebruiken.

Ten aanzien van het rekenen in de bovenbouw wordt in de referentieniveaus concreet aangegeven wat voor soort opgaven alle kinderen moeten kunnen maken:

- uit het hoofd optellen, aftrekken, vermenigvuldigen en delen met ‘nullen’, ook met eenvoudige decimale getallen: 30 + 50; 1200 – 800; 65 × 10; 3600 : 100; 1000 × 2,5; 0,25 × 100
- efficiënt rekenen (+,–, ×, :), gebruikmakend van de eigenschappen van getallen en bewerkingen, met eenvoudige getallen
- optellen en aftrekken (waaronder ook verschil bepalen) met gehele getallen en eenvoudige decimale getallen: 235 + 349; 1268 – 385; €2,50 + €1,25
- vermenigvuldigen van een getal met één cijfer met een getal met twee of drie cijfers: 7 × 165 =; vijf uur werken voor € 5,75 per uur
- vermenigvuldigen van een getal van twee cijfers met een getal van twee cijfers: 35 × 67 =
- getallen met maximaal drie cijfers delen door een getal met maximaal twee cijfers, al dan niet met een rest: 132 : 16 =
- globaal rekenen (schatten) als de context zich daartoe leent of als controle voor rekenen met de rekenmachine: is tien euro genoeg?; €2, 95 + €3,98 + €4,10; 1589 – 203 is ongeveer 1600 – 200
- in contexten de ‘rest’ (bij delen met rest) interpreteren of verwerken

- verstandige keuze maken tussen zelf uitrekenen of rekenmachine gebruiken (zowel kaal als in eenvoudige dagelijkse contexten, zoals geld- en meetsituaties)
- kritisch beoordelen van een uitkomst

Deze opsomming geldt voor niveau 1F; het streefniveau 1S betekent in dit geval dat leerlingen de berekeningen moeten kunnen uitvoeren met complexere getallen, dat ze de volgorde van de bewerkingen moeten kennen en dat ze standaardprocedures met inzicht moeten gebruiken.

4.1 Hoofdrekenen

Hoofdrekenen is in de bovenbouw een van de manieren om opgaven met grotere getallen uit te rekenen, naast het schattend rekenen, het kolomsgewijs of cijferend rekenen, en het werken met een rekenmachine. Hoofdrekenen hoeft niet strikt uit het hoofd te gebeuren; er mag best iets genoteerd worden op een uitrekenblaadje.

Hoofdrekenen

4

4.1.1 Praktijkvoorbeelden

Vier praktijkvoorbeelden uit de groepen 5, 6 en 7 maken duidelijk welk kerninzicht kinderen moeten verwerven op het gebied van hoofdrekenen.

Een hoofdrekenles in groep 5.

Bij opgave 3a zet Miek 875 op de getallenlijn en maakt dan een sprong naar links. Fatima doet 800 – 500 = 300, 70 – 90 = –20, 5 – 0 = 5. Zij schrijft de tussenuitkomsten tussen streepjes en moet nu nog uitrekenen: 300 – 20 + 5.

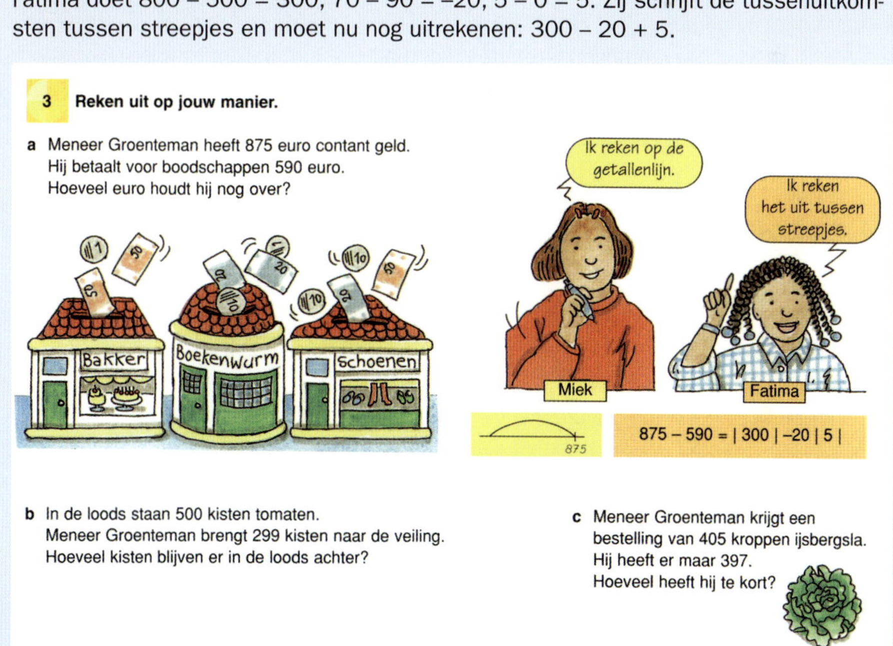

AFBEELDING 4.1 Reken uit op jouw manier

Maak opgave 3b en 3c op de manier van Miek en op de manier van Fatima. Kun je deze opgaven op nog meer manieren uitrekenen?

Rijgen

Handig rekenen

Gevarieerd rekenen

Bij opgave 3b begint Miek waarschijnlijk bij 500 op de getallenlijn en maakt dan één of meer sprongen naar links. Deze aanpak heb je in hoofdstuk 3 leren kennen als rijgen. Misschien doet ze – 200, – 90 en dan nog – 9. Maar misschien ziet ze ook dat ze een sprong van – 300 kan maken, en dan nog eentje terug. Die laatste manier noemen we geen rijgen; die valt onder handig of gevarieerd rekenen. Bij handig of gevarieerd rekenen maak je gebruik van het specifieke karakter van de getallen in de opgave en van de eigenschappen van de bewerkingen.

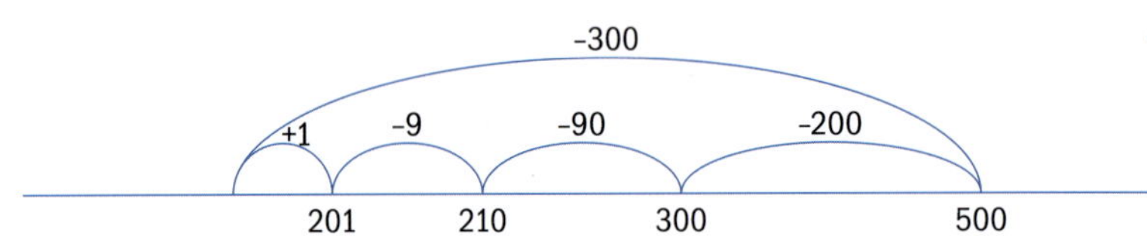

AFBEELDING 4.2 Oplossing op de getallenlijn

Een hoofdrekenopgave in groep 6.

Een winkelier verkoopt vier broeken van €99 per stuk. Hoeveel geld levert dat op?

99 + 99 = 198 + 99 = 297 + 99 = 396

4 x 99
4 x 90 = 360
4 x 9 = 36
360 + 36 = 396

4 x 99 =
400 - 4 = 396

AFBEELDING 4.3 Drie berekeningen bij 4 × 99

In de bespreking zien de kinderen dat de oplossing van Maria (afbeelding 4.3, rechtsonder) het goede antwoord oplevert. Maar waarom mag dat zo? De juf legt het uit: stel je voor dat alle vier de mensen met een briefje van 100 betalen. Dan krijgt iedereen ook 1 euro terug. Dan heeft de winkelier dus 4 × 100 euro gekregen en 4 × 1 euro teruggegeven.

Fatima maakt gebruik van splitsen: 500 – 200 is 300; 0 – 90 is 90 tekort; 0 – 9 is 9 tekort. Tussen streepjes noteert Fatima /300/–90/–9/. Daarna moet ze nog uitrekenen 300 – 90 – 9. Bij deze opgave leidt het splitsen tot rekenen met tekorten. Of zou ook Fatima gezien hebben dat 299 een 'bijna rond getal' is en gedacht hebben aan – 300 + 1? Het is wel de bedoeling dat het getal 299 kinderen op die gedachte brengt!

Splitsen

Rekenen met tekorten

Een mooie oplossing bij opgave 3c is het doortellen of aanvullen vanaf 397 naar 405: 397 + 3 = 400 en dan + 5, dus in totaal + 8. Uit die oplossing blijkt het kerninzicht in de bewerking aftrekken: je kunt het verschil bepalen door aan te vullen. Dat is hier effectief, omdat het verschil tussen beide getallen heel klein is.

Doortellen

Verschil

Het handig rekenen met ronde getallen is bij vermenigvuldigen en delen moeilijker voor kinderen dan bij optellen en aftrekken. Een context kan inzicht geven. Ook verwoorden is belangrijk.

Context

In groep 7 komt de som 275 : 5 aan bod. Jop krijgt de beurt en zegt: 'Ik heb gedaan 550 : 10 = 55.' Juf Jacqueline vraagt aan de klas: 'Hé, kijk eens wat Jop doet? Hij zegt: 275 : 5 = 550 : 10 = 55. Mag dat zomaar?'
Astrid: 'Dit keer twee en dat keer twee.'
Juf: 'Maar is 55 dan goed, of moet het ook keer twee?'
Veel kinderen aarzelen.

AFBEELDING 4.4 Twee stroken

Juf tekent twee stroken op het bord. 'Dit is €275', zegt juf en wijst op de bovenste strook, 'en nu verdeel je die met vijf mensen, dus allemaal zo'n stukje. Als je nu twee keer zoveel geld hebt en je deelt dat met twee keer zoveel mensen, dan zijn de stukjes even groot. Dus als ik €275 moet delen met zijn vijven, krijgt ieder evenveel als wanneer je €550 deelt met zijn tienen. Wat Jop deed, dat mag. Kunnen jullie dan op die manier ook uitrekenen 150 : $12\frac{1}{2}$?'

I Wat kan juf doen om te controleren of de kinderen dit begrijpen?

?

Juf Jacqueline besteedt aandacht aan handig hoofdrekenen op het moment dat een van de leerlingen met een interessante strategie komt. Ze laat de

Strategie

Model

kinderen verwoorden waarom de strategie juist is en verduidelijkt dit met een model. Het is goed om kinderen op zo'n moment nog een gelijksoortige opgave te geven, waarop ze de juist besproken strategie kunnen toepassen.

Meester Henk, vierdejaars student, wil graag weten wat zijn leerlingen in groep 7 kunnen op het gebied van hoofdrekenen. Hij legt wat opgaven voor aan Chris, van wie de groepsleerkracht gezegd heeft dat hij graag handig rekent.

11 × 25	'Eerst 10 × 25 en dan nog een keer 25 erbij.'
6 × 35	'Eerst 5 × 35, dat is de helft van 350 is 175, en dan nog 35 erbij.'
7 × 25	'Ik weet dat 4 × 25 = 100 en 4 × 2 = 8, maar ik moet 7 doen, dus dat is 25 eraf en dan kom ik op 175.'
4 × 75	'Ik weet uit mijn hoofd dat 2 × 75 = 150. En dan doe ik 2 × 150, dat is 300.'
6432 : 16	'... Die zou ik met een staartdeling doen.' Meester Henk: 'En hoeveel komt daar dan ongeveer uit?' Chris: '100 × 16 = 1600, 200 × is 3200..., 400 × is 6400, ik zie het al: 402.'
1386 : 14	'1400 – 14 is 1386, en dan kom je dus op 100 – 1, dat is 99.'
2665 : 13	'Op het eerste gezicht was die niet zo makkelijk, maar later wel, want die 26 is gewoon 200 ×. Maar die 65 moet je gewoon een beetje kunnen uitrekenen. Dat had ik uiteindelijk ook wel snel kunnen doen. Dan kom je op 205.'

? I Wat is er nou precies 'handig' aan het rekenen van Chris?

Aanpak

Getal

Bewerking

Als je naar de antwoorden van Chris kijkt, valt op dat hij niet op een vaste manier rekent, maar zijn aanpak laat afhangen van:

- de getallen in de opgave: 25 is een mooi getal, want 4 × 25 is 100, dus 7 × 25 is 200 – 25
- zijn inzicht in de bewerking: 11 × 25 = 10 × 25 + 1 × 25; 1386 : 14 = 1400 : 14 – 14 : 14
- wat hij zelf al weet: 2 × 75 = 150, dus 4 × 75 is het dubbele daarvan

Verdubbelen en halveren

Varia

Chris had 6 x 35 ook kunnen uitrekenen door middel van verdubbelen en halveren: 6 x 35 = 3 x 70. Omdat er zo veel verschillende manieren zijn voor handig rekenen, wordt dit ook wel varia genoemd.

Orde van grootte

Voor de opgave 6432 : 16 ziet Chris geen handige manier en hij zegt dat hij die opgave zou oplossen door een staartdeling te maken. Een staartdeling is een oplossingsmanier die je altijd bij deelsommen kunt gebruiken. Maar bij een opgave met 'mooie' getallen is een staartdeling vaak niet de meest efficiente oplossing; het kan soms handiger. Uit de vraag van meester Henk bij deze opgave blijkt dat Chris een goed gevoel heeft voor de orde van grootte van de uitkomst van een deling.

4.1.2 Kerninzicht handig rekenen

Deze subparagraaf beschrijft het kerninzicht dat in de praktijkvoorbeelden hiervoor geïllustreerd is.

Kinderen verwerven het inzicht dat je berekeningen in bepaalde gevallen efficiënt kunt uitvoeren door gebruik te maken van getalrelaties en eigenschappen van bewerkingen.

Getalrelaties

Als je handig rekent, maak je vaak gebruik van getalrelaties. Getallen hangen met elkaar samen. Je kunt, uitgaand van een getal, een heleboel relaties leggen met andere getallen. In het praktijkvoorbeeld hiervoor heb je gezien dat 25 en 75 mooie getallen zijn voor Chris. Afbeelding 4.5 brengt zijn 'relatienetwerk' ofwel cognitief netwerk in beeld.

Getal

Cognitief netwerk

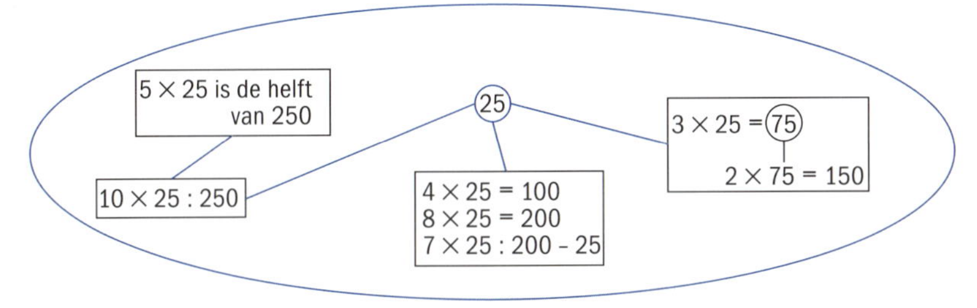

AFBEELDING 4.5 Getalrelaties

'Getal van de week': Zet elke week een getal centraal. Steeds als je even tijd over hebt, mogen kinderen sommetjes en associaties verzinnen bij dit getal. In groep 3 neem je getallen tot 20, in groep 4 tot 100, in groep 5 tot 1000. In de bovenbouw kies je voor grote getallen of gebroken getallen. Het 'getal van de week' helpt kinderen hun eigen getalnetwerk op te bouwen.

Eigenschappen van bewerkingen

De vier hoofdbewerkingen hebben ieder hun eigen eigenschappen. We bespreken hier de commutatieve eigenschap, de associatieve eigenschap en de distributieve eigenschap. In tabel 4.1 zie je welke bewerking welke eigenschap heeft en een voorbeeld of tegenvoorbeeld: probeer hieruit te begrijpen wat de eigenschap van een bewerking inhoudt.

Eigenschappen van een bewerking: commutatieve, associatieve, distributieve

4

TABEL 4.1 Eigenschappen van bewerkingen

Eigenschap	Bewerking			
	Optellen	*Aftrekken*	*Vermenigvuldigen*	*Delen*
Commutatieve eigenschap	Geldt: $5 + 4 = 4 + 5$	Geldt niet: $5 - 4 \neq 4 - 5$	Geldt: $5 \times 4 = 4 \times 5$	Geldt niet: $20 : 5 \neq 5 : 20$
Associatieve eigenschap	Geldt: $(2 + 3) + 4 = 2 + (3 + 4)$	Geldt niet: $(8 - 6) - 2 \neq 8 - (6 - 2)$	Geldt: $(2 \times 3) \times 4 = 2 \times (3 \times 4)$	Geldt niet: $(20 : 10) : 2 \neq 20 : (10 : 2)$
Distributieve eigenschap			Geldt: $12 \times 4 = (10 + 2) \times 4 = 10 \times 4 + 2 \times 4$	Geldt: $48 : 4 = (40 + 8) : 4 = 40 : 4 + 8 : 4$

4

Handig rekenen

Strategie

Gevarieerd rekenen

Elke strategie voor handig of gevarieerd rekenen kun je uiteindelijk verklaren uit getalrelaties en de drie eigenschappen. Bij 500 – 299 mag je 500 – 300 uitrekenen en daarna compenseer je de tussenuitkomst door er weer 1 bij op te tellen. Dit mag vanwege de getalrelatie: 299 is eentje minder dan 300. Het is makkelijker om er 300 af te trekken; door er weer 1 bij te doen, maak je dit weer goed.

Associatieve eigenschap

Nog een voorbeeld: $4 \times 75 = 2 \times 150$. Waarom eigenlijk? Je gebruikt hier de associatieve eigenschap: $4 \times 75 = (2 \times 2) \times 75 = 2 \times (2 \times 75) = 2 \times 150$. De meeste gangbare reken-wiskundemethodes in de basisschool besteden niet systematisch aandacht aan de commutatieve, associatieve en distributieve eigenschap. Wel moedigen ze het handig rekenen aan.

Waaraan herken je het kerninzicht handig rekenen bij de leerling?

Uit welke kennis of handelingen van een leerling kun je als leerkracht opmaken dat een leerling inziet dat je berekeningen in bepaalde gevallen efficiënt kunt uitvoeren door gebruik te maken van getalrelaties en eigenschappen van bewerkingen? Dat inzicht kan sterk verschillen in niveau en kun je vaststellen als een leerling:

- voor een belangrijk deel uit het hoofd rekent en daarbij flexibel omgaat met het noteren van tussennotaties op papier
- eerst goed kijkt naar een opgave en niet meteen op een standaardmanier gaat rekenen
- plezier heeft in het ontdekken van een 'handige' oplossingsmanier
- gebruikmaakt van 'mooie' getallen
- relaties tussen getallen zoekt en ziet
- rekent met getallen in plaats van losse cijfers
- gevoel heeft voor de orde van grootte van getallen
- soepel en correct kan werken met de verschillende eigenschappen van bewerkingen

4.2 Leerlijn hoofdrekenen

Het rekenen tot 100 in de onderbouw legt de basis voor het hoofdrekenen in de bovenbouw. Naast het hoofdrekenen is er in de bovenbouw aandacht voor schattend rekenen en schriftelijk rekenen.

Rijgen, splitsen en handig rekenen in groep 3 en 4

In groep 3 en 4 leren kinderen manieren voor het rekenen tot 100, met name rijgen en splitsen. Dat zijn manieren voor het rekenen tot 100 waarvan het wenselijk is dat kinderen die vlot uit het hoofd kunnen toepassen. Kerndoel 27 luidt immers: de leerlingen leren de basisbewerkingen met gehele getallen in elk geval tot 100 snel uit het hoofd uitvoeren (...). Daarnaast doet het handig rekenen zijn intrede, onder meer bij het automatiseren van de tafels van vermenigvuldiging. Kinderen kunnen sommen die zij al kennen, gebruiken als ankerpunt om andere tafelsommen te leren: '6 × 8 = 48, want 5 × 8 = 40 en dan nog 1 × 8 meer.'

Rijgen
Splitsen
Handig rekenen
Automatiseren
Ankerpunt

Hoofdrekenen in de bovenbouw

Vanaf groep 5 wordt gerekend tot 1000 en hoger. In het praktijkvoorbeeld in subparagraaf 4.1.1 heb je gezien dat rijgen en splitsen in groep 5 ook gebruikt worden als de getallen groter worden dan 100. Hoe groter de getallen, hoe lastiger het wordt om alle deeluitkomsten uit het hoofd te onthouden. Daarom leren kinderen in de bovenbouw schriftelijk rekenen, waarbij gewerkt wordt met vaste oplossingsprocedures op papier (zie paragraaf 4.3, kolomsgewijs rekenen en cijferen). Maar de standaardmanieren op papier zijn niet altijd efficiënt. Er zijn 'mooie sommen' waarbij je handig gebruik kunt maken van de getallen of eigenschappen van de bewerkingen. Daarom wordt naast het schriftelijk rekenen ook geoefend met handig rekenen of hoofdrekenen. Daarbij mogen kinderen best iets op papier zetten, als dat helpt. Dit is wat bedoeld wordt in kerndoel 29: de leerlingen leren handig optellen, aftrekken, vermenigvuldigen en delen.

Bewerking
Hoofdrekenen

Of je handig kunt rekenen, is afhankelijk van de getallen waarmee je moet rekenen, van de getalrelaties die je paraat hebt en van je kennis van de eigenschappen van bewerkingen. In de bovenbouw wordt het handig rekenen geoefend met opgaven die speciaal daarvoor bedoeld zijn en waarbij je juist handig gebruik kunt maken van de getallen en eigenschappen van bewerkingen. Die opgaven moeten zo goed mogelijk aansluiten op de beginsituatie van de leerlingen, want ze moeten voldoende vertrouwd zijn met de getallen en de mogelijke handige oplossingsmanieren. Meestal krijgen kinderen nadrukkelijk de opdracht om naar handige manieren te zoeken, of worden er één of meer handige oplossingsmanieren gepresenteerd die de kinderen mogen toepassen. De verschillende manieren die de kinderen gevonden hebben, worden besproken. Interactie tussen de kinderen onderling en tussen de kinderen en de leerkracht is hier belangrijk. Het is niet gebruikelijk om de eigenschappen van bewerkingen expliciet te benoemen voor kinderen. Wel is het goed om regelmatig voorbeelden te geven waaruit de eigenschap blijkt. Het gebruik van de commutatieve eigenschap bij optellen, 6 + 125 = 125 + 6, kun je voor de kinderen verwoorden en gelijk ook generaliseren: 'Het maakt niet uit waar je begint als je twee bedragen bij elkaar optelt.' Bij een opgave als 105 : 2 kun je de distributieve eigenschap, (100 : 2) + (5 : 2), uitleggen door een context te gebruiken: 'Als ik €105 ga verdelen, mag ik eerst het briefje van 100 verdelen en dan het briefje van 5.'

Handig rekenen
Beginsituatie
Interactie
Generaliseren
Uitleggen

Rekenen met nullen

Om handig te kunnen vermenigvuldigen en delen met grotere getallen is het goed te oefenen met 'rekenen met nullen'. Een voorbeeldoefening uit groep 6 zie je in afbeelding 4.6.

Reken uit

Welke keersom helpt?

70000 : 35 = ...	200000 : 50 =	300000 : 25 =	280000 : 70 =
70000 : 350 =	200000 : 500 =	300000 : 250 =	280000 : 700 =
70000 : 3500 =	200000 : 5000 =	300000 : 2500 =	280000 : 7000 =

AFBEELDING 4.6 Welke keersom helpt?

I Dit wordt wel inzichtelijk oefenen genoemd. Heb je een idee waarom?

Deler
Inverse

De rijtjes uit afbeelding 4.6 hebben een opbouw die kinderen ondersteunt in het zoeken naar het antwoord. In de eerste plaats gebeurt dat door het systematisch vergroten met een factor 10 van de deler, in de tweede plaats door de hint om te denken aan de inverse relatie (vermenigvuldigen).
Het rekenen met nullen vraagt inzicht: bij vermenigvuldigen kun je de nullen wegdenken en later terugplaatsen, maar bij delen vallen de nullen definitief weg. Ook hier kunnen contexten helpen, bijvoorbeeld een geldcontext: €3000 verdelen met twintig mensen komt op hetzelfde neer als tien keer zo weinig geld met tien keer zo weinig mensen, dus €300 : 2.

Kiezen voor hoofdrekenen

Hoofdrekenen

Het is niet de bedoeling dat kinderen alleen maar hoofdrekenen als ze expliciet die opdracht krijgen; kinderen zouden bij alle rekenopgaven die ze op school of in het dagelijks leven tegenkomen, bewust moeten kiezen hoe ze de som aanpakken: hoofdrekenend, cijferend of met de rekenmachine. Soms is hoofdrekenen de efficiëntste manier, maar soms is de opgave daarvoor te complex. Dan hangt het ervan af of je papier ter beschikking hebt, of een rekenmachine. In methodes voor de bovenbouw staan regelmatig opgaven waarbij kinderen moeten kiezen of ze (een deel van) de opgaven hoofdrekenend, cijferend of met de rekenmachine oplossen.

VRAGEN EN OPDRACHTEN

4.1 Kijk naar de videofragmenten over handig rekenen die je op de website vindt. Welke getalrelaties en welke eigenschappen van bewerkingen worden hier al dan niet gebruikt?

4.2 Controleer alle berekeningen in tabel 4.1 en verzin zelf andere voorbeelden.

4.3 Kijk terug naar de opgave 6432 : 16 uit het laatste praktijkvoorbeeld in subparagraaf 4.1.1. Van welke eigenschap van het delen maakt Chris gebruik bij zijn uiteindelijke oplossing? Maak zelf eens een staartdeling bij deze opgave. Welke fout verwacht je dat kinderen daarin maken? En waarom zal Chris die fout waarschijnlijk niet maken?

4.3 Schattend rekenen

In de bovenbouw leren kinderen schattend rekenen. Schattend rekenen is rekenen met afgeronde getallen.

4.3.1 Praktijkvoorbeelden

Drie voorbeelden uit groep 7 en 8 laten zien waarom het gaat bij schattend rekenen.

I Wat vind je van de oplossingen van Nynke en Cilla?

De meester vraagt heel bewust: ‘Je hebt 2 euro bij je. Is dat genoeg?’
Door deze manier van vragen stellen nodigt de meester de kinderen uit om te gaan schatten. De meester had verwacht dat leerlingen gebruik zouden maken van het feit dat 35% ongeveer $\frac{1}{3}$ is. Daarmee kan je de prijs mooi schatten: €2,71 kun je afronden op €2,70 en dat deel je dan door drie. Dat levert een korting op van ongeveer €0,90. Dat bedrag trek je af van de prijs en dan zie je dat er minder overblijft dan €2.
Het is dus opvallend dat de leerlingen heel precies gaan uitrekenen hoeveel de soesjes kosten. Nynke en Cilla hanteren ruwweg dezelfde aanpak: eerst 10% is €0,27 en dat vermenigvuldig je met 3; 30% is dan €0,81. Vervolgens nemen zij 1%, ronden dat af op €0,03 en vermenigvuldigen dat met vijf. Ze tellen de kortingsbedragen bij elkaar en trekken dat af van de oorspronkelijke prijs.
In de situatie die de meester schetst, is schattend rekenen voldoende. Als je genoeg geld bij je hebt, hoef je niet precies uit te rekenen wat de soesjes kosten. Dat doen mensen in werkelijkheid ook meestal niet. Schatten is hier lonend.

Vragen stellen

Afronden

Schattend rekenen

Kinderen vinden schattend rekenen vaak moeilijk. Ze rekenen liever precies en ronden het antwoord daarna af. Maar dat is geen schatten! Schatten is rekenen met afgeronde getallen. Schatten moet je leren. Zie het voorbeeld hierna van een oefening in schattend rekenen.

De meester van groep 7 heeft een afgeprijsde doos soesjes meegenomen uit de supermarkt (zie afbeelding 4.7). Hij heeft er voor zijn groep de volgende opdracht bij bedacht: stel je wilt vandaag trakteren op iets lekkers. Dat komt goed uit: er is 35% korting op de soesjes, omdat het vandaag de uiterste verkoopdatum is. Je hebt 2 euro bij je. Is dat genoeg? Werk met zijn tweeën en schrijf precies op hoe jullie dit hebben aangepakt.

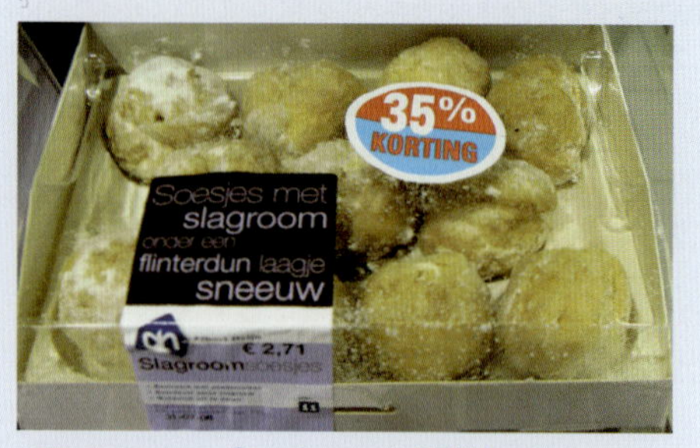

35%
KORTING
Soesjes met
slagroom
onder een
flinterdun laagje
sneeuw
€ 2,71
Slagroomsoesjes
AFBEELDING 4.7 Soesjes met 35% korting

De kinderen gaan aan het werk. In de afbeeldingen 4.8 en 4.9 zie je de oplossingen van Nynke en Cilla.

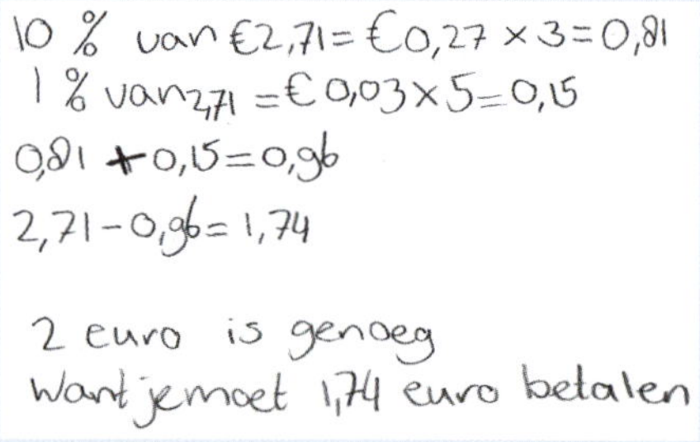
10 % van €2,71 = €0,27 × 3 = 0,81
1 % van 2,71 = €0,03 × 5 = 0,15
0,81 + 0,15 = 0,96
2,71 – 0,96 = 1,74
2 euro is genoeg
want je moet 1,74 euro betalen
AFBEELDING 4.8 De oplossing van Nynke

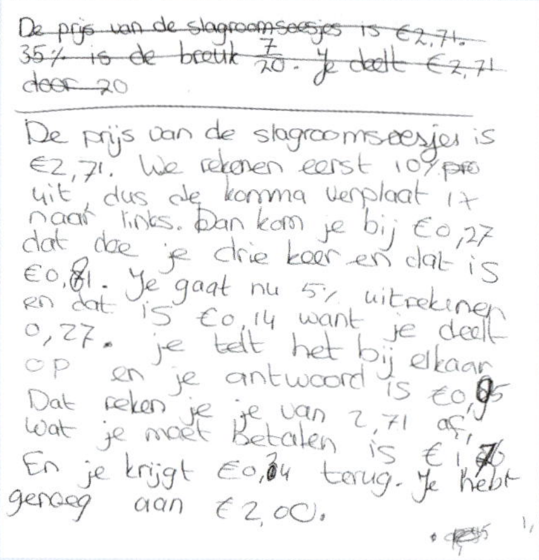
De prijs van de slagroomsoesjes is €2,71.
35% is de breuk 7/20. Je deelt €2,71
door 20
De prijs van de slagroomsoesjes is
€2,71. We rekenen eerst 10% pro
uit, dus de komma verplaat 1x
naar links. Dan kom je bij €0,27
dat doe je drie keer en dat is
€0,81. Je gaat nu 5% uitrekenen
en dat is €0,14 want je deelt
0,27. je telt het bij elkaar
op en je antwoord is €0,95
Dat reken je je van 2,71 af,
Wat je moet betalen is €1,76
En je krijgt €0,24 terug. Je hebt
genoeg aan €2,00.
Afbeelding 4.9 De oplossing van Cilla

Juf Margot heeft de volgende oefening bedacht. Zij heeft een rijtje opgaven in het boek uitgezocht:
487 : 13 =
356 : 12 =
890 : 7 =
543 : 5 =

De kinderen krijgen kort de tijd om samen met hun maatje te bedenken hoe groot het antwoord van iedere opgave ongeveer is. Juf Margot doet er hardop denkend eentje voor:
'487 : 13 = … hoe groot zou die uitkomst zijn? Zou het 10 of meer zijn?
10 × 13 = 130, ja, het is meer dan tien keer. Zou het antwoord ook 100 kunnen zijn?
100 × 13 = 1300, nee, dat is te groot. Dus… het antwoord is meer dan 10 en minder dan 100.'

Orde van grootte

Juf Margot helpt de kinderen hier de orde van grootte van het antwoord te bepalen. In dit voorbeeld: is het een eenheid, een tiental, een honderdtal, enzovoort? Het is belangrijk dat kinderen, naast het redeneren met exacte getallen, ook leren redeneren in termen van orde van grootte.

In het kader van een project over voeding buigen de leerlingen in de bovenbouw zich over de vraag: hoe lang doe je met een pak hagelslag als je elke dag een boterham met hagelslag eet? Op het pak staat '450 gram'. De leerlingen vragen meteen hoeveel gram je per keer op je boterham doet. 'Dat weet ik niet precies, hoor', zegt juffrouw Ceciel, 'schat het maar.'

AFBEELDING 4.10 Hagelslag en rekenmachine

Het groepje van Raymond denkt dat je per keer zo'n 10 gram hagelslag op je boterham doet. Hagelslag weegt niet veel en 10 gram rekent lekker makkelijk. Dan heb je voor 45 dagen genoeg. Kan dat kloppen? Vijfenveertig dagen is... eh... een maand en nog een halve maand. Dat zou kunnen.
Het groepje van Micky wil het heel precies uitrekenen. Ze vragen aan de juffrouw of ze een weegschaal en een rekenmachine mogen gebruiken. Ze strooien een portie hagelslag in het bakje van de weegschaal. Op de weegschaal lezen ze af dat het 27 gram is. Dan typen ze op de rekenmachine in: 450 gedeeld door 27. Als antwoord krijgen ze 16,666667. 'Dat ronden we af op 16,7', stelt Micky voor. 'Of kunnen we beter 17 doen?' vraagt Dennis.

I Wat zou jij in dit geval een goed antwoord vinden?

?

Hoe precies kun je deze vraag beantwoorden? Niet iedereen strooit de hagelslag even dik op zijn boterham. Het eerste groepje kiest een handig gewicht, dat ook redelijk in de orde van grootte ligt. Toch maken zij zich er wel heel makkelijk vanaf. Het is een goed idee om een portie af te wegen, maar dan moet je geen genoegen nemen met een enkele meting. Laat een paar kinderen strooien en neem daarvan het gemiddelde. Dat gemiddelde kun je afronden tot een getal waarmee je makkelijk kunt rekenen. Dan heb je ook geen rekenmachine nodig. Overigens blijkt hier ook dat het goed gebruiken van een rekenmachine veel inzicht vraagt: wat typ je in en wat betekent het antwoord dan? Het tweede groepje is zich ervan bewust dat ze de portie hagelslag per dag wat ruim genomen hebben ('lekker dik'), daarom kunnen ze het antwoord naar boven afronden op ongeveer zeventien dagen.

Orde van grootte

Gemiddelde

Afronden

4.3.2 Kerninzicht schattend rekenen

In de praktijkvoorbeelden hiervoor heb je kunnen zien waar het om gaat bij schattend rekenen. In deze paragraaf wordt het kerninzicht toegelicht.

Kinderen verwerven het inzicht dat je een globale uitkomst kunt bepalen door te werken met afgeronde getallen.

Schattend rekenen

Er zijn situaties waarin je niet anders kunt dan schattend rekenen, bijvoorbeeld als je niet genoeg gegevens bij de hand hebt om precies te rekenen. Dit komt veel voor, denk aan: we moeten ergens heen, de afstand is ongeveer 20 kilometer, hoe lang doen we daarover met de auto? Kunnen we ook met de fiets? Hoe lang doen we er dan over? Als we er om 17 uur moeten zijn, hoe laat moeten we dan van huis vertrekken? Hoeveel flessen frisdrank heb je nodig voor een feestje met 25 personen? Kan één persoon die flessen in een tas naar huis dragen, of is dat te zwaar? Kinderen moeten erop voorbereid worden en ervaren dat je ook kunt rekenen als je geen precieze gegevens hebt.

Precies of schattend rekenen?

Er zijn ook situaties waarin je wel precies kunt rekenen, maar waarin je net zo goed of beter kunt schatten. In het geval van de vraag of je genoeg geld bij je hebt om een afgeprijsd artikel te kopen, spaart het tijd als je een schatting maakt. Schatten loont. In het voorbeeld van de hagelslag kun je beter met globale hoeveelheden rekenen, omdat niet iedereen zijn boterham even dik belegt.

Schattend controleren

Schatten wordt op school vaak nog op een andere manier gebruikt, namelijk als controle op een cijfersom of een berekening met de rekenmachine. Het gaat dan vooral om de orde van grootte van het antwoord: kan dit kloppen? Dit schattend controleren is zowel zinvol voor het oefenen met schattend rekenen, als zinvol voor het ontwikkelen van een kritische wiskundige attitude: kan dat getal in een reclameboodschap of krantenartikel wel kloppen?

Orde van grootte

Wiskundige attitude

Handig rekenen

Bij het schattend rekenen speelt het inzicht dat nodig is bij handig rekenen volop mee: welke getalrelaties kun je benutten, en welke eigenschappen van bewerkingen? Daar bovenop komt dus het inzicht wanneer je kunt of moet schatten. Dat vraagt een goed begrip van de situatie of opgave, gevoel voor de orde van grootte van getallen en een portie lef. Hoe ver mag je afronden, moet je dat nog compenseren en hoe dan, is dit precies genoeg? In het voorbeeld van de hagelslag heeft het tweede groepje de portie hagelslag per dag wat ruim genomen; daarom kan dit groepje het antwoord beter wat naar boven afronden op ongeveer zeventien dagen. Wie goed kan schatten, kan veel opgaven oplossen zonder al te veel problemen en laat heel duidelijk zien dat hij 'gecijferd' is. Gecijferdheid is het vermogen om op passende wijze met getallen en getalsmatige gegevens om te gaan.

Afronden

Gecijferdheid

Waaraan herken je het kerninzicht schattend rekenen bij de leerling?

Uit welke kennis of handelingen van een leerling kun je als leerkracht opmaken dat een leerling inziet dat je in sommige situaties alleen maar of beter met globale hoeveelheden kunt rekenen? Dat inzicht kan sterk verschillen in niveau en kun je vaststellen als een leerling:

- situaties herkent waarin het voldoende is om globaal te rekenen
- situaties herkent waarin je wel precies kunt rekenen, maar je toch beter wat globaler kunt rekenen
- getallen durft af te ronden (passend bij de situatie of opgave)
- rekent met afgeronde getallen en de consequenties daarvan voor de uitkomst overziet
- zelf getallen kiest om mee te rekenen als er onvoldoende getallen gegeven zijn

- voldoende referentiegetallen en referentiematen heeft om mee te redeneren en te rekenen
- de orde van grootte van de uitkomst kan aangeven, nog voor hij nauwkeurig gerekend heeft
- uitkomsten van schriftelijk rekenwerk of de rekenmachine schattend controleert

4.4 Leerlijn schattend rekenen

In de onderbouw kunnen kinderen al ervaring opdoen met het schatten van hoeveelheden. Ze wennen er dan vast aan dat je sommige getallen niet precies weet of zelfs niet precies kunt weten. In de bovenbouw komt het schattend rekenen aan de orde. Hierbij komen vier onderdelen aan bod, die in elke volgende groep terugkomen, met steeds minder makkelijke getallen en steeds complexere situaties:
1 afronden van getallen
2 schattend optellen en aftrekken
3 schattend vermenigvuldigen en delen
4 schattend rekenen met onvolledige gegevens

Ad 1 Afronden van getallen
Kinderen moeten leren wanneer je nauwkeurig moet werken met getallen en wanneer dat globaler kan. In dat kader leren ze getallen afronden. Leren afronden kent een aantal fasen. Eerst leren kinderen getallen af te ronden naar voor de hand liggende ronde getallen die in de buurt liggen: 2004 kun je afronden op 2000, 198 op 200.

Afronden

Vervolgens leren ze dat er regels zijn voor afronden. Omgekeerd moeten kinderen ook leren bedenken hoe groot een getal precies geweest kan zijn voor het afgerond werd.
Ten slotte leren ze dat het slim is om getallen zo af te ronden dat je er gemakkelijk mee rekent. Als je de uitkomst van 2749 : 40 = moet schatten, is het slim om het eerste getal naar 2800 af te ronden in plaats van naar 2700, ook al ligt het daar dichter bij. Afbeelding 4.11 toont een oefening voor groep 8.

Afronden

1 **Op de getallenlijn**

Bij welk honderdduizendtal liggen de getallen het dichtst in de buurt?

300.000 400.000 500.000 600.000 700.000 800.000

305.500 → 300.000	558.700 → ....
439.200 →	785.900 → ....
569.500 →	812.600 → ....
525.400 →	452.100 → ....
762.900 →	349.600 → ....

4

2 **Rond af op duizendtallen of tienduizendtallen**

duizendtallen	tienduizendtallen
36.040	878.400
98.450	325.200
61.720	509.800
25.890	947.700
11.580	485.600

3 **Prijzen uit de loterij**

Reken uit op de rekenmachine hoeveel ieder krijgt.
Rond de bedragen af op hele euro's.

1e prijs € 200.000,- gewonnen door 7 personen.
2e prijs € 150.000,- gewonnen door 11 personen.
3e prijs € 75.000,- gewonnen door 6 personen.
4e prijs € 25.000,- gewonnen door 8 personen.
5e prijs € 10.000,- gewonnen door 3 personen.

blok 2 • dag 6

AFBEELDING 4.11 Afronden

Ad 2 Schattend optellen en aftrekken

Bij het optellen of aftrekken met afgeronde getallen wordt het rekenwerk zelf makkelijker, maar moeilijker wordt het om te beredeneren wat de consequenties van het afronden voor de totale uitkomst zijn. Een geschikte opgave om te leren schattend op te tellen is: ik koop een boek voor €6,50 en een boek voor €4,95. Heb ik genoeg aan tien euro? De context is goed voorstelbaar en de getallen zijn zo gekozen dat je snel ziet dat je niet genoeg hebt aan een tientje. Moeilijker is een kassabon met drie of meer getallen waarvan je er één of twee naar boven en één of twee naar beneden afrondt, en waarvan de schatting niet heel duidelijk boven of onder het doelbedrag uitkomt.

Context

Ad 3 Schattend vermenigvuldigen en delen

Schattend vermenigvuldigen en delen zijn moeilijker dan schattend optellen en aftrekken, omdat het effect van het afronden bij vermenigvuldigen en delen moeilijker te zien is. Hoeveel kosten acht blikjes fris van 76 eurocent per stuk? Heb je genoeg aan 6 euro? De eerste schatting is wellicht 8 × 80 cent is €6,40. Misschien is 6 euro niet genoeg, maar ik heb wel heel vaak 4 cent extra genomen, dus mijn schatting is nu niet nauwkeurig genoeg.

Vermenigvuldigen

Delen

Nog moeilijker wordt het redeneren over de consequenties voor de uitkomst als beide getallen in een vermenigvuldig- of deelopgave afgerond worden.
Je wilt de onderkant van een kastje beplakken met vilt, om de vloer te beschermen. Het kastje is 121 cm bij 76 cm. Heb je genoeg aan 1 vierkante meter vilt? Als je de lengte en de breedte van het kastje afrondt op een meter, kom je precies op de vierkante meter uit. De breedte is naar boven afgerond en de lengte naar beneden, maar is de schatting nu te ruim of te krap?
Voor de meeste leerlingen is het voldoende als ze eind groep 8 schattend kunnen vermenigvuldigen en delen waarbij maar één getal uit de opgave wordt afgerond, en ze dan kunnen aangeven of de geschatte uitkomst hoger of lager is dan de precieze uitkomst.
Heel nuttig is het schatten bovendien bij het cijferend delen. Een opgave als 6432 : 16 wordt door kinderen vaak fout gemaakt: ze komen uit op 42 in plaats van 402. Een inschatting vooraf voorkomt deze fout: 1600 is al 100 × 16, dus het antwoord ligt in de orde van grootte van een paar honderd keer.

Orde van grootte

Ad 4 Schattend rekenen met onvolledige gegevens

Soms heb je niet genoeg gegevens om iets exact uit te rekenen. Kinderen moeten leren dat je in zo'n geval een schatting kunt maken. Vaak moeten ze dan zelf ontbrekende gegevens aanvullen. Daarom is het belangrijk dat kinderen steeds meer referentiegetallen kennen.

Referentiegetal

Een voorbeeld: als een kind vertelt dat het 55 minuten in de auto heeft gezeten op weg naar opa en oma, is dat een mooie aanleiding om te vragen hoeveel kilometer dat was. Kinderen moeten dan enig idee hebben – een referentiemaat – van de gemiddelde snelheid van een auto op een tweebaansweg. De berekening '80 km/uur, dus 80 : 60 is $1\frac{1}{3}$ km per minuut, keer 55 minuten is 73,33 kilometer' is niet goed. We weten helemaal niet hoelang er gereden is binnen de bebouwde kom, waar je hooguit 50 km/uur rijdt. Of was er nog een file, waardoor het ritje langer duurde dan normaal en de gemiddelde snelheid dus lager lag?

VRAGEN EN OPDRACHTEN

4.4 Kijk naar de videofragmenten over schattend rekenen die je op de website vindt. Hoe zie je hier het kerninzicht schattend rekenen terug?

4.5 Je wilt de onderkant van een kastje beplakken met vilt om de vloer te beschermen. Het kastje is 121 cm bij 76 cm. Heb je genoeg aan 1 vierkante meter vilt? Reken dit schattend uit en daarna met een rekenmachine. Hoe anders is het om dit eerst uit te rekenen met de rekenmachine en daarna schattend te controleren of dat klopt? Welke kennis en inzicht vraagt het schattend rekenen? Welke kennis en inzicht vraagt het werken met de rekenmachine?

4.6 Houd gedurende een dag bij wanneer je rekent. Denk aan: hoelang heb ik nog voor de bus vertrekt? Hoeveel kost dat? Hoeveel korting krijg ik? Hoeveel bladzijden moet ik lezen? Hoeveel beltegoed heb ik nog? Noteer ook wanneer je exact rekent en wanneer schattend. Wat was de reden om te schatten? Kon je alleen maar schatten, en was het net zo goed als exact rekenen of zelfs beter?

4.5 Kolomsgewijs rekenen en cijferen

Kolomsgewijs rekenen

Kolomsgewijs rekenen vindt plaats in kolommen, van links naar rechts en van groot naar klein. Het vormt een overstap van het hoofdrekenen naar het cijferen onder elkaar, waarbij je van rechts naar links met losse cijfers werkt.

4.5.1 Praktijkvoorbeelden

In het volgende voorbeeld zie je hoe vanuit het hoofdrekenen de manier van kolomsgewijs rekenen kan ontstaan, en daarna het cijferen.

Een opgave in groep 6: Renske heeft 305 euro in haar spaarpot. Ze wil een spelcomputer kopen voor 198 euro. Hoeveel euro heeft ze dan nog over?
Emma rekent: '305 – 100 = 205, – 90 = 115, – 8 = 107.'
Fatima rekent: '300 – 100 = 200, dan 90 tekort, 5 – 8 is 3 tekort' en schrijft op /200/-90/-3.
Emery zet de getallen onder elkaar en rekent dan zoals in afbeelding 4.12.

305
198 –
200
–90
–3
107

200
90 tekort
3 tekort

200 → 110 → 107

AFBEELDING 4.12 Berekening van Emery

Stel je voor dat jij de leerkracht bent en de berekening van Emery op het bord schrijft. Hoe zou je dan elke stap verwoorden, zodat dit duidelijk is voor de rest van de groep? Reken deze opgave ook zelf cijferend uit. Wat zijn de verschillen?

Rijgen
Hoofdrekenen

Emma trekt af door middel van rijgen, een manier van hoofdrekenen. De manier van Emery sluit aan bij het splitsend hoofdrekenen (zie ook de manier van Fatima in subparagraaf 4.1.1). Haar gedachtegang zou je als volgt kunnen verwoorden: Renske heeft 305 euro. We betalen eerst gelijk 100 euro, dus over 200 euro. Nu moet er nog 90 euro af. Renske heeft geen tientjes, dus 90 euro tekort, die moeten straks van de 200 af. De losse euro's: Renske heeft 5 euro en er moet 8 euro af, dus ze betaalt die 5 euro en heeft dan nog 3 euro tekort. Alles bij elkaar houdt Renske over: 200, nog 90 eraf en nog 3 eraf is 107 euro.

Rekenen met tekorten
Kolomsgewijs rekenen
Cijfers

De manier van Emery noemen we rekenen met tekorten, en als je dat onder elkaar schrijft kolomsgewijs rekenen. Bij kolomsgewijs aftrekken wordt gewerkt in kolommen, van links naar rechts, van groot naar klein, en wordt gerekend met hele getallen in plaats van met 'losse' cijfers. Daarmee vormt het kolomsgewijs rekenen een mooie overstap van het hoofdrekenen met getallen, naar het traditionele cijferen onder elkaar waarbij je van rechts naar links met losse cijfers werkt. Bij optellen gaat het kolomsgewijs rekenen heel makkelijk. Bij aftrekken kunnen er 'tekorten' ontstaan. Bij cijferend aftrekken moet er dan worden ingewisseld en geleend. Bij 305 – 198 gaat dit als volgt: '5 – 8 gaat niet, dan moet je een tiental inwisselen, dat kan niet, dan een honderdtal inwisselen, dus 3 wordt 2, dan negen tientallen en vijftien eenheden' en dan pas kun je gaan aftrekken 15 – 8. Kinderen die eraan toe zijn, kunnen het kolomsgewijs rekenen voor aftreksommen met meer dan vier cijfers verkorten tot cijferen.

Verkorten

305 - 198 =
|200| - 90| - 3| =
107

305
198 -
200
- 90 90 tekort
- 3 3 tekort
107

2 9 15
305
198 -
107

AFBEELDING 4.13 Aftrekken verkorten

Hoeveel auto's kunnen er staan op een parkeerterrein met 34 rijen van elk 68 plaatsen? Afbeelding 4.14 laat drie oplossingen zien van leerlingen eind groep 6.

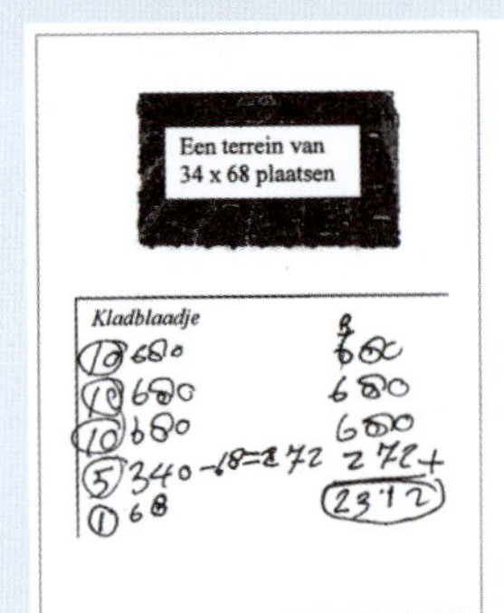

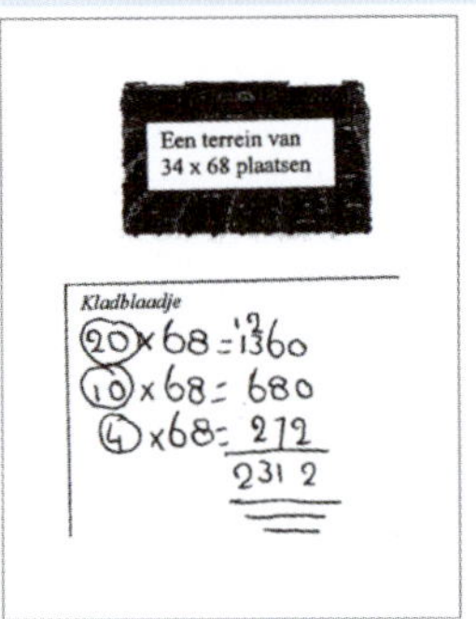

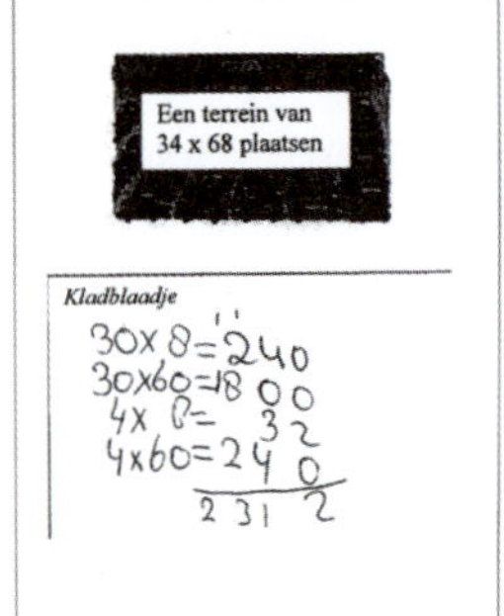

AFBEELDING 4.14 34 × 68 plaatsen

Verkorten

Op het linkerkladblaadje zie je werk van een kind dat 10 × 68 = 680 als uitgangspunt neemt, dat driemaal onder elkaar zet, en er dan nog 4 × 68 bij optelt. Op het middelste kladblaadje is meteen begonnen met 20 × 68. Dit kun je zien als een manier om de uitgebreide optelling links te verkorten. De manier rechts is nog korter: hier wordt meteen dertig keer genomen. Maar omdat 30 × 68 niet makkelijk is, wordt dat gesplitst in 30 × 60 en 30 × 8. En daarna nog 4 × 60 en 4 × 8.
In groep 7 kunnen deze hoofdrekenmanieren voor vermenigvuldigen verder verkort worden als in afbeelding 4.15.

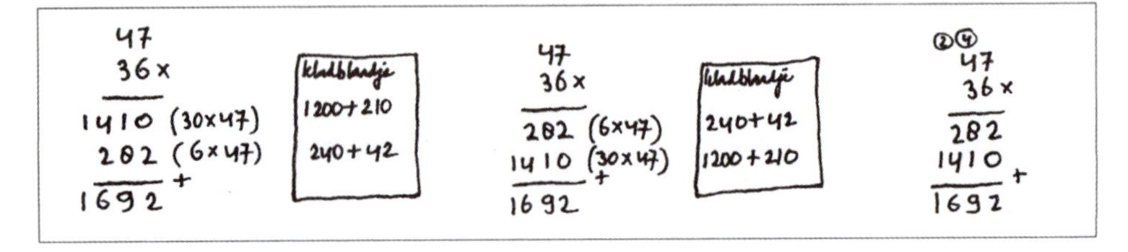

AFBEELDING 4.15 Vermenigvuldigen verkorten

4.5.2 Kerninzicht standaardprocedures

Deze paragraaf geeft een verdere toelichting op het kerninzicht dat in de praktijkvoorbeelden naar voren is gekomen.

Kinderen verwerven het inzicht dat je getallen kunt bewerken via standaardprocedures, die ontstaan door maximale, schematische verkorting van rekenaanpakken.

Historische achtergrond

Het rekenen op papier is populair geworden in een tijd dat er nog geen rekenmachines waren. In de handel en industrie moest veel en precies gerekend worden. Daarvoor zijn procedures op papier bedacht die altijd tot het goede antwoord leiden, als je maar precies genoeg de voorschriften opvolgt. Zo'n procedure heet een algoritme. Cijferend aftrekken is zo'n algoritme, zoals te zien rechts in afbeelding 4.13. Voor het aftrekken van twee getallen luidt die procedure: zet de getallen onder elkaar, eenheden onder eenheden, tientallen onder tientallen, enzovoort. Begin dan bij de eenheden. Trek het onderste getal van het bovenste af, als dat niet lukt, trek je 1 af van de kolom links en tel je 10 op bij het bovenste getal en daarna trek je af. Herhaal deze procedure met de tientallen, honderdtallen enzovoort. Deze manier van rekenen wordt cijferen genoemd, omdat er gerekend wordt met losse cijfers en niet met hele getallen.

Algoritme

Eenheid

Cijferen

Kolomsgewijs rekenen

In het moderne leven wordt niet of nauwelijks meer gecijferd op papier; we laten het precieze rekenwerk over aan rekenmachines, kassa's en computers. Logisch dus dat er in het huidige onderwijs minder tijd besteed wordt aan het leren cijferen. Kinderen leren nog wel schriftelijk optellen, aftrekken, vermenigvuldigen en delen, maar met minder grote getallen. Ook is er een nieuwe procedure ontwikkeld: kolomsgewijs rekenen. Het kolomsgewijs rekenen is, net als cijferen, een standaardprocedure voor schriftelijk rekenen, maar sluit beter aan bij het hoofdrekenen, omdat niet wordt gewerkt met losse cijfers, maar met de hele waarde van de getallen. Volgens de kerndoelen moeten 'de leerlingen leren schriftelijk optellen, aftrekken, vermenigvuldigen en delen volgens meer of minder verkorte standaardprocedures'. Kolomsgewijs rekenen is een minder verkorte standaardprocedure; cijferen een meer verkorte standaardprocedure. Je kunt uit het kerndoel ook lezen dat het voor sommige leerlingen voldoende is als ze leren kolomsgewijs te rekenen; leerlingen die eraan toe zijn, kunnen het kolomsgewijs rekenen verder verkorten tot cijferen.

Kolomsgewijs rekenen

Verkorten

Inzicht door verkorting

Gedurende een lange periode in de vorige eeuw leerde iedereen op de basisschool cijferen op een receptmatige manier: je leerde de algoritmen voor cijferend optellen, aftrekken, vermenigvuldigen en delen toepassen, zonder dat er aandacht besteed werd aan inzicht in de procedure. Het uitleggen in die tijd bestond eruit dat de leerkracht voordeed hoe het moest. Dat leidde ertoe dat het lang duurde voor kinderen goed konden cijferen en dat er nogal eens fouten gemaakt werden, zeker bij getallen met nullen erin.

Uitleggen

Beginsituatie
Splitsen

Interactie

Als je voor het leren rekenen met grotere getallen goed aansluit bij de beginsituatie van de kinderen, met name bij het hoofdrekenend splitsen, dan kunnen kinderen het kolomsgewijs rekenen (bijna) zelf ontdekken, en als ze het zien in interactie met andere kinderen of de leerkracht, zullen ze de gedachtegang kunnen volgen. De kolomsgewijze aanpak leidt via verkortingen tot het hoogste formele niveau, vergelijkbaar met de eindfase bij het traditionele cijferen. Via kolomsgewijs rekenen ontwikkelen leerlingen inzicht in de procedures van het cijferen op hun eigen niveau.

Waaraan herken je het kerninzicht standaardprocedures bij de leerling?
Uit welke kennis of handelingen van een leerling kun je als leerkracht opmaken dat een leerling inziet dat je getallen kunt bewerken via standaardprocedures, die ontstaan door maximale, schematische verkorting van rekenaanpakken?
Dat inzicht kan sterk verschillen in niveau en kun je vaststellen als een leerling:

- bij lastige getallen een standaardprocedure kiest, maar bij handig te bewerken getallen een hoofdrekenaanpak
- de aanpak van kolomsgewijs rekenen goed kan verwoorden
- daar waar mogelijk kiest voor verkorting van de procedure
- kan laten zien en uitleggen hoe je getallen met verschillende aantallen cijfers onder elkaar zet om ze op te tellen of af te trekken
- kan uitleggen hoe je kunt aftrekken als er een nul in het bovenste getal staat
- kan vertellen welke betekenis de nullen in een grote vermenigvuldiging hebben
- kan vertellen waar de nullen in een grote deling vandaan komen, met name een nul in de uitkomst van een deling

4.6 Leerlijn kolomsgewijs rekenen en cijferen

De leerlijnen voor aftrekken en vermenigvuldigen zijn in de praktijkvoorbeelden in subparagraaf 4.5.1 al duidelijk geschetst: van hoofdrekenen via kolomsgewijs rekenen naar cijferend aftrekken en cijferend vermenigvuldigen. Hierna volgt een korte beschrijving van de leerlijnen voor kolomsgewijs en cijferend optellen en delen.

Kolomsgewijs en cijferend optellen
De meeste methoden leren de kinderen eerst kolomsgewijs optellen en daarna cijferend optellen. Het kolomsgewijs optellen gaat uit van de splitsmethode, die je zag bij Fatima in subparagraaf 4.1.1. Eerst worden de honderdtallen bij elkaar opgeteld, dan de tientallen en dan de eenheden. De geldcontext lokt dit vaak uit. Neem bijvoorbeeld de volgende vraag: een klant koopt een stoel en een voetenbank voor €473 en €268. Hoeveel kost dit samen? In afbeelding 4.16 links zie je kolomsgewijs optellen.

Om tot het antwoord 741 te komen worden de tussenantwoorden uit het hoofd bij elkaar opgeteld.
Vanuit deze manier van rekenen leren de kinderen dat het nog korter genoteerd kan worden.
Daartoe leren ze eerst dat je de berekening ook kunt laten beginnen bij de eenheden. Dat zie je midden in afbeelding 4.16. Vervolgens leren de

```
  473            473            1 1
  268 +          268 +          473
 -----          -----           268 +
  600             11           -----
  130            130            741
   11            600
 -----          -----
  741            741
```

AFBEELDING 4.16 Van kolomsgewijs naar cijferend optellen

kinderen een verkorting: in plaats van alle tussenuitkomsten te noteren, noteer je het aantal eenheden in je eerste tussenberekening en neem je het tiental mee naar het berekenen van de tientallen. Dit herhaalt zich bij het berekenen van het aantal tientallen en honderdtallen.
Je wikkelt dus eerst alle eenheden af, dan alle tientallen, en zo verder; zie afbeelding 4.16 rechts. Deze procedure noemen we cijferen.

Cijferen

Op de website zie je voorbeelden van het leren kolomsgewijs en cijferend aftrekken. Die leerlijn verloopt bij aftrekken net zo als bij optellen.

Kolomsgewijs en cijferend delen
Een voorbeeld van een kolomsgewijze deling gaat als volgt: de rekening in het restaurant bedraagt €144. We delen hem met zijn zessen (zie afbeelding 4.17).

```
144 : 6 = 24        144 : 6 = 24        6/144\24
  60     10          120    20            12
 ---                 ---                  --
  84                  24                  24
  60     10           24     4            24
 ---                  --                  --
  24                   0                   0
  24      4
  --
   0
```

AFBEELDING 4.17 Van kolomsgewijs naar cijferend delen

Kolomsgewijs delen is, zoals je kunt zien, gebaseerd op het gegeven dat je kunt delen door herhaald af te trekken (zie kerninzicht delen). Deze procedure kun je nu verder verkorten door zo groot mogelijke veelvouden van 10 en 1 – 'happen' – tegelijk te nemen. Rechts in afbeelding 4.17 zie je de notatie voor cijferend delen.
Op de website zie je meer voorbeelden van het leren kolomsgewijs en cijferend delen.

Verkorten

VRAGEN EN OPDRACHTEN

4.7 Kijk naar de videofragmenten over cijferend rekenen die je op de website vindt. Hoe zie je hier het kerninzicht standaardprocedures terug?

4.8 Maak de volgende opgaven door middel van hoofdrekenen, kolomsgewijs rekenen en cijferen: 479 – 288 en 1508 – 616. Laat aan de hand hiervan zien hoe het hoofdrekenen door middel van kolomsgewijs rekenen verkort kan worden tot cijferend rekenen.

4.9 Kijk terug naar het praktijkvoorbeeld in afbeelding 4.14. De opgave 34 × 68 wordt rechts gesplitst in 30 × 60, 30 × 8, 4 × 60 en 4 × 8. Bij deze aanpak zie je nogal eens een misvatting: kinderen doen dan 30 × 60 en 4 × 8 en denken dat 1832 het antwoord is. Hoe kun je kinderen met deze misvatting op het goede spoor zetten? Tip: gebruik een model.

4.7 Kennisbasis

Standaardprocedures zijn natuurlijk heel bruikbaar. Daarmee kun je iedere optel-, aftrek-, vermenigvuldig- en deelopgave oplossen. Je zou kunnen denken dat die standaardprocedures altijd en overal hetzelfde zijn, maar dat is niet zo.

Hoe staat het met jouw wiskundige en vakdidactische kennis en inzichten op het gebied van standaardprocedures?

VRAGEN EN OPDRACHTEN

4.10 Multiplicare per gelosia

a *Multiplicare per gelosia* is een heel oude manier van vermenigvuldigen. Je neemt een *gelosia* – een hekwerkje, zoals in afbeelding 4.18 – en zet de te vermenigvuldigen getallen erboven en rechts ernaast, en dan rolt het antwoord er vanzelf uit. Controleer met een vermenigvuldiging op jouw eigen manier of het antwoord in afbeelding 4.18 juist is.

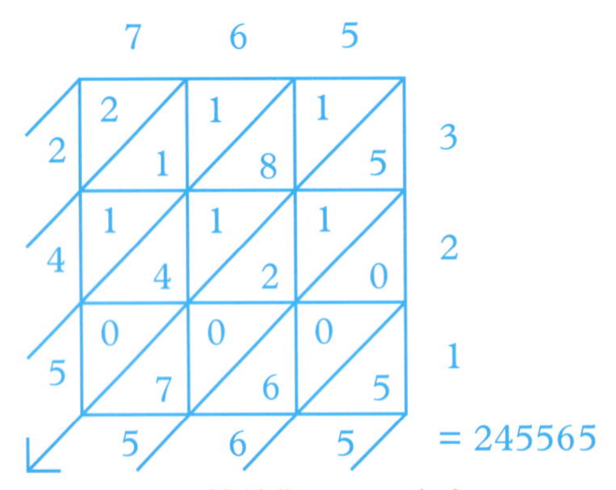

AFBEELDING 4.18 Multiplicare per gelosia

b Vermenigvuldig zelf op deze manier 123 x 456 en 73 x 269.

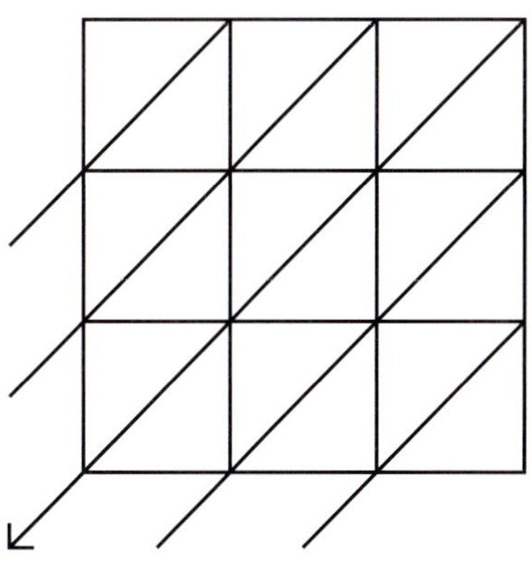
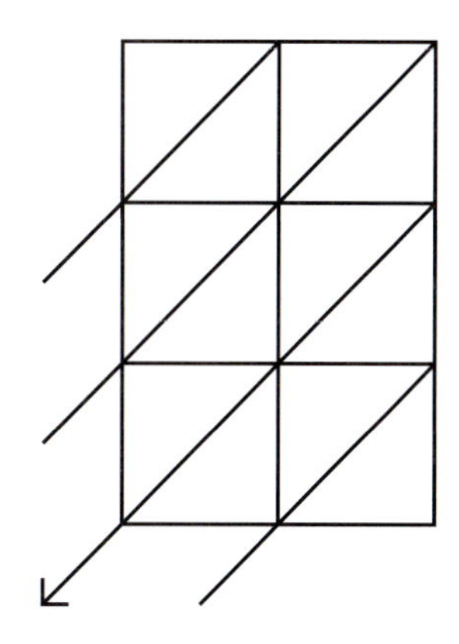

AFBEELDING 4.19 Hekwerkjes

c Kun je verklaren hoe dit algoritme werkt? Welk kerninzicht heb je nodig om dit algoritme te kunnen verklaren? Zou je ook willen overwegen om kinderen in groep 7 of 8 *multiplicare per gelosia* te leren in plaats van de bij ons gebruikelijke manier van cijferend vermenigvuldigen? Waarom wel of niet?

Algoritme

4.11 Marokkaans aftrekken

a Standaardprocedures kunnen in de loop der tijd veranderen, maar zijn ook niet gelijk in alle culturen. In Marokko doet of deed men de aftrekopgaven 325 – 189 en 532 – 178 als volgt (zie afbeelding 4.20).

3	2	5			5	7	2	
1	8	9			1	3	8	
1	1		–			1		–
1	3	6			4	3	4	

AFBEELDING 4.20 Marokkaans aftrekken

Probeer te verklaren hoe dit Marokkaanse aftrekalgoritme werkt. Wat is anders dan in het ons bekende cijferend aftrekken?

b Trek zelf af op de Marokkaanse manier: 2317 – 885. Verwoord wat je doet.

c Bij het aftrekken van 572 – 138 schrijven kinderen in Nederland soms kleine getalletjes boven het aftrektal. Wat mogen zij er van jou boven noteren?

Aftrektal

4.12 Delen met kommagetallen

a In afbeelding 4.21 zie je het werk van drie kinderen bij de opgave 47,15 : 2,3. Kijk dit werk na. Wat hebben Max, Nina en Onka precies gedaan, wat is wiskundig juist en wat niet?

b Welke kerninzichten moeten kinderen verworven hebben om zo'n deelopgave met komma's op te kunnen lossen?

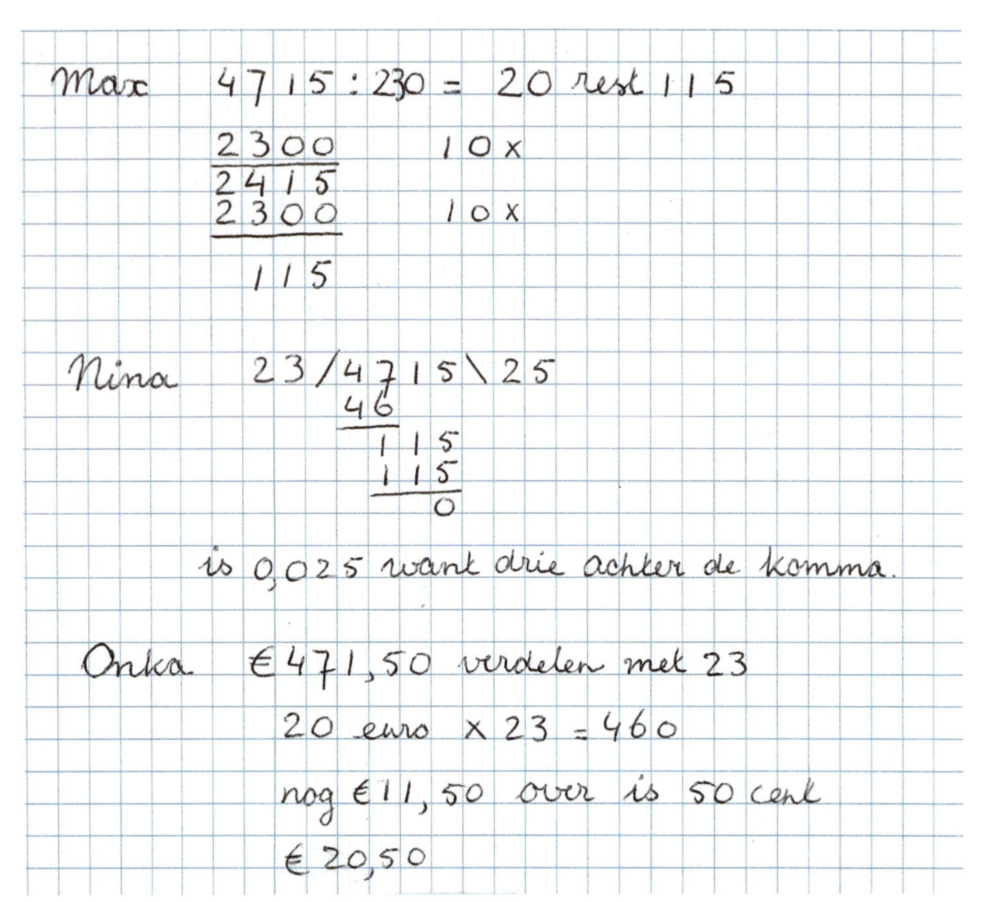

AFBEELDING 4.21 Werk van Max, Nina en Onka

Meer oefenopgaven vind je in hoofdstuk 13, opgave 20 tot en met 26 en 30 tot en met 35.

Samenvatting

De samenvatting van dit hoofdstuk staat op www.rwp-kerninzichten.noordhoff.nl.

In dit hoofdstuk ben je de volgende begrippen tegengekomen:

Afronden
Algoritme
Associatieve eigenschap
Cijferen
Cognitief netwerk
Commutatieve eigenschap
Distributieve eigenschap
Eigenschap van bewerking
Gecijferdheid
Handig of gevarieerd rekenen
Hoofdrekenen
Kolomsgewijs rekenen
Orde van grootte
Referentiemaat, referentiegetal
Rekenen met tekorten
Schattend rekenen
Strategie
Uitleggen
Varia
Verdubbelen en halveren
Verkorten
Wiskundige attitude

DEEL 2
Gebroken getallen

5 **Verhoudingen** 129
6 **Breuken** 155
7 **Kommagetallen** 185
8 **Procenten** 207

AMELAND
TERSCHELLING
Leeuwarden
Harlingen
Van Harinxmakanaal
FRYSLÂ
(FRIESLAND)
Sneek
Prinses Margriet Kanaal
Lemmer
IJsselmeer
Enkhuizen
Emmeloord
Lelystad
Almere
Harderwijk
Apeldoorn
Nijkerk
Amersfoort
Zeist
Ede

5 Verhoudingen

Het onderwerp verhoudingen speelt in veel situaties een rol. Voorbeelden van taalgebruik in dergelijke situaties zijn: 'Eén op de drie kinderen kampt met stress' of 'Limburg telt naar verhouding weinig jonge kinderen'. Het is niet alleen om die reden dat verhoudingen een essentieel onderwerp vormen in het rekenwiskundeonderwijs. Een goed inzicht in verhoudingen vormt namelijk de basis voor het verwerven van kennis, inzicht en vaardigheid op talrijke andere gebieden van rekenen-wiskunde, zoals breuken, kommagetallen, procenten, meten, meetkunde en grafieken.

Overzicht kerninzichten

Met betrekking tot het domein verhoudingen verwerven kinderen het inzicht dat:

- een verhouding een vergelijking aangeeft van aantallen, die naar voren komen in getalsmatige, meet- of meetkundige aspecten van een situatie (kerninzicht vergelijking tussen grootheden)

- een verhouding een relatief begrip is en een eindeloze reeks van gelijkwaardige getallenparen vertegenwoordigt (kerninzicht gelijkwaardige getallenparen)

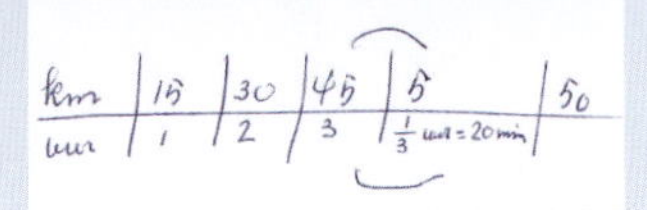

Deze kerninzichten sluiten aan bij de kerndoelen 23 tot en met 26:

23 De leerlingen leren wiskundetaal gebruiken.

24 De leerlingen leren praktische en formele reken-wiskundige problemen op te lossen en redeneringen helder weer te geven.

25 De leerlingen leren aanpakken bij het oplossen van reken-wiskunde-problemen te onderbouwen en leren oplossingen te beoordelen.

26 De leerlingen leren structuur en samenhang van aantallen, gehele getallen, kommagetallen, breuken, procenten en verhoudingen op hoofdlijnen te doorzien en er in praktische situaties mee te rekenen.

De referentieniveaus besteden wat betreft het rekenen met verhoudingen veel aandacht aan de volgende onderwerpen:

- de 'taal van verhoudingen' en het met elkaar in verband brengen van verhoudingen, breuken, decimale getallen en procenten. Zo moeten kinderen weten dat '1 op de 4' overeenkomt met 25% of een kwart.
- Op niveau 1F moeten kinderen eenvoudige verhoudingsproblemen oplossen, ook als de relatie niet direct te leggen is: zoals in zes pakken voor 18 euro, wat betaal je dan voor vijf pakken?
- Ook moeten ze op niveau 1F eenvoudige verhoudingen met elkaar kunnen vergelijken zoals 1 op de 3, is dat meer of minder dan de helft?
- Op niveau 1S wordt van kinderen duidelijk meer begrip en vaardigheid gevraagd, zoals het inzicht dat verhoudingen relatieve vergelijkingen zijn en inzicht in de relatie tussen verhoudingen, breuken en procenten.
- Op niveau 1S moeten leerlingen verhoudingen, breuken, kommagetallen en procenten met elkaar in verband kunnen brengen, in elkaar omzetten en ermee kunnen rekenen.

5.1 Vergelijking tussen grootheden

Verhoudingen is een belangrijk onderwerp voor de basisschool. Vanaf groep 1 doen kinderen ervaringen op met verhoudingen, vooral als het gaat om meet- en meetkundige activiteiten. In de bovenbouw wordt veel met verhoudingen gerekend.

5.1.1 Praktijkvoorbeelden

Een voorbeeld uit een kleutergroep en een voorbeeld uit de bovenbouw laten zien waar het bij verhoudingen om gaat.

Chaimae, Damian en Naomi spelen in de 'huiskamer'. In de relatieve chaos van poppenspulletjes hebben ze een probleem met het vinden van passende kleertjes (afbeelding 5.1). Juf Monique ziet wat er aan de hand is en vraagt: 'Waar zouden jullie naar kunnen kijken om te zien welke pop bij welke kleertjes past?'
Damian antwoordt: 'Je kunt kijken welke pop groot is en welke pop klein.'
Hij legt de poppen naast elkaar.
Maar Chaimae en Naomi protesteren: 'Zo moet het niet. Zo kan je het niet zien.'
Naomi verschuift de poppen zo dat ze met de voeten op één lijn liggen. 'Kijk, zo zie je het wel!'

AFBEELDING 5.1 Spelen met poppen in de 'huiskamer'

AFBEELDING 5.2 Drie poppen van verschillende lengte op een rij

Juf: 'Dat is een goed idee van Naomi. Als je begint met de kleinste pop, dan kun je de andere poppen die steeds een beetje groter zijn ernaast leggen. En dan kunnen jullie gaan uitzoeken welke kleertjes bij welke poppen horen. Leg de kleertjes die bij een pop horen er maar netjes onder.'
Daar hebben de kinderen zin in, ze gaan meteen aan de slag. Er ontstaan nog wel een paar problemen met kleertjes die bij meerdere poppen horen, maar dat probleem lossen ze samen op.
Af en toe komt juf Monique langs en speelt op de situatie in met opmerkingen of vragen, zoals: 'Hé, is die broek niet wat groot voor die pop?', 'Past dat truitje niet beter bij een kleinere pop?' of 'Hoeveel van deze schoentjes hebben jullie, zijn het er wel genoeg?'

Welk doel heeft juf Monique voor ogen met het inspelen op de situatie in de 'huiskamer'?

Het inspelen van de leerkracht op activiteiten waarmee kinderen bezig zijn, heeft vaak een motiverende werking. Als een vraag of opdracht past bij hun spel, gaan kinderen er bijna altijd enthousiast op in.

Juf Monique legt met haar interventie de nadruk op twee inhoudelijke aspecten, namelijk:

Grootheid

- het ordenen van de grootheid lengte: alle poppen worden op een rij gelegd van klein naar groot

Verhoudingen

Evenredig verband

- het denken in verhoudingen: de kinderen zoeken uit welke kleertjes bij welke poppen passen, dat wil zeggen: de grootte van de kleertjes moeten in verhouding zijn met de grootte (lengte) van de poppen; er moet een evenredig verband zijn

Voor het bord hangen twee grote foto's van Madurodam (afbeeldingen 5.3 en 5.4). Juf Carla praat erover met de leerlingen van groep 7. Veel kinderen zijn al eens in Madurodam geweest. Ruben vertelt dat het een miniatuurstad is. Hij mag van juf uitleggen wat dat betekent: 'Alles is in het klein precies nagemaakt.' Amy merkt op: 'Dat zie je aan de twee meisjes die achter de huizen staan, en op de rechterfoto staan ook mensen, die zijn echt en de huizen niet.'
Volgens Ruben is alles in Madurodam 25 keer zo klein als in de werkelijkheid.
Tijn vindt het wel raar, want op de rechterfoto zijn de huizen veel kleiner dan op de linkerfoto.
'Dat is helemaal niet raar', reageert Hannah, 'want de linkerfoto is dichterbij gemaakt, dan lijkt alles groter. De kinderen op de linkerfoto lijken ook veel groter dan de mensen op de rechterfoto.'
Juf: 'Het is waar wat Ruben zegt: alles wat je ziet in Madurodam, is in de verhouding 1 op 25 nagemaakt. Zijn jullie het met Hannah eens?' (veel kinderen knikken ja).
'De fotograaf heeft inderdaad dicht bij de huizen gestaan toen hij de linkerfoto maakte.'
Juf Carla sluit het gesprek af met een vraag en een daaraan gekoppelde opdracht:
'Als het huis met de witte trapgevel, waar dat linkermeisje achter staat, in werkelijkheid 10 meter hoog is, hoe hoog zou dan dat Madurodamse huis zijn?'

Juf Carla geeft de opdracht om dat in groepen van twee uit te zoeken en bovendien na te gaan of hun antwoord past bij de grootte van de meisjes die achter de huizen staan.
Er wordt gemeten, gerekend en gediscussieerd. In de gezamenlijke nabespreking wordt de conclusie getrokken dat het huis in Madurodam ongeveer 40 cm hoog zal zijn.

AFBEELDING 5.3 Madurodam dichtbij

AFBEELDING 5.4 Madurodam verder weg

> Wat wil juf Carla dat de kinderen begrijpen en leren door deze opdracht?

Dit praktijkverhaal laat zien hoezeer het denken over verhoudingen is ingebakken in ons dagelijks leven. De leerkracht probeert de leerlingen te laten redeneren over de verhoudingen die een rol spelen in de context van Madurodam. Dat is niet zo eenvoudig, want met deze situatie zijn allerlei wiskundige activiteiten verweven, namelijk:

- verhoudingen: de verhouding tussen de lengte van (alle) voorwerpen in Madurodam en de lengte van diezelfde voorwerpen in de werkelijkheid is 1 op 25 (schaal 1 : 25)
- meetkunde: iets dat verder weg staat, lijkt kleiner
- meten: schatten van de hoogte van een huis en de lengte van kinderen als referentiematen
- het (om)rekenen van maten en verhoudingen (1 cm : 25 cm = 40 cm : 1000 cm = 40 cm : 10 m).

Redeneren
Wiskundige activiteit
Verhoudingen
Schaal
Meetkunde
Schatten
Referentiematen

Juf Carla wil dat de kinderen van groep 7 inzicht krijgen in dit soort situaties. De context van Madurodam kan betekenis geven aan het meten en het rekenen met verhoudingen.

Inzicht
Context

5.1.2 Het kerninzicht vergelijking tussen grootheden

Deze paragraaf beschrijft het kerninzicht dat in de praktijkvoorbeelden hiervoor geïllustreerd is.

> Kinderen verwerven het inzicht dat een verhouding een vergelijking aangeeft van aantallen die naar voren komen in getalsmatige, meet- of meetkundige aspecten van een situatie.

Verhoudingen gebruik je om grootheden te vergelijken. In het voorbeeld uit de huiskamer is de verhouding tussen de lengte van de poppen (ongeveer) gelijk aan de verhouding tussen de grootte (lengte) van de kleertjes. Als de

Verhoudingen
Grootheid

lengten van de kleinste en grootste pop bijvoorbeeld 15 cm respectievelijk 30 cm zouden zijn, en die van de bijbehorende (lengte-)maten van de kleertjes 10 cm respectievelijk 20 cm, is er sprake van gelijkheid van verhoudingen, ofwel een evenredig verband. Met verhoudingsgetallen kun je die evenredigheid weergeven als: 10 : 20 = 15 : 30 = 1 : 2.

Evenredig verband

Voor Madurodam geldt iets soortgelijks. Alle lengtematen in Madurodam verhouden zich tot de overeenkomstige maten in de werkelijkheid als 1 staat tot 25. Anders gezegd: in Madurodam zijn alle lengtematen 25 keer zo klein als in werkelijkheid. Een huis van 40 cm hoog in Madurodam is in werkelijkheid 10 meter hoog. Als evenredigheid geschreven:
40 cm : 10 m = 40 cm : 1000 cm = 1 : 25.

Verhoudingsgetallen

Kinderen zich bewust maken van verhoudingen

Meten
Meetkunde
Verhoudingsgewijs
Spiegelen

Ervaringen van kinderen op het gebied van meten en meetkunde, zoals beschreven in de praktijkvoorbeelden van subparagraaf 5.1.1, leggen de basis voor het denken in verhoudingen. Door het redeneren over al of niet gelijke verhoudingen in een situatie worden kinderen zich bewust van het ‘naar verhouding’ zien of denken.
Die bewustmaking speelt ook bij het praten met kinderen over wanverhoudingen, zoals bij het vergelijken van beelden in holle, bolle en vlakke spiegels of bij het ‘onderzoeken’ welke (meetkundige) figuren al of niet dezelfde vorm hebben (zie afbeelding 5.5).

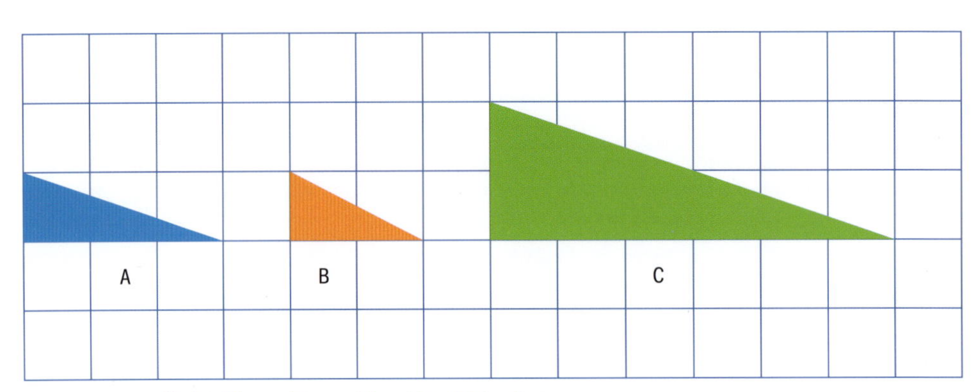

AFBEELDING 5.5 (On)gelijkvormige, rechthoekige driehoeken

Hoe kun je met de kinderen ‘bewijzen’ dat driehoek A wel dezelfde vorm heeft als driehoek C, maar niet als driehoek B?

Evenredig verband

Gelijkvormig

Het voorbeeld van de driehoeken laat een evenredig verband zien tussen de lengte van de zijden van driehoek A en driehoek C. Die verhouding is in getallen uitgedrukt 1 : 2. De zijden van driehoek C zijn twee keer zo lang als die van driehoek A. De ene is als het ware een vergroting of verkleining van de andere. De driehoeken A en C noemen we vanwege dat evenredig verband dan ook gelijkvormig. Dat geldt niet voor driehoek B ten opzichte van driehoek A of C. Je kunt driehoek A of C immers niet zodanig vergroten of verkleinen dat je driehoek B krijgt. Er is in dat geval geen gelijke verhouding, geen evenredig verband.

Waaraan herken je het kerninzicht vergelijking tussen grootheden bij leerlingen?

Uit welke kennis of handelingen van een leerling kun je als leerkracht opmaken dat een leerling inzicht toont in evenredige verbanden tussen grootheden? Dat inzicht kan sterk verschillen in niveau en kun je vaststellen als een leerling:

- op de juiste wijze uitspraken doet die een verhouding of juist een wanverhouding aangeven: 'Ik ben de helft van juf.'
- bij het tekenen of het maken van bijvoorbeeld een kijkdoos goed let op onderlinge verhoudingen, en wanverhoudingen onder woorden kan brengen
- de wanverhoudingen bij lachspiegels of karikaturen onder woorden kan brengen in termen van (on)gelijke verhoudingen in lengte of grootte

Spiegelen

- kan verwoorden dat twee figuren al of niet gelijkvormig zijn, bijvoorbeeld omdat de lengten niet allemaal met dezelfde vergrotingsfactor zijn vergroot of verkleind

Gelijkvormig
Vergrotingsfactor

- weet dat je een recept voor twee personen krijgt als je uit het recept van vier personen van alle ingrediënten de helft neemt
- een mengsituatie kan hanteren, bijvoorbeeld weet waarom twee lepels siroop op een klein glas water ongeveer 'even lekker' is als vier lepels op een groot glas
- prijzen of grootheden verhoudingsgewijs kan vergelijken ('Je kunt eigenlijk beter twee flesjes voor €1,50 kopen dan één voor €0,80.'; 'In onze klas dragen 6 van de 24 kinderen een bril, dus 1 op de 4, en in jullie klas bijna 1 op de 3.')
- eenvoudige schaalberekeningen kan maken (schaal 1 : 25.000; de lengte van de wandelroute op de kaart is 36 cm)

Schaal

VRAGEN EN OPDRACHTEN

5.1 Bekijk en analyseer de videoclips, die je bij deze vraag op de website vindt. Welke inzichten herken je bij de leerlingen? Waaraan zie je dat? Wat is de rol van de leerkracht daarbij?

5.2 Het maken van een kijkdoos leidt tot alle mogelijke activiteiten op het gebied van meten, meetkunde en verhoudingen. Zoek eens uit hoe het verhoudingsdenken en -redeneren bij het maken van een kijkdoos en het spelen ermee aan de orde kunnen komen. Tip: maak eerst zelf een kijkdoos.

5.3 Maak een grafiek waarin de volgende gegevens verwerkt worden: drie zussen en hun broer besluiten op bezoek te gaan bij hun oom en tante, ongeveer 14 km bij hen vandaan. Manon en Stefanie willen fietsen, Joline en Kevin gaan dezelfde weg, maar dan lopend. De wandelaars lopen continu ongeveer dezelfde snelheid; dat geldt ook voor de fietsers, al moeten die één keer stoppen bij een spoorwegovergang. Halverwege wachten de vier op elkaar en rusten een kwartiertje. In welke zin en op welke momenten wordt er bij deze activiteiten een beroep gedaan op het denken en redeneren in verhoudingen? Wat leren kinderen door het uitvoeren van een dergelijke opdracht?

Activeren

5.2 Gelijkwaardige getallenparen

Een getalsverhouding, bijvoorbeeld 2 : 3, staat voor een eindeloze reeks van gelijkwaardige getallenparen, bijvoorbeeld 2 : 3 = 4 : 6 = 6 : 9, enzovoort. Van die eigenschap wordt in de bovenbouw van de basisschool dankbaar gebruikgemaakt bij het redeneren en rekenen met verhoudingen.

5.2.1 Praktijkvoorbeelden

In de bovenbouw wordt veel gerekend met verhoudingen. De verhoudingstabel is daarbij een belangrijk hulpmiddel.

Hoelang doe je ongeveer over de fietstocht van Haarlem naar Den Haag via een fietspad door de duinen, een afstand van zo'n 50 km? De leerlingen in groep 7 zijn in tweetallen met deze vraag bezig.
Ze mogen gebruikmaken van de getallen die tijdens het inleidende gesprek geopperd zijn, zoals het gegeven van de gemiddelde fietssnelheid van 15 km/uur als je stevig doorfietst.
De kinderen lijken er niet veel moeite mee te hebben. Sommigen maken een vlotte berekening, anderen gebruiken een schets of een verhoudingstabel. Jesse en Amy vragen meester Lars om hulp. Ze weten niet of je 50 : 15 of 15 : 50 moet uitrekenen. 'Hebben jullie al een verhoudingstabel gemaakt om erachter te komen?' vraagt meester Lars.
Nee, dat hebben ze nog niet gedaan. 'Doe dat maar', zegt de meester, 'dan komen jullie er vast wel uit.'
Er verschijnt een tabel (zie afbeelding 5.6). Ze hebben vaker met een verhoudingstabel gewerkt, maar nu vragen ze toch nog even bij de buren of ze op de goede weg zijn.

km	15	30	45	5	50
uur	1	2	3	$\frac{1}{3}$ uur = 20 min	

AFBEELDING 5.6 Verhoudingstabel snelheid van Jesse en Amy

Jesse en Amy vinden uiteindelijk het antwoord – 3 uur en 20 minuten – zonder de som 50 : 15 te gebruiken. In de nabespreking laat meester Lars leerlingen die de opgave wel 'formeel' hebben opgelost met de deling 50 : 15 uitleggen waarom juist die som het antwoord op de vraag geeft. Bij die uitleg worden ze aangemoedigd de tabel te gebruiken.

Hoe zou jij zelf de vraag van meester Lars beantwoorden? Wat zijn de achterliggende bedoelingen van zijn vraag?

Niveaus
Verhoudingstabel

De opdracht van leerkracht Lars uit het voorgaande praktijkverhaal lokt bij de leerlingen oplossingen uit op verschillende niveaus. In alle gevallen blijkt de verhoudingstabel een belangrijke functie te kunnen vervullen. Zo is de tabel voor Jesse en Amy een noodzakelijk hulpmiddel om betekenis te kunnen geven aan de getallen voor de grootheden tijd en afstand (lengte), en het verhoudingsgewijs rekenen ermee. De leerlingen die de opgave formeel hebben opgelost door 50 : 15 te berekenen, worden door de vraag van de leerkracht genoodzaakt de verhoudingsdeling te verwoorden aan de hand van de tabel.

Grootheden
Formeel

km	15	50
uur	1	?

AFBEELDING 5.7 Verhoudingstabel in de meest verkorte vorm

Dubbele getallenlijn

Verhoudingstabel

In de verhoudingstabel in de meest verkorte vorm (zie afbeelding 5.7) krijgt 50 : 15 betekenis als de deling die je moet maken om het vierde getal – het antwoord $3\frac{1}{3}$ uur – te vinden.
Overigens kan ook de dubbele getallenlijn goede diensten bewijzen bij het oplossen van dit snelheidsprobleem (zie afbeelding 5.8). Anders dan bij de verhoudingstabel zijn hier de onderlinge afstanden zichtbaar gemaakt.

Dubbele getallenlijn

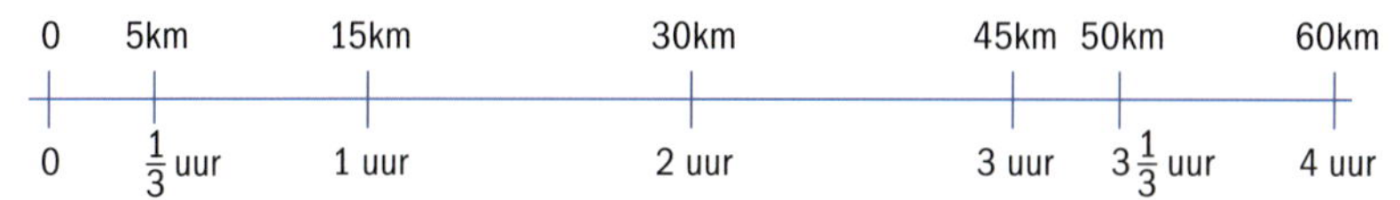

AFBEELDING 5.8 De dubbele getallenlijn

Afbeelding 5.8 toont een 'kant-en-klare' dubbele getallenlijn. Op de website kun je een beeld krijgen van de manier waarop de getallen gaandeweg ontstaan (clip 5.2).

Hannah en Ruben (groep 8) zijn het niet helemaal met elkaar eens. Ze werken samen aan enkele opgaven over korting. Juf Nancy heeft verteld dat een verhoudingstabel kan helpen bij het oplossen van de procentensommen. Zo'n tabel hebben ze pas nog gebruikt bij een som over benzineverbruik.
Nu gaat het over het berekenen van het percentage korting in het geval dat je €64 van de €160 korting krijgt. Hannah en Ruben zijn het er niet over eens hoe je de getallen 64 en 160 in zo'n tabel zet.
Ruben: '64 is het deel van de 160 dat je korting krijgt, en 160 is dus het geheel, dat is eigenlijk de 100%.' Hij zet de getallen 64 en 160 onder elkaar in een tabel (zie afbeelding 5.9).

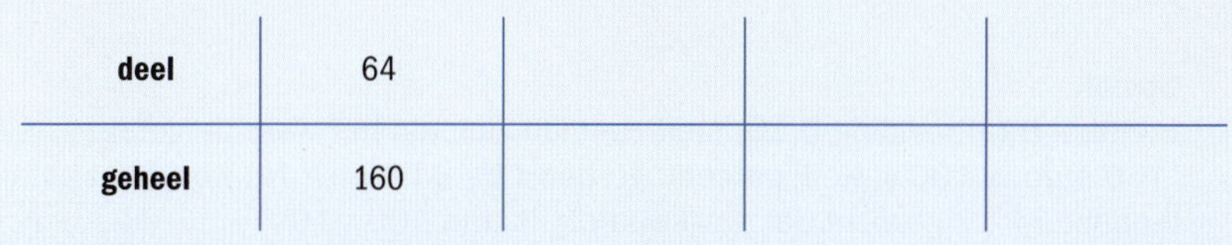

deel	64			
geheel	160			

AFBEELDING 5.9 Verhoudingstabel A1

5

Hannah: 'Ja, maar waar zet je dan de 100 van 100%?'
Ruben: 'Nou, gewoon, daar (rechtsonder) aan het eind.'
Hannah: 'Het is veel gemakkelijker om een rij met euro's en procenten te maken, dan kun je die 100 meteen onder de 160 zetten, kijk zó (zie afbeelding 5.10). Dan kun je de euro's en de procenten zo veranderen, net zo lang tot je bij de €64 bent, en dan heb je ook het percentage korting dat bij 64 hoort.'

€	160	16		64
%	100	10		?

AFBEELDING 5.10 Verhoudingstabel B

Ruben sputtert tegen en merkt op dat je in zijn verhoudingstabel (afbeelding 5.9) net zoiets doet, maar dan van de 160 naar de 100 gaat. Je krijgt dan ook 40%. 'Maar ik vind die van jou ook wel goed', zegt hij bedeesd.
In de nabespreking laat juf Nancy beide leerlingen aan het woord over hun oplossingen.

? Maak zelf de opgaven op de manieren van Hannah en van Ruben. Hoe zou jij als leerkracht in de nabespreking omgaan met de verschillende aanpakken van die twee leerlingen?

Evenredigheid

In de oplossing die Ruben aandraagt, moet hij de verhouding 64 op de 160 omzetten naar de gelijke verhouding 'zoveel' op de 100, dus naar een evenredige verhouding. In de tabel ziet die zoekopdracht naar het op 100 stellen er dan als volgt uit (zie afbeelding 5.11).

deel	64			?
geheel	160			100

AFBEELDING 5.11 Verhoudingstabel A2

Het komt hier mooi uit. Je kunt bijvoorbeeld eerst 64 en 160 beide delen door 8, en daarna 8 en 20 beide vermenigvuldigen met 5. Het gaat er dus om door handig delen en vermenigvuldigen van de getallenparen onder en boven het getal 160 naar 100 om te zetten. De verhouding blijft dan steeds gelijk.

Strook

Gelijkwaardig

Bij tabel B (afbeelding 5.10) stelt Hannah zich als het ware de vraag: '160 euro is 100%, welk percentage hoort bij 64 euro?' Nu wordt het getallenpaar 64 : ? gezocht dat gelijkwaardig is aan 160 : 100.

De strook kan in dit soort gevallen ondersteuning bieden. De totale strook stelt 100% voor en staat dus voor €160. De vraag is hoeveel procent bij €64 hoort. In afbeelding 5.12 is de oplossing uitgebeeld, waarbij eerst 160 door 10 wordt gedeeld. Dat wordt 10% van €160 = €16.

Strook

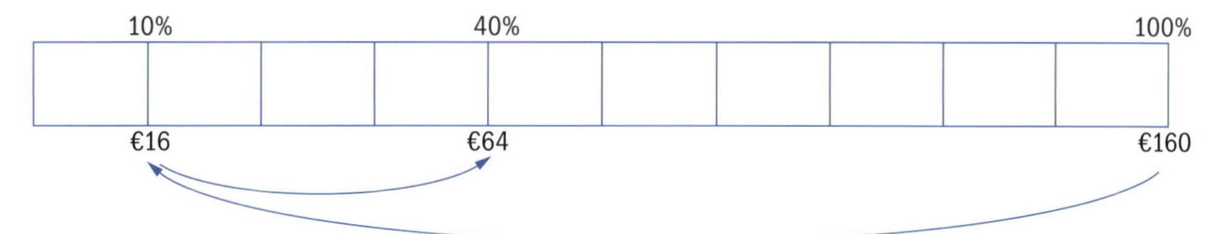

AFBEELDING 5.12 Percentageberekening met de strook

Vervolgens levert de vermenigvuldiging 16 × 4 het bedrag van €64. Dan is het bijbehorende percentage ook vier keer zo groot, dus 4 × 10 = 40%. In dat geval moet je wel weten en begrijpen dat 160 : 10 het 'handige' getal 16 oplevert; handig omdat 4 × 16 = 64.

Handig rekenen

Bovenal gaat het erom dat kinderen zich realiseren dat een systematische manier van noteren van de getallenparen kan helpen de opgave te begrijpen en op te lossen. Vanuit zichzelf maken kinderen vaak eerst een lijst met getallenparen. In de klassikale interactie stimuleert de leerkracht de kinderen om een verhoudingstabel te maken. Tabel A (afbeelding 5.11) is voor leerlingen wat abstracter dan tabel B (afbeelding 5.10). Daar staat tegenover dat tabel A dichter bij de stap naar de formele berekening ligt.

Interactie
Verhoudingstabel

Op het formele niveau kan het probleem opgelost worden met de zogenoemde regel van drieën: er zijn drie getallen gegeven – hier 64, 160 en 100 – en de vierde wordt bepaald met de formule:

Formeel niveau
Regel van drieën

$$\frac{64 \times 100}{160} = \frac{64 \times 10}{16} = \frac{64}{16} \times 10 = 4 \times 10 = 40$$

5

5.2.2 Kerninzicht gelijkwaardige getallenparen

Deze subparagraaf beschrijft het kerninzicht dat aan de basis ligt van het rekenen met verhoudingstabellen.

> Kinderen verwerven het inzicht dat een verhouding een relatief begrip is, en een eindeloze reeks van gelijkwaardige getallenparen vertegenwoordigt.

Relatief begrip

Relatief begrip

Gelijkwaardig

Gemiddelde

Snelheid

In het eerste praktijkvoorbeeld over de duur van een fietstocht komt het begrip verhouding op twee manieren als relatief begrip tot uitdrukking. Allereerst betekent 15 : 1 (15 km/uur) niet alleen dat er 15 km gefietst wordt in één uur; de verhouding 15 : 1 vertegenwoordigt alle getallenparen die daaraan gelijkwaardig zijn: $15 : 1 = 30 : 2 = 45 : 3 = 50 : 3\frac{1}{3} = \ldots = 150.000 : 10.000$, enzovoort. Ten tweede betekent een gemiddelde van 15 km/uur niet dat je continu met dezelfde snelheid van 15 km/uur fietst. Soms haal je meer kilometers in een uur, soms minder, of je rust zelfs even, maar over de totale afstand en afgerond is het gemiddeld 15 kilometer per uur.

Evenredigheid

Verhoudingstabel

Dubbele getallenlijn

Een getalsverhouding, bijvoorbeeld 2 : 3, is eigenlijk een eindeloze reeks van gelijkwaardige getallenparen, bijvoorbeeld de evenredigheid $2 : 3 = 4 : 6 = 6 : 9$, enzovoort. Dit geldt ook voor evenredigheden als $2 : 3 : 4 = 4 : 6 : 8 = 6 : 9 : 12$, enzovoort. Van die eigenschap wordt in de bovenbouw van de basisschool dankbaar gebruikgemaakt bij het redeneren en rekenen met verhoudingen aan de hand van een verhoudingstabel of een dubbele getallenlijn.

Werken met verhoudingstabellen

Redeneren

Construeren

In een verhoudingstabel gebruik je de getallenparen die nodig zijn om handig naar de uitkomst toe te werken. Er worden daarbij zo mogelijk getalrelaties ingezet die de kinderen al kennen. Het model helpt hen om te redeneren en te rekenen met verhoudingen. De tabel geeft overzicht van wat je denkt en doet. Elke tussenstap heeft betekenis. In de tabel van afbeelding 5.6 – en ook bij de dubbele getallenlijn (afbeelding 5.8) – zie je bijvoorbeeld dat bij elke volgende stap van 15 km een uur extra tijd past, en dat bij 5 km $\frac{1}{3}$ uur = 20 minuten hoort. Het is belangrijk dat kinderen zelf kunnen zoeken naar gelijke verhoudingsgetallen. Inzicht beklijft vooral als kinderen hun begrippen zelf kunnen construeren. Natuurlijk is goede begeleiding daarbij onmisbaar.

Denkmodel

Het voordeel van de verhoudingstabel is dat deze gebruikt kan worden als denkmodel en als rekenmodel. Als rekenhulpmiddel is het een soort kladblaadje waarmee je handig rekent en uiteindelijk toekomt aan de 'in-één-keerstap'; in de tabel van afbeelding 5.9 betekent dat bijvoorbeeld dat je meteen de sprong maakt van $\frac{64}{160}$ naar $\frac{40}{100}$, of anders de som $\frac{64 \times 100}{160} = 40$.
In zo'n tabel kun je naar hartenlust vermenigvuldigen en delen, mits je dat met beide getallen van een getallenpaar met hetzelfde getal doet.

Waarom gaat het fout als je beide getallen van een getallenpaar met hetzelfde getal vermeerdert of vermindert? Laat dat zien aan de hand van een goed gekozen context.

km	15	30	45	5	50
uur	1	2	3	$\frac{1}{3}$	?

AFBEELDING 5.13 Verhoudingstabel

Verhoudingsgewijs

In de verhoudingstabel in afbeelding 5.13 (zie ook afbeelding 5.6) ontstaat bijvoorbeeld de tweede kolom uit de eerste kolom door te vermenigvuldigen met 2, de derde kolom ontstaat uit de eerste door te vermenigvuldigen met 3. Je wilt uiteindelijk berekenen welk verhoudingsgetal bij 50 hoort. Dat gaat fout als je 5 optelt bij zowel 45 als 3 (in plaats van boven 5 en onder $\frac{1}{3}$), omdat het optellen dan niet verhoudingsgewijs gebeurt. Wat wel mag, is getallen van dezelfde grootheid uit dezelfde kolommen bij elkaar optellen: hier 45 + 5, maar dan ook 3 + $\frac{1}{3}$. Dit is wel verhoudingsgewijs: een derde van 15 erbij, dan ook een derde deel van 1 erbij. Met andere woorden: de getallenparen moeten telkens eenzelfde veelvoud verschillen.

Interne en externe verhoudingen

Grootheid

Bij de meeste verhoudingsproblemen zijn verschillende grootheden in het geding. Dit noemen we externe verhoudingen. In het verhoudingsprobleem hiervoor met de tabel in afbeelding 5.13 gaat het om de grootheden afstand en tijd.

Schaalverhouding

Schaallijn

Een interne verhouding is een verhouding binnen dezelfde grootheid. Dat is bijvoorbeeld het geval bij een schaalverhouding. Daar gaat het alleen om lengte. Een schaalverhouding wordt vaak aangeduid met een schaallijn, dat is een soort dubbele getallenlijn. In afbeelding 5.14 is bijvoorbeeld de schaallijn van schaal 1 : 150.000 weergegeven; 1 cm is in werkelijkheid 150.000 cm = 1,5 km.

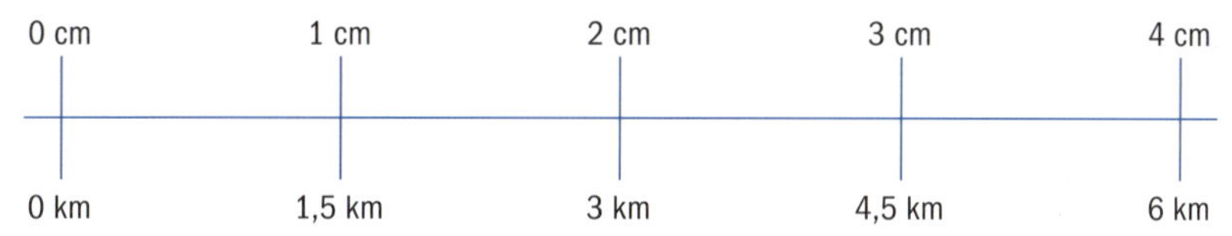

AFBEELDING 5.14 Schaallijn als dubbele getallenlijn

Waaraan herken je het kerninzicht verhouding als relatief begrip bij leerlingen?

Relatief

Uit welke kennis of handelingen van een leerling kun je als leerkracht opmaken dat een leerling inzicht toont in de relativiteit van het begrip verhouding, een begrip dat een eindeloze reeks van gelijkwaardige getallenparen vertegenwoordigt? Dat inzicht kan sterk verschillen in niveau en kun je vaststellen als een leerling:

Evenredigheid

Relatienetwerk

- weet dat je alsmaar kunt doorgaan met het zoeken naar gelijkwaardige getallenparen van een verhouding (1 op 3 = 2 op 6 = 3 op 9, enzovoort)
- weet en kan verwoorden dat je een evenredigheid (gelijkheid van verhoudingen) op verschillende manieren kunt benoemen of schrijven (1 op 4 = 2 op 8 of 1 : 4 = 2 : 8, en eigenlijk ook als: $\frac{1}{4} = \frac{2}{8}$)
- een relatienetwerk heeft opgebouwd van overeenkomstige getalrelaties (1 op 10 'hoort bij' $\frac{1}{10}$, bij 0,1 en bij 10%; idem 1 op 2, 1 op 3, 1 op 4, 1 op 5, 1 op 8, 1 op 20, 1 op 25, 1 op 50, 1 op 100)

Gemiddeld

- 15 km/u staat voor een gemiddelde snelheid in oneindig veel situaties: 15 km/u kan evengoed betekenen: 30 km in 2 uur, 5 km in 20 min, 300 km in 20 uur, enzovoort; het gemiddeld benzineverbruik 1 op 45 voor een snorfiets betekent ook: 2 op 90, 2,5 op 112,5, enzovoort

Verhoudingstabel
Dubbele getallenlijn

- in staat is een verhoudingscontext te 'vertalen' naar een verhoudingstabel of dubbele getallenlijn
- kan uitleggen waarom je in een verhoudingstabel de getallen van een getallenpaar niet mag vermeerderen of verminderen met hetzelfde getal
- de verhoudingstabel op correcte wijze kan gebruiken als denkmodel en als rekenmodel (kladblaadje)

Model

- verhoudingsgewijs kan vergelijken door te redeneren aan de hand van een model (hagelslag van 200 gram voor €1,80, of 150 gram voor €1,39; welke doosje is voordeliger? Dit uitzoeken met behulp van een verhoudingstabel)
- een probleem als het voorgaande ('hagelslag') formeel kan oplossen (1,80 : 200 < 1,39 : 150)

Regel van drieën

- de 'vierde evenredige' kan toepassen met de regel van drieën (ongeveer drie op de vijf Nederlanders draagt een bril of lenzen, dat zijn ongeveer $\frac{3}{5} \times 16$ miljoen mensen)

Vergrotingsfactor

- in staat is niet-evenredige verbanden toe te passen ('inzoomen' van een foto van 10 bij 15 naar 20 bij 30: vergrotingsfactor lengte is twee, vergrotingsfactor oppervlakte fotopapier is vier)

VRAGEN EN OPDRACHTEN

5.4 Observeer en analyseer de videoclips die je bij deze vraag op de website vindt. Welke inzichten herken je bij de leerlingen? Waaraan zie je dat? Wat is de rol van de leerkracht daarbij?

5.5 Op dit moment is de koers van de dollar ten opzichte van de euro 1,3028, wat betekent dat €1,00 omgerekend $1,3028 waard is. Je koopt $150. Welk bedrag in euro's moet je daarvoor betalen, als je afziet van commissie en andere kosten?
Los dit probleem op met behulp van een verhoudingstabel. Schat eerst hoe groot het bedrag ongeveer wordt. Wat zijn in dit geval de voordelen en de nadelen van de verhoudingstabel?
Bereken het antwoord ook met behulp van de zakrekenmachine. Leg daarbij voor jezelf uit wat je doet en waarom je getallen vermenigvuldigt of deelt. Herken je de regel van drieën hierin? Hoe?

5.6 In subparagraaf 5.2.2 is aan de hand van een voorbeeld van een externe verhouding uitgelegd dat het getallenpaar van een verhouding niet gelijkwaardig is met een paar dat ontstaat door beide getallen van het oorspronkelijke paar met hetzelfde getal te vermeerderen of te verminderen. Geldt dat ook voor een interne verhouding? Gebruik een model om jouw antwoord toe te lichten.

5.3 Leerlijn verhoudingen

Verhoudingen

Het reken-wiskundeonderwijs op de basisschool ruimt een grote plaats in voor het domein verhoudingen, al vanaf de onderbouw. Dat heeft enerzijds te maken met de rol die het denken in verhoudingen speelt in het leven van alledag. Anderzijds legt het redeneren en rekenen met evenredige verbanden de basis voor het inzicht in breuken, procenten en kommagetallen, en de samenhang daartussen.

Meetkundige en getalsmatige voorervaringen

In de onderbouw van de basisschool wordt het fundament gelegd voor het denken en redeneren over verhoudingen. De kunst voor de leerkracht is alert te zijn op alledaagse ervaringen waarover kinderen zich verwonderen. Een voorbeeld is de activiteit rond foto's maken.

Redeneren

Alle kinderen hebben een 'fototoestel' (closetrol) gekregen om doorheen te kijken. Job (5 jaar) kijkt door zijn closetrol naar zijn buurmeisje Femke en de juf, die verder weg staat. 'Wat is jouw hoofd groot', zegt hij tegen Femke, 'jouw hoofd is zo groot en dat van de juf is maar zo klein.' Terwijl Job dat zegt, laat hij met de duim en wijsvinger van zijn andere hand zien hoe groot hij Femkes hoofd ziet (duim en wijsvinger ver uit elkaar) en hoe klein hij het hoofd van de juf ziet (duim en wijsvinger dicht bij elkaar).

Evenredigheid

Job doet een eerste ervaring op met het evenredige verband tussen de lengte (grootheid) van de hoofden en de lengte van de afstanden tussen duim en wijsvinger. Het kan het begin zijn van het kerninzicht dat een verhouding een vergelijking aangeeft van aantallen die naar voren komen in meet- of meetkundige aspecten van een situatie (zie subparagraaf 5.1.2).

Er zijn tal van situaties die aanleiding geven om jonge kinderen te laten denken en redeneren over verhoudingen. De volgende activiteiten zijn voorbeelden daarvan:

- het spelen met poppen, blokken en autootjes. Zie het praktijkvoorbeeld in subparagraaf 5.1.1.
- puzzels maken. Het leggen van puzzelstukjes is een activiteit die gevoel voor maat en verhouding vraagt.
- het vergroten en verkleinen van figuren, bijvoorbeeld 'huizen', al of niet op een rooster
- spiegels: jezelf groter of kleiner zien, of in een wanverhouding bij lachspiegels
- eerlijk delen. Bij het eerlijk verdelen van hoeveelheden of grootheden (lengte, oppervlakte, inhoud, gewicht, tijd) in bijvoorbeeld twee gelijke delen, speelt in feite op de achtergrond de evenredigheid 1 : 1 = 2 : 2, enzovoort. Een dergelijke gelijkwaardige verdeling is ook aan de orde bij eenvoudige vergelijking van prijzen: een ijsje met één bol kost 1 euro, een ijsje met twee bollen kost 2 euro.
- mengsituaties: jonge kinderen weten heel goed duidelijk te maken of hun limonade 'even lekker' (lees: sterk) is als die van hun buurkind. 'Dat zie je gewoon.' Ook in kwantitatieve zin kunnen jonge kinderen vaak al over zo'n situatie redeneren: 'Marikes limonade is lekkerder, zij heeft ook twee doppen siroop, maar zij heeft een kleiner glas.'
  Soms maken de kinderen samen met hun juf of hun ouders een taart. Het volgen van een recept waarbij het gaat om verdubbelen of de helft nemen is een geschikte activiteit om het inzicht in eenvoudige evenredige verbanden te ontwikkelen (zie afbeelding 5.15).

Delen

Grootheid

Kwantificeren

AFBEELDING 5.15 Recept voor een cake

Een uitdagende opdracht voor leerlingen is om een kleine en een grote puzzel van dezelfde afbeelding (bijvoorbeeld door de leerkracht gemaakt met de kopieermachine) zelf in stukken te knippen en de door elkaar gehusselde stukken weer bij elkaar te zoeken.

5

Het betekenisvol organiseren van verhoudingssituaties in eenvoudige schema's en modellen

De laatste vier hiervoor genoemde contexten zijn ook geschikt als verhoudingsactiviteiten voor leerlingen uit groep 3 tot en met 8, met aangepaste situaties en getallen. Het redeneer- en rekenwerk wordt lastiger als de verhoudingsgetallen niet overzichtelijk genoteerd worden.

Verhoudingstabel

Evenredigheid

Kinderen maken niet gauw uit zichzelf een verhoudingstabel. Ze ontdekken gaandeweg het nut van 'netjes opschrijven' en gaan dan 'lijstjes maken van getallenparen' – evenredigheden dus. De leerkracht kan dat van meet af aan stimuleren door subtiele aanwijzingen te geven richting het maken van een verhoudingstabel. In de groepen 3 tot met 6 sluiten de opdrachten aan bij activiteiten uit andere rekendomeinen.

Douwe (8 jaar) is bezig uit te zoeken welke Suske en Wiskeboeken goedkoper zijn: vier voor €20 of vijf voor €24. Zijn leerkracht heeft de opgave boven aan zijn uitrekenpapier gezet (zie afbeelding 5.16).

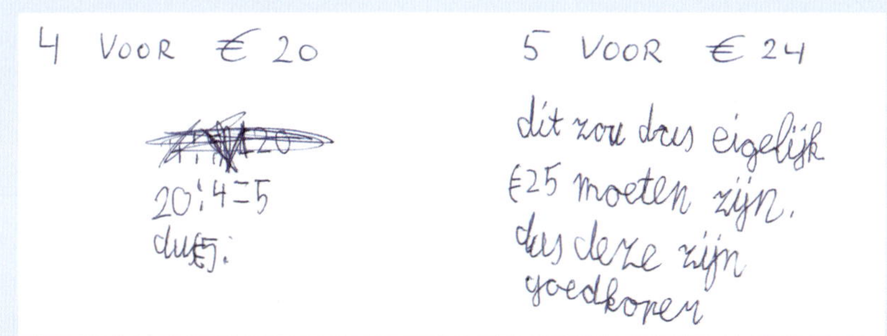

AFBEELDING 5.16 Uitrekenpapier van Douwe

Douwe reageert onmiddellijk: 'Die', zegt hij, en hij wijst op vijf voor €24.
'Waarom die?' vraagt de leerkracht.
Douwe: 'Nou, omdat je dan één euro over hebt.'
Leerkracht: 'Schrijf maar even op hoe dat dan precies zit.'
Douwe schrijft zijn conclusie op (afbeelding 5.16).

I Welke inzichten toont Douwe hier?

?

Douwe begrijpt allereerst dat het bij het vergelijken van de prijzen niet alleen gaat om het verschil van 24 en 20. Hij ziet ook in dat de eenheidsprijs van vijf boeken voor €24 lager is dan die van 20 : 4 = €5. Het is een belangrijk inzicht, waarbij op de achtergrond de evenredigheid 4 : 20 = 5 : 25 speelt. De leerkracht heeft een subtiele, maar belangrijke aanzet gegeven tot overzichtelijk werken door de notatie 'vier voor 20€' en 'vijf voor €24'.

Evenredigheid

Het vergelijken van prijzen is een betekenisvolle context op verschillende niveaus. Naarmate de getallen groter of complexer worden, ontstaat als vanzelf de behoefte aan het maken van overzichtelijke rijen van verhoudingsgetallen. De leerkracht kan op een bepaald moment in interactie met de

Betekenisvol Context

Interactie

leerlingen de overstap maken naar de verhoudingstabel of de dubbele getallenlijn.

Model

Overigens zijn de leerlingen in die fase tot op zekere hoogte al bekend met die modellen. Zo is de tabel in afbeelding 5.15 al een soort verhoudingstabel voor leerlingen van groep 3, en wordt bijvoorbeeld in groep 4 gebruikgemaakt van verhoudingstabellen om de tafels van vermenigvuldiging te oefenen (zie afbeelding 5.17).

1	2		4	5			8		10
5	10	15		25	30			45	

AFBEELDING 5.17 De tafel van 5 in een verhoudingstabel

Schaallijn
Dubbele getallenlijn

Eenvoudige schaallijnen bieden een goede context voor het geven van inzicht in schaalverhoudingen. De schaallijn is in feite een dubbele getallenlijn waarop onder en boven de gelijkwaardige getallenparen kunnen worden geplaatst. In het voorbeeld voor groep 6 (zie afbeelding 5.18) kunnen kinderen als tussenstap bijvoorbeeld de kaartlengten in centimeters plaatsen aan de onderkant van de lijn.

1 Weet je nog?

▸ *De Hullandstraat is ongeveer 2 cm lang.*
2 cm is in het echt 200 meter.
1 cm op de kaart is in het echt ..... m.
4 cm is in het echt ..... m.
6 cm is in het echt ..... m.
1 mm is in het echt ..... m.
7 mm is in het echt ..... m.
5 cm en 8 mm is in het echt ..... m.

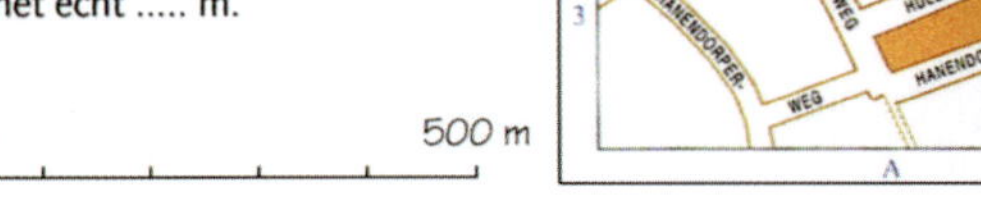

AFBEELDING 5.18 De schaallijn in groep 6

Wiskundetaal

In elke fase van de leerlijn verhoudingen, maar juist ook in de beginfase, is het gebruik in de les van de juiste wiskundetaal – hier 'verhoudingstaal' – van belang voor de ontwikkeling van het verhoudingsdenken. Enkele voorbeelden:

- Dat jasje 'past' bij die pop.
- Het grote huis 'heeft dezelfde vorm' als het kleine huis.
- Voor drie cakes heb je 'drie keer zoveel' schepjes meel nodig.
- 2 cm op de kaart is in werkelijkheid 200 m.
- Een op de vier kinderen, dus een kwart van de groep, is ziek.
- De taal bij het maken van patronen, onder andere bij kralen rijgen: drie rood, twee wit, drie rood, twee wit...
- Er zijn twee keer zoveel jongens als meisjes in deze groep.

Vanaf groep 7 wordt ook formele verhoudingstaal gebruikt zoals: 'Twee staat tot drie is als vier staat tot zes' (2 : 3 = 4 : 6). Het kunnen gebruiken van die taal maakt dat de leerlingen steeds beter leren redeneren met verhoudingen en dat de leerkracht hun inzichten kan peilen en daarop kan inspelen.

Het modelondersteund redeneren en rekenen met verhoudingen

Het zwaartepunt van het rekenen met verhoudingen ligt in de bovenbouw van de basisschool. De verhoudingstabel wordt daarbij in alle reken- en wiskundemethoden ingezet als ondersteunend model. Verder worden de dubbele getallenlijn en de schaallijn gebruikt.
De leerlingen hebben in de groepen 5 en 6 ervaring opgedaan met het gebruik van modellen, maar in groep 7 en 8 krijgt met name de verhoudingstabel een belangrijke rol toebedeeld. Waar in de middenbouw nog sprake was van evenredige verbanden, weergegeven met gehele getallen, wordt er nu ook gerekend met kommagetallen, breuken en procenten.

Verhoudingstabel
Dubbele getallenlijn
Schaallijn
Evenredigheid

In groep 8 is tijdens de instructie een gewicht-prijsprobleem aan de orde gesteld. Het lijkt erop dat de meeste leerlingen aan de gang kunnen met een soortgelijk probleem dat juf Dianne hen voorlegt. De opdracht is: zoek uit wat de zak appels ongeveer kost als op het display van de scanner 1,800 kg wordt aangegeven. De prijs per kg appels is €1,65.

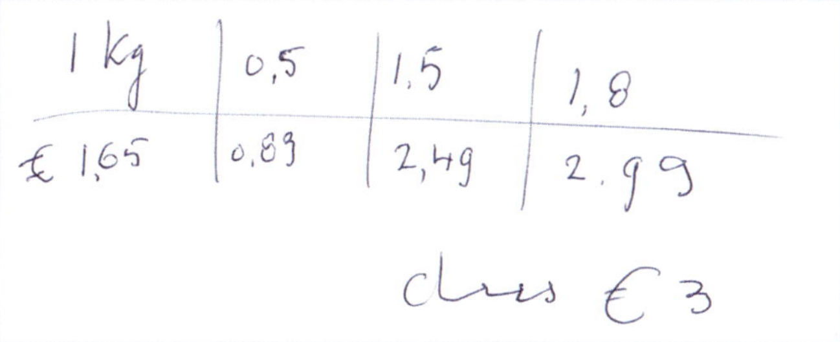

1 kg	0,5	1,5	1,8
€ 1,65	0,83	2,49	2.99

dus € 3

AFBEELDING 5.19 De verhoudingstabel van Nathasja

De kinderen gaan aan de slag; ze mogen in tweetallen overleggen.
Afbeelding 5.19 toont het uitrekenpapier van Nathasja; ze heeft samengewerkt met Jeffrey. In eerste instantie werd het even lastig voor hen bij de laatste stap. Jeffrey dacht dat je bij 1,5 én bij 2,49 hetzelfde getal (0,3) moest optellen. Juf Dianne kwam hen even helpen met een korte hint, daarna konden ze na enig gereken de oplossing vinden.

Hoe hebben Nathasja en Jeffrey naar jouw idee geredeneerd en gerekend? Welke hint kan juf Dianne gegeven hebben?

In zo'n verhoudingstabel kun je eigenlijk heel flexibel rekenen. Je mag in principe alle bewerkingen uitvoeren – optellen, aftrekken, vermenigvuldigen en delen – en dus ook verdubbelen en halveren. Echter wel onder de essentiële voorwaarde dat je elke bewerking met de getallenparen verhoudingsgewijs uitvoert. Het voorbeeld laat zien dat de verhoudingstabel een krachtig model is:

Verhoudingstabel
Flexibel rekenen
Bewerking
Verhoudingsgewijs

- Elke tussenstap heeft voor de leerlingen betekenis, omdat de redenering bij elke stap ondersteund wordt door de context: 1 kg kost €1,65, dus 0,5 kg kost de helft van €1,65 = €0,83.

- De leerlingen kunnen redeneren met de verhoudingsgetallen door keuzes van getallen en getalrelaties te maken die ze zelf aankunnen; ze kunnen op hun eigen niveau werken (differentiatieaspect). **Differentiatie**
- **Niveauverhoging** Leerlingen worden uitgelokt tot niveauverhoging; er wordt al gauw gezocht naar een zo kort mogelijke rij van getallenparen.
- **Model** De verhoudingstabel is zowel denkmodel (helpt bij het redeneren over verhoudingen) als rekenmodel (hij is een handig rekenhulpmiddel).
- Ook bij het rekenen met procenten en kommagetallen bewijst de tabel goede diensten.

Dubbele getallenlijn De dubbele getallenlijn wordt ook gebruikt bij het oplossen van verhoudingsproblemen. Anders dan bij de verhoudingstabel zijn daarin de onderlinge afstanden zichtbaar (zie het praktijkvoorbeeld in subparagraaf 5.2.1). Daar staat tegenover dat de verhoudingstabel uitnodigt tot handig rekenen. **Handig rekenen**

Een moeilijkheid bij het rekenen met de verhoudingstabel is voor leerlingen nogal eens het bepalen van de 'ingangsgetallen' (eerste kolom). Meestal volgt die keuze tamelijk vanzelfsprekend uit de context, maar dat is niet altijd zo. Vergelijk bijvoorbeeld de volgende opdrachten a en b:

a 75 van de 600 mensen hebben de vragenlijst over het gebruik van internet ingevuld. Hoeveel procent is dat?
b 12,5% van de 600 aanvragen voor een nieuwe iPod is toegekend. Hoeveel aanvragen zijn dat?

Bij opgave a) moet de leerling inzien dat de verhouding 75 : 600 moet worden vertaald naar de gelijkwaardige op 100 gestelde verhouding, dus 75 : 600 = ? : 100. Bij opgave b) gaat het om het inzicht dat de gelijkwaardige verhouding – de evenredigheid – gezocht moet worden van 100 : 600 = 12,5 : ? (zie afbeelding 5.20). **Evenredigheid**

deel	75			?
geheel	600			100

%	100			12,5
aantal aanvragen	600			?

AFBEELDING 5.20 De verhoudingstabellen bij de vragen a en b

Formeel rekenen en toepassen
Het is natuurlijk niet zo dat alle leerlingen tegelijkertijd toe zijn aan het rekenen met verhoudingen op het formele niveau. De leerkracht zal steeds flexibel moeten wisselen tussen het concreet niveau, het modelondersteund niveau en het formeel niveau. De overgang naar het formele niveau wordt meestal gemaakt vanuit het werken met een verhoudingstabel. In het geval van opdracht a (75 van de 600 mensen, hoeveel procent?) ontstaat bijvoorbeeld uit de tabel de niveauverhoging naar de formele som

Concreet niveau
Modelondersteund niveau
Formeel niveau
Niveauverhoging

$$\frac{75 \times 100}{600} = 12.5.$$

Overigens zijn het begrijpen en het vlot kunnen toepassen van deze formule geen einddoelen voor de basisschool. Voor de meeste leerlingen blijft het gebruik van een model of (het denken aan) een context nodig, om te voorkomen dat het formele rekenwerk leidt tot onbegrepen toepassing van regels en het daardoor maken van fouten.

Toepassingen
Voor het inzichtelijk oefenen van het rekenen met verhoudingen wordt door reken-wiskundemethoden gebruikgemaakt van alle mogelijke toepassingen. De praktijkvoorbeelden uit de voorgaande paragrafen hebben laten zien dat het rekenen met verhoudingen, breuken, kommagetallen en procenten sterke samenhang vertoont.
Verder leidt het gebruik van verhoudingen in andere vak- en vormingsgebieden tot interessante en nuttige toepassingen. Denk aan het kaartbegrip (schaal) bij aardrijkskunde, snelheidsberekeningen in de sport en vergrotingsfactoren, vormen en patronen in de beeldende kunst.

Schaal
Snelheid
Vergrotingsfactor

In willekeurige volgorde volgt hier nog een aantal voorbeelden van situaties die kunnen leiden tot redeneren en rekenen met verhoudingen: verhoudingsgewijs vergelijken van prijzen, de diaprojector, foto's, stijging van een berghelling, stadsplattegrond, vergroten en verkleinen, puzzels, schaal, maquette, modelbouw, sterkte van koffie, mengsituaties, recepten, ziekteverzuim, gemiddelde snelheid, verzet op racefiets, karikaturen, lachspiegels, telefoontarieven, treintarieven, reizen, afstanden op aarde, wisselkoersen, kansen, grafieken, dichtheid van bevolking, schaduwen, schimmenspel, (brei)patronen, niet-evenredigheid van inhouden en oppervlakte (een baby heeft eerder een zonnesteek dan een volwassene; een voordeelpak is voor de fabrikant ook voordelig, door de naar verhouding geringere materiaalkosten).

5.4 Kennisbasis

In de voorgaande paragrafen van dit hoofdstuk heb je kunnen zien en ervaren dat verhoudingen een grote rol spelen in het dagelijks leven en daarmee in het reken-wiskundeonderwijs. Die aandacht voor verhoudingsaspecten begint al in de onderbouw – denk aan het vergelijken van de lengten van poppen en hun kleertjes – en strekt zich uit tot in het voortgezet en beroepsonderwijs. Opgaven over verhoudingen zijn vaak verbonden met onderwerpen uit andere domeinen, zoals meten en meetkunde; dat zul je ook ervaren in de onderstaande opgaven over verhoudingen.

Hoe staat het met jouw wiskundige en vakdidactische kennis en inzichten op het gebied van verhoudingen?

VRAGEN EN OPDRACHTEN

5.7 Waar of niet waar?
Ga voor elk van de volgende beweringen na of ze waar of niet waar is. Licht je antwoord kort toe, zo mogelijk met een voorbeeld.

a De uitdrukking 'twee staat tot drie' in bijvoorbeeld de verhouding 2 : 3 betekent hetzelfde als 'twee op de drie'.

Promillage

b Een promillage is geen gestandaardiseerde verhouding.

c De wiskundige zin $3 : 5 = 1 : 1\frac{2}{3}$ is een gelijkheid van verhoudingen, ofwel een evenredigheid.

d Een samengestelde grootheid geeft geen verhouding weer.

Inflatie

e Inflatie is een relatieve ofwel verhoudingsgewijze geldontwaarding.

f De schaal van een kaart geeft de verhouding weer tussen een bepaald aantal centimeters en kilometers.

5.8 Schaduwverhouding
In deze opgave gaat het over de verhouding tussen de hoogte van een object (huis, kerk, boom) en zijn schaduw.

a In de volgende opgave zijn telkens twee van de drie getallen gegeven. Ga op zoek naar het derde getal.

AFBEELDING 5.21 Hoogte en schaduwlengte

Schaduwlengte paal van 1 meter 50	Schaduwlengte van object		Hoogte van object	
90 cm	?		Flat	75 m
90 cm	Lantaarnpaal	6 m	?	
?	Eiffeltoren	486 m	Eiffeltoren	324 m
2,25 m	Dom Utrecht	168 m	?	
2,25 m	?		Empire State Building	381 m
Eigen ontwerp				

AFBEELDING 5.22 Tabel hoogte en schaduwlengte

b Ontwerp zelf ook een opgave en zoek vervolgens naar een ordening van de zes opgaven in moeilijkheidsgraad voor leerlingen van de bovenbouw. Beargumenteer je keuze.
c Met welk model zou je leerlingen uit eind groep 7 willen begeleiden bij het oplossen van deze verhoudingsproblemen? Laat die aanpak zien met twee van de opgaven.
d Stelling: de verhouding tussen de lengte van een paal en zijn schaduw, en die van de lengte van een ander object en zijn schaduw, vormen een evenredigheid. Onder welke voorwaarden geldt die stelling?

5.9 Bol, cilinder en kegel in verhouding

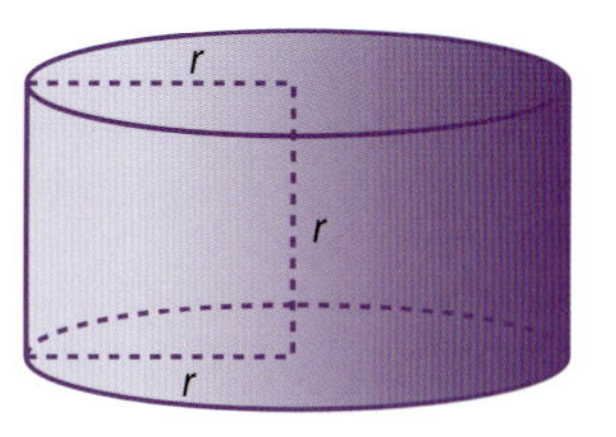

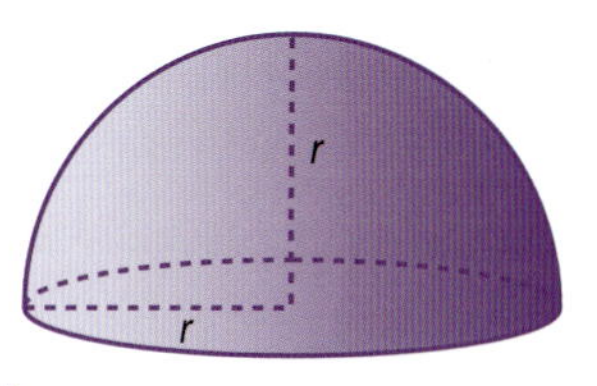

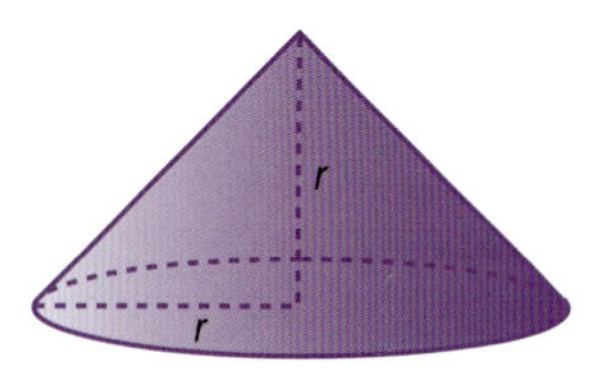

AFBEELDING 5.23 Bol, cilinder en kegel

a De Griekse wiskundige Archimedes (287-212 v.Chr.) heeft ontdekt dat de inhouden van een rechte cilinder, een halve bol en een kegel met dezelfde straal en hoogte zich verhouden als 3 : 2 : 1. Onderzoek of die verhouding inderdaad klopt. Je kunt bijvoorbeeld voor de hoogte en de straal een lengte van 2 cm nemen. Zoek ook naar een algemeen geldende oplossing.
Tip: de formule voor de inhoud van een bol is $\frac{4}{3} \times \pi \times r^3$ ($\pi \approx 3{,}14$), en de inhoud van een kegel is $\frac{1}{3}$ × opp. grondvlak × hoogte. De inhoud van de cilinder vind je gemakkelijk als je denkt aan de inhoudsberekening van een blok.
b Stel dat de cilinder, halve bol en kegel van materiaal gemaakt zijn waardoor je ze gelijkmatig kunt opblazen. Zou in dat geval de ontdekking van Archimedes ook nog van kracht zijn als ze bijvoorbeeld alle drie worden opgeblazen met de factor twee, dus als de straal (hoogte) twee keer zo lang wordt? Waarom?

Vermenigvuldigingsfactor

c Als een driedimensionale figuur met een bepaalde factor wordt vergroot, wordt de oppervlakte van die figuur kwadratisch vergroot en de inhoud tot de derde macht. Dus als je bijvoorbeeld de diameter en de hoogte van een cilinder twee keer zo lang maakt, wordt de inhoud twee tot de derde, dus acht keer zo groot. Ga maar na bij de cilinder, de bol en de kegel uit opgave b.
Zoek een manier om leerlingen van groep 8 die derdemachtsvergroting te laten ontdekken.
Tip: gebruik blokjes van 1 cm^3.

Vergroten

d Om welke soort verhouding gaat het bij de opgaven, een interne of een externe verhouding? Waarom?
e Op welke (kern-)inzichten wordt een beroep gedaan bij deze opgaven?

Meer oefenopgaven vind je in hoofdstuk 13, opgave 50 tot en met 59.

Samenvatting

De samenvatting van dit hoofdstuk staat op www.rwp-kerninzichten.noordhoff.nl.

In dit hoofdstuk ben je de volgende begrippen tegengekomen:

Betekenisvol
Construeren
Context
Delen
Denkmodel
Dubbele getallenlijn
Evenredigheid
Externe verhouding
Flexibel rekenen
Formeel niveau
Gelijkvormig
Gelijkwaardig
Gemiddeld
Grootheid
Handig rekenen
Interactie
Interne verhouding
Inzicht
Kwantificeren
Meetkunde
Meetkundige figuur
Model
Modelondersteund niveau
Niveaus
Niveauverhoging
Redeneren
Regel van drieën
Relatienetwerk
Relatief begrip
Schaal
Schaallijn
Schaalverhouding
Schatten
Snelheid
Spiegelen
Strook
Vergrotingsfactor
Verhoudingsgewijs
Verhoudingstabel
Wiskundetaal

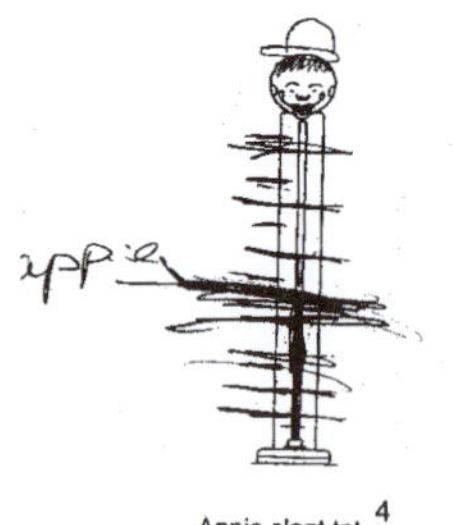

Appie slaat tot $\frac{4}{8}$.

Jeroen slaat tot $\frac{2}{4}$.

Wie slaat er hoger?

niemand!

6 Breuken

Situaties in het leven van alledag waarin breuken worden gebruikt, zijn er niet veel. Een *half* brood of een *achtste* liter slagroom zijn enkele van de schaarse voorbeelden. Toch krijgen breuken in het onderwijs nogal wat aandacht. Dat komt omdat ze als wiskundige objecten wel belangrijk zijn. Begrip van breuken is vooral nodig om te kunnen redeneren met verhoudingen, kommagetallen en procenten, en ook om de samenhang daartussen te kunnen begrijpen.

Overzicht kerninzichten

Met betrekking tot het domein breuken verwerven kinderen het inzicht dat:

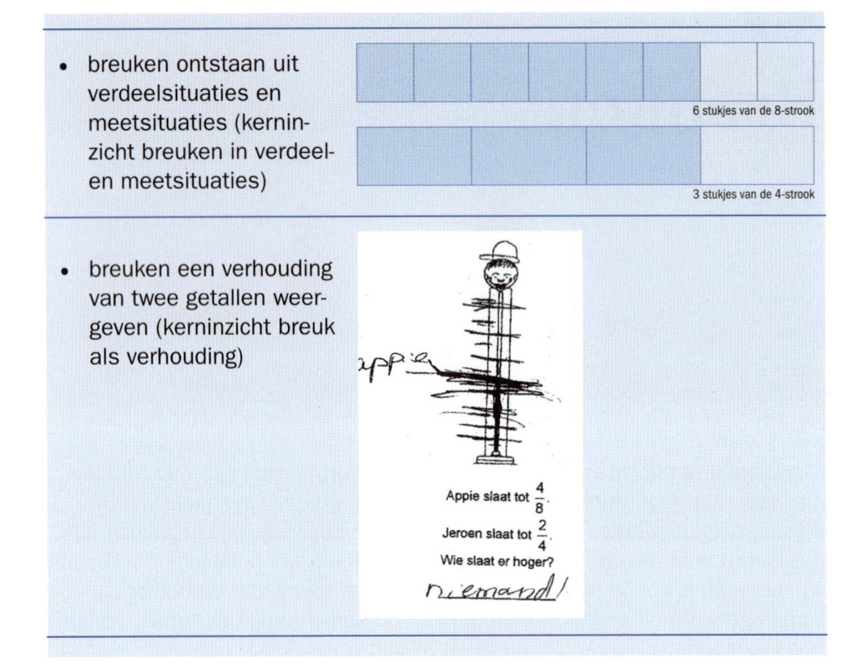

- breuken ontstaan uit verdeelsituaties en meetsituaties (kerninzicht breuken in verdeel- en meetsituaties)
- breuken een verhouding van twee getallen weergeven (kerninzicht breuk als verhouding)

Deze kerninzichten sluiten aan bij de kerndoelen 23 tot en met 26:

23 De leerlingen leren wiskundetaal gebruiken.

24 De leerlingen leren praktische en formele rekenwiskundige problemen op te lossen en redeneringen helder weer te geven.

25 De leerlingen leren aanpakken bij het oplossen van reken-wiskundeproblemen te onderbouwen en leren oplossingen te beoordelen.

26 De leerlingen leren structuur en samenhang van aantallen, gehele getallen, kommagetallen, breuken, procenten en verhoudingen op hoofdlijnen te doorzien en er in praktische situaties mee te rekenen.

Wat kinderen moeten kunnen op het gebied van breuken, wordt in de referentieniveaus weergegeven in twee verschillende domeinen: Getallen en Verhoudingen.

In het domein Getallen wordt aangegeven dat kinderen de uitspraak en schrijfwijze van breuken (met horizontale breukstreep) moeten kennen en moeten weten wat de ‘teller’ en wat de ‘noemer’ is. Ze moeten eenvoudige breuken kunnen vergelijken en op de getallenlijn kunnen plaatsen, en veelvoorkomende gelijknamige en ongelijknamige breuken kunnen optellen en aftrekken binnen een betekenisvolle situatie.

Voor niveau 1S geldt dat kinderen ook moeten kunnen optellen en aftrekken met moeilijker breuken en gemengde getallen, en moeten kunnen vermenigvuldigen en delen met breuken, onder andere:

- een geheel getal vermenigvuldigen met een breuk of omgekeerd
- vereenvoudigen en compliceren van breuken en breuken als gemengd getal schrijven

- een breuk met een breuk vermenigvuldigen of een deel van een deel nemen, met name in situaties waarin het rekenen met breuken aan de orde komt
- een geheel getal delen door een breuk of gemengd getal
- een breuk of gemengd getal delen door een breuk, vooral binnen een situatie

In het domein Verhoudingen wordt de relatie tussen breuken, verhoudingen, kommagetallen en procenten uitgewerkt (meer informatie daarover staat in hoofdstuk 5).

6.1 Breuken in verdeel- en meetsituaties

Vanaf de onderbouw doen kinderen ervaringen op met breuken, vooral als het gaat om verdeelsituaties en meetsituaties. De formele notatie van breuken, met teller, noemer en horizontale breukstreep, wordt meestal geïntroduceerd in groep 6.

Noemer
Teller
Breukstreep

6.1.1 Praktijkvoorbeelden

Voorbeelden van lessen in groep 5 en groep 6 laten zien hoe kinderen kennismaken met breuken.

Meester Hans geeft in groep 5 een les over meten met stroken. Hij wil de kinderen laten ontdekken hoe je stroken handig kunt indelen om zo nauwkeurig mogelijk te meten. Na de introductie over maten van vroeger, toen er nog geen meetlat bestond en de Amsterdamse voet een standaardmaateenheid was, gaan de kinderen aan de slag met stroken.
De kinderen werken in tweetallen en hebben allemaal een aantal stroken gekregen met dezelfde lengte; die lengte noemen ze een Amsterdamse voet.

Dorian en Stef werken samen. Stef pakt zijn strook en begint de lengte van zijn tafeltje af te passen.
Dorian: 'Eén, twee, drie, vier en nog wat.'
Stef: 'Het gaat dus niet verder.'
Dorian: 'Het is tussen vier en vijf voet. Volgens mij kunnen we ook zeggen vier-en-een-halve voet.'
Meester Hans heeft bij aanvang van de les verteld dat ze ook stroken mogen vouwen en indelen zoals ze zelf willen. Dorian vouwt zijn strook in tweeën.
Dorian: 'Nu past het nog niet precies.'
Stef: 'Laten we meer stukjes maken.'
Stef begint willekeurig zijn strook in delen te vouwen, maar doet dit niet systematisch.
Dorian: 'Dat mag denk ik niet, Stef. Volgens mij moeten de stukjes gelijk zijn.'

De Amsterdamse voet Les 4

1 Met de hele klas Meet met de Amsterdamse voet.

Wat meet je?	Hoe lang is het?
je tafeltje (lengte)	
je tafeltje (breedte)	
je pen/potlood	
je rekenboek	

AFBEELDING 6.1 Meten met een Amsterdamse voet

Strook

Dorian geeft een reactie op het indelen van de strook door Stef. Hij heeft kennelijk al enig idee dat de strook in gelijke stukken moet worden verdeeld om iets te kunnen zeggen over het meetresultaat. Dit is natuurlijk nog maar een start. Een strook die is ingedeeld in vieren, kan één vierde, twee vierde of drie vierde van de strook als meetresultaat geven. Van een willekeurige, niet systematisch ingedeelde strook kun je niet drie stukjes afpassen. Dat zou niet nauwkeurig zijn.

Meetnauwkeurigheid

Het vouwen is voor Dorian en Stef een goede manier om te onderzoeken welke verdeling het best past om het laatste stukje van de tafel te meten.

Dorian vouwt de strook doormidden, dan nog een keer, en daarna nog een keer. Zo ontstaan er acht stukjes. De tafel blijkt een lengte te hebben van vier stroken en zes stukjes van een strook die in achten is verdeeld.
Tijdens de nabespreking onder leiding van meester Hans worden verschillende oplossingen naar voren gebracht. Ook de meting van Dorian en Stef komt op het bord te staan: 'vier voet en zes stukjes.'
Marit steekt haar vinger op: 'Je weet niet wat die zes stukjes zijn.'

Dorian: 'Het is deze strook.' Hij laat nu zijn strook zien, die in acht stukken is gevouwen.
Meester: 'We mogen zeggen: zes stukken van de achtstrook.'
Hij schrijft het meetresultaat op het bord: 'De lengte van een tafeltje: vier hele stroken en zes stukjes van de achtstrook.'
Dorian: 'Hé, ik zie nu... volgens mij kan dat ook met vier stukjes in de strook.'
Meester: 'Wat bedoel je precies, Dorian?'
Dorian: 'Nou, we hadden de strook eerst in vieren gevouwen. Daar had het dus ook mee gekund.'
Meester: 'Wie weet hoe we dan het antwoord zeggen?'
Stef kijkt naar de strook die in acht stukken is gevouwen. Bij $\frac{6}{8}$ hebben ze een rode streep getrokken. Maar Dorian is Stef te snel af. Hij wijst op de strook aan waar de vouwen zich bevinden van een strook die in vieren is verdeeld en telt dan: één, twee, drie stukken van een vierde.

I Wat leren kinderen van deze nabespreking van de meetopdracht?

?

Marit kaart met haar opmerking 'Je weet niet wat die zes stukjes zijn' een essentieel punt aan, waar leerkracht Hans dankbaar op ingaat. Het antwoord 'zes stukjes' is niet voldoende, immers: je weet dan niet over welk deel van het geheel het gaat. Bij Dorian en Stef gaat het om zes stukjes van de acht.

Deel-geheel-relatie

Het is belangrijk dat kinderen genoeg tijd krijgen om in hun eigen taal te vertellen om welk deel het gaat. Iedereen moet kunnen begrijpen om welk deel, om welke 'breuk' het gaat. De leerkracht ondersteunt de kinderen door de antwoorden te vereenvoudigen, aan te vullen of duidelijk te herhalen. Bij het meetvoorbeeld van Dorian en Stef komt op het eind opeens de gelijkwaardigheid van breuken naar voren. Ineens ziet Dorian door de vouwen in de strook dat $\frac{6}{8}$ hetzelfde is als $\frac{3}{4}$.

Gelijkwaardigheid

Ook die gelijkwaardigheid wordt nog steeds op een informele manier benaderd en beschreven. Het is echter wel een belangrijke eerste aanzet om breuken die ongelijknamig zijn te kunnen vergelijken. Juist die informele aanpak maakt dat leerlingen onder begeleiding van de leerkracht dit soort

Informeel

Ongelijknamig

Gelijknamig

'ontdekkingen' kunnen doen. In een later stadium van de ontwikkeling helpt dit inzicht kinderen te begrijpen dat je breuken gelijknamig moet maken om ze te kunnen optellen of aftrekken.

Groep 6 is bezig met een opdracht die ze van juf Elise hebben gekregen. Juf is gestart met de volgende introductie: 'De "club van vijf" bestaat uit vijf jongens uit groep 6 die graag skaten op de baan in de buurt van de school. Een van hen koopt een pakje van drie chocoladerepen. Die gaan ze op de baan verdelen.'
Ze maakt er de bordtekening bij die je ziet in afbeelding 6.2.

AFBEELDING 6.2 Drie chocoladerepen verdelen met z'n vijven

Juf Elise: 'Hoe denk je dat ze de drie repen gaan verdelen? Werk dit eventueel samen uit en maak er in ieder geval een tekening bij.'
De kinderen gaan op kladpapier aan de slag. Juf Elise loopt rond en ziet een mooie oplossing bij Geertje. Tijdens de nabespreking vraagt ze aan Geertje de oplossing op het bord te tekenen (zie afbeelding 6.3).

Juf Elise: 'Geertje, kun je de anderen vertellen hoe je gedacht hebt bij deze verdeling?'
Geertje: 'Ik heb eerst twee repen gewoon door de midden gedaan. Daarna bij de derde reep eerst een halve getekend. Nu hebben alle jongens alvast een halve reep. Daarna heb ik de rest in vijf kleine stukjes verdeeld en krijgt iedereen nog een vijfde.'
Juf Elise: 'Dus elke jongen van de club krijgt van jou een halve en een vijfde reep?'
Geertje: 'Ja.'
Juf Elise richt zich tot de klas: 'Zijn jullie het met Geertje eens?'
Rob: 'Volgens mij klopt het niet, ik heb heel wat anders. Ik heb drie vijfde reep als antwoord.
Als Geertje al een vijfde deel heeft en nog een halve erbij, dan is het niet hetzelfde als bij mij.'
Juf Elise: 'Waarom niet?'
Rob: 'Als ik een vijfde van drie vijfde afhaal, blijft er twee vijfde over, en dat is niet hetzelfde als een half.'
Juf Elise schrijft nu de twee antwoorden naast elkaar op het bord: '$\frac{1}{2}$ reep + $\frac{1}{5}$ reep' en '$\frac{3}{5}$ reep'.
Juf Elise: 'Willen jullie eens onderzoeken hoe dit kan?'

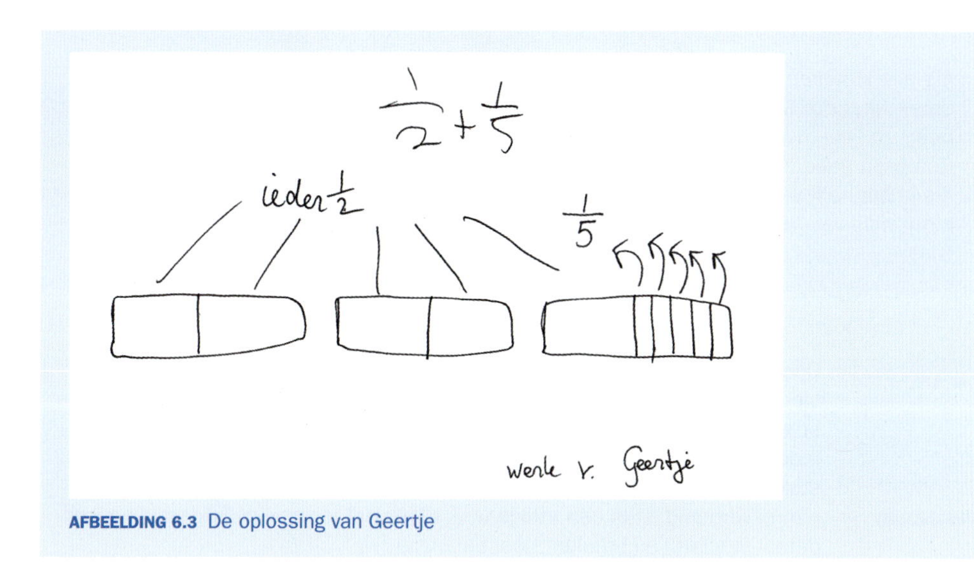

AFBEELDING 6.3 De oplossing van Geertje

Wie heeft volgens jou de goede oplossing: Geertje of Rob? Wat is het probleem? Wat zou jij vervolgens doen als je juf Elise was?

Drie repen verdelen met vijf kinderen kan op verschillende manieren. Geertje komt met een goede tekening op het bord, maar bij de benoeming van het antwoord in breuken gaat het mis. Ze kiest ervoor om alvast grote delen weg te geven en daarna de rest in kleine stukjes op te delen. Ze noemt zo'n klein stukje vervolgens 'een vijfde'. Maar is dat wel juist?

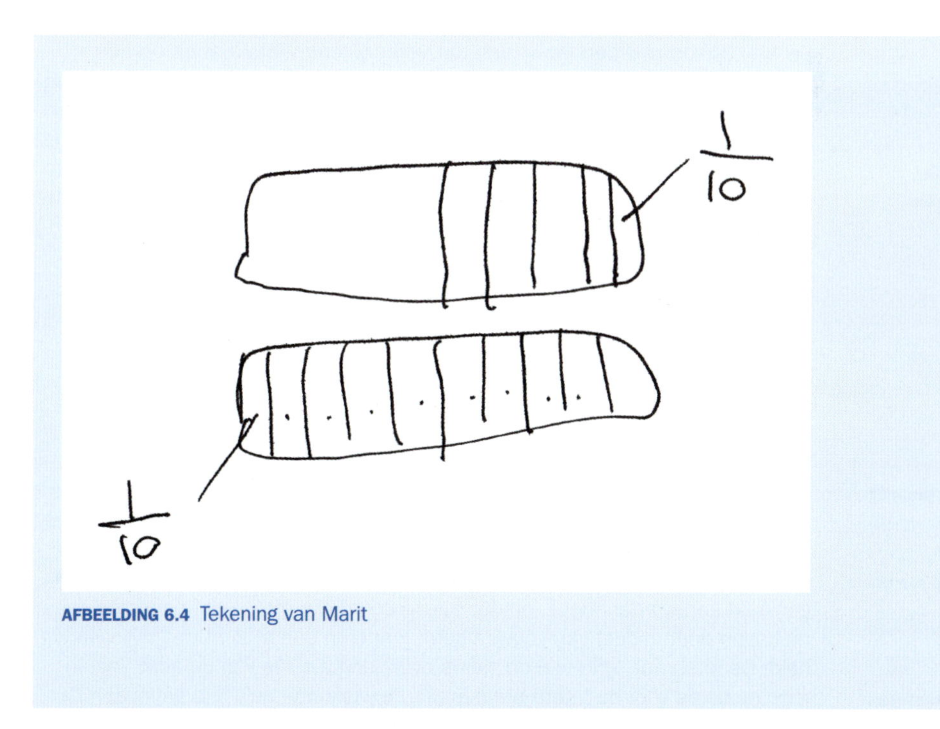

AFBEELDING 6.4 Tekening van Marit

Als alle kinderen even hierover hebben kunnen praten, pakt juf Elise het klassengesprek weer op: 'Wie weet wat er aan de hand is met deze twee oplossingen?' Ze probeert zo veel mogelijk kinderen te betrekken in de discussie.
Rob blijkt goed te kunnen verwoorden hoe het zit: 'Dat met die een vijfde is niet goed. Als je die helft verdeelt in vijf stukken, dan zijn het eigenlijk tienden.'
Marit mag van juf Elise in een tekening laten zien wat Rob bedoelt (zie afbeelding 6.4).

Door een halve reep te verdelen in stukken ontstaat voor Geertje een probleem. Eén zo'n stukje kan benoemd worden als breuk, maar die heeft wel betrekking op het geheel. Vooral in zo'n geval is dat voor kinderen vaak moeilijk te begrijpen, omdat die halve eigenlijk al is weggegeven. De vijf stukjes van de halve reep zijn eigenlijk vijf stukjes van een reep die in tienen is verdeeld. Dus één stukje is $\frac{1}{10}$ reep. Het leren verwoorden in wiskundetaal is vooral bij breuken heel belangrijk.

Wiskundetaal

6.1.2 Kerninzicht breuken in verdeel- en meetsituaties

Deze paragraaf geeft een korte samenvatting van het kerninzicht dat hiervoor in de praktijksituaties naar voren is gekomen.

Kinderen verwerven het inzicht dat breuken ontstaan uit verdeelsituaties en meetsituaties.

De praktijkvoorbeelden laten zien dat verdeel- en meetsituaties op een haast vanzelfsprekende manier leiden tot het beschrijven en benoemen van breuken. Immers, als de hele strook niet precies past, moet je wel met delen van die maat aan de slag. Vooral door het voortgezet, verfijnd meten met stroken merken kinderen hoe breuken ontstaan. De manier waarop zo'n proces van verfijning verloopt, wordt mooi zichtbaar in de antwoorden die kinderen achtereenvolgens geven in het praktijkvoorbeeld van het lengtemeten:

Stroken
Breuken

- het lokaal is ongeveer vier stroken lang
- iets minder dan vijf stroken
- vier stroken en ongeveer nog een halve strook erbij
- vier stroken en zes stukjes van een strook die in achten is verdeeld
- vier stroken en zes achtste strook

Gelijkwaardigheid van breuken

Het zoeken naar handige verdelingen met stroken kan leiden tot het ontdekken van gelijkwaardigheid van breuken. Dorian komt erachter dat zes stukjes van de achtstrook even lang zijn als drie stukjes van de vierstrook (zie afbeelding 6.5). Hij ziet dit aan de vouwen. Die ervaring geeft kinderen een eerste notie van gelijknamigheid van breuken; later leren kinderen dat $\frac{3}{4}$ gelijknamig gemaakt kan worden met $\frac{6}{8}$, omdat $\frac{3}{4}$ gelijkwaardig is met $\frac{6}{8}$. Het onderzoek naar metingen door middel van vouwen geeft kinderen dus al zicht op gelijkwaardigheid. De uitspraak 'drie van de vier is even lang als zes van de acht' legt in feite de basis voor de latere breukenzin, de wiskundetaal: '$\frac{3}{4}$ is gelijk aan $\frac{6}{8}$'.

Gelijkwaardigheid
Gelijknamigheid
Wiskundetaal

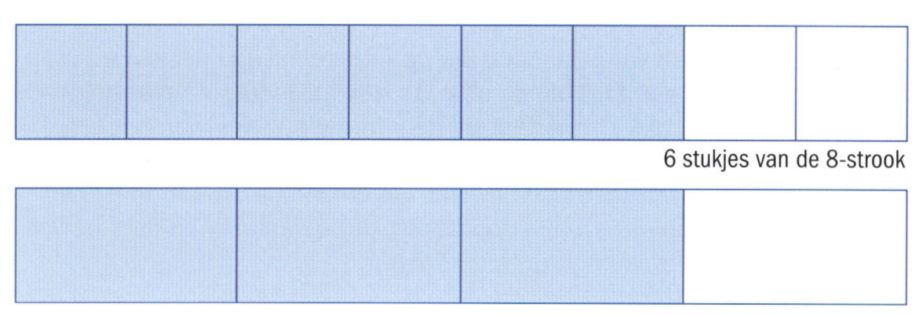

AFBEELDING 6.5 Stroken vouwen

Gaandeweg zal het accent van de wiskundige activiteit steeds meer verschuiven van het handelen (vouwen) naar het denken en redeneren hierover. Het is immers niet de bedoeling dat kinderen blijven afpassen en meten om de gelijkwaardigheid van breuken te ontdekken. Het gaat erom dat zij leren beredeneren waarom bijvoorbeeld $\frac{6}{8}$ hetzelfde is als $\frac{3}{4}$; ze moeten niet blijven hangen in het constateren dat de stukken even lang zijn. Een strook die in vieren is verdeeld, kan ook door halveren in achten worden verdeeld. Een stukje van $\frac{1}{4}$ wordt dan twee stukjes van $\frac{1}{8}$. Dus $\frac{1}{4}$ is hetzelfde als $\frac{2}{8}$ en dan is $\frac{3}{4}$ hetzelfde als $\frac{6}{8}$.

Wiskundige activiteit
Redeneren
Afpassen

Kinderen ontwikkelen op deze wijze een relatienetwerk van breuken. Eigen producties, het zelf bedenken van meetsituaties voor het meten en redeneren, werken stimulerend voor het uitbreiden van dat netwerk.

Relatienetwerk
Eigen producties

Niet alleen het meten met stroken, ook situaties die aanleiding geven tot eerlijk verdelen lenen zich goed voor het ontwikkelen van het inzicht in het ontstaan van breuken. Vooral het verdelen van meer dan één object geeft veel mogelijkheden. De volgende opgave is een veelgebruikte context in reken-wiskundemethoden.

Verdelen
Inzicht
Context

Opgave: verdeel drie pizza's eerlijk met z'n vieren. Wat krijgt ieder? Vertel hoe je de pizza's verdeelt.
In elke groep waar deze opgave wordt gemaakt, komen vrijwel altijd de volgende oplossingen van leerlingen voor.

- Ieder krijgt $\frac{1}{4} + \frac{1}{4} + \frac{1}{4}$ pizza.
- Ieder krijgt $\frac{1}{2}$ en $\frac{1}{4}$ pizza.
- Ieder krijgt een hele min $\frac{1}{4}$ pizza.
- Ieder krijgt $\frac{3}{4}$ pizza.

Welke verschillen in aanpak zie je tussen de vier oplossingen? Waarom zal een leerling met deze verdeling van drie pizza's waarschijnlijk minder problemen hebben dan met de verdeling van drie repen met z'n vijven?

Blijkbaar roept de vraag bij kinderen verschillende ideeën over het verdelen op, afhankelijk van de manier waarop zij denken, tekenen, redeneren, reke-

Redeneren

Formeel niveau
Informele kennis
Concreet niveau

nen, of een combinatie van die aanpakken. Zo lijkt de laatste oplossing een aanpak weer te geven van leerlingen die op formeel niveau denken en eigenlijk al weten dat het gaat om de som $3 : 4 = \frac{3}{4}$. De eerste oplossing, 'ieder krijgt $\frac{1}{4} + \frac{1}{4} + \frac{1}{4}$ pizza', ontstaat uit de informele kennis van het concreet in vieren delen van pizza's of ander eten. In werkelijkheid wordt er juist vaak één pizza of taart (tegelijk) verdeeld. De ervaring leert dat de leerlingen die de opgave op deze manier oplossen, dat meestal doen door de verdeling ook werkelijk te vouwen of te tekenen.

Uitleggen
Relatienetwerk
Wiskundetaal
Gelijkwaardigheid
Teller
Noemer

De gezamenlijke nabespreking van de oplossingen levert veel op. Door ze aan elkaar te laten uitleggen, leren kinderen hoe breuken zijn ontstaan en hoe ze worden benoemd. Ook wordt hun relatienetwerk uitgebreid; ze kunnen hier bijvoorbeeld ontdekken dat $\frac{3}{4} = \frac{1}{4} + \frac{1}{4} + \frac{1}{4} = \frac{1}{2} + \frac{1}{4}$.
Die activiteiten geven bovendien aanleiding tot het gebruiken van de bijbehorende wiskundetaal en het beredeneren van gelijkwaardigheid.
Gaandeweg is het optellen en aftrekken van breuken binnen een context voor de meeste leerlingen niet heel moeilijk meer. Om er bijvoorbeeld achter te komen hoeveel een derde en een vierde (van een hele) samen is, moet je zoeken naar de verdeling van de hele strook, die zowel in drieën als in vieren te verdelen is. De eerste die daarvoor in aanmerking komt, is hier de verdeling van de hele in twaalf gelijke stukjes, de twaalfstrook. Dit zorgt ervoor dat er in de tellers en noemers met hele getallen kan worden gerekend. De gelijkwaardigheid van een derde en $\frac{4}{12}$ (vier stukjes van $\frac{1}{12}$), en ook van een vierde en $\frac{3}{12}$, leidt tot zeven stukjes van $\frac{1}{12}$.

Verschijningsvorm
Meetgetal
Deel-geheelverhouding

In deze paragraaf kwamen breuken naar voren in de volgende betekenis ofwel verschijningsvorm:

- een meetgetal – het tafeltje heeft een lengte van vier stroken en nog zes stukjes van de 'achtstrook' ($\frac{6}{8}$)
- de uitkomst van een 'eerlijke' verdeling – drie repen verdelen met z'n vijven, ieder $\frac{3}{5}$ deel
- deel-geheelverhouding – het deel van de reep dat ieder krijgt, is een deel van dezelfde hele

Waaraan herken je het kerninzicht 'breuken in verdeelsituaties en meetsituaties' bij leerlingen?
Uit welke kennis of handelingen van een leerling kun je als leerkracht opmaken dat een leerling het inzicht toont dat breuken ontstaan uit verdeelsituaties en meetsituaties? Dat inzicht kan sterk verschillen in niveau en kun je vaststellen als een leerling:

- een notie heeft van de relativiteit van breuken en bijvoorbeeld kan verwoorden dat een kwart van een grote eenheid (grote reep, pizza, aantal kinderen in een grote groep) meer kan zijn dan de helft van een kleinere eenheid
- de lengte van een voorwerp kan meten met een strook papier tot en met achtsten van de hele strook nauwkeurig
- één of meer objecten eerlijk kan verdelen in twee, vier of acht delen, en de delen kan tekenen of beschrijven en benoemen met een ondermaat (drie pizza's voor vier kinderen, ieder drie vierde pizza)
- de gelijkwaardigheid van breuken herkent, bijvoorbeeld dat twee stukjes van de in zessen verdeelde reep evenveel is als één stukje van de in drieën verdeelde reep
- eenvoudige relaties tussen breuken herkent en kan verwoorden door te redeneren vanuit verdeel- of meetsituaties ('In een halve zitten twee kwarten', 'Drie kwart pizza is eigenlijk een halve pizza plus een kwart pizza samen.')

Relatief
Eenheid
Meetnauwkeurigheid
Benoemde breuk
Gelijkwaardigheid
Redeneren

VRAGEN EN OPDRACHTEN

6.1 Observeer en analyseer de videoclips die je bij deze vraag op de website vindt. Welke inzichten herken je bij de leerlingen? Waaraan zie je dat? Wat is de rol van de leerkracht daarbij?

6.2 Het inzicht dat je een 'stukje strook' van $\frac{1}{12}$ kunt vinden door de hele strook eerst in drieën en daarna in vieren te delen, hebben leerlingen nodig om te kunnen beredeneren dat $\frac{1}{3} = \frac{4}{12}$. Hoe zullen kinderen binnen deze meetcontext vouwen en redeneren die de opgave 'hoeveel is $\frac{1}{4}$ strook en $\frac{2}{3}$ strook samen' moeten oplossen?

6.3 Van het meten met een twaalfstrook tot het maken van de opgave: 'Hoe lang is $\frac{1}{3}$ strook en $\frac{1}{4}$ strook samen?' is voor leerlingen een flinke sprong in de ontwikkeling van inzicht in breuken. Beschrijf ten minste twee activiteiten die volgens jou in de tussenliggende tijd aan de orde zouden moeten komen. Denk aan de inzichten in eerlijk verdelen, gelijkwaardigheid en gelijknamigheid.

6.2 Een breuk als een verhouding van twee getallen

De praktijkvoorbeelden uit de vorige paragraaf lieten zien dat breuken voortkomen uit deel- en meetsituaties. De getallen – dat wil zeggen de breuken – die dergelijke situaties beschrijven, zijn in feite verhoudingsgetallen. Deze paragraaf gaat in op het verwerven van het inzicht dat breuken kunnen worden beschouwd als een verhouding van twee getallen.

Inzicht
Verhouding

6.2.1 Praktijk

Lesvoorbeelden uit groep 6 en groep 8 laten de breuk zien als verhouding.

6

In groep 6 zijn de leerlingen bezig met het vergelijken van breuken. Al eerder hebben ze met stroken gemeten en 'repen' eerlijk verdeeld.
Meester Ronald heeft een 'kop-van-jut' op het bord getekend, een voor de kinderen bekende kermisattractie (zie de afbeeldingen 6.6 en 6.7). De opgave voor de kinderen is: 'Appie slaat tot $\frac{4}{8}$. Jeroen slaat tot $\frac{2}{4}$. Wie slaat er hoger?'
Amanda mag voor het bord komen en vertelt haar oplossing: 'Niemand slaat hoger.'
Meester: 'Niemand?'
Amanda: 'Nee, want ze slaan allebei tot de helft' (zie afbeelding 6.6).
Amanda laat zien hoe zij dat heeft getekend. Ze heeft de rail van de kop-van-jut eerst in vieren verdeeld, en daarna elk stukje doormidden.
Amanda: 'Kijk, 2 van de 4 is even hoog als 4 van de 8.'
Ze wijst in de tekening op het bord aan hoe beide verdelingen op het midden uitkomen.

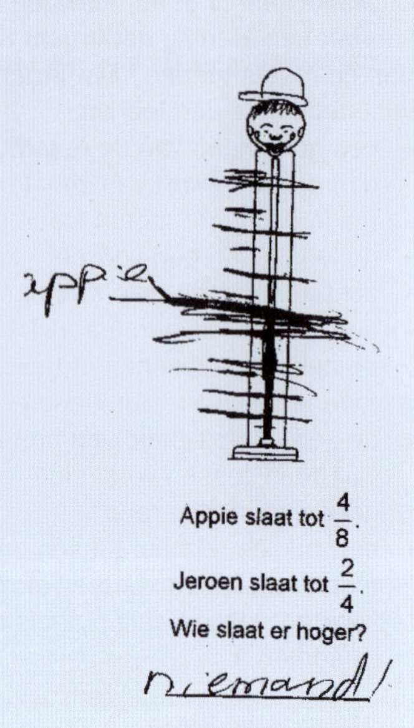

AFBEELDING 6.6 De uitwerking van 'Appie en Jeroen' in het schrift van Amanda

I Welk inzicht toont Amanda met dat aanwijzen in de tekening?

Gelijkwaardig
Strook

De kop-van-jut leent zich goed voor het verkennen van gelijkwaardige breuken, zoals $\frac{2}{4}$ en $\frac{4}{8}$. Met het indelen van de strook – de 'rail' – vertaalt Amanda de breuk als meetgetal naar de breuk als deel van een geheel. De breuken $\frac{2}{4}$ en $\frac{4}{8}$ manifesteren zich dan als verhoudingsgetallen, 2 : 4 en 4 : 8, die gelijkwaardig zijn, namelijk 2 op de 4 en 4 op de 8. Amanda's redenering vormt de basis voor het latere gelijknamig maken.

Verhoudingsgetallen
Gelijknamig
Vermenigvuldiger
Operator

Kevin gebruikt de breuk als vermenigvuldiger, ook wel de breuk als operator genoemd. Hij doet $\frac{2}{3} \times 60$, omdat hij weet dat $\frac{2}{3}$ keer 60 hetzelfde is als twee derde deel nemen, en $\frac{5}{6}$ keer 60 hetzelfde is als vijf zesde deel nemen.

De volgende opgave gaat over de wedstrijd tussen Ali en Jasmina. Ali slaat tot $\frac{2}{3}$ en Jasmina tot $\frac{5}{6}$. Verder is nog gegeven dat je maximaal zestig punten kunt halen.
Kevin mag zijn oplossing vertellen. Hij heeft niets getekend (afbeelding 6.7), maar kan zijn aanpak vlot verwoorden.
Kevin: 'Ik doe eerst $\frac{1}{3}$ keer 60, dat is 20; dan is $\frac{2}{3}$ keer 60 het dubbele van 20, dus 40 punten.
Bij $\frac{5}{6}$ keer 60 doe ik ook eerst $\frac{1}{6}$ keer 60, dat is 10; $\frac{5}{6}$ keer 60 is dan 50 punten. Jasmina slaat dus harder dan Ali.'

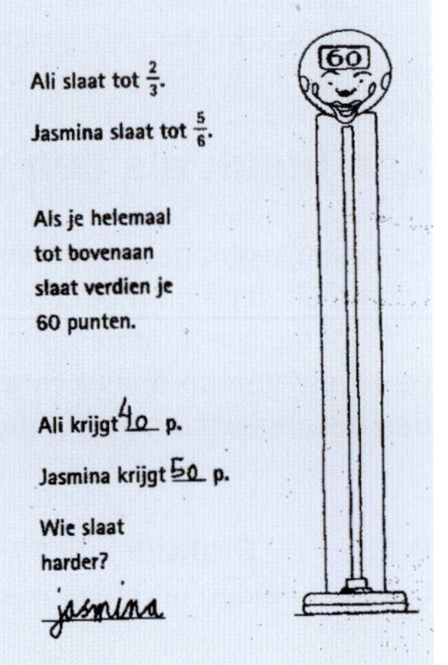

AFBEELDING 6.7 Vergelijken door de breuk als vermenigvuldiger te gebruiken

Het aantal van 60 punten fungeert als een bemiddelende grootheid, die de leerlingen helpt de deel-geheelrelatie te bepalen en daarmee in feite de gelijkwaardige verhoudingen 2 staat tot 3 en 40 staat tot 60, evenals $\frac{5}{6}$ en $\frac{50}{60}$. Twee derde deel nemen van het gehele getal 60 en de uitkomst 40 daarvan vergelijken met $\frac{5}{6}$ deel van 60 is voor veel leerlingen in eerste instantie gemakkelijker dan de 'kale breuken' $\frac{2}{3}$ en $\frac{5}{6}$ vergelijken. Sommige leerlingen hebben de rail of strook nog nodig om die verhoudingen concreet voor zich te zien; bij $\frac{2}{3}$ van 60 wordt de strook verdeeld in drie gelijke stukken, elk deel is 20 punten waard, twee stukken zijn 40 waard. Anderen, zoals Kevin, zijn in staat formeel te redeneren: $\frac{2}{3} \times 60 = 2 \times \frac{1}{3}$ deel van $60 = 2 \times 20 = 40$.

Bemiddelende grootheid

Deel-geheelrelatie

Concreet niveau

Juf Dianne is het gesprek in groep 8 van start gegaan met het volgende probleem: 'In groep 7 van een school hebben 16 van de 24 kinderen zwemdiploma C, in groep 8 zijn er dat 15 van de 20. In welke van de beide groepen zitten naar verhouding de meeste kinderen met zwemdiploma C?'
De eerste reactie komt van enkele kinderen die vinden dat het een gemakkelijke vraag is: 16 is immers meer dan 15. Juf gaat er kort op in en gebruikt daarbij de begrippen absoluut en relatief.
Het overgrote deel van de leerlingen heeft de opdracht wel opgevat in de relatieve, verhoudingsgewijze betekenis. Zo ook Liza.
Juf: 'Vertel maar hoe je het hebt aangepakt, Liza.'
Liza: '16 op de 24 is eigenlijk hetzelfde als 2 op de 3, en 15 op de 20 is hetzelfde als 3 op de 4. En 3 op de 4 is meer dan 2 op de 3.'
Juf: 'Waarom is 3 op de 4 meer, Liza?'
Liza: 'Ik denk aan breuken, want $\frac{3}{4}$ is groter dan $\frac{2}{3}$.'

Welke vaardigheden en inzichten bezit Liza om de vraag op deze manier te kunnen beantwoorden? Welke andere oplossingen verwacht je van de kinderen in deze groep?

Deel-geheelrelaties

De redeneringen van Liza laten de verwantschap zien van de deel-geheelrelaties 16 van de 24 en 15 van de 20 met de breuken $\frac{2}{3}$ en $\frac{3}{4}$ en de verhoudingen 16 : 24 en 15 : 20. Liza maakt handig gebruik van die verwantschap door de deel-geheelrelaties te vertalen naar gelijkwaardige verhoudingen. Eerst door $\frac{16}{24}$ te vereenvoudigen naar $\frac{2}{3}$ en $\frac{15}{20}$ naar $\frac{3}{4}$, en dan door haar kennis te gebruiken dat $\frac{3}{4}$ groter is dan $\frac{2}{3}$.

Verhoudingen

In al dat denkwerk van Liza speelt op de achtergrond haar inzicht in het werken met breuken als verhoudingsgetallen, namelijk het vertalen van deel-geheelrelaties in gelijkwaardige verhoudingen. Liza's eindconclusie duidt erop dat ze weet wat ze doet en betekenis kan geven aan de uitkomsten die ze vindt.

Gelijkwaardig

Er blijken meer kinderen te zijn in deze groep die een oplossing met breuken hebben. Anderen pakken het probleem aan met een verhoudingstabel, onder andere door de beide verhoudingen 16 : 24 en 15 : 20 om te rekenen naar de daarmee gelijkwaardige verhoudingen 80 : 120 respectievelijk 90 : 120. Ook zijn er kinderen die beide verhoudingen via een verhoudingstabel 'op de honderd stellen' en zo uitkomen op de percentages $66\frac{2}{3}$% en 75% (zie ook hoofdstuk 8).

Verhoudingstabel

6.2.2 Kerninzicht breuk als verhouding

Deze paragraaf geeft een korte samenvatting van het kerninzicht dat hiervoor in de praktijksituaties naar voren is gekomen.

> Kinderen verwerven het inzicht dat breuken een verhouding van twee getallen weergeven.

Inzicht **Meetgetal** **Verdelen** **Maat** **Deel-geheelrelatie** **Verhoudingsgetal** **Formeel**

In paragraaf 6.1 stond centraal het inzicht rond het ontstaan van breuken uit verdeelsituaties en meetsituaties; breuken kwamen daar vooral tot uitdrukking als meetgetal. De breuk $\frac{3}{4}$ wordt in die zin beschouwd als 'drie stukjes van $\frac{1}{4}$', met de breuk $\frac{1}{4}$ als maat. Ook in situaties waarin eerlijk wordt verdeeld en ieder bijvoorbeeld $\frac{3}{4}$ krijgt, is de breuk $\frac{1}{4}$ in feite een maat.
In deze paragraaf 6.2 worden breuken als verhoudingen gepresenteerd. Zo geeft de breuk $\frac{3}{4}$ de verhouding '3 staat tot 4' weer, de relatie tussen deel en geheel.
Het herkennen van breuken als verhoudingsgetallen vraagt van kinderen een tamelijk hoog niveau van denken en redeneren. Het heeft ermee te maken dat de breuk in zo'n geval vaak als formeel, 'kaal' getal voorkomt, en niet direct betekenis heeft vanuit een meet- of verdeelsituatie. Het volgende voorbeeld illustreert dat.

> Uit een NIPO-onderzoek naar het leesgedrag van leerlingen uit de groepen 7 en 8 blijkt dat ruim drie kwart van de ongeveer 300.000 kinderen ten minste één keer per week thuis leest. Hoeveel kinderen zijn dat?

Bij deze opgave is de moeilijkheid dat er twee verhoudingen spelen, namelijk die tussen 3, 4 en 1 en de verhouding tussen het gevraagde aantal 225.000 en het gegeven totaal 300.000. Bij het zoeken naar het gevraagde getal maak je in feite gebruik van de gelijkheid van die verhoudingen, dat wil zeggen van: ? : 300.000 = $\frac{3}{4}$: 1 = 3 : 4.

Het strookmodel kan die gelijkheid van verhoudingen, ook wel evenredigheid genoemd, goed weergeven (zie afbeelding 6.8). Dat geldt ook voor de dubbele getallenlijn, al krijgen de verhoudingen daar een minder duidelijke betekenis. Bij de strook staat elk getal namelijk voor een concrete maat; bij de dubbele getallenlijn zijn de getallen in feite punten op de getallenlijn. In beide gevallen laat het model de relatieve getallen zien (de 'hele' 1 en de breuk $\frac{3}{4}$) en de absolute getallen (het totaal van 300.000 en het gevraagde deel van 225.000). Op een hoger, formeler niveau wordt het gevraagde getal gevonden door de breuk $\frac{3}{4}$ te gebruiken als vermenigvuldiger of operator ($\frac{3}{4} \times 300.000 = 3 \times \frac{1}{4} \times 300.000$).

Strookmodel
Evenredigheid
Dubbele getallenlijn
Relatief en absoluut
Operator

6

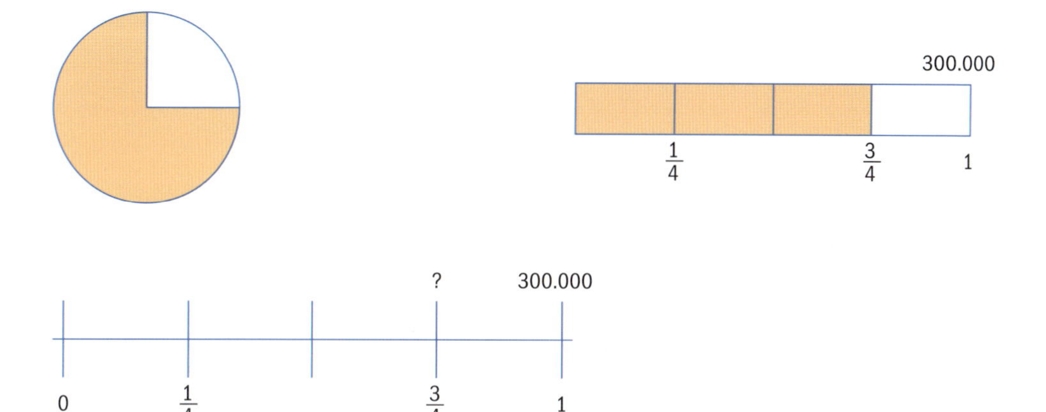

AFBEELDING 6.8 Cirkel, strook en dubbele getallenlijn

Welke ervaring heb jij met de cirkel als model voor het werken met breuken? Wat zijn volgens jou de voor- en nadelen van dat model?

Het cirkelmodel

Het cirkelmodel is van oudsher een van de bekendste modellen om breuken weer te geven. In afbeelding 6.8 valt de breuk drie kwart onmiddellijk in het oog. Niet voor niets vindt het model gretig aftrek bij het weergeven van uitslagen van enquêtes, verkiezingen en andere verdelingen van grote aantallen gegevens. De cirkel voldoet uitstekend als grafisch model; hij geeft in één oogopslag de gegevensverdeling weer. In het geval van de opgave over het leesgedrag van leerlingen voldoet de cirkel echter niet als denkmodel. Het is moeilijk grofweg een deel van een geheel te schetsen, zoals bij het redeneren aan de hand van het strookmodel. Het deel moet precies getekend worden in de cirkel, anders geeft het verwarring. Dubbele verhoudingen weergeven in de cirkel is al helemaal lastig. Voor breuken groter dan 1 zijn bovendien meerdere cirkels nodig, waardoor het zoeken naar de gelijkwaardige verhoudingen en breuken niet meer ondersteund kan worden. Op de dubbele getallenlijn kunnen breuken groter dan 1 goed in beeld gebracht worden.

Cirkelmodel
Grafisch model
Denkmodel
Dubbele getallenlijn

De schaal

Schaal
Verhoudingsgetallen

De schaal van een kaart is een ander voorbeeld van breuken als verhoudingsgetallen. Schaal 1 : 2000 betekent in feite namelijk dat elke afstand op de kaart $\frac{1}{2000}$ deel is van de afstand in werkelijkheid. Een verhoudingstabel kan dat inzicht ondersteunen (zie afbeelding 6.9).

4 Teken de schaallijn die bij elke schaal hoort

Maak elke schaallijn 5 cm lang.

a schaal 1 : 2 000
b schaal 1 : 20 000
c schaal 1 : 200 000

kaart	1	5
werkelijkheid	2000	..?..

d schaal 1 : 250
e schaal 1 : 25 000
f schaal 1 : 500 000

AFBEELDING 6.9 Schaal 1 : 2000 en de breuk $\frac{1}{2000}$

Generaliseren
Dubbele getallenlijn
Strook

Het wijzen op de gelijkwaardigheid van de omschrijving in breuken met die van de verhouding helpt leerlingen het schaalbegrip te generaliseren, bijvoorbeeld dat de betekenis van 1 : 2000 zich niet beperkt tot '1 cm op de kaart is 2000 cm in werkelijkheid'. Op een kaart wordt vaak een dubbele getallenlijn of strook gebruikt als model voor de schaalweergave (zie ook hoofdstuk 5).

Kans
Inzicht

Ook de weergave van de kansgrootte, een getal tussen 0 en 1, is een voorbeeld van de breuk als verhoudingsgetal. De kans om met een dobbelsteen een drie te gooien is één op zes, ofwel $\frac{1}{6}$.
Goede rekenaars kunnen ook het inzicht verwerven in de berekening van de kans om twee keer achter elkaar een drie te gooien, namelijk $\frac{1}{6}$ van $\frac{1}{6}$, dus $\frac{1}{6}$ deel van $\frac{1}{6}$, dat is $\frac{1}{6} \times \frac{1}{6} = \frac{1}{36}$. Door alle mogelijke uitkomsten van twee keer gooien in een tabel uit te zetten, zie je die verhouding 1 : 36 terug in de tabel, evenals de vermenigvuldiging $\frac{1}{6} \times \frac{1}{6}$ of $\frac{1}{6 \times 6}$ (zie afbeelding 6.10).

Zie paragraaf 6.3 voor meer informatie over het inzichtelijk vermenigvuldigen en delen van breuken.

eerste worp

tweede worp	1	2	3	4	5	6
1						
2						
3			(3,3)			
4						
5						
6						

AFBEELDING 6.10 Kanstabel

6

Waaraan herken je het kerninzicht breuk als verhouding bij leerlingen?
Uit welke kennis of handelingen van een leerling kun je als leerkracht opmaken dat een leerling het inzicht toont dat breuken een verhouding van twee getallen weergeven? Dat inzicht kan sterk verschillen in niveau en kun je vaststellen als een leerling:

- een breuk en een verhouding als gelijkwaardig herkent (12 op de 20 = 12 : 20 = 3 : 5 = $\frac{3}{5}$)
- een breuk en een percentage als gelijkwaardig herkent ($\frac{3}{5}$ deel van een bedrag = $\frac{60}{100}$ deel van dat bedrag = 60% van dat bedrag)
- het relatieve karakter van breuken kan verwoorden ($\frac{1}{3}$ deel van een kleine pizza is minder dan $\frac{1}{3}$ deel van een grote pizza)
- verhoudingen kan vergelijken door ze in breuken om te zetten (4 op de 5 is meer dan 3 op de 4, want $\frac{4}{5} > \frac{3}{4}$)
- een schaal herkent als breuk (schaal 1 : 200 als $\frac{1}{200}$), dus als generalisatie en relatief begrip (*alle* afstanden op de kaart zijn $\frac{1}{200}$ van de afstand in werkelijkheid)
- met een kansverhouding redeneert als met breuken (de kans om met een dobbelsteen een even aantal ogen te gooien is 3 op de 6, dus $\frac{3}{6} = \frac{1}{2}$)

Verhouding
Gelijkwaardig
Percentage
Relatief
Schaal
Relatief begrip
Kansverhouding

VRAGEN EN OPDRACHTEN

6.4 Observeer en analyseer de videoclips die je bij deze vraag op de website vindt. Welke inzichten herken je bij de leerlingen? Waaraan zie je dat? Wat is de rol van de leerkracht daarbij?

6.5 Hoe kan een leerling zich op basis van de verhouding '3 op de 8' realiseren dat de breuk $\frac{3}{8}$ kleiner is dan $\frac{1}{2}$?

6.6 Bij het leren kennen van breuken voor leerlingen van de basisschool worden zes verschijningsvormen onderscheiden: deel van een geheel, deel van een hoeveelheid, uitkomst van een eerlijke verdeling, een verhouding en een formeel rekengetal of rationaal getal. Ga na welke van die verschijningsvormen je herkent in de voorbeelden van paragraaf 6.2.

6.3 Leerlijn breuken

In deze paragraaf wordt globaal beschreven langs welke leerlijn de ontwikkeling van de kerninzichten voor breuken bij leerlingen verloopt.

6.3.1 De eerste inzichten in breuken

Verdelen

Informeel

Al op jonge leeftijd zijn kinderen in staat kleine hoeveelheden te verdelen: zes dropjes eerlijk verdelen met z'n tweeën; twaalf stiften opbergen in doosjes van vier, hoeveel doosjes nodig? Het zijn waardevolle ervaringen op weg naar inzicht in het ontstaan van breuken. Die informele kennis en ervaring zijn het begin voor het leren begrijpen en kunnen redeneren met breuken. Kleuters zijn onder leiding van de leerkracht heel goed in staat uit te zoeken welk stukje cake ieder krijgt als je bijvoorbeeld drie cakejes eerlijk moet verdelen met z'n vieren.

Juf: 'Er zijn drie cakejes, hoe kunnen we dit oplossen?'
Joosje: 'Elk cakeje in stukjes verdelen.'
Hadassa: 'Allemaal door de midden.'
Juf: 'Hoeveel stukken hebben we dan?'
Dat blijkt nog even moeilijk te beredeneren. Juf pakt er drie papieren cirkels bij en knipt er alvast één in twee helften.
Joosje: 'Ja, die andere twee ook zo en dan nog een keer allemaal doormidden, en dan heb je voor iedereen een stukje.'
Juf laat nu zien hoe dat eruitziet en de kinderen tellen mee (afbeelding 6.11). Ja, Joosje heeft gelijk: ieder krijgt van elk cakeje een stukje, dus drie stukjes. 'Eigenlijk krijg je er drie van de vier', zegt juf.

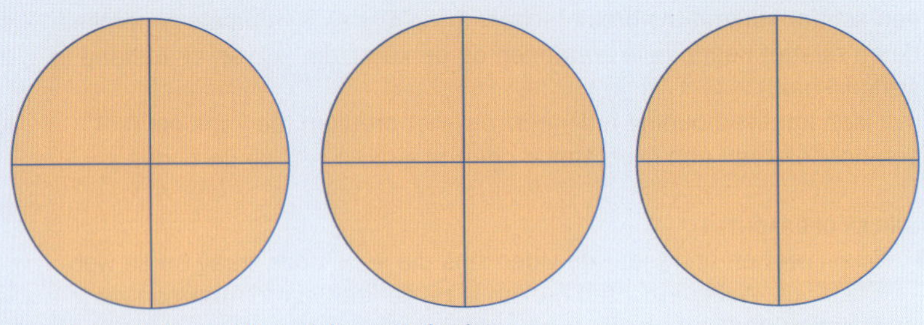

AFBEELDING 6.11 Drie cakejes eerlijk verdelen met z'n vieren

Benoemde breuk

Op een bepaald moment kunnen kinderen de benoemde breuk 'één van de vier stukjes cake' of 'een vierde cakeje' gebruiken. De taal die kinderen gebruiken bij het verdelen en het benoemen van de breuken laat een ontwikkeling zien in het gebruik van wiskundetaal. Aanvankelijk duiden ze breuken aan als stukje of als kwart. Gaandeweg ontstaat het inzicht dat je een object in vieren deelt en één van de ontstane stukjes neemt, 'één van de vier delen'. Vooral het meten met stroken geeft aanleiding tot het op die manier benoemen van delen van gehelen.

Wiskundetaal
Strook

> Waarom geeft vooral het meten met stroken aanleiding tot het benoemen van delen? Dat kan toch ook bij het eerlijk verdelen van bijvoorbeeld pizza's?

Zoals in subparagraaf 6.1.1 is beschreven, krijgen kinderen op een vanzelfsprekende manier inzicht in het ontstaan van breuken op momenten dat er geen hele strook meer kan worden afgepast op het te meten object.
Een benaming als zes stukjes van de achtstrook voor het resterende deel krijgt dan betekenis als een deel-geheelrelatie in de verhouding 6 : 8. Die interpretatie wordt de voorloper van de latere breuknotatie $\frac{6}{8}$.
Stroken lenen zich ook goed als model van een object in andere dan meetcontexten, zoals het eerlijk verdelen van chocoladerepen of dropslierten.

Inzicht
Strook
Betekenisvol
Model

Voor het visualiseren van de deel-geheelverhouding worden ook wel zogenoemde breukenstokken gebruikt (zie afbeelding 6.12). Het is ook een soort strookmodel, maar minder een denkmodel dan de strook als meetstrook. Die laatste kunnen leerlingen zelf tekenen of vouwen. Daarbij gaat het niet zozeer om precisie, maar veel meer om het ondersteunen van een redenering.

Visualiseren
Deel-geheel-verhouding
Denkmodel

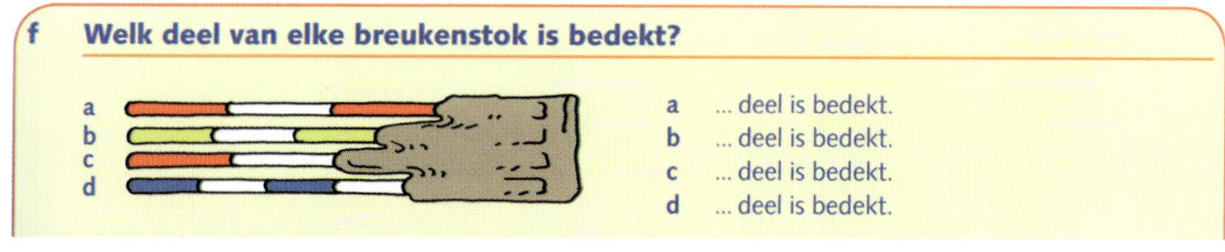

AFBEELDING 6.12 Deel-geheelverhouding met breukenstokken

6.3.2 Gelijkwaardigheid en gelijknamigheid

Gelijkwaardigheid **Gelijknamigheid** **Inzicht** **Strook** **Redeneren**

De weg van het meten en verdelen naar het beredeneren van gelijkwaardigheid en gelijknamigheid is nu voor de meeste leerlingen niet moeilijk meer. Vooral door zelf te ontdekken dat bijvoorbeeld één stukje van de driestrook even lang is als twee stukjes van de zesstrook, ontstaat inzicht in de gelijkwaardigheid van die beide delen van de hele strook (zie afbeelding 6.13). Maar dat niet alleen. Het ontdekken, redeneren en oefenen met stroken leidt ook naar:

Formeel

- de formele notatie van breuken: drie van de vier schrijf je als $\frac{3}{4}$
- het inzicht dat $\frac{3}{4}$ gelijk is aan $\frac{6}{8}$
- het inzicht dat een breuk ($\frac{1}{2}$) een deel-geheelrelatie is die een verhouding aangeeft (1 : 2), en waardoor de ordening van breuken duidelijk wordt, bijvoorbeeld met de verdeling van een strook, dat $\frac{1}{2}$ groter is dan $\frac{1}{3}$ (zie ook afbeelding 6.13)
- dat je breuken dezelfde naam (noemer) kunt geven, als je maar zorgt dat ze gelijkwaardig zijn, bijvoorbeeld $\frac{1}{2} = \frac{3}{6}$ en $\frac{1}{3} = \frac{2}{6}$

Gelijknamig

Dat laatste – het inzicht dat je breuken dezelfde naam kunt geven, anders gezegd gelijknamig kunt maken – is voor leerlingen een opstap naar het optellen en aftrekken van breuken. In het geval van $\frac{1}{2} + \frac{1}{3}$ zoek je dan bijvoorbeeld naar de ondermaat, de zesstrook (zie afbeelding 6.13); het is in feite de noemer 6, waarmee je $\frac{1}{2}$ en $\frac{1}{3}$ gelijknamig maakt.

Getallenlijn **Positioneren** **Ordenen**

In deze fase gaat de getallenlijn als model een steeds belangrijkere rol spelen. Dat model is om meerdere redenen geschikt om bij kinderen het inzicht in de ordening en gelijkwaardigheid van breuken te ontwikkelen. In de eerste plaats omdat de getallenlijn al bekend is bij de leerlingen als ondersteuning bij het positioneren en ordenen van hele getallen en het opereren met hele getallen.

Model voor **Model van**

De getallenlijn maakt ook de overgang naar het redeneren met breuken als getallen eenvoudiger, vooral omdat het een model voor het werken met breuken is, en minder een model van situaties met breuken weergeeft. Dat laatste geldt wel voor het strookmodel, bijvoorbeeld als model van een reepcontext.

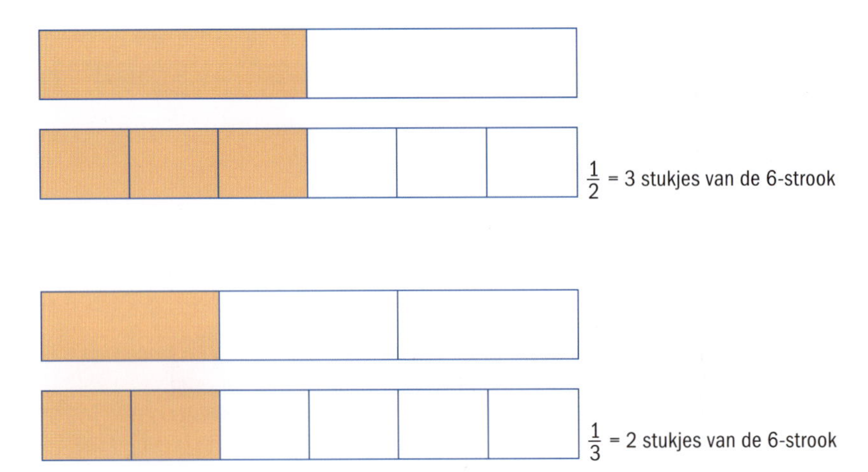

AFBEELDING 6.13 Optellen van $\frac{1}{2}$ en $\frac{1}{3}$

Ten slotte is er ook de dubbele getallenlijn. Beter dan de strook of het cirkelmodel (zie subparagraaf 6.2.2) maakt de dubbele getallenlijn het mogelijk de overgang te maken van het werken met benoemde breuken en bemiddelende grootheden als geld, gewicht of lengte naar formele, 'kale' breuken (zie afbeelding 6.8 en ook hoofdstuk 5, de afbeeldingen 5.8 en 5.14). Bij de ondersteuning door de getallenlijn komt het accent namelijk in vergelijking tot andere modellen gemakkelijker te liggen op het redeneren dan op het aflezen van het antwoord.

Dubbele getallenlijn
Cirkelmodel
Bemiddelende grootheid
Redeneren

Kinderen ontwikkelen gaandeweg een relatienetwerk van breuken. Niet alleen relaties tussen breuken onderling – $\frac{1}{5} = \frac{2}{10}$; $\frac{3}{4} = \frac{6}{8}$ – maar ook de relaties met kommagetallen, procenten en verhoudingen komen tot stand.
Dat is van groot belang, omdat juist daardoor inzicht ontstaat in gelijkwaardigheid van die getallen, nodig om er handig mee te kunnen omgaan. Dat stelt hen bijvoorbeeld op een gegeven moment in staat om 35% van €24 uit het hoofd uit te rekenen, door een kwart van €24 en $\frac{1}{10}$ van €24 bij elkaar op te tellen.

Relatienetwerk

Hoe is dat precies uitgerekend? Welke andere manieren ken je nog om 35% van €24 vlot te berekenen?

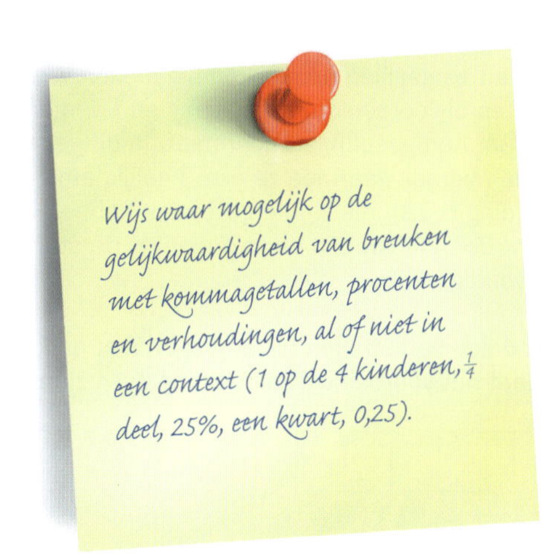

Aan het eind van deze fase moeten leerlingen:
- eenvoudige breuken kunnen interpreteren als resultaat van meten of verdelen; $\frac{3}{4}$ als drie van de vierstrook
- breuken – ook gemengde breuken (bijvoorbeeld $2\frac{3}{5}$) – kunnen benoemen, in eerste instantie als benoemde breuken, daarna als formele breuk, en ze kunnen noteren (teller, noemer, breukstreep)
- eenvoudige breuken kunnen vergelijken en ordenen, door te redeneren aan de hand van een context (geld, repen), met een model (getallenlijn) of formeel; $\frac{1}{4}$ van €24 is minder dan $\frac{1}{3}$ van €24
- eenvoudige breuken gelijknamig kunnen maken ($\frac{1}{3} = \frac{4}{12}$ en $\frac{3}{4} = \frac{9}{12}$), vereenvoudigen ($\frac{4}{12} = \frac{1}{3}$) en compliceren. Dat laatste is het omgekeerde van vereenvoudigen, bijvoorbeeld $\frac{1}{3} = \frac{4}{12}$, en gebeurt onder andere bij het gelijknamig maken.

Gemengde breuk
Context
Formeel
Gelijknamig
Vereenvoudigen en compliceren

6.3.3 Het opereren met breuken

Het rekenen met (formele) breuken komt in het dagelijks leven weinig voor. Het werken met breuken beperkt zich in de basisschool tot het inzichtelijk

redeneren en rekenen met eenvoudige breuken. Dat gebeurt op een zodanige manier dat leerlingen op verschillende niveaus bezig kunnen zijn.
Als leerkracht probeer je soepel in te spelen op het denken en redeneren van leerlingen door hen te ondersteunen:

Concreet niveau **Modelondersteund niveau** **Formeel niveau**

- op concreet niveau, zoals bij het eerlijk verdelen van pizza's
- op modelondersteund niveau , zoals met een strookmodel of de getallenlijn
- op formeel niveau, waarbij de kale som $\frac{1}{2} + \frac{2}{3}$ = gemaakt wordt

Inzichtelijk optellen en aftrekken

Het optellen en aftrekken met breuken komt vanuit twee invalshoeken aan de orde.

Verdelen

- In de eerste plaats gebeurt dat vanuit het eerlijk verdelen. In subparagraaf 6.1.2 zijn vier veelvoorkomende oplossingen van leerlingen beschreven naar aanleiding van de vraag: drie pizza's eerlijk verdelen onder vier kinderen. Hoeveel krijgt ieder?
  In twee van die oplossingen – 'leder krijgt $\frac{1}{4} + \frac{1}{4} + \frac{1}{4}$ pizza' en 'Ieder krijgt $\frac{1}{2}$ en $\frac{1}{4}$ pizza' – komt het optellen als vanzelf naar voren vanuit die verdeling. Vooral het redeneren met de benoemde breuken als '$\frac{1}{4}$ pizza' helpt kinderen betekenis te geven aan het verdelen en de achterliggende samenvoeging of optelling.
- Een andere betekenisvolle benadering van het optellen en aftrekken komt voort uit het vergelijken en gelijknamig maken van breuken. Wanneer kinderen bijvoorbeeld de breuken $\frac{1}{2}$ en $\frac{1}{3}$ vergelijken, moeten ze eerst zoeken naar een geschikte ondermaat. In dit geval is dat de zesstrook, ofwel de noemer waarmee ze $\frac{1}{2}$ en $\frac{1}{3}$ gelijknamig kunnen maken (zie ook afbeelding 6.13). Als ze die gevonden hebben door te redeneren, al of niet met vouwen in tweeën en in drieën, is de stap naar optellen of aftrekken eenvoudig.

Gelijknamig

Dat het gepast indelen van stroken bij leerlingen niet altijd leidt tot een goed antwoord, laat het voorbeeld in afbeelding 6.14 zien.

AFBEELDING 6.14 Misverstand: $\frac{4}{9} + \frac{1}{3} = \frac{7}{18}$

| Wat is het misverstand bij deze leerling? Hoe is dit te voorkomen?

Strook **Benoemde breuken** **Concreet niveau**

De kracht van het werken met stroken zit hem, vooral in het begin van het leerproces, in het werken met benoemde breuken. Te vroeg beginnen aan het formele rekenen kan leiden tot misverstanden zoals weergegeven in afbeelding 6.14. Waarschijnlijk zou een goede redenering zijn opgezet als deze leerling had gedacht op het concreet-betekenisvolle niveau, namelijk: $\frac{4}{9}$ reep en $\frac{3}{9}$ reep is samen $\frac{7}{9}$ reep. Er is dan geen onduidelijkheid over wat als geheel gekozen moet worden, namelijk de negenstrook en niet de achttienstrook.

Inzichtelijk vermenigvuldigen

Ook het inzichtelijk vermenigvuldigen en delen beperkt zich voornamelijk tot het rekenen vanuit eenvoudige betekenisvolle situaties.

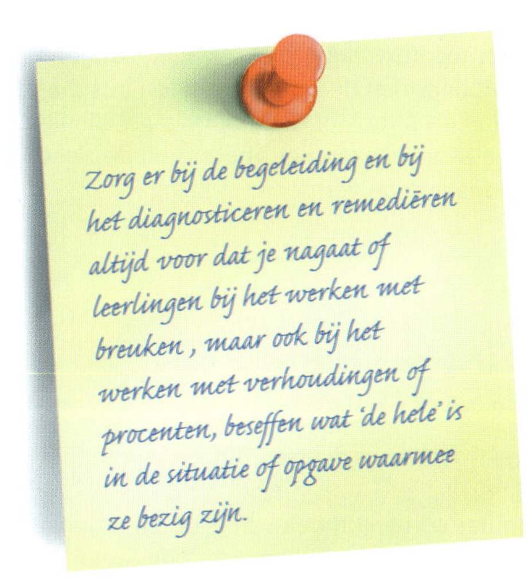

Voor het vermenigvuldigen betekent dat: rekenen vanuit contexten waarbij hele getallen vermenigvuldigd worden met breuken. In dergelijke gevallen, bijvoorbeeld de situatie 'Nicky en Maud aten elk $\frac{3}{4}$ pizza, samen dus... pizza', kunnen kinderen de vermenigvuldiging maken door herhaald optellen: hier $\frac{3}{4}$ pizza plus $\frac{3}{4}$ pizza. Dit kan ondersteund worden door het strookmodel of door het springen op de getallenlijn.

Context

Herhaald optellen

Strokenmodel

Getallenlijn

Het omgekeerde – een breuk vermenigvuldigen met een heel getal ($\frac{3}{4} \times 2$) – is veel lastiger en wordt zelfs in een context lang niet altijd herkend door kinderen. Een bemiddelende grootheid kan ondersteuning geven, zoals in het voorbeeld van de kop-van-jut, waar Kevin $\frac{2}{3} \times 60$ punten uitrekent. Het aantal punten is de bemiddelende grootheid, de breuk $\frac{2}{3}$ fungeert als operator.

Bemiddelende grootheid

Operator

Een andere oplossing is om de commutatieve eigenschap te gebruiken, die de leerlingen kennen vanuit het werken met gehele getallen: 15×7 mag je omdraaien als 7×15, zo heeft ook $\frac{3}{4} \times 2$ dezelfde uitkomst als $2 \times \frac{3}{4}$, en de laatste is gemakkelijker.

Commutatieve eigenschap

Een extra moeilijkheid voor leerlingen is hierbij dat hun ervaring met het vermenigvuldigen met hele getallen heeft geleerd dat het antwoord van een vermenigvuldiging altijd groter wordt dan elk van de beide vermenigvuldigers.

Dat is echter bij breuken niet het geval: $\frac{3}{4} \times 2 = 1\frac{1}{2}$, en dat is kleiner dan 2.

Het helpt leerlingen als wordt uitgegaan van een geschikte context, bijvoorbeeld een prijs-gewichtcontext, waarbij van een heel getal naar een gemengde breuk wordt gewerkt.

Prijs-gewicht-context

Een voorbeeld van zo'n opgave is: 3 kilo bananen van €2,10 per kilo kosten €6,30. Wat is de prijs van drie-en-een-halve kilo? Kinderen zien de oplossing in eerste instantie als 3 × €2,10 en nog de helft van €2,10 erbij. Door die oplossing te benoemen en te beschrijven als $3\frac{1}{2}$ × €2,10 krijgen ze inzicht in de operatorfunctie van $3\frac{1}{2}$ ×.

Gemengde breuk

?

Hoe kunnen leerlingen bij het vermenigvuldigen van $3\frac{1}{2} \times 2{,}10$ ondersteund worden door het strookmodel of de (dubbele) getallenlijn?

Strookmodel

Getallenlijn

Formeel
Niveauverhoging
Deel-geheel-verhouding

Leerlingen die een opgave als $3\frac{1}{2} \times 2{,}10$ wel kunnen oplossen aan de hand van een prijs-gewichtcontext, maar niet formeel, kunnen uitgedaagd worden tot niveauverhoging door hen de opgave te laten beschrijven en beredeneren met behulp van een strook of een dubbele getallenlijn (zie afbeelding 6.15). Vooral bij de strook geven het 'meten' en de zichtbare deel-geheel-verhouding betekenis aan de vermenigvuldiging.

€2,10	€2,10	€2,10	€1,05

AFBEELDING 6.15 De opgave $3\frac{1}{2} \times 2{,}10$

Operatorfunctie
Vergroten of verkleinen

Een andere context waarin de operatorfunctie van breuken speelt, is het vergroten of verkleinen.
Als je op je computer een rechthoek van 8 bij 14 cm maakt en je wilt alle zijden vergroten (bij een hoek uitrekken) met de factor $1\frac{1}{2}$, krijgen ze een lengte van $1\frac{1}{2} \times 8$ cm = 12 cm, respectievelijk $1\frac{1}{2} \times 14$ cm = 21 cm.

Inzichtelijk delen

Delen

Het inzichtelijk kunnen delen met breuken, zeker het formele delen, is maar voor een klein deel van de leerlingen in de bovenbouw haalbaar.
Net als bij het vermenigvuldigen met breuken is er een verschil in moeilijkheidsgraad tussen de deling $\frac{1}{2} : 4$ (breuk gedeeld door een heel getal) en $4 : \frac{1}{2}$ (heel getal gedeeld door een breuk). Kinderen hebben meer affiniteit met de eerste vorm, omdat delen door een heel getal betekenis voor hen heeft. Het is lastig om goede contexten te bedenken voor het delen met breuken.
Voor delingen als $\frac{1}{2} : 4$ (een halve reep verdelen met z'n vieren) en $4 : \frac{1}{2}$ (vier repen opdelen in stukken van $\frac{1}{2}$) gaat dat nog, maar wat te denken van $\frac{2}{3} : \frac{5}{7}$?

Opdelen

Welke van de twee delingen $\frac{1}{2} : 4$ en $4 : \frac{1}{2}$ kun je beschouwen als herhaald aftrekken? Waarom?

Regels?

Veel deskundigen zijn van mening dat de leerlingen van de basisschool het delen beter kunnen leren kennen als omgekeerd vermenigvuldigen, dus als de inverse bewerking. Bij de opgave 'Hoeveel bekers van een kwart liter kun je schenken uit een pak van 2 liter?' zien kinderen eerder de vermenigvuldiging $8 \times \frac{1}{4} = 2$, in de zin van herhaald optellen, dan $2 : \frac{1}{4} = 8$ als herhaald aftrekken (zie ook afbeelding 6.17).

Inverse bewerking
Herhaald aftrekken
Herhaald optellen

En hoe dan als leerkracht om te gaan met een regel als 'delen door een breuk is hetzelfde als vermenigvuldigen met het omgekeerde'? Het antwoord luidt: die regel leidt meestal tot het gebruik van trucjes ($\frac{1}{2} : \frac{2}{3} = \frac{1}{2} \times \frac{3}{2} = \frac{3}{4}$).
Bij leerlingen die geen inzicht hebben in wat ze doen, roept zo'n regel allerlei misverstanden op; ze keren bijvoorbeeld lukraak één of twee breuken om.

Inzicht

Bovendien zijn er alternatieven voor de goede rekenaars. Eén ervan is het gelijknamig maken van de breuken in de deling, bijvoorbeeld: $\frac{1}{2} : \frac{2}{3} = \frac{3}{6} : \frac{4}{6} = 3 : 4 = \frac{3}{4}$. Het is een aanpak die steunt op het rekenen met verhoudingen.

Gelijknamig
Verhoudingen

Basisvoorwaarden

Uit alle voorbeelden die gegeven zijn in dit hoofdstuk blijkt dat het werken met breuken voorkennis, basisvaardigheden en inzichten van leerlingen vereist. Ze moeten vooral goed kunnen vermenigvuldigen. Of het nu gaat om gelijknamig

Voorkennis

maken, vereenvoudigen, optellen, aftrekken, vermenigvuldigen of delen van breuken: in alle gevallen geldt de voorwaarde dat kinderen vaardig moeten zijn in het vermenigvuldigen met hele getallen. In het bijzonder moeten ze de tafels van vermenigvuldiging gememoriseerd hebben en vlot kunnen toepassen. **Memoriseren**

6.3.4 Samenhang met verhoudingen, kommagetallen en procenten

Aan het begin van dit hoofdstuk is al aangegeven dat de kerninzichten voor breuken nodig zijn om te kunnen redeneren met verhoudingen, kommagetallen en procenten, en vooral ook om de samenhang daartussen te kunnen begrijpen. Ook het kerndoel 26 (zie het begin van dit hoofdstuk) wijst daarop. Verder is er veel aandacht voor het toepassen van breuken in andere domeinen, zoals de hele getallen en het meten. **Redeneren**

6

5 Breuken en kommagetallen.

Je rekenmachine maakt kommagetallen van alle breuken.

$\frac{1}{2}$ typ je in als 1 : 2 = Je krijgt dan 0,5. $\frac{1}{2}$ = 0,5

Als je met de rekenmachine van een breuk een kommagetal wilt maken, moet je de teller delen door de noemer.

$\frac{3}{4}$ typ je in als 3 : 4 = Je krijgt dan .... $\frac{3}{4}$ = 0,...

a Schrijf de kommagetallen op.

$\frac{3}{4}$ = $\frac{4}{5}$ = $\frac{5}{8}$ = $\frac{1}{20}$ = $\frac{4}{25}$ =

$\frac{2}{5}$ = $\frac{1}{8}$ = $\frac{3}{10}$ = $\frac{9}{20}$ = $\frac{7}{50}$ =

b Zet de breuken nu in volgorde van klein naar groot.

c >, < of = Maak er eerst kommagetallen van.

$\frac{3}{4}$ □ $\frac{4}{5}$ $\frac{5}{8}$ □ $\frac{35}{50}$ $\frac{15}{20}$ □ $\frac{3}{4}$ $\frac{9}{20}$ □ $\frac{12}{25}$

$\frac{2}{5}$ □ $\frac{3}{8}$ $\frac{5}{10}$ □ $\frac{49}{98}$ $\frac{3}{8}$ □ $\frac{8}{25}$ $\frac{3}{5}$ □ $\frac{5}{8}$

★ **d** Afronden op honderdsten.

$\frac{1}{3}$ = $\frac{2}{6}$ = $\frac{5}{8}$ = $\frac{2}{7}$ = $\frac{9}{20}$ =

$\frac{2}{3}$ = $\frac{3}{6}$ = $\frac{10}{16}$ = $\frac{4}{14}$ = $\frac{8}{40}$ =

$\frac{2}{11}$ = $\frac{1}{8}$ = $\frac{1}{7}$ = $\frac{5}{12}$ = $\frac{3}{21}$ =

$\frac{3}{9}$ = $\frac{2}{8}$ = $\frac{1}{9}$ = $\frac{10}{24}$ = $\frac{1}{7}$ =

★ **e** De kleinste breuk is ...
De grootste breuk is ...

AFBEELDING 6.16 Breuken en kommagetallen

De reken-wiskundemethoden voor de basisschool besteden veel aandacht aan het verwerven van inzicht in die samenhang. Afbeelding 6.16 laat een voorbeeld zien van het oefenen in het leren leggen van relaties tussen breuken en kommagetallen. Afbeelding 6.17 toont het toepassen van vermenigvuldigen en delen in meetcontexten. In de opgaven a, b en d is er aandacht voor de omgekeerde relatie tussen vermenigvuldigen en delen.

Oefenen

1 Rekenen met breuken.

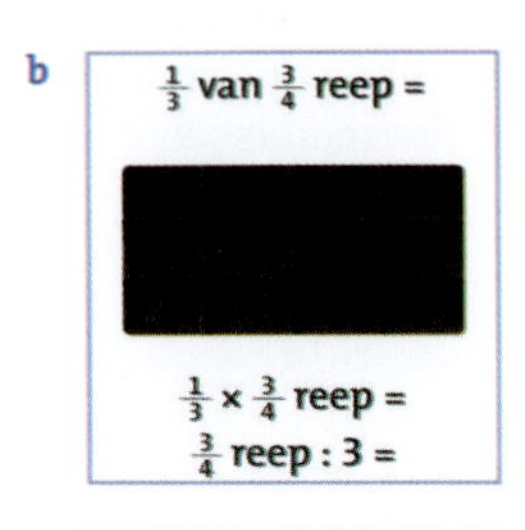

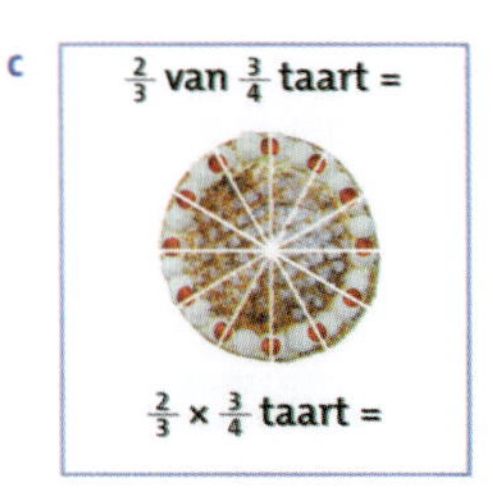

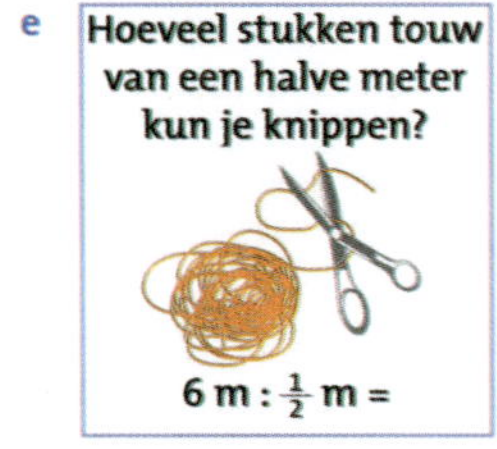

AFBEELDING 6.17 Rekenen met breuken

6.4 Kennisbasis

Breuken worden niet vaak toegepast in het dagelijks leven, maar in het vak wiskunde zelf spelen ze een grote rol. Het feit alleen al dat ze voortkomen uit deel- en meetsituaties maakt duidelijk dat ze een belangrijk aandeel hebben in het denken en rekenen met getallen. Maar dat niet alleen: met het onderwijs in breuken worden op de basisschool fundamenten gelegd voor het wiskundeonderwijs in het vervolgonderwijs. De leerkracht basisonderwijs heeft veel kennis en inzicht nodig om het onderwijs in breuken op gepast niveau te kunnen verzorgen.

Hoe staat het met jouw wiskundige en vakdidactische kennis en inzichten op het gebied van breuken?

VRAGEN EN OPDRACHTEN

6.7 Zwemdiploma

a In Beverdingen is drie vierde deel van een groep kinderen die opging voor zwemdiploma A in één keer geslaagd. Alle niet-geslaagden deden mee aan een tweede poging; van hen slaagde een derde deel. Na die tweede keer waren er nog tien kinderen die het diploma niet haalden. Zoek uit hoeveel kinderen meededen aan de eerste poging. Vertel hoe je het aanpakte.

b Probeer nog een tweede oplossing te vinden en beschrijven.

c Hoe zou je kinderen uit groep 8 die het niet lukt om te beginnen aan dit probleem op weg helpen?

6.8 Schatten met breuken

Maak bij elk van de zes opgaven in afbeelding 6.18 een schatting, waarbij je handig gebruikmaakt van een breuk.
Voorbeeld: $0,48 \times 32 \approx \frac{1}{2} \times 32 = 16$. Het antwoord van deze opgave kun je trouwens ook gemakkelijk precies berekenen door $0,02 \times 32 = 0,64$ van 16 af te trekken. Het antwoord is dus 15,36.

a

Opgave	Schatting met breuk
1. 322 × 0,24	
2. 1,75 × 628	
3. 9,9 × 1,33	
4. 0,124 × 47,5	
5. 66 × 1,17	
6. 0,195 × 105,2	

AFBEELDING 6.18 Schatten met breuken

b Op welke (kern-)inzichten wordt een beroep gedaan bij deze opgaven?

6.9 Repeterende breuken

Het kommagetal 0,2857142857142857142857142 8... is bijzonder om verschillende redenen.
Ten eerste heeft het een repeterend deel, het zogenoemde *repetendum*, dat oneindig ver doorloopt, en bovendien is het ondanks die oneindige reeks te schrijven als een gewone breuk. Die breuk wordt repeterend genoemd vanwege dat repeterende deel als de breuk geschreven wordt in de vorm van een kommagetal. Digitaal wordt dat repeterende deel met schuine strepen aangegeven, in dit geval: 0,28571428571428571428571428...= 0,/285471/. Zo is $\frac{1}{6}$ = 0,166666...= 0, 1/6/.

Repetendum

a Schets een getallenlijn van 0 tot 1 en plaats daarop zo goed mogelijk het genoemde kommagetal. Hoe pak je dat aan?

Kommagetal

b Ga met behulp van je rekenmachine op onderzoek naar de gewone breuk die correspondeert met het kommagetal. Die breuk is dus exact op het juiste punt te plaatsen op de getallenlijn; hoe doe je dat eigenlijk?

c Er is een rekenregel om de (gewone) breuk bij een repeterend kommagetal te vinden. Voorbeeld: als je wilt weten welke breuk hoort bij het kommagetal 0,3333... = 0,/3/, maak je een handige aftrekking. Allereerst geef je het kommagetal een naam, bijvoorbeeld a. In dit geval geldt dus dat a = 0,3333... = 0, /3/.
Met dat getal a ga je aan de slag.
De volgende aftrekking laat zien hoe het getal a wordt vermenigvuldigd met 10.

$$10 \times a = 3{,}3333333... = 3,\ /3/$$
$$a = 0{,}3333333... = 0,\ /3/$$
$$9 \times a = 3$$
$$\text{Dus } a = \tfrac{1}{3}$$

De komma schuift daardoor in feite een positie naar rechts. Vanwege de oneindigheid van de rijen drieën blijven de 'staarten' (de rijen achter de komma's) echter gelijk. Door de twee getallen van elkaar af te trekken, blijft het hele getal 3 over.
Probeer nu met deze rekenregel te 'bewijzen' dat $\frac{1}{6}$ = 0,166666...= 0,1/6/, en ga ook na welke breuken bij de kommagetallen 0,/2/ en 0,8/3/ horen.
Tip: als er achter de komma eerst een 'vast' getal staat (zoals de 1 achter de komma bij $\frac{1}{6}$), moet je een andere aftrekking maken dan 10a – a.

Meer oefenopgaven vind je in hoofdstuk 13, opgave 60 tot en met 70 en 95.

Samenvatting

De samenvatting van dit hoofdstuk staat op www.rwp-kerninzichten.noordhoff.nl.

In dit hoofdstuk ben je de volgende begrippen tegengekomen:

Absoluut
Afpassen
Bemiddelende grootheid
Benoemde breuk
Betekenisvol
Breuk
Breukstreep
Cirkelmodel
Commutatieve eigenschap
Compliceren
Concreet niveau
Context
Deel-geheelrelatie
Deel-geheelverhouding
Denkmodel
Dubbele getallenlijn
Eenheid
Eigen producties
Formeel niveau
Gelijknamig
Gelijkwaardig
Gemengde breuk
Generaliseren
Getallenlijn
Grafisch model
Herhaald aftrekken
Herhaald optellen
Informeel
Inverse bewerking
Inzicht
Kans
Kansverhouding
Maat
Meetgetal
Meetnauwkeurigheid
Memoriseren
Model
Model van
Model voor
Niveauverhoging
Noemer
Oefenen
Ongelijknamig
Opdelen
Operator
Operatorfunctie
Ordenen
Percentage
Positioneren
Prijs-gewichtcontext
Redeneren
Relatienetwerk
Relatief
Relativiteit
Schaal
Strook

Strookmodel
Teller
Uitleggen
Verdelen
Vereenvoudigen
Vergroten of verkleinen
Verhoudingsgetal
Verhoudingstabel
Verschijningsvorm
Voorkennis
Wiskundetaal
Wiskundige activiteit

Opdrachten
Toets
Komma wedstrijd
Sportdag
Koorts
Snel sommen
Zoekplaatje
Kommagetallen
St. Nicolaasschool Haren
Schoolpakket 0910 1991-2009

GROOT
giga G miljard
mega M miljoen
kilo k duizend
hecto h honderd
deca da tien
deci d tiende
centi c honderdste
milli m duizendste
micro µ miljoenste
nano n miljardste
klein
kilogram
hectogram
decagram
gram
decigram
centigram
milligram
microgram
kiloliter
hectoliter
decaliter
liter
deciliter
centiliter
milliliter
seconde
milliseconde
microseconde
nanoseconde
(kcal) (kWh) (GHz) (MHz) (Tm)

7
Kommagetallen

Kommagetallen worden veel gebruikt in het dagelijks leven. In tal van situaties komen ze voor, als geldbedragen of als meetgetallen, bijvoorbeeld om maten van lengte, oppervlakte of inhoud weer te geven. Wie een kookboek inkijkt, zal niet zelden maten als $\frac{1}{8}$ liter naast 0,125 l (slagroom) tegenkomen. Een heel andere toepassing van kommagetallen is die bij meetinstrumenten, denk bijvoorbeeld aan elektriciteits-, gas- en watermeters.
Behalve dat kommagetallen een grote gebruikswaarde hebben in het leven van alledag, zijn ze ook van belang om leerlingen een verdergaand inzicht te geven in het decimale positionele systeem.

Overzicht kerninzichten
Met betrekking tot het domein kommagetallen verwerven kinderen het inzicht dat:

- kommagetallen een decimale structuur hebben (kerninzicht decimale structuur)

- met kommagetallen eindeloos kan worden verfijnd met de factor 10 en dat het aantal decimalen bij meetgetallen de nauwkeurigheid van de maat aangeeft (kerninzicht decimale verfijning)

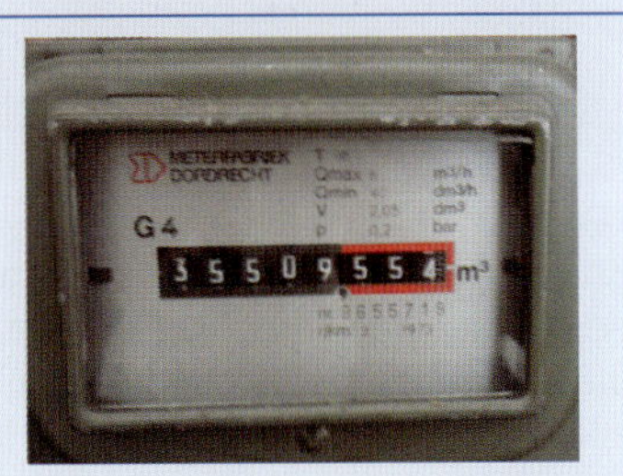

Deze kerninzichten sluiten aan bij de kerndoelen 23 tot en met 26:

23 De leerlingen leren wiskundetaal gebruiken.
24 De leerlingen leren praktische en formele rekenwiskundige problemen op te lossen en redeneringen helder weer te geven.
25 De leerlingen leren aanpakken bij het oplossen van reken-wiskundeproblemen te onderbouwen en leren oplossingen te beoordelen.
26 De leerlingen leren structuur en samenhang van aantallen, gehele getallen, kommagetallen, breuken, procenten en verhoudingen op hoofdlijnen te doorzien en er in praktische situaties mee te rekenen.

Kommagetallen worden in de referentieniveaus aangeduid als 'decimale getallen'. Hiervoor geldt hetzelfde als voor de gewone breuken: kinderen moeten ze kunnen schrijven en uitspreken, er eenvoudige berekeningen mee kunnen maken (zie de voorbeelden in hoofdstuk 6) en natuurlijk moeten kinderen breuken kunnen omzetten in decimale getallen en omgekeerd. Leerlingen op niveau 1S moeten decimale getallen zien als 'toepassing van tiendelige maatverfijning.'

7.1 De decimale structuur van kommagetallen

Positiewaarde

Decimale structuur

De waarde van cijfers in een kommagetal wordt, net als bij hele getallen, bepaald door de plaats, de positie van het cijfer in het getal. Optellen, aftrekken, vermenigvuldigen en delen doe je met kommagetallen in feite op dezelfde manier als met hele getallen. Dat heeft te maken met de decimale structuur van kommagetallen.

7.1.1 Praktijkvoorbeelden

Kommagetallen worden veel gebruikt in het dagelijks leven. Toch is het voor kinderen niet meteen duidelijk hoe ze de kommagetallen moeten begrijpen.

Alle leerlingen van groep 6 zijn aan het meten. Ze hebben van meester Rob een lange strook gekregen met de opdracht om die te meten met de liniaal. De meetresultaten moeten ze opschrijven zoals ze dat een week eerder al deden, in een schema dat meester hun gaf. De kinderen zijn vrij snel klaar met de opdracht. Het antwoord dat de meeste kinderen hebben genoteerd, zie je in afbeelding 7.1.

De lengte van de strook is 1 m + 4 dm + 7 cm + 8 mm
is 1 m + $\frac{4}{10}$ m + $\frac{7}{100}$ m + $\frac{8}{1000}$ m

AFBEELDING 7.1 Lengte van de strook

Drie van de tweeëntwintig leerlingen hebben 8 cm en 0 mm in plaats van 7 cm en 8 mm.
'Beter meten', schallen enkele betweters door de klas.
De kinderen krijgen tijdens de nabespreking de taak om uit te leggen – 'te bewijzen', zegt meester Rob – dat de tweede 'meetzin' goed is. Dat gebeurt door het vouwen van de meter in tienen en het verdelen van een decimeter in centimeters met streepjes en 'voor de grap' ook het verdelen van een centimeter in tien millimeters. Vervolgens schrijft meester Rob het getal 1,478 op het bord en vertelt de leerlingen dat je op die manier heel kort het antwoord van de 'meetzin' kunt opschrijven, en daarmee de lengte van de strook. In het gesprek dat erop volgt, krijgen de leerlingen de gelegenheid verder te denken en te praten over dat 'kommagetal' en de voordelen ervan in vergelijking met gewone breuken.

Inzicht
Kommagetal

Meester Rob heeft ervoor gekozen om de leerlingen het inzicht te laten verwerven dat de cijfers achter de komma in het kommagetal 1,478 gelijkwaardig zijn aan gewone tiendelige breuken $\frac{4}{10}$, $\frac{7}{100}$ en $\frac{8}{1000}$. Die breuken kennen de kinderen al. Verder gebruikt hij een meetcontext om betekenis te geven aan die gelijkwaardigheid. Het naast elkaar zetten van de beide notaties is van belang, omdat leerlingen tot dan toe bij 'tienden' en 'honderdsten' alleen maar denken aan de breukennotatie met breukstrepen en niet aan de notatie in decimalen.

Gelijkwaardigheid
Breukstreep

?

Rob heeft bewust niet gekozen voor een geldcontext om de waarde van cijfers achter de komma te verduidelijken. Waarom zou hij een voorkeur hebben voor meetgetallen?

Context
Meten

Het gebruikmaken van een context met geldbedragen bij de introductie van kommagetallen zou ook een optie geweest zijn voor leerkracht Rob. Toch kiest hij om diverse redenen voor een meetsituatie. Sterker nog, hij laat de leerlingen letterlijk meten en later, bij het 'bewijzen' van de gelijkwaardigheid, ook werkelijk de tienden, honderdsten en duizendsten van de strook in respectievelijk meters, decimeters, centimeters en millimeters verdelen. Door de beide 'meetzinnen' onder elkaar te zetten hebben de leerlingen houvast aan de notaties van die gelijkwaardigheid. Zo'n aanpak is niet goed mogelijk met een geldcontext. Immers, €1,47 lezen kinderen als '1 euro en

47 cent', waarbij de euro en de centen afzonderlijke bedragen zijn. Verder wordt een geldbedrag als €1,40 in Nederland niet geschreven als €1,4 en kunnen geldbedragen – in tegenstelling tot lengtematen – geen drie cijfers achter de komma hebben. Juist door de ingewortelde ervaring met de notatie en de uitspraak van geldbedragen kan er in het begin verwarring optreden voor leerlingen. Vanzelfsprekend zal meester Rob op een bepaald moment ook geldcontexten aanbieden, om de relatie tussen de notatie van geldbedragen en kommagetallen te leggen, maar hij kiest ervoor om dat niet te doen tijdens deze introductiefase.

Meetgetal

In het volgende praktijkvoorbeeld ligt het accent op het vergelijken van de grootte van kommagetallen.

In groep 7 zijn de kinderen in tweetallen aan het werk met enkele opgaven over kommagetallen.
Luuk en Floor buigen zich over opgaven waarin gevraagd wordt welke van twee kommagetallen het grootst is.
Luuk: 'Ik weet zeker dat 23,35 groter is dan 23,6.'
Floor: 'Dat is niet zo, ik vind dat 23,6 groter is, want 60 is groter dan 35.'
Luuk: 'Ik snap niet wat je bedoelt. Kijk, daar achter de komma' (wijst op 23,35) 'staat 35 en bij die is het 6, en 35 is toch groter dan 6?'
Hoewel Floor gelijk heeft en inzicht toont, gaat ze toch twijfelen. Luuk stelt voor om juf Maud erbij te halen. Die laat zich echter niet zomaar overhalen tot het verstrekken van informatie of het innemen van een standpunt. 'Denk eens aan meters', zegt de juf. Bij Floor en Luuk gaat er een licht op, mogelijk door voorgaande meetervaringen in groep 6. 'O ja', zegt Floor, '23,6 is 23 meter en 60 centimeter.' En Luuk vult aan: 'En 23,35 is 23 meter en 35 centimeter. Ja, 35 centimeter is minder dan 60 centimeter.'
'Dus had ik toch gelijk!' zegt Floor.

? | Hoe zou jij leerlingen de gelijkwaardigheid van $\frac{3}{10}$ en 0,3 laten ervaren?

In het voorgaande praktijkvoorbeeld worden door juf Maud verschillende hulpmiddelen gebruikt om de leerlingen inzicht te geven in de decimale structuur van kommagetallen. Het vergelijken van de grootte van twee kommagetallen maakt leerlingen bewust van de plaatswaarde of positiewaarde van de cijfers achter de komma. De gelijkwaardigheid met de tiendelige breuken wordt zichtbaar aan de hand van de meetcontext en de (dubbele) getallenlijn (zie afbeelding 7.2). Het noteren van benoemde getallen en het maken van bijbehorende 'meetzinnen', zoals '$23\frac{3}{10}$ m = 23 m + 3 dm = 23,3 m', ondersteunt het denken over de grootte en de gelijkwaardigheid.

Plaatswaarde of positiewaarde

Tiendelige breuken

Benoemde getallen

Gelijkwaardigheid

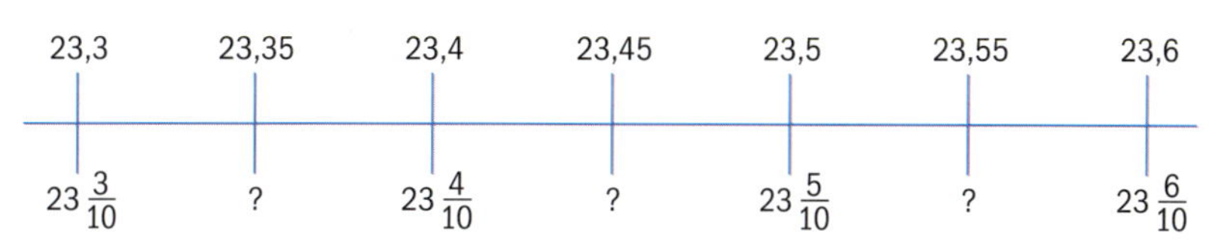

AFBEELDING 7.2 Dubbele getallenlijn

7.1.2 Het kerninzicht decimale structuur

Deze subparagraaf beschrijft het kerninzicht dat in de praktijkvoorbeelden hiervoor is geïllustreerd.

> Kinderen verwerven het inzicht dat kommagetallen een decimale structuur hebben.

Decimale structuur

Hoewel kinderen al op jonge leeftijd ervaring opdoen met kommagetallen, onder andere thuis en in de supermarkt, blijkt het voor de meeste niet eenvoudig om inzicht te krijgen in de decimale structuur van kommagetallen. Kommagetallen als 2,5 en 1,75 hebben dezelfde waarde als de breuken $2\frac{1}{2}$ en $1\frac{3}{4}$, maar een andere structuur. De getallen achter de komma van een kommagetal hebben als noemer een macht van 10, dus 10, 100, 1000, enzovoort. Ze worden geschreven als een rij cijfers met links van de komma de eenheden, tientallen, enzovoort, en rechts van de komma de tienden, honderdsten, enzovoort. De helen en decimalen staan symmetrisch ten opzichte van de eenheden en niet ten opzichte van de komma, zoals ten onrechte vaak wordt gedacht.

Decimale structuur

Kommagetal

Noemer

Symmetrisch

Optellen en aftrekken met kommagetallen

Het inzicht in de decimale structuur is nodig om te begrijpen dat €2,75 en €2,15 samen €4,90 is, en dat een rekenmachine 4.9 laat zien als uitkomst van die optelling en de achterste nul in het antwoord weglaat. Geldbedragen en meetgetallen als 2,5 m en 1,75 m kun je optellen zoals je dat gewend bent met hele getallen, als je maar zorgt dat je dezelfde decimalen (helen, tienden, honderdsten) bij elkaar optelt.

Inzicht

Meetgetal

Decimaal

Een meetcontext kan betekenis geven aan de optelling 0,15 + 0,4 = 0,55 door de lengte van twee stroken van 15 cm en 4 dm bij elkaar te nemen.

Strook

Het voorkomt de misvatting dat 0,15 + 0,4 = 0,19, waarbij leerlingen 15 en 4 als hele getallen optellen. Door de lengte van de stroken weten kinderen gelijk al dat ze ruim boven de 40 centimeter moeten uitkomen. In de meetcontext noteer je geen 'kale', formele kommagetallen, maar benoemde kommagetallen, en interpreteer je de opgave 0,15 + 0,4 als 0,15 m + 0,40 m = 15 cm + 40 cm = 55 cm = 0,55 m.

Kommagetal
Benoemd getal

Vermenigvuldigen met kommagetallen

Anders dan het optellen en aftrekken met kommagetallen – wat niet moeilijk is – kan vermenigvuldigen en delen met kommagetallen wel lastig zijn voor kinderen. Zie bijvoorbeeld het rijtje vermenigvuldigsommen van Daria uit groep 8.

7

4 × 0,5 = 0,20
6 × 0,3 = 0,18
5 × 0,9 = 0,45
6 × 0,2 = 0,12
3 × 0,12= 0,36
3 × 0,30= 0,90

Welke sommen zijn goed, welke niet? Wat kan Daria gedacht hebben bij het oplossen van deze sommen? Welke hulp zou je haar geven?

Aanpak

Daria maakt een veelvoorkomende fout. Alleen de antwoorden van de twee laatste sommen – 3 × 0,12 en 3 × 0,30 – heeft Daria goed. Dat is niet verwonderlijk, omdat haar aanpak – vermenigvuldigen alsof de decimalen hele getallen zijn – in die gevallen goed uitpakt. Dat komt omdat geen enkele van de laatste vermenigvuldigingen (3 × 1; 3 × 2; 3 × 3 en 3 × 0) een antwoord groter dan of gelijk aan 10 heeft.

Context

Een context zou Daria inzicht kunnen geven: bij 4 × 0,5 kun je denken aan 4 keer 5 dm of vier keer een halve meter. Dat is 2 meter, en niet 0,20 meter.

Veel kinderen denken dat bij vermenigvuldigen het antwoord altijd groter wordt. Bij vermenigvuldigen met kommagetallen is dat niet altijd zo. Dat is voor veel kinderen verwarrend. Bij een vermenigvuldiging als 0,5 × 0,2 is het antwoord 0,1 zelfs kleiner dan het kleinste getal uit de opgave.
Ook hier helpt een meet- of geldcontext, waarin 0,5 × 0,2 bijvoorbeeld gezien kan worden als de helft van 2 dm of van 20 eurocent.

Wiskundetaal
Gelijkwaardigheid

Voor het beklijven van het inzicht is het essentieel om zo vaak mogelijk gelijkwaardige wiskundetaal te gebruiken. In het voorbeeld van 0,5 × 0,2 komen daarvoor de volgende gelijkwaardigheden in aanmerking:

0,5 × 0,2 = 0,1
$\frac{5}{10} \times \frac{2}{10} = \frac{10}{100} = \frac{1}{10} = 0,1$
$\frac{1}{2} \times 0,2 = 0,1$
de helft van twee tienden is één tiende
50% van €0,20 = €0,10
0,2 : 2 = 0,1

Structuur

Hoewel het plaatsen van de komma soms lastig is, zijn de onderliggende structuren van het vermenigvuldigen met kommagetallen niet anders dan die met gehele getallen.

Zo kan 6 × 2,50 beschouwd worden als
- 6 keer een sprong van 2 m 50; een lijnstructuur
- 6 keer het bedrag van €2,50; een groepsstructuur
- een terras van 6 m bij 2,5 m; een rechthoekstructuur

Lijnstructuur
Groepsstructuur
Rechthoekstructuur

Verder gelden de eigenschappen van de bewerking vermenigvuldigen:
- de distributieve eigenschap: 6 × 2,50 = 6 × 2 + 6 × 0,50
- de commutatieve eigenschap: 6 × 2,50 = 2,50 × 6
- de associatieve eigenschap: 6 × 2,50 = 3 × 2 × 2,50 = 3 × 5 = 15

Distributieve eigenschap
Commutatieve eigenschap
Associatieve eigenschap

Waaraan herken je het kerninzicht decimale structuur bij leerlingen?
Uit welke kennis of handelingen van een leerling kun je als leerkracht opmaken dat een leerling inzicht toont in de decimale structuur van kommagetallen? Dat inzicht kan sterk verschillen in niveau en kun je vaststellen als een leerling:
- de gelijkwaardigheid van gewone tiendelige breuken en decimale breuken benoemt ($\frac{3}{100}$ = 0,03)
- weet hoe je lengtematen of litermaten kunt weergeven met kommagetallen (een halve liter is 0,5 l)
- formele kommagetallen beargumenteerd kan vergelijken, bijvoorbeeld door het oproepen van een meetcontext met benoemde kommagetallen (23,35 m is een kleinere afstand dan 23,6 m)
- verschillende betekenissen van nul kent (in 305 kg mag je niet de nul weglaten, dan staat er 35 kg; in 206,07 zitten nul tientallen en nul tienden)
- binnen een delingscontext betekenis kan geven aan de rest (29 : 7 kan bijvoorbeeld 4 rest 1 opleveren, maar ook 4,14 rest 0,02; zie hoofdstuk 13 opgave 40)
- aan de hand van een meetcontext kan uitleggen dat 0,22 + 0,3 ≠ 0,25
- begrijpt dat 0,5 × 0,2 = 0,10 = 0,1 en dat 0,5 × 0,3 = 0,15
- de gelijkwaardigheid van operaties met kommagetallen en breuken kent, evenals de bijbehorende wiskundetaal (0,25 × 12 = $\frac{1}{4}$ × 12 = 3; een kwart van 12 is 3; 25% van 12 is 3)
- weet dat 0,1 tien keer in één hele past en dat daar de som 1 : 0,1 bij hoort
- het antwoord van een bewerking met kommagetallen kan schatten (0,497 × 16,28 = 'ongeveer' de helft van 16,28, dus ongeveer 8. En 27,4 : 8,85 is ongeveer 27 : 9 = 3)

Gelijkwaardigheid
Formeel niveau
Benoemde kommagetallen
Rest
Meetcontext
Opereren
Wiskundetaal
Schatten

VRAGEN EN OPDRACHTEN

7.1 Observeer en analyseer de videoclips die je bij deze vraag op de website vindt. Welke inzichten herken je bij de leerlingen? Waaraan zie je dat? Wat is de rol van de leerkracht daarbij?

7.2 Er zijn regels voor het plaatsen van de komma bij de vier bewerkingen met kommagetallen.
- Bij het optellen en aftrekken moeten de komma's onder elkaar staan.
- Bij het vermenigvuldigen komen in het antwoord evenveel cijfers achter de komma als er samen achter de beide vermenigvuldigtallen staan (56,03 × 0,7 = 39,221).

Hoe kun je voorkomen dat die regels voor leerlingen onbegrepen trucs worden? Neem eventueel de genoemde vermenigvuldiging als voorbeeld voor jouw betoog.

7.3 Er zijn verschillende aanpakken mogelijk om leerlingen inzicht te geven in
de structuur van de kommagetallen bij bewerkingen: globaal schatten van het antwoord, eerst nagaan hoe de bewerking kan worden uitgevoerd met gewone tiendelige breuken, of onderzoek doen met de zakrekenmachine. Vaak worden meerdere van deze mogelijkheden gebruikt.
Ga na hoe die drie mogelijkheden eruitzien in het geval van de deling 7,084 : 0,23 = en geef een korte toelichting bij elk van de aanpakken.

7

7.2 Decimale verfijning

Decimale verfijning

De gehele getallen van ons tientallige positiestelsel kenmerken zich door de mogelijkheid van systematische uitbreiding van posities met machten van 10. Dat stelsel breidt zich net zo systematisch uit met *verfijning* in stappen van tien. Inzicht verwerven in deze kenmerkende eigenschap van verfijning is een basisvoorwaarde voor het leren denken en rekenen met kommagetallen. Vanaf eind groep 6 van de basisschool wordt aan dat kerninzicht gewerkt.

7.2.1 Praktijkvoorbeelden

Getallenlijn

Het 'Naderspel' is een spel voor twee spelers. Beide spelers kiezen een getal onder de 100. De eerste speler mag alleen maar optellen en de tweede alleen maar aftrekken. Doel van het spel is om elkaars getallen zo dicht mogelijk te naderen zonder elkaar voorbij te gaan, vandaar de naam 'Naderspel'. De speler die als eerste de ander ontmoet of passeert, heeft verloren. Vooral voor beginners is het wenselijk een getallenlijn te gebruiken. Ook mag een rekenmachine gebruikt worden.

Steven en Ilse zijn zojuist begonnen met het Naderspel, net als de andere tweetallen uit groep 8.
Steven kiest het getal 27, hij mag alleen maar optellen; Ilse kiest 50 en moet aftrekken.
Ze gaan voorzichtig van start. Steven kies voor + 13 en komt uit bij 40 en Ilse kiest daarna voor – 5 en komt uit bij 45. De rekenmachines liggen naast elkaar op tafel.
Daarna is Steven weer aan zet en hij kiest + 4, zodat hij direct op 44 uitkomt.
Ilse denkt na; haar getal 45 verschilt maar 1 met de 44 van Steven: 'Wat nu? O ja, ik weet het al, ik haal er een half af.' Ze tikt – 0,5 in en er verschijnt 44.5 op het scherm.
Steven krijgt er zichtbaar plezier in en toetst + 0.3, waardoor hij uitkomt op 44.3. Ilse hoeft nu niet lang na te denken en haalt er nog 0,1 af, waardoor zij uitkomt op 44.4.
Steven: 'Ja, wat nu?'
De leerkracht loopt rond omdat de hele groep bezig is met dit Naderspel en stelt regelmatig voor om vooral toch de getallenlijn te gebruiken en bij elke verfijning in te zoomen. Dat wil zeggen: telkens op een volgende getallenlijn het interval uit te vergroten. Zo ook bij Steven en Ilse. In afbeelding 7.3 is te zien hoe zij inzoomen op het interval tussen de kommagetallen 44,3 en 44,4.

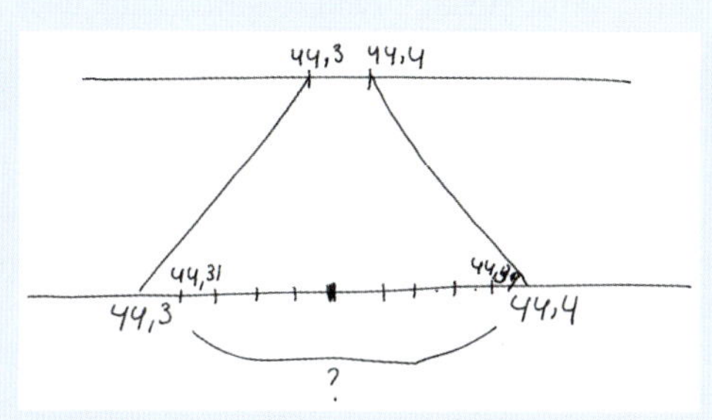

AFBEELDING 7.3 Inzoomen op het interval tussen 44,3 en 44,4

Steven: 'Dan komen we dus bij de honderdsten. Ik ga snel naar 44,39, want dat is net voor 44,4.'
Ilse: 'Dan moeten we weer inzoomen. Even nadenken hoor. Dan gaat het met duizendsten, dus...'
Ilse moet lang nadenken en maakt nu zelf even snel een krabbel. Door de schets komt ze tot een stap, namelijk – 0,008 (afbeelding 7.4).
Ilse: 'Dat is wel vreselijk denken hoor!' Op het venster van de rekenmachine is 44.392 zichtbaar.

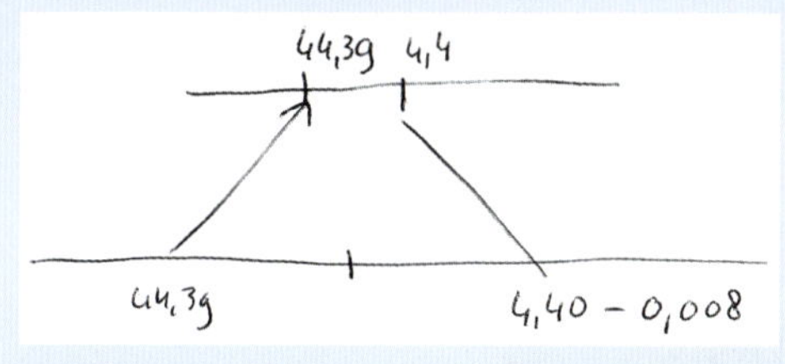

AFBEELDING 7.4 Inzoomen op het interval tussen 44,39 en 44,4

In de haast maakt Ilse een schrijffout op de getallenlijn (4,40 in plaats van 44,40), maar ze noteert wel het goede getal 44,392 voor Steven, die nu weer mag optellen bij zijn laatste getal 44,39. 'Oh, ik kan er nog mooi één duizendste bij doen', zegt hij, 'dat wordt dan 44,391.'
Hoewel de meeste groepjes nog enthousiast bezig zijn, vraagt de leerkracht hun het spel te beëindigen. De ervaringen worden uitgewisseld. Ilse en Steven merken onder andere op dat zij gelijk geëindigd zijn en 'dat je wel je hele leven door kunt gaan met het spel, als je maar geen fout maakt'.

De laatste opmerking van Ilse en Steven geeft precies aan wat het achterliggende leerdoel is van dit spel: leerlingen inzicht geven in de decimale verfijning in stappen van 10. Leerlingen ervaren dan de belangrijkste uitgangspunten van het verfijnen, namelijk dat:

- de verfijning in stappen van 10 gebeurt, met telkens een 10 × zo kleine stap
- je oneindig lang kunt doorgaan met verfijnen

I Welk kommagetal ligt precies tussen 13,9 en 13,11?

?

Getallenlijn
Inzicht
Positioneren

Decimale verfijning

De getallenlijn wordt veel gebruikt om kinderen inzicht te geven in de decimale structuur, in het bijzonder wat betreft de verfijning. Deze geeft de mogelijkheid kommagetallen te positioneren, te ordenen en te vergelijken. Bij het Naderspel is de getallenlijn een haast onmisbaar hulpmiddel om een interval te verfijnen, zoals te zien is in afbeelding 7.3, waar het interval tussen 44,3 en 44,4 in tienen verdeeld wordt, zodat de honderdsten erin getekend kunnen worden. Bij het bepalen van het getal midden tussen 13,9 en 13,11 behoedt een getallenlijn je voor de valkuil 13,10. Immers, 13,11 komt links op de getallenlijn te staan en 13,9 rechts. Nu zie je dat het ongeveer 13,5 moet zijn. Een precies antwoord vraagt om rekenwerk.
Het verschil tussen beide getallen is 0,79. De helft daarvan is 0,395. Het getal midden tussen 13,9 en 13,11 is dus 13,505.

De leerlingen van groep 8 zijn in viertallen bezig met enkele rekenopgaven die meester Rob hun opgegeven heeft. De opdracht is om elke opgave eerst individueel te bekijken en zo mogelijk alvast wat te noteren op een kladblaadje. Daarna wordt de opgave besproken in de groep van vier.
Lieke, Sanne, Job en Jesse hebben ieder de opgave over afstand bekeken (zie afbeelding 7.5).

AFBEELDING 7.5 De fietstocht van Anouk en haar moeder

Anouk fietst met haar moeder naar oma. Als ze vertrekt van huis, staat haar kilometerteller op 092.7. Als ze weer thuis is, staat de teller op 101.5. Anouk raakt met haar moeder in gesprek over de afstand die ze hebben gefietst; ze zijn het niet meteen met elkaar eens. Wat denk jij?

Lieke reageert als eerste: 'Makkelijk zat, je doet gewoon 102 – 93 = 9. Anouk heeft dus 9 kilometer gefietst.'
De anderen zijn eerst even stil, het lijkt hun een goede oplossing, of ze begrijpen Liekes oplossing niet helemaal. Maar dan reageert Sanne: 'Jij rondt dus allebei naar boven af.'
Lieke: 'Ja, natuurlijk, de 7 van 92,7 moet naar een hele, en de 5 van 101,5 ook.'
Job: 'Dan rond je bij elkaar dus zomaar 0,8 naar boven af, dat is wel, eh... 0,8 km, dus 800 m.'

Jesse: 'Ja, bijna een kilometer... maar is dat wel zo?'
Job: 'Volgens mij moet je eerst afspreken of je de afstand alleen in kilometers of ook achter de komma wilt uitrekenen.'
Jesse: 'Eén cijfer achter de komma zijn de hectometers.'
Lieke: 'Wie doet dat nou, dat zeg je toch nooit, 9 km en nog... hectometer.'
Job: 'Maar wel 9,... km, met één cijfer achter de komma, dat is wel preciezer dan alleen hele kilometers.'
Lieke blijft dat onzin vinden. Het viertal komt er niet helemaal uit.
In de nabespreking laat meester Rob hen aan het woord en gebruikt hun reacties om dieper in te gaan op het aspect van nauwkeurig meten.

I Hoe zou jij als leerkracht dieper op de meetnauwkeurigheid ingaan?

?

Redeneren

In dit praktijkvoorbeeld zien we de kinderen met inzicht redeneren. Toch worden ze het niet eens over de oplossing van het meetprobleem. Met name twee leerlingen tonen inzicht waar het gaat om het afronden van kommagetallen en om de meetnauwkeurigheid. Lieke weet dat je de tienden 0,5 tot en met 0,9 mag afronden op een hele meter. Job laat zien dat hij inzicht heeft in de rol van verfijning, namelijk dat meer decimalen een grotere meetnauwkeurigheid aangeven: 'Een cijfer achter de komma is preciezer dan alleen hele kilometers', zegt hij.

Afronden

Meetnauwkeurigheid

Decimale verfijning

Leerkracht Rob gaat daar in de les verder op in. Hij laat de leerlingen uitvinden dat de afstand 92,7 km op de teller tot op de hectometer nauwkeurig is.
De afstand kan dus variëren van 92,65 tot 92,75. Dat geldt ook voor de eindstand van de teller, die kan variëren van 101,45 tot 101,55. In het antwoord 101,5 – 92,7 = 8,8 zit dus eigenlijk een onnauwkeurigheid van 0,1 km = 100 meter naar boven en 100 meter naar beneden. Meester Rob geeft Lieke gelijk dat we vaak afronden. Hij vertelt dat je in veel beroepen, zoals apothekersassistente (medicijnen afwegen) of metaalbewerker, heel precies moet weten in hoeveel decimalen je iets moet meten.

7.2.2 Het kerninzicht decimale verfijning

Na de praktijkvoorbeelden in de vorige paragraaf kun je in deze paragraaf lezen waar het bij dit kerninzicht precies om gaat.

Kinderen verwerven het inzicht dat met kommagetallen eindeloos kan worden verfijnd met een factor 10 en dat het aantal decimalen bij meetgetallen de nauwkeurigheid van de maat aangeeft.

Vermenigvuldigfactor

Meetnauwkeurigheid

Een getal als 5762 kun je schrijven als 5 × 1000 + 7 × 100 + 6 × 10 + 2. We kunnen hier ook de wetenschappelijke notatie gebruiken:
$5 \times 10^3 + 7 \times 10^2 + 6 \times 10^1 + 2 \times 10^0$. Deze manier van noteren kunnen we uitbreiden als we aan de slag gaan met kommagetallen:
$5{,}762 = 5 \times 10^0 + 7 \times 10^{-1} + 6 \times 10^{-2} + 2 \times 10^{-3}$.

Kommagetal

Het metrieke stelsel

Metrieke stelsel

Die verfijning zie je ook mooi terug in het metrieke stelsel, bijvoorbeeld in het systeem van lengtematen. Aan de systematisch vergrotende kant van de meter staan achtereenvolgens de kilometer (kilo = duizend), de hectometer (hecto = honderd) en de decameter (deca = tien). De verfijning gaat ook in stappen van tien: meter, decimeter (deci = tiende), centimeter (centi = honderdste) en millimeter (milli = duizendste; zie ook afbeelding 9.11). In tabel 7.1 staan die stappen nog eens op een rij.

TABEL 7.1 Systematische verfijning

km = 1000m	hm = 100m	dam = 10m	m	dm = 0,1m	cm = 0,01m	mm = 0,001m
$1000 = 10^3$	$100 = 10^2$	$10 = 10^1$	$1 = 10^0$	$0{,}1 = 10^{-1}$	$0{,}01 = 10^{-2}$	$0{,}001 = 10^{-3}$

Decimale verfijning

In het eerste praktijkvoorbeeld van subparagraaf 7.2.1 kun je zien hoe Steven en Ilse van die systematische verfijning gebruik weten te maken. Ze komen door het Naderspel tot het inzicht dat je achter een kommagetal nullen kunt zetten, waardoor je kommagetallen gemakkelijker kunt vergelijken. Bij de stand 44,3 en 44,4 lijken ze even uitgepraat, maar door 'in te zoomen' komen ze tot de ontdekking dat er verder verfijnd kan worden. Daardoor kunnen ze nieuwe kommagetallen kiezen, met honderdsten erbij, in het interval van 44,30 tot 44,40.

AFBEELDING 7.6 Gasmeter

Getalrelaties

Relatienetwerk

Om dit soort activiteiten met kommagetallen te kunnen uitvoeren, is het noodzakelijk dat leerlingen beschikken over een relatienetwerk van getalrelaties, zoals: $0{,}5 = 0{,}50 = \frac{1}{2}$; $0{,}25 = 0{,}250 = \frac{1}{4}$; $0{,}75 = 0{,}750 = \frac{3}{4}$; $0{,}2 = 0{,}20 = 0{,}200 = \frac{2}{10} = \frac{1}{5}$, en $0{,}125 = \frac{1}{8}$. Om zo'n persoonlijk cognitief netwerk te construeren laat men kinderen vanaf ongeveer eind groep 6 regelmatig oefenen met het vergelijken van kommagetallen en gewone tiendelige breuken: $\frac{1}{10}$, $\frac{1}{100}$, $\frac{1}{1000}$ en veelvouden daarvan. Vooral meetcontexten geven een concrete invulling van die verfijning. Gaandeweg krijgen kinderen vertrouwen en inzicht in de verfijning van het stelsel. Op een gegeven moment komen er ook procentnotaties bij, zoals $\frac{1}{8}$ deel = 12,5%.

Construeren

Tiendelige breuken

Meetgetal

Het verschil in gebruik tussen formele kommagetallen en benoemde kommagetallen of meetgetallen wordt in de meeste methodes pas aan het einde van groep 7 aan de orde gesteld. Inzicht in de relatie tussen de nauwkeurigheid van het meten en het aantal decimalen is een lastige materie, die niet voor alle leerlingen te bevatten is.

Kommagetal
Benoemd getal

Als leerlingen moeite hebben met het rekenen met kommagetallen, schuilen de moeilijkheden vaak in de verschillende betekenissen van de verfijning, vooral de volgende drie.

- Een 'kaal' (formeel) kommagetal heeft oneindig veel gelijkwaardige getallen, equivalenten. Zo is 92,7 = 92,70 = 92,700 = 92,7000, enzovoort. Die eigenschap wordt meestal zichtbaar voor kinderen als de decimale breuken worden geschreven als voor hen al bekende, gewone tiendelige breuken: $\frac{7}{10} = \frac{70}{100} = \frac{700}{1000}$, enzovoort.
- Bij een concreet meetgetal, zoals 92,7 km, geeft het aantal decimalen de meetnauwkeurigheid aan. Bij zo'n getal is 92,70 km nauwkeuriger dan 92,7 km, want de afstand van 92,70 km kan variëren van 92,695 km tot 92,705 km, terwijl de lengte 92,7 km ligt op het interval van 92,65 km tot 92,75 km.
- De meeste kilometertellers geven geen afgeronde, maar 'gekapte' decimalen weer, net als sommige rekenmachines (probeer het maar eens met 1 : 6). De stand 92,7 km op de teller van Lieke kan dus een afstand van 92,70 km betekenen, maar evengoed 92,79.

Equivalent

Meetnauwkeurigheid

7

Inzicht in de decimale verfijning verwerven kinderen vooral ook door confrontatie met de hiervoor genoemde 'valkuilen'.

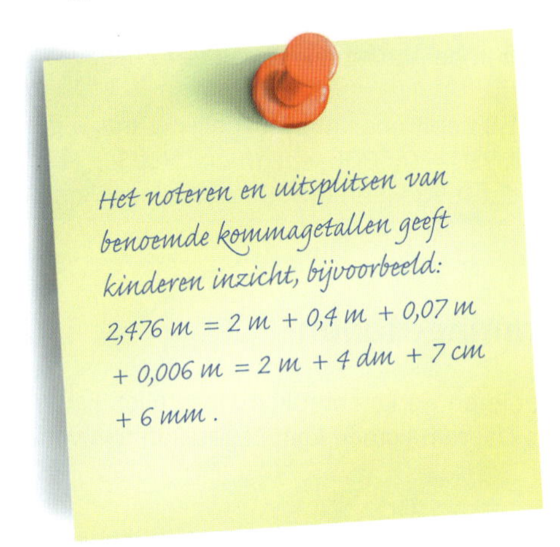

Waaraan herken je het kerninzicht decimale verfijning bij leerlingen?
Uit welke kennis of handelingen van een leerling kun je als leerkracht opmaken dat een leerling inzicht toont in het verfijnen van kommagetallen? Dat inzicht kan sterk verschillen in niveau en kun je vaststellen als een leerling:

- kan aangeven welk kommagetal op de getallenlijn precies midden tussen twee gegeven kommagetallen ligt (midden tussen 6,72 en 6,73 ligt 6,725)
- een aantal al of niet benoemde kommagetallen kan ordenen naar grootte

- de verschillende betekenissen van 'nul' goed interpreteert (oneindig veel kommagetallen zijn gelijkwaardig met 2,4 = 2,40 = 2,400, enzovoort, maar bij benoemde getallen heeft de nul in 2,40 betekenis als verfijning van de nauwkeurigheid in vergelijking met 2,4 m)
- kan uitleggen wat het getal na 999,99 wordt op een watermeter die in twee decimalen nauwkeurig meet
- kan schatten waar de komma moet staan in het antwoord van een deling of vermenigvuldiging
- meerdere kommagetallen kan vergelijken en ordenen (welk van de gewichten 3,2 kg, 3,19 kg of 2,7 kg komt het dichtst bij 2,95 kg?)
- kan aangeven welk kommagetal op de getallenlijn precies midden tussen twee gegeven, gewone breuken ligt (inzicht en vaardigheid van een goede leerling, die beredeneert dat 0,225 midden tussen $\frac{1}{4}$ en $\frac{1}{5}$ ligt)

VRAGEN EN OPDRACHTEN

7.4 Observeer en analyseer de videoclips die je bij deze vraag op de website vindt. Welke inzichten herken je bij de leerlingen? Waaraan zie je dat? Wat is de rol van de leerkracht daarbij?

7.5 Stambreuken zijn breuken met teller 1. Welke stambreuken en bijbehorende, gelijkwaardige kommagetallen behoren tot jouw relatienetwerk? Schrijf er zo veel mogelijk op. Voorbeeld: $\frac{1}{2}$ = 0,5; $\frac{1}{3}$ = 0,333...; $\frac{1}{4}$ = 0,25; ... ; $\frac{1}{25}$ = 0,04; ... ; $\frac{1}{50}$ = 0,02. Controleer je kennis met een rekenmachine.
Een uitdagende opdracht met de rekenmachine voor bovenbouwleerlingen is: 'Zoek zo veel mogelijk getallen die gelijk zijn aan $\frac{1}{5}$.'
Welke antwoorden verwacht je? Wat zou je in ieder geval aan de orde willen stellen in de nabespreking van deze opgave?

7.6 Het getal 0,53 heeft oneindig veel gelijkwaardige getallen (equivalenten), zoals 0,530 = 0,5300, enzovoort. Hoe leg je leerlingen van groep 7 uit dat 0,53 kg en 0,530 kg toch een verschillende betekenis hebben?

7.3 Leerlijn kommagetallen

De basis voor het leren werken met kommagetallen ligt in het inzicht in gewone breuken. Daarom komen kommagetallen pas vanaf groep 6 aan de orde.

De eerste ervaringen met de structuur van kommagetallen

Al op jonge leeftijd doen kinderen ervaringen op met kommagetallen. Ze lezen die op prijsstickers, op kassabonnen, in reclamefolders en zo meer. Genoteerde geldbedragen maken kinderen vertrouwd met de notatie van getallen met een komma erin. Maar pas op, het rekenen met geld levert nauwelijks een bijdrage aan het verkrijgen van inzicht in de structuur en de verfijning van kommagetallen, en kan zelfs tot misverstanden leiden (zie daarvoor ook paragraaf 7.1).

Decimale verfijning

Inzicht

Vanaf de middenbouw doen kinderen ervaring op met het verdelen en vergelijken van bijvoorbeeld de lengte van stroken, waarvan de stukken in eerste instantie als breuken worden benoemd: halven, kwarten, achtsten, vijfden of tienden.

1 Wat betekenen die kommagetallen?

◂ *Wat is meer 0,476 kg of 0,5 kg?*

AFBEELDING 7.7 Wat betekenen die kommagetallen?

De relatie met gewone breuken als basis

De introductie van gewone breuken gaat vooraf aan de introductie van kommagetallen. Alledaagse situaties rond meten en wegen helpen leerlingen de relatie te leggen tussen die beide verschijningsvormen van getallen.

Het werken met lengtematen en literinhoudsmaten geeft betekenis aan de gelijkwaardigheid van gewone tiendelige breuken ($\frac{1}{10}$, $\frac{1}{100}$, $\frac{1}{1000}$, enzovoort) en decimale breuken. Eerst doen leerlingen bijvoorbeeld met maatbekers ervaring op met halve, kwart, achtste en tiende liters. Daarna is de overgang naar tiende, honderdste en duizendste liters – respectievelijk deci-, centi- en milliliters – en de bijbehorende kommagetallen voor de meeste kinderen niet moeilijk meer. Het beschrijven van meetsituaties en meetuitkomsten met benoemde getallen geeft leerlingen houvast en vergroot het inzicht in de decimale structuur van kommagetallen. Omgekeerd, bij het maken van een 'kale', formele som, een opgave als 3,4 – 1,50 = ..., kan het helpen om te denken aan een context van lengtemeting: bij 3,4 kun je denken aan 3 m 40 ofwel 3 hele meters en 40 centimeter, waardoor de aftrekking 3,40 – 1,50 opeens betekenis krijgt.
De getallenlijn is van meet af aan het belangrijkste model in de opbouw van een betekenisvol concreet niveau naar het gebruik van modellen (getallenlijn) en het formele niveau (de 'kale' som). De getallenlijn is bij uitstek geschikt om de gelijkwaardigheid van kommagetallen en gewone breuken in beeld te brengen en, evenals bij breuken, het positioneren, ordenen en vergelijken van kommagetallen te ondersteunen (afbeelding 7.8).

Benoemde getallen

Decimale structuur

Context

Getallenlijn

Formeel niveau

Gelijkwaardigheid

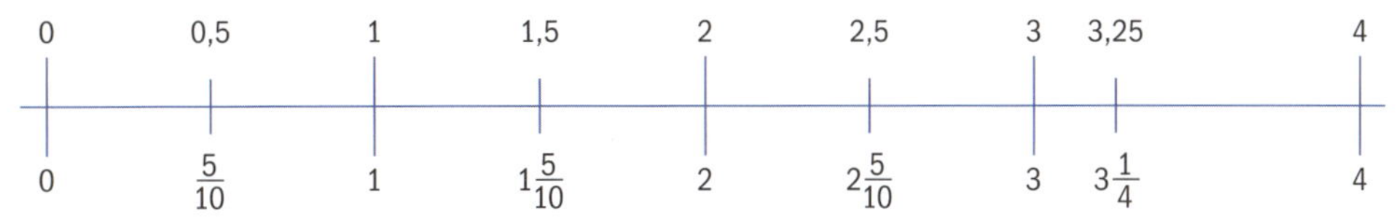

AFBEELDING 7.8 Gelijkwaardigheid van kommagetallen en tiendelige breuken

Meetgetal

Vooral door meetactiviteiten (lengte, litermaten, gewicht) wordt het netwerk van getalrelaties versterkt. Delers van 10, 100 en 1000, zoals 2, 4, 5, 8, 10, 20, 25, 125 en 250, vormen de basis voor relaties tussen die getallen en daarmee voor het inzicht in de decimale structuur ($\frac{1}{8}$ deel van 1000 is 125; $\frac{1}{8}$ liter slagroom is 125 milliliter). Na verloop van tijd ontstaat een netwerk van bekende relaties, zoals $0{,}5 = 0{,}50 = \frac{1}{2}$; $0{,}25 = 0{,}250 = \frac{1}{4}$; $0{,}75 = 0{,}750 = \frac{3}{4}$; $0{,}2 = 0{,}20 = 0{,}200 = \frac{2}{10} = \frac{1}{5}$, en $0{,}125 = \frac{1}{8}$.

Relatienetwerk

7

Rekenen met kommagetallen

Het rekenen met kommagetallen is gemakkelijker dan het rekenen met breuken, omdat het veel overeenkomsten vertoont met het rekenen met hele getallen. Door de leerlingen te laten werken met tiendelige breuken en door gebruik te maken van meet- en geldcontexten met benoemde getallen, is het rekenen met kommagetallen altijd betekenisvol voor leerlingen. Hierdoor vermijd je ook dat rekenregels voor leerlingen onbegrepen 'reken-trucs' worden (zie ook subparagraaf 7.1.2, opdracht 7.2).

Benoemd getal
Betekenisvol

?

Reken uit: 6,447 : 0,21 =... Welke fouten verwacht je dat kinderen bij deze som kunnen maken?

Formeel niveau
Schatten
Orde van grootte
Deeltal
Deler
Quotiënt

Op het formele niveau is het belangrijk leerlingen te laten schatten, omdat daarmee de orde van grootte van (komma)getallen bepaald kan worden. In de opgave 6,447 : 0,21 is 6,447 het deeltal, 0,21 is de deler en de uitkomst heet het quotiënt. Door bij deze opgave te bedenken dat de deler 0,2 vijf keer op één hele past, en dus dertig keer op zes helen, weet je dat het antwoord ongeveer 30 zal zijn. Kinderen die delen zonder de komma's, zoals links in afbeelding 7.9, moeten na hun berekening alsnog de komma plaatsen. Daar is die schatting voor nodig. Kinderen die cijferend delen op de traditionele manier van staartdelen, zoals rechts in afbeelding 7.9, vergeten soms de nul op te schrijven in het quotiënt. De schatting vooraf voorkomt die fout.

Handig rekenen

Handig rekenen is van enorm belang voor het verkrijgen van inzicht in de structuur van kommagetallen en het oefenen van de rekenvaardigheid met kommagetallen. Wie handig kan rekenen met hele getallen en gewone breuken, kan dat vaak ook vrij snel met kommagetallen. Een voorbeeld: bij de

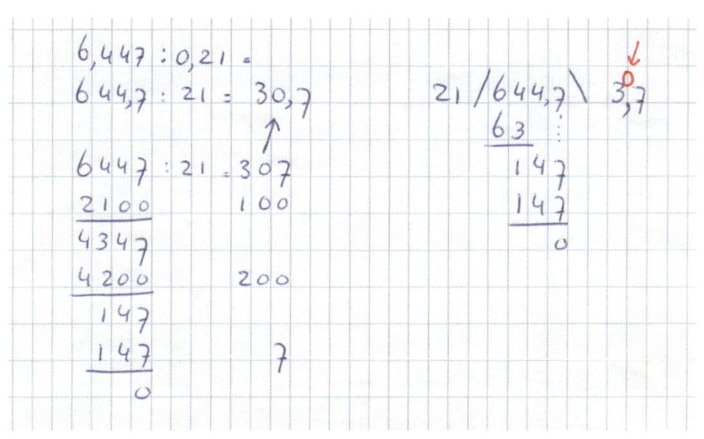

AFBEELDING 7.9 6,447 : 0,21

opgave 30 : $7\frac{1}{2}$ = kun je beide getallen met hetzelfde getal vermenigvuldigen en krijg je 60 : 15 = 4. Dezelfde strategie kun je toepassen bij 0,6 : 0,15 = 60 : 15 = 4. Delen met kommagetallen kan ook vaak worden vervangen door de inverse bewerking, de vermenigvuldiging. 0,6 : 0,15 kun je zien als 'Hoe vaak past 15 cm op 6 dm of 60 cm?' Antwoord: 4 keer. Je ziet dat een meetcontext nog extra kan ondersteunen.

Inverse

Meetgetal

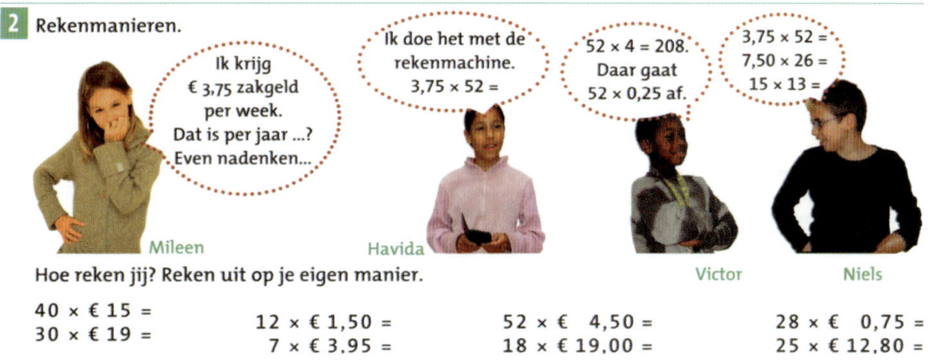

AFBEELDING 7.10 Rekenmanieren

De rekenmachine is een belangrijk hulpmiddel bij het rekenen met kommagetallen, vooral als het gaat om grote getallen en ingewikkelde berekeningen. Bedenk dat kinderen alleen goed kunnen omgaan met de rekenmachine als zij veel inzicht hebben in de structuur en de systematische verfijning. Ook is een hecht relatienetwerk van relaties tussen breuken, kommagetallen, procenten en verhoudingen noodzakelijk om de rekenmachine succesvol te kunnen gebruiken.

Inzicht

Decimale verfijning

Relatienetwerk

De samenhang tussen kommagetallen, verhoudingen, breuken en procenten

In de bovenbouw van de basisschool krijgen leerlingen steeds meer inzicht in de samenhang tussen kommagetallen, verhoudingen, breuken en procenten. Dat gebeurt vanuit toepassingen uit het dagelijks leven.

AFBEELDING 7.11 Prijs-gewichtcontext

Prijs-gewicht-context

Interactie

Alleen al de vraag: 'Zou de prijs van de courgette wel kloppen?' in de prijs-gewichtcontext in afbeelding 7.11, roept in de meeste achtste groepen veel discussie op. Juist die interactie, met het door de leerkracht vragen naar, benoemen van, en subtiel terugkomen op de betekenis en de structuur van de kommagetallen, levert inzicht op. In dit geval kunnen bijvoorbeeld aan de orde komen:

- de betekenis van de getallen op de prijssticker
- hoeveel gekocht wordt: 0,310 kg = 310 gram, iets minder dan $\frac{1}{3}$ kg, dat kost dan ook iets minder dan een derde van de prijs per kilogram; de laatste conclusie vraagt inzicht in verhoudingen, ofwel evenredigheden
- hoe je de prijs controleert, hoe je dit uitrekent met behulp van de rekenmachine; kinderen zien hier in eerste instantie meestal niet de vermenigvuldiging 0,310 × 3,38 = 1,05 in

Een soortgelijke opdracht luidt: wat kost 750 gram druiven van €3,65 per kilo? Hierbij kan een strook veel verduidelijken (zie afbeelding 7.12).

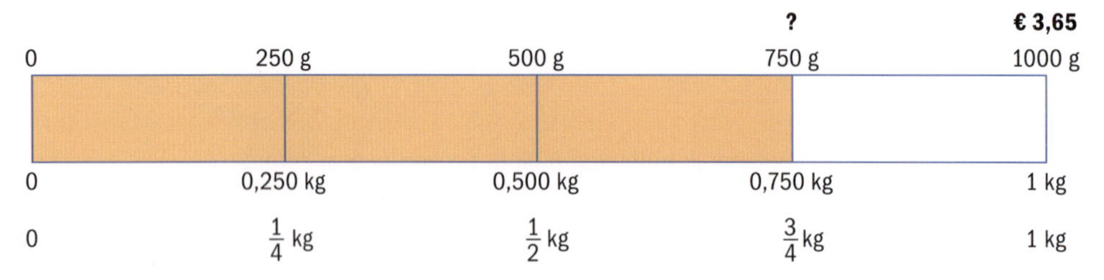

AFBEELDING 7.12 Prijs-gewichtcontext met strook

Oefenen

Decimale verfijning

Vergroten of verkleinen

Ook contexten met betrekking tot (fiets)afstanden en speelse oefeningen als het 'Naderspel' (zie subparagraaf 7.2.1) bieden goede mogelijkheden om leerlingen inzicht te geven in het systeem van verfijning van kommagetallen en het begrip nauwkeurigheid van meting. Bij het op schaal vergroten of verkleinen van intervallen op de getallenlijn (inzoomen) wordt de samenhang tussen kommagetallen, breuken en verhoudingen zichtbaar. Dat geldt ook voor opgaven waarbij de dubbele getallenlijn of strook gebruikt wordt.

Strook

7.4 Kennisbasis

Om het decimale systeem te kunnen doorgronden en efficiënt te kunnen gebruiken, zijn kennis van en inzicht in kommagetallen van cruciaal belang. Bovendien worden kommagetallen misschien nog wel vaker gebruikt in het leven van alledag dan hele getallen. De hoofdbewerkingen met kommagetallen worden net zo uitgevoerd als met hele getallen, maar het bepalen van de plaats van de komma in het antwoord vinden kinderen vaak lastig; het kan voor verwarring zorgen.

7

> Hoe staat het met jouw wiskundige en vakdidactische kennis en inzichten op het gebied van kommagetallen?

VRAGEN EN OPDRACHTEN

7.7 Kommagetallen gemiddeld

Voor een werkgroep meten hebben tien tweedejaarsstudenten hun lengten opgemeten. De resultaten van die meting:

- één studente met een lengte van 1 m 74
- drie studenten met een lengte van 1 m 76
- één student met een lengte van 1 m 79
- twee studenten met een lengte van 1 m 84
- één studente met een lengte van 1 m 86
- één studente met een lengte van 1 m 91
- één student met een lengte van 1 m 95

a Schat de gemiddelde lengte van de tien studenten. Waarom is het gemiddelde schatten ook voor leerlingen van de basisschool nuttig?

Gemiddelde schatten

b Beschrijf ten minste twee manieren waarop je denkt dat leerlingen van de bovenbouw het genoemde gemiddelde kunnen bepalen.

c Zoek uit of het gemiddeld aantal bezoekers van vier musicaluitvoeringen voor ouders 24,4 kan zijn. En 24,5?

d Een bergtocht per auto. Op de heenweg naar het hooggelegen reisdoel is het gemiddelde benzineverbruik 1: 16,3. Dezelfde weg terug, ook 72 km, is het verbruik 1 : 18,9. Bereken het gemiddelde benzineverbruik over het totale traject van 144 km. Waarom is het gemiddelde benzineverbruik over het totale traject niet 1 : 17,6?

7.8 Zoek deeltal en deler

Douwe vertelt dat hij twee hele getallen, elk van twee cijfers, op elkaar gedeeld heeft. Op zijn beeldscherm staat de uitkomst: 0.4482759.

a Zoek uit welke twee getallen Douwe op elkaar gedeeld heeft.

b Leg uit dat er drie mogelijke antwoorden zijn op de vorige vraag a.

c Probeer in het geval van het quotiënt 0.4193548 uit te leggen dat er maximaal drie mogelijkheden zijn.

d Hoeveel mogelijkheden zijn er in de volgende gevallen?

- 0.6363636
- 0.5
- 2.2307692

7.9 Tour de France 2013

AFBEELDING 7.13 Ronde van Frankrijk

Etappe 8: Uitslag bergetappe van Castres naar Ax 3 Domaines over 195 km (zaterdag 6 juli 2013)

1 Chris Froome: 5u 03' 17"
2 Richie Porte + 0.51
3 Alejandro Valverde + 1.08
4 Bauke Mollema + 1.10
5 Laurens ten Dam + 1.16
6 Mikel Nieve + 1.34
7 Alberto Contador + 1.45
8 Roman Kreuziger + 1.45
9 Nairo Quintana + 1.45
10 Igor Anton + 1.45

Gemiddelde

Meetnauwkeurigheid

a Bereken de gemiddelde snelheid van Chris Froome in km/u in drie decimalen nauwkeurig. Je mag een rekenmachine gebruiken.

b Als je uitgaat van de gemiddelde snelheid van Chris Froome, ongeveer hoeveel meter achterstand had Richie Porte dan toen Chris Froome over de eindstreep ging?

c De nummers 7 tot en met 10 hebben een gelijke uitslag van 1 min 45 s. Onderzoek hoe het zou kunnen dat zij op verschillende plaatsen zijn geëindigd.
d Welke (kern)inzichten zijn nodig om bovenstaande opgaven te maken? Hoe zou je ze aan leerlingen van groep 8 aanbieden?

Meer oefenopgaven vind je in hoofdstuk 13, opgave 71 tot en met 77.

Samenvatting

De samenvatting van dit hoofdstuk staat op www.rwp-kerninzichten.noordhoff.nl.

In dit hoofdstuk ben je de volgende begrippen tegengekomen:

Aanpak
Afronden
Associatieve eigenschap
Benoemd getal
Breukstreep
Commutatieve eigenschap
Construeren
Context
Decimaal
Decimale breuk
Decimale verfijning
Deeltal
Deler
Distributieve eigenschap
Evenredigheid
Equivalent
Formeel niveau
Gelijkwaardigheid
Getallenlijn
Groepsstructuur
Handig rekenen
Interactie
Inverse
Inzicht
Kommagetal
Lijnstructuur
Meetgetal
Meetnauwkeurigheid
Meten
Metrieke stelsel
Noemer
Oefenen
Opereren
Positioneren
Positiewaarde
Prijs-gewichtcontext
Quotiënt
Rechthoekstructuur
Redeneren
Relatienetwerk
Schatten
Strook
Structuur
Symmetrisch
Tiendelige breuken
Vermenigvuldigfactor
Wiskundetaal

inkwaterv

1% 1%

5%

5%

6%

29%

8 Procenten

Procenten worden veel gebruikt in het dagelijks leven: kortingen, rente, het percentage vet in een voedingsmiddel of een percentage als uitkomst van een onderzoek. Het is belangrijk dat kinderen goed begrijpen wat percentages in verschillende situaties betekenen, en dat zij vlot kunnen rekenen met procenten.

Overzicht kerninzichten
Om verstandig om te kunnen gaan met percentages moeten kinderen het inzicht verwerven dat:

- procenten een gestandaardiseerde verhouding weergeven, waarbij het totaal op honderd is gesteld

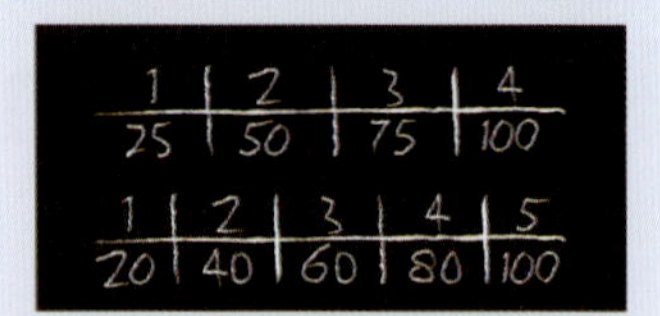

- een percentage een deel-geheelverhouding bepaalt en een relatief getal is

Deze kerninzichten sluiten aan bij de kerndoelen 23 tot en met 26:

23 De leerlingen leren wiskundetaal gebruiken.
24 De leerlingen leren praktische en formele reken-wiskundige problemen op te lossen en redeneringen helder weer te geven.
25 De leerlingen leren aanpakken bij het oplossen van reken-wiskundeproblemen te onderbouwen en leren oplossingen te beoordelen.
26 De leerlingen leren structuur en samenhang van aantallen, gehele getallen, kommagetallen, breuken, procenten en verhoudingen op hoofdlijnen te doorzien en er in praktische situaties mee te rekenen.

Volgens de referentieniveaus moeten kinderen weten dat het geheel 100% is, eenvoudige verhoudingen kunnen omzetten in percentages, bijvoorbeeld 40 op de 400, en met eenvoudige percentages kunnen rekenen.
Van kinderen op niveau 1S wordt verwacht dat zij ook veelvoorkomende percentages kunnen omzetten in breuken en omgekeerd, en de relatie kunnen leggen tussen percentages en decimale getallen. Zij moeten kunnen rekenen met minder 'mooie' percentages en begrijpen dat je meer dan 100% kunt hebben.
Verder moeten ze begrijpen dat je bij het rekenen met procenten niet zomaar mag optellen en aftrekken.

8.1 Gestandaardiseerde verhouding

Gestandaardiseerde verhouding

Een percentage is een vaste verhouding van zoveel op de honderd. Om goed met procenten uit de voeten te kunnen, moeten kinderen leren wat dit precies betekent.

8.1.1 Praktijkvoorbeelden

Een uitgebreid voorbeeld van een les in groep 8 laat zien wat kinderen moeten leren over procenten.

DE AMSTERDAMSE KRANT

Opvallende daling aantal inbraken

Van onze verslaggever
Volgens een woordvoerder van de politie is er vorig jaar in 1 op de 25 huizen een inbraak gepleegd.
Dit jaar bleek dat nog maar in 1 op de 20 huizen te zijn gebeurd. Dat is dus een flinke daling. Maar ook 20% is natuurlijk nog altijd teveel. De politie stelt alles in het werk om de veiligheid nog verder te vergroten.

AFBEELDING 8.1 Krantenbericht

Meester Jaap van groep 8 leest een krantenbericht voor. De bedoeling is dat kinderen het bericht lezen en praten over hoe de verslaggever zich heeft vergist. Wat is er fout in het bericht?
Meester Jaap: 'Schrijf een brief naar de redactie van de krant over wat er in dit bericht allemaal niet klopt. Je moet ook vertellen waarom het niet klopt en dit heel duidelijk maken aan de redactie. Gebruik hierbij eventueel ook tekeningen.'
Yehoudi en Timon werken samen aan deze opdracht.
Yehoudi: 'Wat staat er nou eigenlijk allemaal?' Hij trekt het bericht naar zich toe en leest het nog eens door.
Timon: '1 op de 20 is juist meer.'
Meester Jaap loopt langs en vraagt Timon hoe hij dat weet.
Timon: '1 van elke 20 huizen is meer dan 1 van elke 25.'
Yehoudi: 'Nee, wat dan? 1 op de 20 of 1 op de 25?'
Timon: 'En het is geen 20%. 1 op de 20 is 4%.'
Yehoudi: 'Nee, 1 op de 20 is 5%, want je moet delen op 100.'

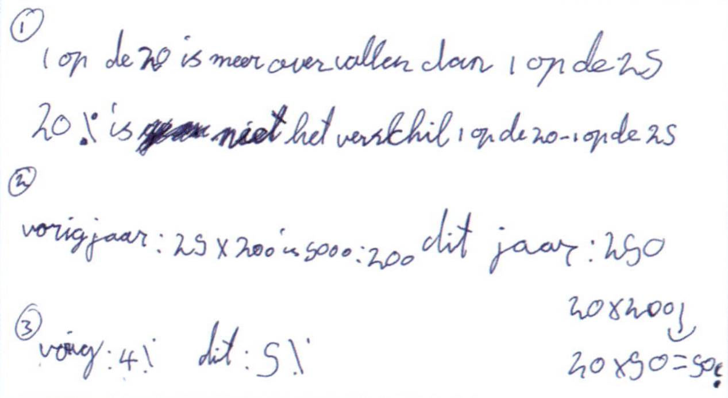

① 1 op de 20 is meer overvallen dan 1 op de 25
20% is ~~geen~~ niet het verschil 1 op de 20 - 1 op de 25
②
vorigjaar: 25 x 200 is 5000 : 200 dit jaar: 250
③ vorig: 4% dit: 5%
20 x 200
20 x 50 = 500

AFBEELDING 8.2 Het werk van Yehoudi en Timon

Wat moeten kinderen begrijpen om de fouten uit het bericht te halen en hoe zou je daar als leerkracht bij kunnen helpen?

Context

Een uitdagende opdracht: het zoeken naar fouten binnen een context als deze daagt kinderen uit. Kinderen moeten het verhaaltje zelf omzetten naar

Mathematiseren

Wiskundige attitude

Verhouding

een berekening; dat heet horizontaal mathematiseren. Het kritisch leren kijken naar getallen in kranten en berichten levert een bijdrage aan het ontwikkelen van een goede wiskundige attitude.
Bij deze opgave komen de volgende punten naar voren:

- de verhouding 1 op de 25 vergelijken met de verhouding 1 op de 20, door beide te standaardiseren op honderd
- het omzetten van een verhouding naar een percentage: hier onjuist gedaan, want 1 op de 20 is niet 20%
- interpreteren van de context: zijn er nu meer of minder inbraken?

Als alle groepjes iets genoteerd hebben, bespreekt meester Jaap de opgave klassikaal.
Meester Jaap: 'De verslaggever beweert: "Dit jaar bleek dat nog maar in één op de twintig huizen te zijn gebeurd." Maar er zijn niet minder inbraken gepleegd dan vorig jaar, maar juist meer. Heel knap dat jullie daar allemaal achter gekomen zijn! Timon, hoe legde jij het ook alweer uit?'
Timon: '1 op de 20 is toch meer dan 1 op de 25?'
Meester Jaap: 'Kun je dat ook op een andere manier uitleggen?'
Timon trekt zijn schouders op. Voor hem is het logisch.
Meester Jaap vraagt aan de groep: 'Als we nu eens honderd huizen nemen in Amsterdam.
In hoeveel huizen werd er dan vorig jaar ingebroken, bij een verhouding van 1 op de 25 huizen?'
Klaartje: 'Vier huizen, meester, want 100 gedeeld door 25 is 4.'
Meester Jaap: 'Ja, heel goed, en dit jaar?'
Intussen tekent meester Jaap twee tabellen op het bord en schrijft hierin de verhouding 1 op de 25.

AFBEELDING 8.3 Verhoudingen op het bord

Gestandaardiseerde verhouding

Timon heeft vrijwel direct in de gaten dat 1 op de 20 juist meer inbraken betekent dan 1 op de 25. De korte uitleg van Timon zal niet gelijk duidelijk zijn voor alle leerlingen. Het kan verduidelijkt worden door een aantal huizen te kiezen, bijvoorbeeld 100 huizen, en dan te berekenen hoeveel inbraken er zijn bij 1 op de 20 huizen en hoeveel bij 1 op de 25 huizen. Het aantal van 100 is handig, omdat je van die gestandaardiseerde verhouding de overstap kunt maken naar procenten. Het kiezen van een gemakkelijk getal om greep te krijgen op de situatie is een bekende heuristiek.

Heuristiek

De verhoudingstabel is een geschikt model om de verhoudingen in beeld te brengen. Bovendien kan deze dienst doen als rekenhulpmiddel, zeker ook als het gaat om het omrekenen naar procenten. De verhoudingen 1 op 20 en 1 op 25 worden in dit geval omgerekend naar 5 op 100, respectievelijk 4 op 100. Hiermee worden de inbraakgegevens gemakkelijk vergelijkbaar, want 5% is een hoger percentage dan 4%.

Verhoudingstabel
Model
Procenten

8.1.2 Kerninzicht gestandaardiseerde verhouding

Deze paragraaf geeft een verdere toelichting op het kerninzicht dat in het praktijkvoorbeeld naar voren is gekomen.

Kinderen verwerven het inzicht dat procenten een gestandaardiseerde verhouding weergeven, waarbij het totaal op honderd is gesteld.

Standaardisering op 100

Een percentage is een gestandaardiseerde verhouding van zoveel op de honderd; per cent (Latijn: *pro centum*) betekent ook 'per honderd'. Het teken % is vermoedelijk ontstaan uit de schrijfwijze voor 'aantal per honderd': *N°/c*, te lezen als *numero per C* (C = 100). Via *°/c* is dit % geworden. Ook promille is een gestandaardiseerde verhouding, maar dan van zoveel op de duizend, weergegeven met het symbool ‰. Het alcoholgehalte in het bloed wordt bijvoorbeeld meestal in promille weergegeven.
Een percentage of promillage is een relatief getal. Vijf procent rente van een spaarbedrag varieert, afhankelijk van het bedrag waarvan je uitgaat: 5% van €3000 is €150, maar 5% van 60 000 is €3000. Om het percentage uit te rekenen stel je het bedrag waarvan je uitgaat op honderd procent. Nu lijkt dat vanzelfsprekend, maar er zijn diverse situaties waarin het standaardiseren, dus het stellen op honderd, niet zo eenvoudig is.

Gestandaardiseerde verhouding

Promille

Relatief getal
Rente

Aanbieding 'Vijf halen, vier betalen'. Is dit nu 20% of 25% korting?

Bij berekeningen met procenten is een belangrijke vraag: welk getal moet ik op honderd stellen? Wat stel je op honderd bij een aanbieding als 'vijf halen, vier betalen'? Als je vijf artikelen koopt, krijg je een korting van 1 op de 5, dat is 20 op de 100 ofwel 20%. De '5' stel je dus op 100%.

Super ALDO beweert in haar advertentie dat zij met de luxe broodjes 25% goedkoper is dan Super AHI (zie afbeelding 8.4). Super AHI bestrijdt dat: het scheelt 20%. Wat je nu op 100% moet stellen, is niet te zeggen. Beide supermarkten hebben gelijk vanuit hun eigen perspectief: het verschil is 20% als je het bekijkt vanuit Super AHI, maar 25% als je het beschouwt vanuit Super ALDO. Dit wordt wel de procentenasymmetrie genoemd: het percentuele verschil is 'asymmetrisch'. Het absolute verschil is wel symmetrisch, namelijk €0,10, of je het nu bekijkt vanuit het perspectief van AHI of van ALDO. Ook bij sommige situaties met een toename of een afname kun je te maken krijgen met procentenasymmetrie. Zo kom je met 10% salarisverhoging en

Procentenasymmetrie
Absoluut

AFBEELDING 8.4 Advertenties

daarna 10% salarisverlaging niet uit op het oorspronkelijke salaris van voor de verhoging. Neem een eenvoudig geldbedrag, bijvoorbeeld €200, om beter te begrijpen wat er gebeurt. Reken 110% van €200 uit door 200 met 1,10 te vermenigvuldigen. Je behandelt het percentage nu als vermenigvuldigfactor. Daarna neem je 90% en alles bij elkaar krijg je: $200 \times 1{,}10 \times 0{,}90 = 200 \times 0{,}99 = 200 - 2 = 198$. Ook hier speelt weer een rol wat je op 100 stelt. Eerst neem je het oorspronkelijke salaris als 100%, dat wordt dan 110%, maar voor de tweede berekening beschouw je dat laatste bedrag weer als 100%. Dan neem je 90% van 110%, en daarom houd je 99% van het oorspronkelijke salaris over.

Vermenigvuldigen

Modellen

Model
Verhoudingstabel

Modellen kunnen helpen de situaties of berekeningen te verhelderen. In het praktijkvoorbeeld zet meester Jaap de verhoudingstabel in om de verhoudingen 1 op 20 en 1 op 25 te vergelijken door ze op 100 te stellen en uit te drukken in percentages. Andere bruikbare modellen voor procenten zijn:

- de procentenstrook
- de dubbele getallenlijn
- het cirkeldiagram

Procentenstrook

De procentenstrook is het belangrijkste model. Dit model spreekt de kinderen aan, door de duidelijke visualisering van het totaal en de delen. In afbeelding 8.5 zie je een strook bij de opgave: 'De printerinkt kost met korting €16,40. Zonder die korting van 20% was het €... , ... geweest.'

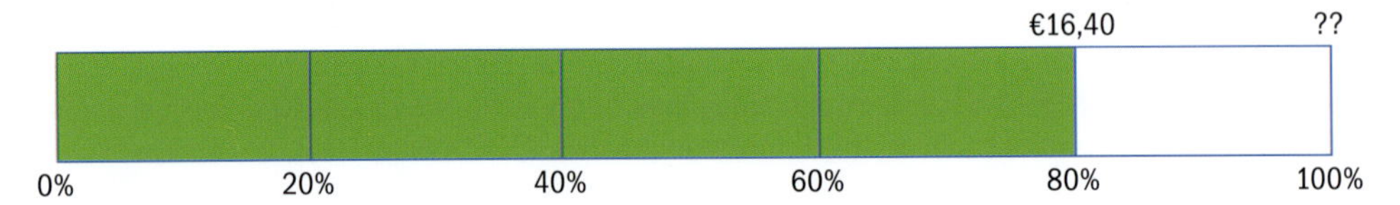

AFBEELDING 8.5 Oplossing op strook

Dubbele getallenlijn

De dubbele getallenlijn wordt vaak toegepast in situaties die op een wat hoger niveau liggen, zoals in het geval van een uitbreiding boven de 100%. In afbeelding 8.6 zie je een dubbele getallenlijn bij de opgave: 'Een broek van €85 is 15% duurder geworden.'

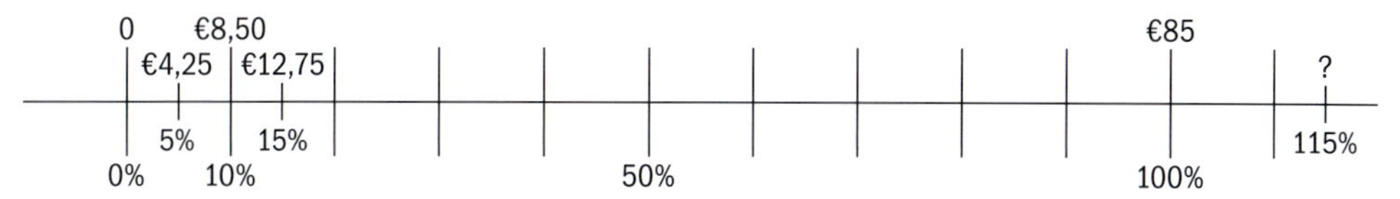

AFBEELDING 8.6 Oplossing op dubbele getallenlijn

Cirkelmodel

Het cirkelmodel of cirkeldiagram wordt vaak gebruikt in kranten, atlassen en folders. Zie bijvoorbeeld de gegevens over het drinkwaterverbruik per huishouden in afbeelding 8.7.

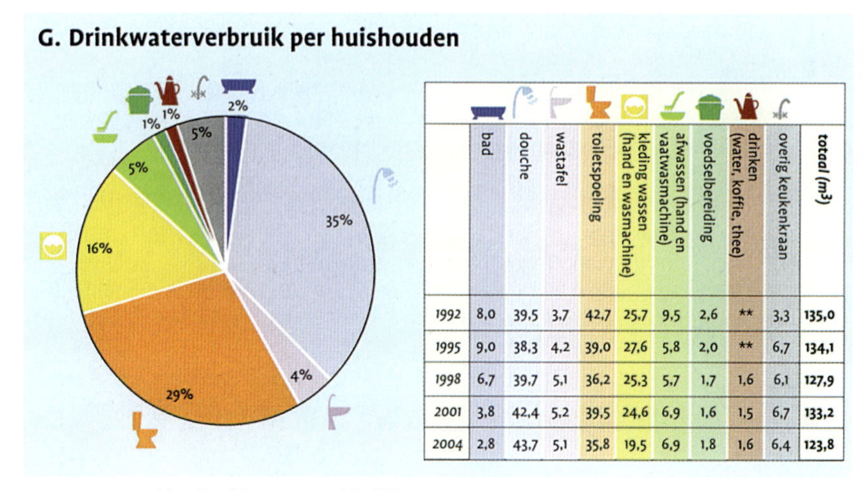

G. Drinkwaterverbruik per huishouden

	bad	douche	wastafel	toiletspoeling	kleding wassen (hand en wasmachine)	afwassen (hand en vaatwasmachine)	voedselbereiding	drinken (water, koffie, thee)	overig keukenkraan	**totaal (m^3)**
1992	8,0	39,5	3,7	42,7	25,7	9,5	2,6	**	3,3	**135,0**
1995	9,0	38,3	4,2	39,0	27,6	5,8	2,0	**	6,7	**134,1**
1998	6,7	39,7	5,1	36,2	25,3	5,7	1,7	1,6	6,1	**127,9**
2001	3,8	42,4	5,2	39,5	24,6	6,9	1,6	1,5	6,7	**133,2**
2004	2,8	43,7	5,1	35,8	19,5	6,9	1,8	1,6	6,4	**123,8**

AFBEELDING 8.7 Voorbeeld van een cirkeldiagram

Waaraan herken je het kerninzicht gestandaardiseerde verhouding bij leerlingen?

Uit welke kennis of handelingen van een leerling kun je als leerkracht opmaken dat een leerling inzicht heeft in de standaardisering op 100 van procenten? Dat inzicht kan sterk verschillen in niveau en kun je vaststellen als een leerling:

Gestandaardiseerde verhouding

Deel-geheelverhouding

- weet dat een percentage een gestandaardiseerde verhouding van 1 op 100 is
- beredeneerd kan kiezen welk getal of bedrag je op 100 moet stellen
- een eenvoudige deel-geheelverhouding vlot op 100 kan stellen en als percentage benoemen, bijvoorbeeld '6 van de 25 leerlingen dragen een bril, dat is 24 op de 100, dus 24%'
- verhoudingen kan vergelijken door het stellen op 100, bijvoorbeeld 6 op de 25 is naar verhouding minder dan 5 op de 20, want 6 : 25 = 24 : 100 (24%) en 5 : 20 = 25 : 100 (25%)
- percentages kan aflezen en weergeven op een strook of dubbele getallenlijn, en daarbij rekening houdt met de plaats van de 100%
- betekenis kan geven aan percentages boven de 100%
- een percentage gebruikt als gelijkwaardig aan een breuk of een verhouding (25% van... is $\frac{1}{4}$ deel van... is 1 op de 4)
- de opgave 'Chips: 25% extra voor dezelfde prijs!' met de bijbehorende vraag 'Is 25% extra hetzelfde als 25% korting?' kan oplossen en de oplossing kan uitleggen (niet haalbaar voor alle leerlingen van groep 8)

VRAGEN EN OPDRACHTEN

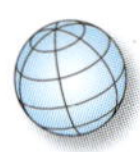

8.1 Kijk naar de videofragmenten over procenten die je op de website vindt. Hoe speelt het inzicht in de gestandaardiseerde verhouding hier een rol?

8.2 Op een mp3-speler van €83 krijg je 35% korting. Bereken wat je moet betalen op verschillende manieren. Wat toets je in op een rekenmachine?

8.3 Wat zie jij als voor- en nadelen van het cirkelmodel of cirkeldiagram voor gebruik bij het onderwijs in procenten in de bovenbouw?

8.2 Percentage als deel-geheelverhouding

Een percentage geeft een deel van het totaal aan. Het is van belang dat kinderen kunnen bepalen wat het geheel is, de betekenis van de delen kennen en hiermee vervolgens vlot kunnen rekenen.

8.2.1 Praktijkvoorbeelden

Een percentage is een gestandaardiseerde verhouding, maar ook een deel van een geheel.

Juf Anneke houdt tijdens de les in groep 7 een mooie jas omhoog. Er zitten twee kaartjes aan bevestigd: één met €30,- korting erop en de ander met 30% korting erop.
Juf Anneke: 'Wat zou je kiezen: 30 euro korting of 30% korting?'
De kinderen mogen hier even over nadenken en overleggen in hun tafelgroepje.
Al snel steekt Simon zijn vinger op: 'Dat kun je helemaal niet weten, juf!'
Juf Anneke: 'Waarom kun je dat niet weten?'
Simon: 'Nou, je weet helemaal niet hoe duur de jas is.'
Juf Anneke: 'Kan iemand anders wel een keus maken?'
De meeste kinderen kiezen voor 30% korting, maar zijn onzeker over hun keuze.
Juf Anneke: 'Als het uitmaakt hoe duur de jas is... Simon, zou je ook kunnen bedenken wanneer het niet uitmaakt of je 30 euro of 30% korting krijgt op deze jas?'
Simon kijkt verrast op en denkt na. Vervolgens zegt hij met twinkeloogjes: 'O ja, ik weet het! Bij 100 euro.'
Juf Anneke laat een andere leerling vertellen hoeveel 30% korting is op een jas van 100 euro. Inderdaad, dat is precies 30 euro, dus dan maakt het niet uit.
'Maar als de jas 120 euro kost, kunnen jullie dan zeggen of je liever 30 euro korting wilt of 30%?' vraagt juf Anneke. 'Schrijf je berekening maar op een uitrekenblaadje.'

AFBEELDING 8.8 Een jas met korting

> Welke berekeningen verwacht je van de kinderen bij de opgave 30% korting op een jas van 120 euro?

?

Juf Anneke legt de kinderen van groep 7 een conflictsituatie voor: kiezen voor een jas met 30 euro korting of met 30% korting. De kinderen worden hiermee actief aan het denken gezet. De beide gegevens – 30% en 30 euro – zijn niet goed te vergelijken. Simon snapt dat je in deze situatie eerst moet weten hoeveel de jas kost om te kunnen bepalen wat het voordeligst is. Juf Anneke daagt Simon uit om verder te denken door te vragen wanneer dit niet uitmaakt. Simon bedenkt dat er bij een prijs van 100 euro geen verschil is in de beide kortingen. Meestal is 30% niet toevallig precies 30 euro: percentages zijn relatieve getallen. Ze geven de verhouding aan tussen het deel en het geheel waarvan je uitgaat.
In de afbeeldingen 8.9 en 8.10 zie je twee rekenblaadjes.

Conflictsituatie

Activeren

Relatief getal

Deel-geheel-verhouding

10% van 120 = 12
3X12 = 36
120 - 36 = 84

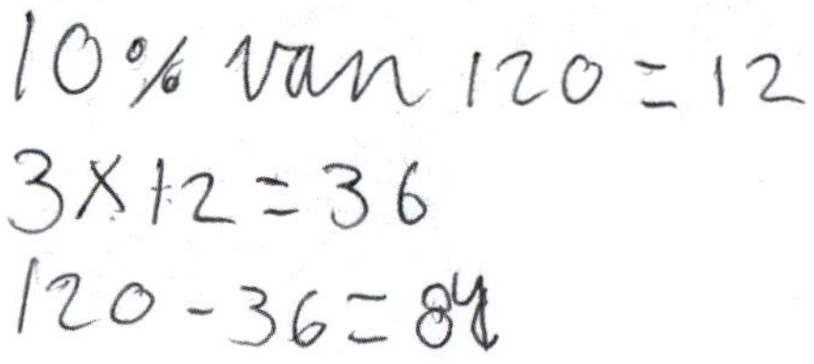

AFBEELDING 8.9 Berekening van Emma en Sophie

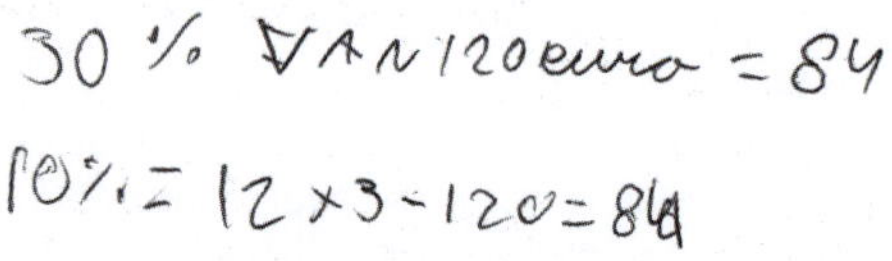

30 % VAN 120euro = 84
10% = 12 x3 - 120 = 84

AFBEELDING 8.10 Berekening van Daan en Jayden

Beide berekeningen starten met het nemen van 10%. Dat is in deze klas al meerdere malen aan bod geweest. De korting bedraagt 3 × 12 euro is 36 euro. Nu kan je eigenlijk al concluderen dat in dit geval 30% korting voordeliger is dan 30 euro korting. Maar de kinderen rekenen ook uit hoeveel de jas dan kost: 120 – 36 = 84 euro. En met 30 euro korting kost de jas 120 – 30 = 90 euro. Het uitgangspunt ofwel grondgetal doet ertoe bij een korting in procenten. Juf Anneke gaf als grondgetal 120. Bij een jas van 75 euro pakt het weer anders uit: dan komt 30% korting uit op een ander bedrag. En een korting van 30 euro blijft steeds gelijk, dat is een absoluut getal. Door deze opgave ervaren kinderen dat procenten geen absolute, maar relatieve getallen zijn en een deel van het geheel aangeven.

Grondgetal

Absoluut en relatief

Deel-geheelverhouding

In de volgende opgave staat de deel-geheelverhouding centraal.

De Hortensiaschool heeft onderzocht hoe de kinderen naar school komen. Dit zijn de resultaten.

- Een vijfde van de kinderen komt lopend.
- Eén op de tien wordt gebracht met de auto.
- De rest komt op de fiets.

Hoeveel procent komt op de fiets?

De context helpt de kinderen om in te zien dat het om een geheel gaat – alle kinderen van de school – met onderverdelingen. Ook hierbij helpt een strook.
Daarop kunnen kinderen $\frac{1}{5}$ aangeven en $\frac{1}{10}$. Op de fiets komt dus $1 - \frac{3}{10} = \frac{7}{10}$, ofwel 70%.
De bekendheid van het rekenen met breuken geeft kinderen houvast. Daarom wordt in groep 7 begonnen met percentages die makkelijk zijn om te zetten in breuken.

Context

Strook

Breuken

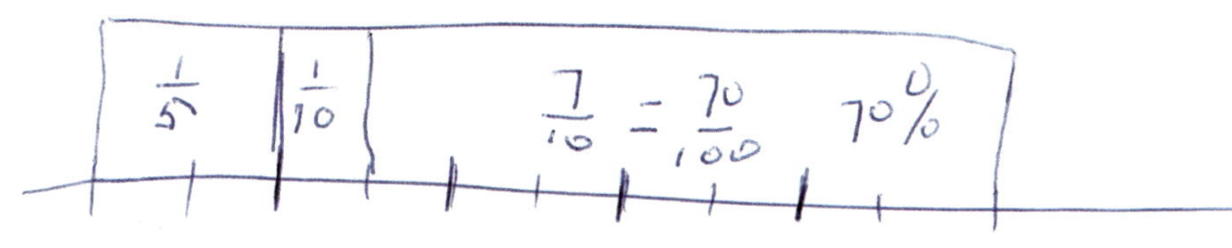

AFBEELDING 8.11 Oplossing op strook

8.2.2 Kerninzicht percentage als deel-geheelverhouding

Uit de praktijkvoorbeelden in de vorige paragraaf komt het kerninzicht naar voren dat hierna verder wordt toegelicht.

> Kinderen verwerven het inzicht dat een percentage een deel-geheelverhouding bepaalt en een relatief getal is.

In het praktijkvoorbeeld van de jas met korting kunnen leerlingen ervaren dat het grondgetal bepalend is voor de waarde van 30%. Een percentage geeft een deel-geheelverhouding aan: 30% van een bedrag geeft de verhouding 30 op de 100 van dat bedrag. Bij verschillende bedragen of grondgetallen krijg je verschillende uitkomsten: 30% van €100 is €30, maar 30% van €200 is €60. Bij dezelfde verhouding (30 : 100), maar verschillende grondtallen (100 respectievelijk 200), krijg je verschillende uitkomsten (30 en 60). Daarmee zie je dat een percentage geen absoluut getal is, maar een relatief getal.

Grondgetal

Deel-geheelverhouding

Absoluut en relatief getal

> Stel dat de jas, waar al 30% korting op gegeven werd, daarna nogmaals wordt afgeprijsd met 20%. Hoe duur is die jas dan?

?

De relativiteit van het begrip procent heeft gevolgen voor het rekenen met percentages. Je kunt 20% en 30% niet zomaar bij elkaar optellen; dat kan alleen als je in beide gevallen hetzelfde grondgetal hebt. Twee voorbeelden. Stel: op een jas wordt 30% korting gegeven. En in de laatste uitverkoopweek komt er op alle artikelen nog 20% korting extra. Dan is de korting op de oorspronkelijke prijs van de jas niet 30% + 20% = 50%. Op de prijs van 70% krijg je namelijk nog eens 20% korting, dat is 0,20 × 70 = 14% extra korting, dus ten opzichte van de oorspronkelijke prijs 30 + 14 = 44% korting.

Procent

AFBEELDING 8.12 Reclamebord: tel uw kortingen op: 30% + 20%!

Deel-geheel-verhouding

In alle situaties waarin met procenten gerekend wordt, speelt de deel-geheelverhouding een rol, zoals in de volgende voorbeelden te zien is.

- Je krijgt 20% korting: het overige deel, 100 – 20 = 80% van het totaal, moet je nog betalen.
- Verkopen met 15% verlies: het overige deel, 100 – 15 = 85% van het oorspronkelijke totaalbedrag, houd je over.

Rente

- De rente bedraagt jaarlijks 4%: na een jaar heb je 100 + 4 = 104% van het oorspronkelijke spaarbedrag.
- In groep 7 (twintig leerlingen) draagt 1 op de 4 kinderen een bril, in groep 8 is dat 1 op 5: deel-geheelverhouding is 1 : 4 = 25 : 100 respectievelijk 1 : 5 = 20 : 100. Dus in groep 7 ligt het percentage brildragers 5% hoger dan in groep 8.
- In deze trui zit 15% rayon, de rest is katoen: de deel-geheelverhouding (rayon, katoen) is 15 : 85.

Strook

De deel-geheelverhouding wordt voor leerlingen vooral duidelijk in het strookmodel (zie bijvoorbeeld afbeelding 8.5).

Waaraan herken je het kerninzicht deel-geheelverhouding bij leerlingen?

Uit welke kennis of handelingen van een leerling kun je als leerkracht opmaken dat een leerling inzicht toont in de deel-geheelrelatie van procenten? Dat inzicht kan sterk verschillen in niveau en kun je vaststellen als een leerling:

Relatief getal

- weet dat het bij percentages om een relatief getal gaat: 30% van iets kan meer of minder zijn dan 30% van iets anders
- beseft dat je percentages niet zomaar mag optellen of aftrekken als het gaat om percentages van verschillende totalen

Relatienetwerk

- een relatienetwerk heeft opgebouwd: eenvoudige breuken als $\frac{1}{2}$, $\frac{1}{4}$, $\frac{3}{4}$, $\frac{1}{5}$, $\frac{1}{10}$, $\frac{1}{20}$ en $\frac{1}{50}$ vlot kan omrekenen in honderdsten (gewone breuken en kommagetallen) en procenten

Gelijkwaardigheid

- in het dagelijks taalgebruik de gelijkwaardigheid van procenten en eenvoudige breuken kent (de helft als 50%, een kwart als 25%)

Procenten

- snel percentages uit het dagelijks leven (reclames) en in de rekenmethode herkent en globaal op waarde kan schatten

- gelijkwaardige getallen of verhoudingen herkent, bijvoorbeeld weet dat 0,1 = 0,10, dus 0,1 (een tiende) deel van een bedrag hetzelfde is als 10% (en niet 1%, zoals nogal eens gedacht wordt)
- aan een andere leerling of aan de leerkracht al of niet met behulp van een strook of verhoudingstabel kan uitleggen dat 25% korting van een bedrag veel sneller berekend kan worden door een kwart van dat bedrag te nemen dan door de 1%-regel toe te passen
- kan verwoorden dat 83% van €234 eigenlijk betekent $\frac{83}{100}$ deel van €234, en daarom de uitkomst is van 0,83 × €234

Verhouding

Strook

Verhoudingstabel

Leg aan groep 8 pittige stellingen over procenten voor, zoals:
- Om 20% ergens van uit te rekenen moet je altijd eerst 1% ervan uitrekenen.
- 50% plus 30% is 80%.
- Zaterdag 40% kans op regen, zondag 60%; dus het hele weekend regent het.
- Korting is de prijs die je moet betalen.
- 200% bestaat niet.

8

Als ze het eens zijn met de uitspraak, steken ze een groene kaart op en als ze het oneens zijn, een rode kaart. Kinderen vinden dit een leuk 'oefenspel' en het nodigt uit tot discussie over elementaire kennis en inzichten over procenten.

Oefenen

AFBEELDING 8.13 Groen: mee eens!

VRAGEN EN OPDRACHTEN

8.4 Kijk naar de videofragmenten over procenten die je op de website vindt. Welke kerninzichten spelen hier een rol?

8.5 In groep 7 rekenen kinderen met eenvoudige percentages, die in breuken kunnen worden omgezet. Maak een lijst van percentages en bijbehorende breuken waarvan jij vindt dat kinderen in groep 7 er makkelijk mee moeten kunnen rekenen.

8.6 Kijk nog eens terug naar het verhaal over de jas met een korting van 30 euro of van 30%. Beredeneer bij welke prijzen een korting van 30 euro te verkiezen is boven een korting van 30%.

8.3 Leerlijn procenten

Procenten **Gestandaardiseerde verhouding** **Deel-geheelverhouding** **Verschijningsvormen** **Leeromgeving** **Inzicht**

De leerlijn procenten heeft betrekking op de bovenbouwgroepen 7 en 8. In vrijwel alle lessen en opgaven over procenten manifesteren zich beide kerninzichten: gestandaardiseerde verhouding op 100 en deel-geheelverhouding. Kinderen raken gaandeweg vertrouwd met de verschillende verschijningsvormen van procenten: als korting op artikelen, rente op spaargelden, verhoudingen van aantallen kinderen of voorwerpen, en toe- of afnames. Juist door percentages te leren begrijpen in een leeromgeving met verschillende situaties krijgen ze inzicht in het karakter van procenten als gestandaardiseerde verhouding en als deel-geheelverhouding. In alle situaties gaat het steeds weer om het inzicht welk getal op honderd gesteld moet worden, en om het inzicht in de betekenis van de delen in de deel-geheelverhouding.

Informele kennis en voorkennis

Informele kennis

Procenten worden in groep 7 geïntroduceerd met het verkennen van de kennis over procenten die bijna alle kinderen al hebben. We noemen dit ook wel de informele kennis. Kinderen in groep 7 weten al van alles over procenten, zoals: '100% is alles', '50% is de helft' of 'ik voel mij niet honderd procent'. Zelfs kinderen uit de middenbouw herkennen percentages uit kortingssituaties.

AFBEELDING 8.14 Informele kennis over procenten

In groep 7 beschikken leerlingen over de voorkennis die nodig is om het rekenen met procenten daadwerkelijk in gang te zetten, zoals elementaire kennis van echte en tiendelige breuken. Vooral het kunnen werken met tienden en honderdsten – als echte breuken en in de vorm van kommagetallen – is van belang. Dat maakt de overgang naar het rekenen met procenten bijna vanzelfsprekend. In het eerste praktijkvoorbeeld van subparagraaf 8.1.1 over het vergelijken van de verhoudingen 1 op 20 en 1 op 25, kunnen kinderen bijvoorbeeld ontdekken waarom gelijknamig maken van $\frac{1}{20}$ en $\frac{1}{25}$ op honderdsten ('op honderd stellen') zo handig is, gemakkelijker dan het vergelijken met breuken. Daarom rekenen mensen vaak op die manier en hebben honderdsten de speciale naam procenten gekregen, met het bijbehorende symbool %.

Voorkennis

Breuken

Gelijknamig maken

Procenten

Leren denken en redeneren in verhoudingen

Voor een goed begrip van procenten en het leren rekenen met procenten, is het noodzakelijk dat de leerlingen van groep 7 allereerst leren denken en redeneren in verhoudingen. Daartoe worden voor leerlingen herkenbare contexten en passende modellen gebruikt. De schuifstrook (zie afbeelding 8.15), een bijzondere vormgeving van de procentenstrook, is in deze fase een zeer geschikt model.

Redeneren
Verhoudingen
Context
Model
Procentenstrook

8

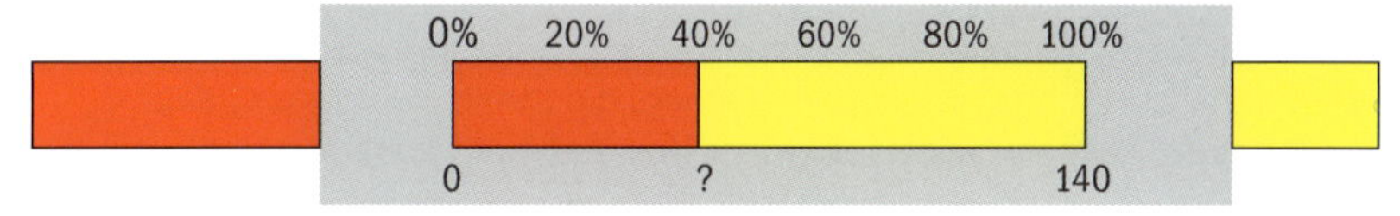

AFBEELDING 8.15 Schuifstrook

Voor deze eerste fase is het beter een schuifstrook zonder getallen te gebruiken, eventueel alleen met getallen bij 0 en 100, omdat de leerlingen dan eerder tot globaal schatten van percentages worden uitgenodigd. Het oefenen ermee kan klassikaal, in kleine groepen of individueel gebeuren.

Oefenen

Op de website zie je meester Paul een klassikale oefening doen met de schuifstrook met groep 7 (clip 8.3).

Meester Paul van groep 7 gebruikt de powercheckbatterij als context bij de schuifstrook:
rood geeft het percentage 'vol' aan. Hij geeft beurten. Paul zet de schuif halverwege en vraagt: 'Hoe vol is deze batterij? Het gaat om ongeveer, weet je nog?'
Dennis: '50%.'
Daarna volgen nog 10%, 1%, 99% en 75%. Kinderen redeneren en gebruiken soms referentiematen, zoals 'een kwart van de lengte is 25%'.
Vervolgens zet Paul een nieuwe grootheid (tijd) in: 'De volle batterij brandt tien uur in een zaklamp. Veertig procent gevuld: voor hoeveel uur is er nog energie?'

In dat laatste geval kan eventueel overgegaan worden op een schuifstrook waarop getallen staan aangegeven, zoals in afbeelding 8.15.

Veel aandacht voor flexibel hoofdrekenen is zinvol, omdat leerlingen zich er daardoor van bewust worden dat je in de meeste gevallen kunt volstaan met handig rekenen. De manier die altijd werkt, namelijk eerst 1% uitrekenen, ontdekken de kinderen vaak gaandeweg, vanuit het werken met de strook. Als je kinderen eerst de 1%-regel aanleert, leidt dat ertoe dat leerlingen in deze aanpak blijven hangen en minder profiteren van vaak veel eenvoudiger hoofdrekenaanpakken. De 1%-regel wordt daarom ook later in de leergang procenten aan de orde gesteld.

Handig rekenen

Aanpak

Kortingen

Procentenstrook

De procentenstrook – al of niet in de vorm van een schuifstrook – komt ook goed van pas bij het in beeld brengen van en rekenen met kortingspercentages. Het werken met dat soort percentages begint ook in groep 7, allereerst met opgaven waarbij leerlingen gemakkelijk relaties kunnen leggen met eenvoudige breuken. Een geschikte kortingsopgave als introductie is bijvoorbeeld de volgende.

In een winkel met elektronische apparatuur worden in de maand juni alle artikelen met 25% korting verkocht. Het gaat om oude modellen, die straks vervangen gaan worden door nieuwe. Een cd-speler kostte 80 euro. Hoeveel moet je betalen met een korting van 25%?

Kinderen die al weten dat 25% hetzelfde is als $\frac{1}{4}$, zijn in het voordeel. Dit soort rekenen met breuken kunnen de meeste leerlingen van groep 7 wel: $\frac{1}{4}$ deel van 80 euro is 20 euro. Dus 20 euro korting. Dan betaal je 80 – 20 is 60 euro.

Grondgetal

Procenten

Een strook op het bord kan de opgave voor kinderen verduidelijken. Het grondgetal is het geheel, in dit geval de oude prijs. Die prijs van 80 euro moet dus op 100% gesteld worden. Op de strook kun je goed laten zien dat 50% de helft is, dus 40 euro, en 25% de helft daar weer van.

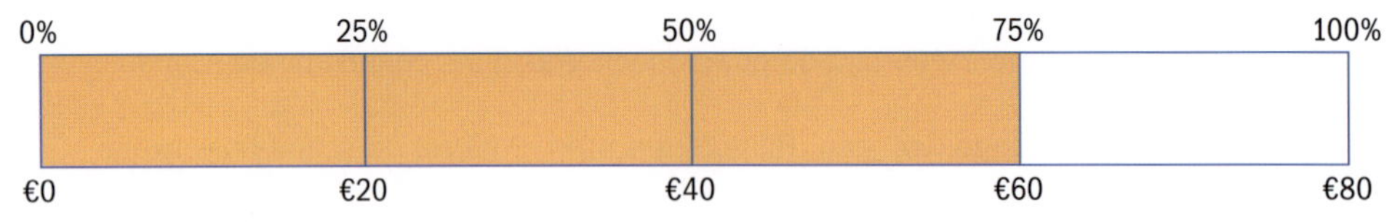

AFBEELDING 8.16 Oplossing op strook

Met de kortingspercentages 50%, 25%, 10% en 5% kunnen kinderen al snel handige berekeningen uit het hoofd doen. De procentenstrook is in die beginfase het aangewezen model om percentages in beeld te brengen, om uit te vinden welk getal op 100% gesteld moet worden en om de bijbehorende berekeningen te maken.

Drie soorten opgaven

De hiervoor genoemde kortingsopgaven verschijnen in rekenmethoden in drie soorten, afhankelijk van wat gegeven of gevraagd wordt. Er is steeds sprake van drie gegevens, waarvan er één gevraagd wordt te berekenen. Bij de opgave van de cd-speler van €80 met 25% korting en het te betalen bedrag van €60 kan een van de drie gegevens worden weggelaten.

TABEL 8.1 Drie soorten kortingsopgaven

Opgave	Oorspronkelijke prijs	Korting in %	Te betalen
A	€80	25%	?
B	?	25%	€60
C	€80	?	€60

8

?

Wat is volgens jou de volgorde in moeilijkheidsgraad van de drie opgaven? Beredeneer jouw keuze.

In alle drie gevallen kan de strook of de dubbele getallenlijn ondersteuning geven bij het stellen op honderd en het berekenen van het ontbrekende getal. Juist ook bij opgave B, de moeilijkste vorm, kan het beeld van het totale (oorspronkelijke) bedrag en de verdeling ervan helpen bij het oplossen van de opgave, ook al is dat totaal nog een onbekend getal. De moeilijkheidsgraad wordt bepaald door het gegeven dat ontbreekt én door de grootte of structuur van de getallen die in de situatie voorkomen.

Strook
Dubbele getallenlijn
Niveaus van oplossen
Structuur

Een opgave als 'Hoeveel is 35% korting van €240' moeten kinderen uit het hoofd kunnen berekenen door te schatten of handig te rekenen. Bij het schatten kunnen ze denken aan 35% als een paar procent meer dan een derde deel; precies rekenen kan door 25% + 10% of 3 × 10% + 5% te nemen.

Schatten
Handig rekenen

Op weg naar moeilijker rekenwerk met procenten

Gaandeweg wordt in groep 7 de overgang gemaakt naar moeilijker rekenwerk met procenten. De procentenstrook wordt nu niet meer zozeer gebruikt als denkmodel, maar als rekenhulpmiddel.

Procentenstrook
Denkmodel

AFBEELDING 8.17 De strook als rekenhulpmiddel a

Bij de opgave 'Hoeveel is 34% van €297' kan precies rekenen uit het hoofd niet meer verwacht worden, maar wel moeten leerlingen in dat geval uit het hoofd een schatting kunnen maken (ongeveer een derde deel van €300). Het exacte antwoord kunnen ze ook berekenen op meerdere manieren, bijvoorbeeld via de eerder genoemde 1%-regel (eerst 1% van €297 = €2,97 en dat 34 keer) of door 34% te beschouwen als factor 0,34 en op de rekenmachine 0,34 × 297 uit te rekenen. Dit laatste komt pas verderop in de leergang aan de orde (zie hierna).

Het percentage berekenen als de verhouding van getallen gegeven is (zie tabel 8.1, opgavetype C), kan ook uit het hoofd met behulp van de strook, mits de getallen handig rekenen toelaten, zoals in de volgende opgave: 'Je krijgt 64 van de 160 euro korting. Hoeveel procent korting is dat?'

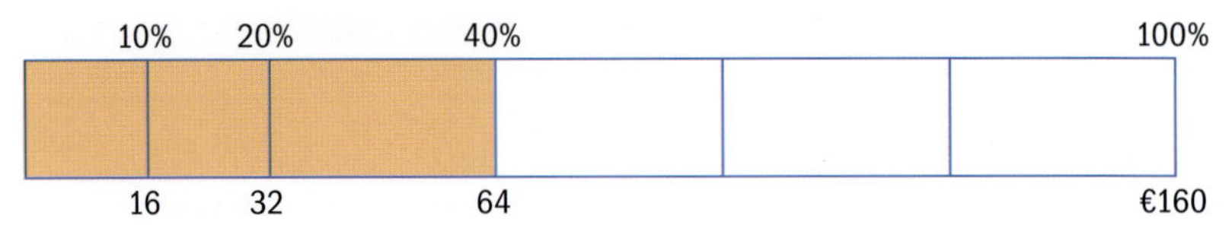

AFBEELDING 8.18 De strook als rekenhulpmiddel b

Grondgetal

Strategie verdubbelen

Je moet allereerst begrijpen dat 160 op 100% gesteld moet worden; 160 is het totale bedrag, het grondgetal waarvan je uitgaat. Daarvan kun je gemakkelijk 10% bepalen, namelijk als een tiende deel van 160 = 16. Sommige leerlingen zullen meteen zien dat 16 vier keer op de 64 gaat. Met andere woorden: 64 is dus 4 × 10% = 40%. Anderen hebben wellicht nog de tussenstap van 20% nodig, om daarna de strategie verdubbelen toe te passen.

Percentage als vermenigvuldigfactor en de zakrekenmachine

Inzicht

Strook

Verhoudingstabel

Als leerlingen voldoende inzicht hebben in het standaardiseren op 100 en procentberekeningen kunnen maken, al of niet met behulp van een strook of verhoudingstabel, komt het 'kale' rekenen met procenten steeds vaker in beeld. In het eerdergenoemde voorbeeld 'Bereken 34% van €297' is al de 1%-regel genoemd – dat betekent in dit geval eerst 1% uitrekenen (= €2,97) en dat 34 keer nemen.

Herhaald optellen

Vermenigvuldigfactor

De meeste leerlingen van de bovenbouw kunnen deze aanpak toepassen, omdat het een betrekkelijk eenvoudige regel is vanwege de achtergrond van het vermenigvuldigen als herhaald optellen: 34 keer €2,97 'optellen'.
Een andere manier is het rekenen met een percentage door dit op te vatten als vermenigvuldigfactor. In dit geval wordt 34% geschreven als het kommagetal 0,34 en gebruikt als vermenigvuldigfactor. Het is een aanpak die heel veel lijkt op de 1%-regel, maar toch veel abstracter is. Dat zie je alleen al aan de bijbehorende vermenigvuldigingen:

1%-regel: 34 × €2,97
vermenigvuldigfactor: 0,34 × €297

De zakrekenmachine is een geschikt hulpmiddel om beide manieren te laten vinden. Veel leerlingen vinden zelf de 1%-regel uit. Eerst 1% berekenen door $\frac{1}{100}$ deel te nemen, dus 297 te delen door 100. Daarna nog 34 × 2,97 berekenen.

De aanpak met de vermenigvuldigfactor vraagt een aanzet met vragen als: 'Wat betekent 34% ook alweer?', 'Zoek eens uit hoe je $\frac{34}{100}$ op de rekenmachine kunt weergeven', '$\frac{34}{100}$ deel nemen; vergelijk eens hoe je dat doet met bekende breuken als $\frac{1}{4}$ deel nemen', enzovoort. Als het inzicht in het werken met de vermenigvuldigfactor aanwezig is, kunnen toepassingen als rente- en btw-berekeningen aan de orde komen.

Rente
Btw

- 15% korting op een bedrag van €87 is nu op de rekenmachine een fluitje van een cent: de korting is 0,15 × €87 = €13,05 of liever: je moet 0,85 × €87 = €73,95 betalen.
- €283 plus 21% btw is 1,21 × €283 = €342,43.
- Een spaarbedrag van €6500 plus 4,5% rente = 1,045 × €6500 = €6792,50. Nog eens een jaar rente erbij betekent een eindbedrag van: 1,045 × 6792,50 = €7098,16. Twee jaar rente op rente had ook meteen uitgerekend kunnen worden als volgt: 1,045 × 1,045 × €6500 = €7098,16.

8.4 Kennisbasis

Er is een veelheid aan dagelijkse situaties waarin procenten worden gebruikt. Inzicht in die situaties en kennis en vaardigheid zijn nodig om effectief en efficiënt te kunnen rekenen met procenten. Juist bij het rekenen met procenten is bijvoorbeeld inzicht in de relatie tussen breuken, kommagetallen en procenten vaak onontbeerlijk.

> Hoe staat het met jouw wiskundige en vakdidactische kennis en inzichten op het gebied van procenten?

VRAGEN EN OPDRACHTEN

8.7 Vakantiewerk

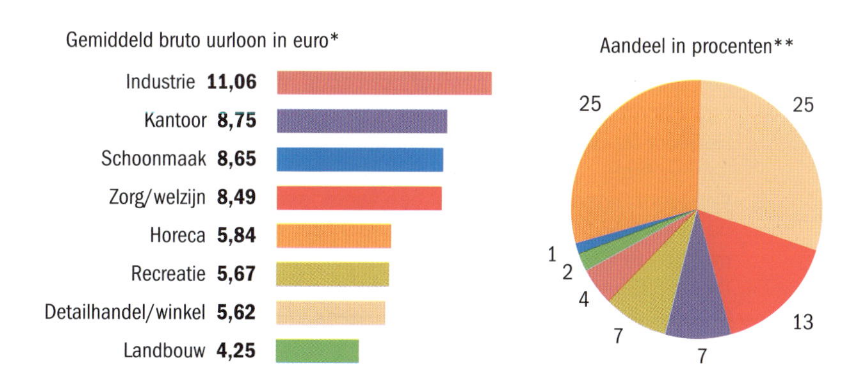

* leeftijd verklaart een groot deel van het verschil (vakantiewerkers in de landbouw zijn relatief jong)
** telt niet op tot 100% door afrondingsverschil

AFBEELDING 8.19 Vakantiewerk

Gemiddelde

a Druk het verschil tussen het hoogste en het laagste gemiddelde bruto uurloon uit in een percentage. Is die vraag eenduidig te beantwoorden?

Cirkeldiagram

b Geef kritisch commentaar bij het cirkeldiagram. Welk alternatief heb je voor de weergave van de procenten in het cirkeldiagram?

c Ga op zoek naar een andere grafische weergave van de percentuele gegevens in de rechtergrafiek. Geef commentaar bij je keuzes.

8.8 Btw

Een ondernemer moet over zijn omzet – het geld dat hij ontvangt voor verkochte producten en diensten – belasting betalen, de zogenaamde btw (belasting toegevoegde waarde). Daarvoor verhoogt de ondernemer de prijzen met 21% btw (voor enkele goederen, zoals voedingsmiddelen, geneesmiddelen, water en boeken, geldt een btw-tarief van 6%).

AFBEELDING 8.20 Sporttas met korting

a Sporthuis PERRASPORT verkoopt deze sporttas met korting. Maak een schatting om na te gaan of het bedrijf met de korting in de buurt komt van het lokkertje van 70%. Hoe pak je dat aan? Bereken ter controle vervolgens het percentage korting met de rekenmachine.

b Een klant betaalt in de winkel een verkoopsprijs inclusief btw. Als de klant €27,50 betaalt voor een sporttas, welk bedrag daarvan is dan btw (en wordt door de winkel afgedragen aan de Belastingdienst)? Eerst schatten, daarna controleren met rekenmachine.

c Noem enkele (kern-)inzichten die volgens jou een belangrijke rol spelen bij het oplossen van de opgaven a en b. Probeer ook duidelijk te maken waar en wanneer die nodig zijn om de problematiek te begrijpen of het denken in gang te zetten.

8.9 Inflatie

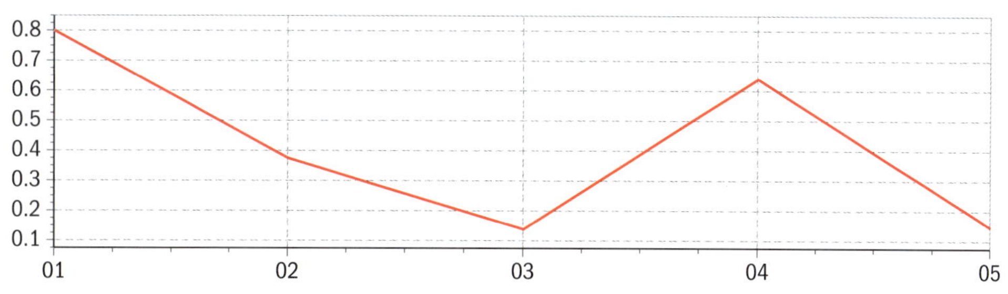

AFBEELDING 8.21 HICP-inflatie Nederland, januari tot en met mei 2014 (jaarbasis)

Inflatie (jaarbasis)	
januari 2014 - januari 2013	0,80 %
februari 2014 - februari 2013	0,37 %
maart 2014 - maart 2013	0,14 %
april 2014 - april 2013	0,64 %
mei 2014 - mei 2013	0,14 %

Inflatie

Gemiddelde

De in de grafiek weergegeven inflatiekoers is gebaseerd op de geharmoniseerde consumentenprijsindex (HICP), gepubliceerd door Eurostat om de inflatie in Europese landen te kunnen vergelijken. De gemiddelde geharmoniseerde inflatie van Nederland van januari tot en met mei 2014 is 0,42 %.

a Ga met behulp van de gegevens in de tabel na of de gemiddelde geharmoniseerde inflatie van Nederland van januari tot en met mei 2014 inderdaad 0,42 % is.

b Begin januari 2014 staat een mountainbike te koop voor €655. De winkelier verkoopt hetzelfde type mountainbike begin april, maar heeft dan in de prijs de inflatie doorberekend. Wat gaat deze mountainbike nu kosten? Zie afbeelding 8.21.

c Zara staat gedurende de maand januari 2014 voor €675 ‘rood’ bij de bank. Wat betekent de inflatie in feite voor de waarde van haar schuld op 1 februari 2014?

Meer oefenopgaven vind je in hoofdstuk 13, opgave 78 tot en met 86 en 92.

Samenvatting

De samenvatting van dit hoofdstuk staat op www.rwp-kerninzichten.noordhoff.nl.

In dit hoofdstuk ben je de volgende begrippen tegengekomen:

Aanpak
Absoluut getal
Breuken (echte en tiendelige)
Cirkeldiagram
Conflictsituatie
Context
Deel-geheelverhouding
Dubbele getallenlijn
Gelijkwaardigheid
Gestandaardiseerde verhouding
Grondgetal
Handig rekenen
Herhaald optellen
Informele kennis
Inzicht
Mathematiseren

Model
Niveaus van oplossen
Oefenen
Procenten
Procentenasymmetrie
Procentenstrook
Relatief getal
Relatienetwerk
Rente
Schatten
Strook
Verhoudingen
Verhoudingstabel
Vermenigvuldigen
Vermenigvuldigfactor
Verschijningsvormen
Voorkennis
Wiskundige attitude

DEEL 3

Meten, meetkunde en verbanden

9 Meten 233
10 Meetkunde 259
11 Verbanden 285

9 Meten

Dit hoofdstuk beschrijft wat kinderen moeten leren op het gebied van het meten. Het leren meten speelt door de hele basisschool heen een belangrijke rol. Spelend in de hoeken in groep 1 en 2 maken kinderen een start met het vergelijken van lengtes, gewichten en inhouden. Daarop volgt het meten met natuurlijke maten, waarna het meten met standaardmaten wordt geleerd.

Er is steeds meer aandacht voor de activiteit van het meten zelf, in plaats van het alleen (om-)rekenen met meetgetallen. Daarbij is het aflezen van meetinstrumenten een belangrijke stap: hoe nauwkeurig kun je meten? Leerlingen moeten referentiematen ontwikkelen, zodat zij zich iets kunnen voorstellen bij meetgetallen. In de bovenbouw krijgen leerlingen steeds meer greep op het metrieke stelsel. In dat stelsel is aangegeven wat verbanden tussen maten zijn. Zo kun je uit dit stelsel bijvoorbeeld afleiden dat er 10.000 cm^2 in een vierkante meter gaan. Het stelsel is gebaseerd op het tientallige stelsel. Dat maakt berekeningen ogenschijnlijk eenvoudig. Maar niets is minder waar…

Overzicht kerninzichten

Bij het leren meten gaat het erom dat kinderen het inzicht verwerven dat:

- je grootheden kunt kwantificeren om situaties in de omgeving te beschrijven

- het effectief is om standaardmaten te gebruiken

- verfijning van maten leidt tot nauwkeuriger meten

- relaties tussen metrische maten kunnen worden herleid in machten van tien

Deze kerninzichten sluiten aan bij de kerndoelen 23, 24, 25 en 33:

23 De leerlingen leren wiskundetaal gebruiken.

24 De leerlingen leren praktische en formele rekenwiskundige problemen op te lossen en redeneringen helder weer te geven.

25 De leerlingen leren aanpakken bij het oplossen van reken-wiskundeproblemen te onderbouwen en leren oplossingen te beoordelen.

33 De leerlingen leren meten en leren te rekenen met eenheden en maten, zoals bij tijd, geld, lengte, omtrek, oppervlakte, inhoud, gewicht, snelheid en temperatuur.

In de referentieniveaus is het meten veel meer uitgewerkt dan in de kerndoelen. Er staat precies in welke maten kinderen moeten kennen en kunnen omzetten. Voor 1F is dat: van km naar m; van m naar dm, cm, mm; van l naar dl, cl, ml, en van kg naar g, mg. Ook moeten ze weten dat 1 dm^3 = 1 liter = 1000 ml. Voor niveau 1S komt daarbij: kennis van de oppervlaktematen km^2, m^2, dm^2 en cm^2, are, hectare en ton (1000 kg), 1 m^3 = 1000 liter en 1 km^2 = 1.000.000 m^2 = 100 ha. Ook moet niveau 1S kunnen werken met samengestelde grootheden, zoals km/u, en inzicht hebben in de decimale structuur van het metrieke stelsel. Voor alle leerlingen geldt dat ze meetinstrumenten moeten kunnen aflezen, eigen referentiematen moeten ontwikkelen, en omtrek en oppervlakte moeten kunnen berekenen. Leerlingen op niveau 1S moeten daarvoor de formules kunnen toepassen.

9.1 Grootheden kwantificeren

Lengte, oppervlakte, inhoud, gewicht, tijd, temperatuur en snelheid zijn grootheden die in het basisonderwijs aan bod komen. Kinderen leren begrijpen waar het om gaat en leren meten met die grootheden.

9.1.1 Praktijkvoorbeelden

Meten is een belangrijk onderwerp voor de hele basisschool. Een praktijkvoorbeeld uit de onderbouw en een uit de bovenbouw maken dat duidelijk.

De kinderen in groep 1 en 2 gaan met juffrouw Monique groentesoep maken. Een zakje met tomaten en een zakje met champignons gaan rond in de kring: welk zakje is zwaarder? De kinderen mogen voelen.
Juf Monique: 'Maar wat ik raar vind: we hebben vier tomaten en tien champignons. Er zijn veel meer champignons en toch zijn ze lichter. Hoe zouden we het eigenlijk zeker kunnen weten?'
Jorn: 'We kunnen de weegschaal van de kast pakken.' Terwijl Monique een champignon pakt, zegt ze: 'Dus als ik deze champignon hierop leg, die is lichter, dan gaat het schaaltje ook hier omhoog?' Het is even stil. Een aantal kinderen springt overeind: 'Nee, als je er een tomaat in legt, dan gaat hij pas omhoog.' Monique: 'Oké, laat maar zien.' Het klopt, de tomaat gaat naar beneden en de champignon is lichter: die gaat omhoog. Monique: 'Maar wat moeten we dan doen als we willen dat de tomaat omhoog gaat?' De kinderen doen allerlei suggesties: 'De courgette of de bloemkool!'

AFBEELDING 9.1 Kijk Flora, dit zakje is licht en dat zakje is zwaar

AFBEELDING 9.2 Jody: er moeten nog champignons bij

I Wat leren de kleuters van deze activiteit?

Grootheid
Conflictsituatie

In het kringgesprek gaat het over 'licht' en 'zwaar'. Voor de kleuters is dit een oriëntatie op de grootheid gewicht. Het gewicht van een voorwerp kun je voelen of wegen. Juf Monique scherpt het begrip van gewicht aan door een conflictsituatie te presenteren: kunnen tien champignons lichter zijn dan vier tomaten? Kinderen die eraan toe zijn, ervaren hierdoor dat gewicht iets heel anders is dan aantal. Kinderen wegen deze groenten in de hand en daarna mogen ze de groenten wegen met een balans.

Groep 7 doet een webquest over het meten van snelheid en afstand. Via de computer kunnen de leerlingen een trein laten rijden. Tijdens het rijden wordt steeds een volgend staafje toegevoegd aan een staafgrafiek. Hoe harder je de trein laat rijden, hoe hoger het staafje. Zo ontstaat een snelheidsgrafiek. Op de bijbehorende werkbladen staan de grafieken, die je ziet in de afbeeldingen 9.3 en 9.4.

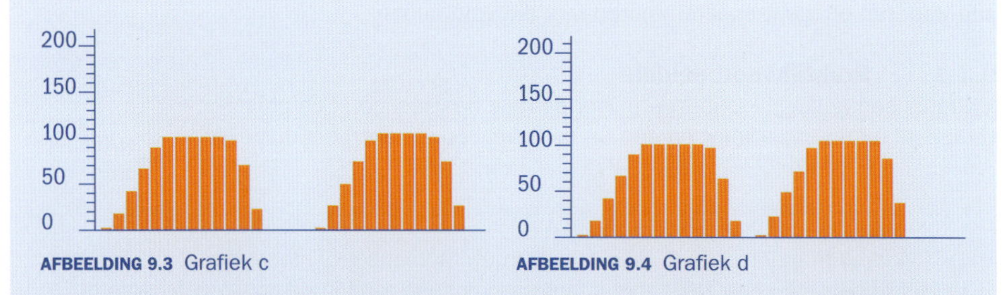

AFBEELDING 9.3 Grafiek c

AFBEELDING 9.4 Grafiek d

Het is de bedoeling dat de kinderen de trein zo laten rijden dat ze zulke grafieken krijgen als op het werkblad. Daarna staat op het werkblad de volgende vraag: bij welke grafiek – c of d – heeft de trein het langst stilgestaan? Leg uit waaraan je dat ziet.

I Wat leren de kinderen van deze activiteit?

Grafiek
Aflezen
Snelheid
Samengestelde grootheid

Door het laten rijden van een trein op de webquest leren kinderen hoe een grafiek ontstaat: bij elke tijdseenheid komt een snelheidsmeting te staan. Ze leren wat je aan zo'n grafiek kunt aflezen. Dat is een belangrijke vaardigheid, zeker in het licht van de toekomstige eisen die aan werknemers in de informatiemaatschappij gesteld worden. De kinderen in groep 7 en 8 krijgen door deze webquest ook meer inzicht in de grootheid snelheid.
Snelheid is een samengestelde grootheid: het is de afgelegde afstand per tijdseenheid. De staafjesgrafiek helpt de leerlingen onder woorden te brengen wat er gebeurt bij het optrekken en afremmen van een trein. In grafiek c van afbeelding 9.3 zie je dat de trein in zes seconden een snelheid opbouwt van 100 km per uur. Dan rijdt de trein vijf seconden lang met zijn maximale snelheid van 100 km per uur, om daarna in vier seconden tot stilstand te komen.

9.1.2 Kerninzicht grootheden kwantificeren

Na de praktijkvoorbeelden kun je in deze subparagraaf lezen waar het bij dit kerninzicht precies om gaat.

Kinderen verwerven het inzicht dat je grootheden kunt kwantificeren om situaties in de omgeving te beschrijven.

Grootheden

In de onderbouw meten kinderen dingen door ze twee aan twee te vergelijken en zijn de beschrijvingen nog kwalitatief. Voorbeelden hiervan zijn:

- Dit touwtje is korter dan dat touwtje.
- Het plakje kaas is groter dan de boterham.
- In dit potje lijm zit meer dan in dat potje.
- Tien champignons zijn lichter dan vier tomaten.
- Het speelkwartier duurt korter dan de middagpauze.
- Een vers kopje thee is warmer dan een glaasje water uit de kraan.
- Een rondje fietsen gaat sneller dan een rondje lopen.

Meten

Deze zeven korte voorbeelden gaan achtereenvolgens over lengte, oppervlakte, inhoud, gewicht, tijd, temperatuur en snelheid. Dat zijn de zeven grootheden die in het basisonderwijs aan bod komen. Een grootheid is datgene wat je kunt meten. Het accent ligt in de onderbouw op het begrijpen van wat lengte, oppervlakte, inhoud, gewicht, tijd, temperatuur en snelheid betekenen. Voor jonge kinderen is het lastig om daar greep op te krijgen, vooral als je het niet gewoon kunt zien en aanwijzen, zoals het geval is bij tijd.

Lengte
Oppervlakte
Inhoud
Gewicht
Tijd
Temperatuur
Grootheid

Bij meten hoort ook het rekenen met geld. Zoals de meter de maat is voor lengte, zo is geld de maat voor (economische) waarde. Deze maat is in de meeste landen van de Europese Unie de euro.

Meter
Maat

Kwantificeren met maten

In de loop van de leerjaren gaan kinderen steeds meer grootheden ook daadwerkelijk zelf meten met meetinstrumenten:

- Ik ben 1 meter en 74 centimeter lang.
- De oppervlakte van mijn tafel is 50 bij 70 cm, is 35 dm^2, is 0,35 m^2.
- De inhoud van het lokaal is 6 m bij 7 m bij 3 m, dus 126 m^3.
- In een blikje fris zit meestal 0,33 liter.
- Een tomaat weegt evenveel als vijf champignons.
- De trein in het praktijkvoorbeeld heeft zes seconden nodig om op snelheid te komen.
- Het is vandaag maar 18°C, dat is 2 graden kouder dan gemiddeld in juni.
- Een wandelaar loopt ongeveer 4 kilometer per uur.

Het koppelen van een getal aan een grootheid heet kwantificeren. Om te kwantificeren heb je een maateenheid of maat nodig.

Kwantificeren
Maateenheid

> Welke maten zie je in de acht voorbeeldjes hiervoor? Welke maat hoort bij welke grootheid?

?

Lengte, ook wel afstand genoemd, meet je in meters. Oppervlakte in vierkante meter en inhoud in kubieke meter of liter. Gewicht gaat in kilogram, tijd in uren, minuten en seconden, en temperatuur in graden Celsius. Snelheid meet je in kilometer per uur. Al die maateenheden zijn verfijnd om

Vierkante meter
Kubieke meter
Liter
Graden Celsius

AFBEELDING 9.5 Een tomaat weegt evenveel als vijf champignons

Meten
Afpassen

nauwkeuriger te kunnen meten in centimeters, milliliters, enzovoort (zie verder de paragrafen 9.3 en 9.4). Meten is in feite het afpassen met een maat. Door het afpassen met een maat kun je een getal aan de grootheid toekennen. Het vergelijken wat kleuters doen, is strikt genomen nog geen afpassen, maar al wel de eerste stap op weg naar het meten.

Waaraan herken je het kerninzicht grootheden kwantificeren bij leerlingen?

Uit welke kennis of handelingen van een leerling kun je als leerkracht opmaken dat een leerling inzicht toont in het kwantificeren van grootheden? Dat inzicht kan sterk verschillen in niveau en kun je vaststellen als een leerling:

- kan meten door het afpassen van een maat, bijvoorbeeld kan tellen hoeveel stappen het is van het zandkasteel naar de zee
- bij het afpassen van een maat het aantal maten telt en het totaal als antwoord geeft, bijvoorbeeld: een tomaat weegt evenveel als vijf champignons
- bij het meten steeds dezelfde maat hanteert, dus niet een gewicht bepaalt met verschillende maten blokjes
- grootheden als aparte eigenschappen kan zien, bijvoorbeeld niet aantal en gewicht verwart
- een passende grootheid en maat hanteert, bijvoorbeeld: tijd kun je meten in 'tellen' of minuten of uren
- een meetresultaat kan interpreteren, bijvoorbeeld: bij twee stappen tussen het zandkasteel en de zee, is de zee vlakbij, maar bij tien stappen is de zee nog ver weg

VRAGEN EN OPDRACHTEN

9.1 Kijk naar de videoclips die je bij deze vraag op de website vindt. Hoe speelt het kerninzicht grootheden kwantificeren hier een rol?

9.2 Zoek op internet de webquest 'De treinmachinist' en experimenteer ermee. Bekijk daarna de video waarin leerlingen geïnterviewd worden over hun begrip van grafieken. Wat vinden sommige leerlingen nog moeilijk? (Kijk voor nadere informatie op de website, clip 9.2).

9.3 Hoe kun je de snelheid van een auto in de straat schatten zonder dat je daarvoor een specifiek meetinstrument hebt?

9.2 Effectiviteit van standaardmaten

Om meetresultaten te kunnen delen met anderen, moet je afspraken maken over de maten die je gebruikt. Door zelf aan de slag te gaan komen kinderen hier al snel achter.

9.2.1 Praktijkvoorbeelden

De voorbeelden uit de praktijk in deze subparagraaf laten zien hoe kinderen leren werken met de gebruikelijke maten.

In groep 4 mogen de kinderen de lengte en de breedte van hun tafeltje meten met hun liniaal. Juf Martine wijst aan wat de lengte is en wat de breedte. Daarna wijst ze op de lengte en de breedte van het lokaal. 'Ja maar', zegt een leerling, 'de klas is ook hoog!' Juf Martine vindt het een mooie opmerking om op in te gaan en stelt voor de hoogte van het lokaal te meten met een springtouw. Het springtouw wordt aan het plafond bevestigd en losgelaten. Daar waar het springtouw de grond raakt, wordt een knoop gelegd. Het springtouw wordt losgemaakt van het plafond en op de grond gelegd. Juf zegt: 'Kijk, het springtouw is bijna net zo lang als de breedte van het lokaal. Als we het zo neerleggen, is het bijna van de ene kant van het lokaal naar de andere kant.' De leerlingen meten het springtouw door er grote stappen naast te maken.

Meten

Het is belangrijk dat kinderen zelf ervaring opdoen met meten. Het meest gebruikte meetinstrument op de basisschool is de liniaal met een lengte van 30 centimeter. Je kunt er je tafel mee opmeten, en je rekenboek. Het meten van de hoogte van het klaslokaal is niet eenvoudig. Juf Martine bedenkt een heel praktische oplossing door een springtouw te nemen. Met het springtouw kun je de hoogte van de klas vergelijken met de breedte. Je kunt het springtouw ook meten. Nu zijn het de kinderen die een praktisch idee hebben: ze meten het springtouw in stappen. De stap is een heel natuurlijke lengtemaat. Maar… nu treden er verschillen op. Sommige kinderen vinden dat de klas vier stappen hoog is, andere tellen wel vijf of zes stappen. En juf Martine? Zij neemt extra grote stappen en komt op drie stappen.

Een meetcircuit in groep 5. Een van de opdrachten is om te meten hoeveel water er in een grote kan gaat. Naast de grote kan en een emmer water liggen vijf bekertjes, een koffiekopje, een soeplepel en een lege literfles klaar. De kinderen gaan in groepjes aan de slag.
Bij de nabespreking blijken de verschillende groepjes met heel verschillende antwoorden te komen voor de inhoud van de kan. De meeste groepjes hebben de kan leeggeschonken in de bekertjes, maar hoe kan het dan dat het ene groepje zegt dat er zes bekertjes uit de kan gaan en een ander groepje zeven?

Het groepje van Henny reageert: 'O, mocht je de bekertjes ook weer leeggooien! Want wij hadden dat de kan vijf bekertjes plus een kopje was.'
Het groepje van Ben heeft de literfles als maat genomen en houdt het op 'bijna een liter'.

? Als jij de leerkracht was van groep 6, waarop zou je dan in de nabespreking het accent leggen?

Maateenheid **Interactie** **Standaardmaat**

Beide praktijkvoorbeelden laten zien dat er bij het meten behoefte ontstaat aan afspraken over de maateenheid. Als je dat niet doet, zeggen de meetresultaten niet veel. De leerkracht hoeft in beide gevallen weinig of niets te doen om de kinderen tot de conclusie te laten komen dat je moet afspreken in welke maat je wilt meten. Kinderen zullen in interactie met elkaar en met de leerkracht met voorstellen komen als 'we nemen de stap van de juffrouw' of 'we meten de inhoud met deze bekertjes en dan helemaal vol tot aan de rand'. Het is vervolgens aan de leerkracht om het moment te bepalen waarop kinderen eraan toe zijn om de standaardmaat te leren kennen.

9.2.2 Kerninzicht effectiviteit van standaardmaten

Activiteiten zoals hiervoor beschreven, leiden tot het besef dat je afspraken moet maken over de maateenheid.

Kinderen verwerven het inzicht dat het effectief is om standaardmaten te gebruiken.

Historische terugblik

In de zeventiende eeuw kochten mensen een kan melk bij de melkboer, een spint of een 'maatje' graan om brood te bakken, of een vat bier. Een kan, een spint, een maatje en een vat zijn oude inhoudsmaten. De melkboer had een kan bij zich, waarmee hij de melk afpaste. Hadden al die melkboeren dan een even grote kan? Waarschijnlijk niet precies. Voor granen was één maatje gelijk aan twee spint, soms echter maar een achtste spint. Na 1820 werd een maatje in Nederland gelijkgesteld aan 0,1 liter of 1 deciliter, en een vat werd gelijkgesteld aan 1 hectoliter. Sinds 1869 worden de oude inhoudsmaten niet meer gebruikt.

Zo waren er ook oude maten voor lengte en gewicht. Je hebt vast weleens gehoord van de duim of inch, de voet en de el. Iedere stad had zijn eigen voet en de maten van deze voeten verschilden allemaal iets van elkaar. Een Amsterdamse voet werd later vastgesteld op 0,283133 m, terwijl de Brusselse voet maar 0,27575 m lang was. Het spreekt vanzelf dat dit niet handig was. Daarom maakte men afspraken over standaardmaten.

Duim
Inch
Voet
El

Met de grootheid oppervlakte en de grootheid inhoud is nog iets bijzonders aan de hand. De standaardmaat voor lengte – de meter – is als basis genomen voor de standaardmaten vierkante meter, m^2, en kubieke meter, m^3. Daarnaast bleven ook oude maten bestaan, die gelijkgesteld werden aan die nieuwe maten. Zo bestaat de liter naast de dm^3, en kun je oppervlaktes ook uitdrukken in are of hectare.

Grootheid
Vierkante meter
Kubieke meter
Liter

Van natuurlijke maten naar standaardmaten

Kinderen komen al vrij vroeg in aanraking met allerlei standaardmaten. Als het in de winter koud is, horen ze thuis spreken over de stand van de thermostaat: 'Zet die maar op 21 graden.' Hun lichaamslengte wordt afgepast op de muur en dan opgemeten in centimeters. Op tafel staat een literpak melk. Jonge kinderen zullen al gauw meepraten over centimeters, kilometers en liters. Dat wil niet zeggen dat ze dan al beseffen dat het over gestandaardiseerde maten gaat, en ook niet dat kinderen al enig idee hebben hoeveel het is.

Standaardmaat
Graden

Het is belangrijk dat kinderen zelf veel praktische ervaring opdoen met meten. Na het vergelijken in de onderbouw meten kinderen meestal enige tijd met natuurlijke maten, zoals stappen, blokjes, bekertjes, handen en touwtjes.

Natuurlijke maat

> Waarom zou je kinderen eerst laten meten met natuurlijke maten en leer je ze niet gelijk de standaardmaten aan?

?

Bij het meten met natuurlijke maten wordt de essentie van meten duidelijk: het kwantificeren van grootheden door af te passen met een maat. Het meten met natuurlijke maten is daarmee in eerste instantie inzichtelijker voor kinderen dan het aflezen van een meetinstrument voor standaardmaten. Het meten met natuurlijke maten laat kinderen ervaren dat het effectiever is om afspraken te maken over maten en te meten met standaardmaten, zoals je hebt kunnen zien in de praktijkvoorbeelden in subparagraaf 9.2.1.

Kwantificeren
Aflezen

Referentiematen

Kinderen leren de standaardmaten kennen door zelf met die maten meetervaringen op te doen. Het is gemakkelijk om kinderen lengtes te laten meten in centimeters, decimeters en meters. Ook is het mogelijk om kinderen zelf gewichten te laten meten in kilogrammen en grammen, inhouden in liters en deciliters, en temperatuur in graden Celsius. Met sommige andere standaardmaten is het lastiger kinderen zelf ervaring te laten opdoen.

AFBEELDING 9.6 Meetinstrumenten

Het is de bedoeling dat kinderen zich, juist door de ervaringen met zelf meten, ook steeds meer kunnen voorstellen bij maten en meetresultaten. Een vierkante meter, hoe groot is dat eigenlijk, hoeveel kinderen kunnen daarop staan? En een kubieke meter zand, past dat in een emmer, in een kruiwagen of in een vrachtwagen? Een zak snoep van 100 gram, is dat veel of weinig? Zo bouwen kinderen referentiematen op: persoonlijke kennis over maten, die houvast geeft bij het meten en rekenen met maten.

Referentiemaat

Waaraan herken je het kerninzicht effectiviteit van standaardmaten bij leerlingen?

Uit welke kennis of handelingen van een leerling kun je als leerkracht opmaken dat een leerling inzicht toont in de effectiviteit van standaardmaten? Dat inzicht kan sterk verschillen in niveau en kun je vaststellen als een leerling:

- het meten met natuurlijke maten als niet-effectief benoemt, bijvoorbeeld: 'Maar het maakt toch uit met welke bekertjes we meten en hoe vol we die bekertjes doen?'
- kan uitleggen waarom je beter met standaardmaten kunt meten dan met natuurlijke maten
- de juiste standaardmaten kent bij de juiste grootheden: lengte meet je in meters, gewicht in gram, enzovoort
- kan meten met standaardmaten door geschikte meetinstrumenten correct af te lezen
- steeds meer persoonlijke referentiematen heeft bij veelgebruikte standaardmaten

VRAGEN EN OPDRACHTEN

9.4 Kijk naar het videofragment op de website. Hoe speelt het kerninzicht standaardmaten hier een rol?

9.5 Maak een lijstje met grootheden en bijbehorende natuurlijke maten, standaardmaten en jouw eigen referentiematen.

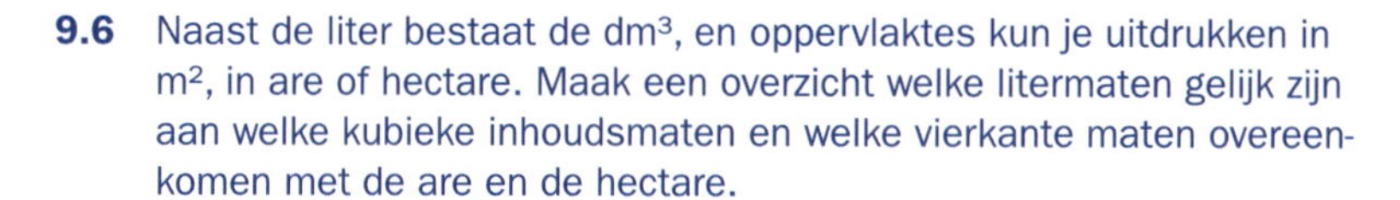

9.6 Naast de liter bestaat de dm^3, en oppervlaktes kun je uitdrukken in m^2, in are of hectare. Maak een overzicht welke litermaten gelijk zijn aan welke kubieke inhoudsmaten en welke vierkante maten overeenkomen met de are en de hectare.

9.3 Verfijning en nauwkeurig meten

Bij het meten van een bepaalde grootheid heb je vaak de keuze uit verschillende maten. Bij het meten van de breedte van een kast kies je centimeters, maar de lengte van een kamer meet je in meters. Hoe nauwkeuriger je wilt of moet meten, hoe fijner de maat die je kiest.

9.3.1 Praktijkvoorbeelden

Aan de hand van een tweetal praktijkvoorbeelden wordt duidelijk hoe kinderen ontdekken welke maten het handigst zijn bij verschillende meetopdrachten.

Juf Sanne, stagiaire in groep 4, geeft een zelf ontworpen meetles. Ze heeft drie verticale, gekleurde strepen op het bord getekend (zie afbeelding 9.7).

Juf Sanne pakt de bordliniaal en vraagt aan Dennis: 'Kun jij de eerste, rode streep eens voor mij meten?'
Dennis zet de liniaal verticaal langs de rode streep.
Juf Sanne: 'Hoe lang is die, kun je dat zien?' Ze helpt even. 'Hoe lang is dit?' Ze wijst 10 cm aan. 'Hoeveel hokjes zijn dat?' Dennis: 'Tien.' Juf: 'Dan gaan we naar nog zo'n groepje.'

AFBEELDING 9.7 Drie strepen op het bord

Dennis geeft aan: 'Twintig.' En zo komt Dennis uiteindelijk op een lengte van 36 cm. Juf Sanne: 'Dat is gemakkelijk uit te rekenen, maar stel nou dat ik dit wil uitrekenen', (ze wijst op de dikte van de lijn), 'dan wordt het moeilijker. Probeer dat eens.'
Dennis houdt de liniaal horizontaal onder de verticale lijn.
Juf Sanne: 'Komt het precies uit?' Dennis schudt zijn hoofd.
Juf: 'Nee? Hoe kunnen wij dat nou precies gaan meten?'
Het lukt wel om de tweede lijn te meten. Die lijn blijkt 1 cm dik te zijn. De derde lijn is weer dunner. 'Een halve', zegt een kind.
'Een halve, dat zou kunnen', zegt juf, 'maar kun je dat heel precies meten met deze liniaal? Waar kun je dat wel precies mee meten?'
Er gaan enkele vingers de lucht in. Thieme: 'Met streepjes?'
Juf Sanne: 'Maar die zitten niet op de bordliniaal, maar…', zegt ze na enkele seconden wachten, 'wel op die van jullie.'
Vervolgens worden de diktes van de lijnen op het bord met behulp van een liniaal van 30 cm vastgesteld in millimeters. Daarna krijgen de leerlingen een werkblad en gaan ze zelf meten in millimeters met hun liniaal.

Educatief ontwerp

Juf Sanne heeft gekozen voor het zelf ontwerpen van een les voor de introductie van de millimeter. Met de drie verticale lijnen op het bord, waarvan de lengte en de dikte precies moeten worden gemeten, plaatst ze de leerlingen voor een probleem dat moet worden opgelost. Bij het precies opmeten van de dikte van de eerste lijn op het bord door Dennis wordt duidelijk dat dat met de bordliniaal niet kan. Dennis en juf Sanne concluderen dat het niet precies uitkomt. De dikte van de tweede lijn is precies 1 cm en levert dus geen problemen op. De dikte van de derde lijn blijkt ook niet opgemeten te kunnen worden met de bordliniaal. Thieme geeft vervolgens aan dat de dikte met streepjes kan worden gemeten, maar die zitten niet op de bordliniaal. Gelukkig zitten die wel op de liniaal van de kinderen. De diktes van de linker- en rechterlijn kunnen vervolgens alsnog precies worden vastgesteld in de standaardmaat millimeter, een verfijning van de centimeter.

Standaardmaat

Jorrit voelt zich niet zo lekker. Juf Norah denkt dat hij koorts heeft en meet zijn temperatuur met een koortsthermometer. Ze laat Nieke het meetresultaat aflezen.
Nieke: 'Oh, bijna 40 graden koorts!' Juf Norah, die ondertussen gezien heeft dat Jorrit maar een beetje koorts heeft: 'Wat denk je, heb je met 40 graden koorts?' Nieke: 'Ja, want dan kook je bijna.' Juf lacht en stelt de kinderen gerust. Ze zegt: 'Nieke, kijk eens heel goed bij welk streepje het blauw stopt.' Nieke leest het nu nauwkeuriger af en zegt: 'Hier is dertig, en dan nog vijf, zes, zeven, acht streepjes, en dan nog ietsje verder.' Juf: 'Ja, goed gedaan! Wat is het dan?' Nieke: '38 en nog wat.' Juf: 'Ja, 38 en laten we het een halve noemen, 38 en een half, dat is nog geen 39. Jorrit, je hebt een beetje koorts, maar het is niet zo erg. Rust maar even lekker uit op de bank, dan bel ik je moeder tussen de middag wel even.'

Temperatuur

Het maakt nogal wat uit of je lichaamstemperatuur 37,6 graden is of 38,4 graden: in het eerste geval is er met de temperatuur niet veel mis, terwijl je in het tweede geval een beetje verhoging hebt. Daarom meten we lichaamstemperatuur tot een cijfer achter de komma nauwkeurig. Het is dus zaak om de thermometer goed af te lezen en dat is voor kinderen niet altijd even gemakkelijk. Bij het verfijnen van de maat bij temperatuur is overigens iets vreemds aan de hand. We stappen niet over op een andere maat, maar we gebruiken een kommagetal om het nauwkeurige meten te laten zien. In veel andere situaties kiezen we in een dergelijk geval voor een fijnere maat.

Meetnauwkeurigheid

Kommagetal

9.3.2 Kerninzicht verfijning en nauwkeurig meten

Deze paragraaf beschrijft het kerninzicht dat in de praktijkvoorbeelden hiervoor geïllustreerd is.

> Kinderen verwerven het inzicht dat verfijning van maten leidt tot nauwkeuriger meten.

Nauwkeurig meten

Hoe nauwkeurig moet je meten? De lengte van een lijn op het schoolbord of op papier meet je in centimeters of, afhankelijk van de situatie, in millimeters. In het praktijkvoorbeeld laat juf Sanne niet alleen de lengte van lijnen meten, maar ook de dikte. Dat maakt dat de kinderen behoefte ervaren aan een fijnere maat.
Lichaamstemperatuur meet je in graden Celsius, tot op een cijfer achter de komma. Het weerbericht geeft de temperatuur in hele graden, want dat kan niet nauwkeuriger in een voorspelling.

Meetnauwkeurigheid

Bij de grootheid tijd is het afhankelijk van de situatie welke verfijning we kiezen. Een vertrektijd van een trein geeft de spoorwegmaatschappij in minuten nauwkeurig. Als ik een maaltijd opwarm in de magnetron, ligt een nauwkeurigheid van seconden voor de hand. Een dergelijke nauwkeurigheid is weer veel te grof voor sporten waar het om de snelheid gaat. Daar meet men in het algemeen in tienden of honderdsten van seconden.

Tijd

Decimale verfijning

De meeste standaardmaten worden tientallig verfijnd: een centimeter delen we op in tien millimeter, een liter in tien deciliter, en een kilogram in tien hectogram. Elke fijnere maat is dan tien keer zo klein. Bij graden Celsius zijn er geen andere namen voor de fijnere maten; in dat geval worden de meetresultaten met kommagetallen genoteerd, zoals 36,72 graden.

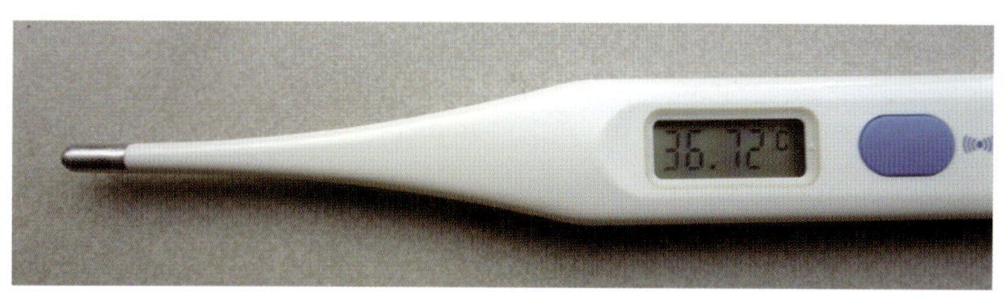

AFBEELDING 9.8 Thermometer

Tijd
Sexagesimaal

Heel vroeger werden sommige maten wel verfijnd, maar niet tientallig. Dat zien we nog terug in het verfijnen van maten rond tijd. De Babyloniërs gebruikten een zestigtallig of sexagesimaal talstelsel. Het verfijnen van uren in minuten en van minuten in seconden is gebaseerd op dit sexagesimaal getallenstelsel. Andere maten voor tijd zijn overigens niet gebaseerd op het rekenen van de Babyloniërs. Dagen (of etmalen), maanden en jaren zijn respectievelijk gebaseerd op de tijd waarin de aarde eenmaal om zijn as draait, de tijd waarin de maan (ongeveer) een keer rond de aarde draait en de tijd waarin de aarde (ongeveer) om de zon draait.

In de vorige zin zie je twee keer het woord 'ongeveer' staan. Kun je verklaren waarom daarvoor gekozen is?

De variatie in lengte van maanden leidt vaak tot rekenfouten, bijvoorbeeld wanneer je op 27 maart moet bepalen welke datum het over twee weken is, want dan valt er een maandwissel in deze periode.

Tijd kent nog meer maten dan de bovengenoemde. Een periode van vijf jaren noemen we bijvoorbeeld een lustrum en een periode van tien jaar een decennium. Verder heet een periode van honderd jaar een eeuw en een periode van duizend jaar een millennium. Deze vergrovingen of omgekeerde verfijningen worden, anders dan de voorafgaande, ingegeven door het tientallige stelsel.
Al met al zien we dat het verfijnen van tijdmaten achtereenvolgens wordt ingegeven door het rekenen van de Babyloniërs, de bewegingen van hemellichamen en het tientallige stelsel.

Decimaal positioneel getalsysteem

Als we werken met maten die zijn gebaseerd op het decimaal positioneel getalsysteem, kunnen we makkelijk kiezen voor het verfijnen door een komma te plaatsen. Eenheden voor de grootheid tijd – zoals uren, minuten en seconden – zijn niet gebaseerd op het tientallig stelsel, maar dat geldt wel als we een seconde verder gaan verfijnen. We kunnen hieraan zien dat deze verfijning van redelijk recente datum is.

Waaraan herken je het kerninzicht verfijning en nauwkeurig meten bij leerlingen?
Uit welke kennis of handelingen van een leerling kun je als leerkracht opmaken dat een leerling inzicht toont in nauwkeurigheid van meten? Dat inzicht kan sterk verschillen in niveau en kun je vaststellen als een leerling:
- in een meetsituatie onderkent dat een standaardmaat te grof is, bijvoorbeeld: de oppervlakte van je gum kun je niet meten in vierkante decimeter
- kan vertellen waarom je soms een fijnere maat nodig hebt
- kan kiezen voor grover of nauwkeuriger meten in een bepaalde situatie, en daarmee ook voor een passend meetinstrument, bijvoorbeeld: de lengte van de gang meet je in meters met een rolmaat of elektronisch meetapparaat; de lengte van je potlood meet je met een liniaal in centimeters
- verschillende fijnere maten kent, naast grovere standaardmaten
- een nauwkeurige meting ook kan noteren als kommagetal

VRAGEN EN OPDRACHTEN

9.7 Kijk naar het videofragment over nauwkeurig meten dat je op de website vindt. Hoe speelt het kerninzicht verfijning en nauwkeurig meten hier een rol?

9.8 Hoe ziet maatverfijning eruit bij de grootheden lengte, oppervlakte, inhoud, geld en snelheid? Welke verfijnde maten krijgen we hier? In welke situaties gebruiken we deze verfijnde maten?

9.9 Maten worden in het algemeen bewust verfijnd, omdat de meetresultaten anders niet bruikbaar zijn of zelfs tot problemen leiden. Bedenk enkele voorbeelden hiervan.

9.4 Het metrieke stelsel

Het metrieke stelsel vormt het sluitstuk van het leren meten in de basisschool. Het overdenken van relaties tussen maten helpt leerlingen verder in het leren meten.

9.4.1 Praktijkvoorbeelden

Het metrieke stelsel is een onderwerp voor de bovenbouw. Voorbeelden uit groep 7 en groep 8 laten zien hoe kinderen daarmee aan de slag zijn.

Groep 7 heeft net geleerd dat 1 dm³ = 1 liter. Juf Martine heeft vandaag een leeg literpak melk meegenomen. Ze zet het naast de plastic bak van precies een kubieke decimeter. Klopt dat nou wel, dat daar precies evenveel in kan? Een aantal kinderen vindt dat het lijkt of er in het melkpak meer past dan een kubieke decimeter. 'Meet het melkpak maar op', zegt juf, 'en reken maar uit hoeveel daar in kan.' De kinderen meten met hun liniaal de buitenmaten van het pak op. Een literpak melk heeft een vierkant grondvlak, van 7 bij 7 cm. De hoogte van het pak is net iets meer dan 20 cm. De inhoud berekenen ze met de formule lengte × breedte × hoogte: 7 × 7 × 20 is 980 cm³. 'Dan zit de melk nog een stukje omhoog in het schuine stuk', concludeert Arjan. 'Leg eens uit waarom je dat denkt', vraagt juf. 'Nou, het had 1000 kubieke centimeter moeten zijn, want dat is 1 kubieke decimeter. Dus we hebben 980 kubieke centimeter tot aan het randje, en dan zit er nog 20 kubieke centimeter daarboven', legt Arjan uit. 'We nemen de proef op de som', zegt juf. Leyla mag het lege melkpak met water vullen en het water overgieten in de bak van de kubieke decimeter. Hoewel ze weten dat het moet kloppen, vinden de kinderen het toch heel spannend. En ja, het past precies! Deze les zullen ze niet snel vergeten.

AFBEELDING 9.9 Kubieke decimeter

Inhoud
Liter
Kubieke meter

Voor inhoud zijn er twee soorten standaardmaten: de liter en de kubieke meter. Kinderen moeten weten dat 1 liter = 1 dm^3. Met die kennis kunnen ze alle inhoudsmaten omrekenen. De litermaten kun je verfijnen met een factor 10: 1 liter = 10 deciliter = 100 centiliter = 1000 milliliter. De kubieke maten schelen meteen een factor 1000: 1 dm^3 = 1000 cm^3. In dit geval is de beste manier van uitleggen om het kinderen duidelijk te laten zien. Daarvoor zijn materialen in de handel.

Uitleggen

Leerlingen uit groep 8 krijgen de opdracht de oppervlakte van het terrein van de school uit te rekenen in hectare. Het terrein waarop de school staat, is ongeveer rechthoekig. Een groepje leerlingen meet de lengte van het terrein en een ander groepje de breedte. Ze gebruiken daarvoor een meetlint van 10 meter. Een meetlat van een meter wordt gebruikt om de rest te meten. Als de metingen zijn verricht, worden de resultaten naast elkaar op het bord gezet. Het schoolterrein is 38 meter breed en 48 meter lang. De juf stelt gelijk de kernvraag: hoeveel hectare is dat nu? En hoe kunnen we dat uitrekenen?
Margje weet dat het in ieder geval minder dan een hectare is. Dat is immers een oppervlakte van 100 meter bij 100 meter. Joes reageert en vraagt of hij het niet eerst in vierkante meter mag uitrekenen. Dat mag van de juf en Joes rekent op een rekenmachine uit: 38 × 48. Hij vertelt de uitkomst: het terrein is 1824 vierkante meter groot. Joske denkt dat dat niet kan: ‘Dat is bijna twee hectare en volgens mij is het minder dan een hectare.’
De juf noteert alles wat de kinderen zeggen overzichtelijk op het bord. Dan heeft zij zelf ook een vraag: ‘Hoeveel vierkante meter is dat eigenlijk, een hectare?’ Na enig heen-en-weergepraat, komen de leerlingen op 10.000 vierkante meter. Als dat gezegd is, weet Suzanne gelijk hoeveel hectare het terrein van de school is: 0,1824 hectare. De juf vertelt dat dit een geweldig antwoord is en vraagt Suzanne haar denkwijze aan de andere kinderen uit te leggen.

I Hoe denk je dat Suzanne dit gaat toelichten? Waarom denk je dat?

Oppervlakte

Het bepalen van de oppervlakte van het schoolterrein vraagt nogal wat kennis en denkwerk over relaties tussen maten. Het lukt de leerlingen om hierop greep te krijgen door eerst te meten met bekende maten en daarna te redeneren over de omrekening in hectares. Margje weet dat een hectare 100 bij 100 meter is en redeneert dat het terrein van school kleiner is, want het past makkelijk in 100 bij 100 meter. Joske wil het totaal van 1824 m^2 omzetten in hectares, maar denkt blijkbaar dat 1000 m^2 gelijk is aan een hectare. Als vastgesteld is dat 10.000 m^2 een hectare is, komt Suzanne tot het antwoord: 0,1842 hectare. Misschien heeft ze de komma vier plaatsen naar links verschoven. Zou ze goed kunnen verwoorden waarom dat klopt? Of misschien heeft ze naar de orde van grootte gekeken en gezien dat 1842 m^2 minder is dan 1 hectare. Is er een leerling die een referentiemaat kent bij hectare? Een hectare is zo groot als een flink weiland of als twee voetbalvelden; het terrein van een school is zo op het oog een stuk kleiner.

Redeneren
Orde van grootte
Referentiemaat

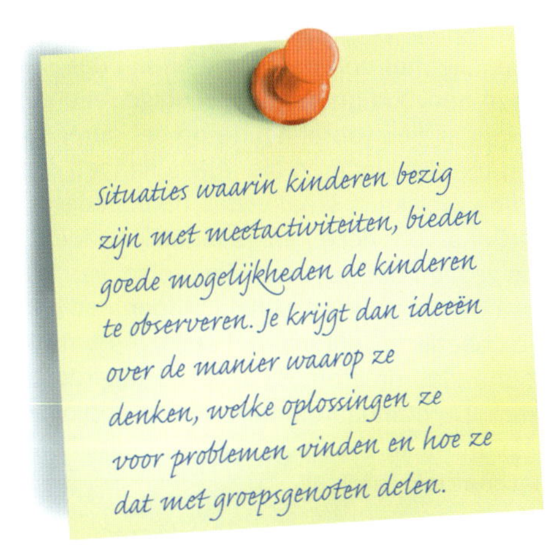

9.4.2 Kerninzicht het metrieke stelsel

Bij het leren kennen van het metrieke stelsel gaat het om het kerninzicht dat in deze subparagraaf wordt toegelicht.

> Kinderen verwerven het inzicht dat relaties tussen metrische maten kunnen worden herleid in machten van tien.

De opbouw van het metrieke stelsel

De standaardmaten en de decimale verfijningen zijn opgebouwd als een regelmatig metriek stelsel. Het metrieke stelsel is een stelsel van lengte-, oppervlakte-, inhouds- en gewichtsmaten; het is zo ontworpen dat er op een handige manier gerekend kan worden met de erin voorkomende maten. Elke volgende maat is een factor 10 groter of kleiner dan de vorige maat. De maateenheid voor inhoud – de kubieke meter – en de maateenheid voor oppervlakte – de vierkante meter – zijn gekoppeld aan de maateenheid voor lengte, de meter.

Metrieke stelsel

Maateenheid

De opbouw van het metrieke stelsel sluit perfect aan bij het tientallige talstelsel, zodat je bij het omrekenen van de ene maat in de andere in het algemeen kunt volstaan met het plaatsen van nullen of het verplaatsen van een komma. Vroeger werd in het meetonderwijs stevig geoefend in het gebruiken van de omrekenregels. Zo leerde men kinderen destijds dat wanneer je een stapje maakt bij de oppervlaktematen er twee nullen bijkomen of afgaan (zie afbeelding 9.10).

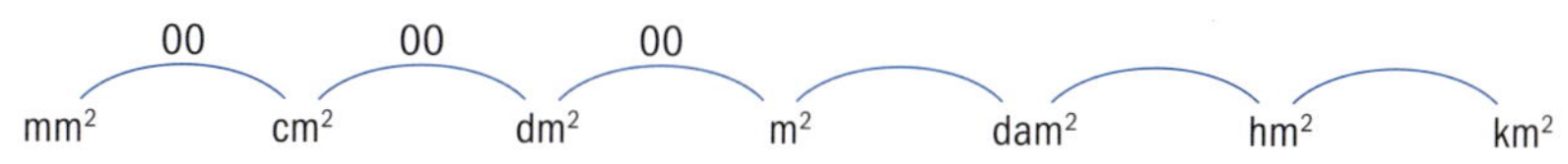

AFBEELDING 9.10 Oppervlaktematen

Als er na jaren ontwikkeling een wiskundig heel eenvoudig systeem in gebruik wordt genomen, ligt het ook wel voor de hand dat je kinderen kennis laat maken met deze eenvoud door de eenvoudige rekenregels te oefenen.

Oefenen

Echter, het onderwijs dat zich vooral richtte op het oefenen van deze rekenregels leidde er wel toe dat kinderen die regels konden reproduceren, maar dat veel leerlingen nauwelijks in staat waren de opgedane kennis toe te passen in situaties waarvoor deze kennis feitelijk bedoeld was.

We zouden kunnen zeggen dat het metrieke stelsel verraderlijk eenvoudig is. In het voorafgaande zagen we al welke stappen nodig zijn om het metrieke stelsel stukje bij beetje te verkennen. Leerlingen ontwikkelen eigen maten en vervolgens standaardmaten. Bij deze standaardmaten zoeken ze eigen referentiematen. De standaardmaten worden vervolgens verfijnd om geschikte maten te ontwikkelen, en deze laatste stap komt al behoorlijk in de richting van het metrieke stelsel.

Standaardmaat
Referentiemaat

Voorvoegsels

Om grotere en kleinere maten aan te geven worden zo veel mogelijk vaste voorvoegsels gebruikt. Het voorvoegsel 'centi-' betekent een honderdste deel. Een centimeter is een honderdste deel van een meter, en een centigram is een honderdste gram. 'Hecto-' betekent honderd. Een hectometer is honderd meter en een hectoliter is honderd liter.

Milli-
Centi-
Deci-
Deca-
Hecto-
Kilo-
Mega-
Giga-

Leerlingen leren in de loop van de basisschool omgaan met alle voorvoegsels; daarbij krijgen de voorvoegsels milli-, centi-, deci-, deca-, hecto- en kilo- de meeste aandacht. Wanneer deze voorvoegsels nadrukkelijk aan de orde zijn geweest, is er ook kort aandacht voor voorvoegsels als 'micro-', 'nano-', 'mega-' en 'giga-'.

In afbeelding 9.11 zie je een poster waarop alle voorvoegsels duidelijk zijn aangegeven.

AFBEELDING 9.11 Groot en klein

Waaraan herken je het kerninzicht metriek stelsel bij leerlingen?
Uit welke kennis of handelingen van een leerling kun je als leerkracht opmaken dat een leerling inzicht toont in het metrieke stelsel? Dat inzicht kan sterk verschillen in niveau en kun je vaststellen als een leerling:

- weet dat je bij het omrekenen van de ene naar de andere maat te maken hebt met nullen erbij of de komma naar links
- weet wat de voorvoegsels kilo-, hecto-, deca-, deci-, centi- en milli- betekenen
- makkelijk omrekent naar een maat groter of een maat kleiner
- de relaties tussen lengtematen, oppervlaktematen en inhoudsmaten kent en kan gebruiken
- kan vertellen waarom een maat groter of kleiner bij oppervlaktematen geen factor 10, maar een factor 100 scheelt, bijvoorbeeld kan beredeneren dat er 100 dm^2 gaan in 1 m^2
- kan vertellen waarom een maat groter of kleiner bij de kubieke inhoudsmaten geen factor 10, maar een factor 1000 scheelt, bijvoorbeeld kan laten zien dat er 1000 cm^3 zitten in 1 dm^3
- bij het omrekenen van maten gebruikmaakt van persoonlijke referentiematen

VRAGEN EN OPDRACHTEN

9.10 Kijk naar het videofragment over het metrieke stelsel dat je op de website vindt. Welke kerninzichten spelen hier een rol?

9.11 Hecto- betekent honderd. Is een hectare dus ook 100 are? Hoeveel is een are dan? En wat is een centiare? Reken het na.

9.12 De omzetting van kilometer naar meter komt vaak voor in praktische situaties. Van meter naar centimeter ook. Welke omzettingen komen vaak voor, welke heel weinig? Bedenk er situaties bij.

9

9.5 Leerlijn meten

De voorafgaande paragrafen geven al een grove schets van de leerlijn meten. In deze paragraaf worden de verschillende fases nog eens op een rijtje gezet en kort toegelicht.

Vergelijken en ordenen

Grootheid

Het vergelijken van de grootte of het gewicht van twee voorwerpen vormt het begin van het leren meten. Als kinderen een aantal voorwerpen op grootte leggen, bijvoorbeeld potjes lijm met een verschillende inhoud, dan noemt men dat ook wel ordenen. Door het vergelijken en ordenen krijgen jonge kinderen steeds meer oog voor de grootheden die je kunt meten: lengte, oppervlakte, inhoud, gewicht, temperatuur, tijd en snelheid.

Van natuurlijke maten naar standaardmaten

Afpassen

Het afpassen met een maat bevordert het inzicht dat je grootheden kunt kwantificeren.

Natuurlijke maat

Standaardmaat

Eerst doen jonge kinderen ervaring op met het meten met natuurlijke maten: stappen, handen, touwtjes, blokjes, enzovoort. Als duidelijk wordt dat je op die manier tot wisselende uitkomsten komt, ontstaat de behoefte aan een betrouwbare standaardmaat.

Referentiemaat

Met het leren van de standaardmaten leren kinderen hierbij ook referentiematen. Ze leren bijvoorbeeld dat:

- een pak melk een liter is
- een pak meel een kilogram weegt
- een pakje drinken 200 ml is
- een blikje meestal een inhoud heeft van 33 cl
- een grote stap (van een volwassene) ongeveer een meter is

Nauwkeurig meten en maatverfijning

Hoe nauwkeurig moet je meten? Dat hangt van de situatie af. En als je nauwkeuriger wilt meten, heb je fijnere maten nodig. Een mooie oefening hierbij zie je in afbeelding 9.12. Deze opdracht vraagt leerlingen zelf te bedenken welke inhoudsmaat voor de gegeven inhoud geschikt is. Leerlingen moeten zich dus afvragen hoe nauwkeurig het moet.

Met welke inhoudsmaat meet je?

cm^3			dm^3			m^3
ml	cl	dl	liter		hl	
cc						

	inhoudsmaat
een flesje neusdruppels	.....
een badkuip	.....
een lokaal	.....
een regenton	.....
een zwembad	.....
een zak tuinaarde	.....

	inhoudsmaat
een tube zalf	.....
een flesje sinas	.....
een fles shampoo	.....
een kookpan	.....
een beker	.....
een luciferdoosje	.....

AFBEELDING 9.12 Met welke inhoudsmaat meet je?

Maak de opgave van afbeelding 9.12. Bedenk daarna per inhoudsmaat andere voorbeelden. Welke voorbeelden kun je gebruiken in je eigen netwerk van referentiematen?

Het schema boven deze opdracht refereert aan de inhoudsmaten in het metrieke stelsel. Hieraan zie je dat het verfijnen een goede opstap is naar het leren kennen van dit stelsel.

Het metrieke stelsel

Metrieke stelsel

Het doorzien van de systematiek van het metrieke stelsel vormt het sluitstuk van het leren meten binnen de basisschool. Het gaat hier om typische bovenbouwstof. Voordat leerlingen met het metrieke stelsel aan de slag gaan, hebben ze standaardmaten leren kennen en daarbij een netwerk van referenties opgebouwd. De tientallige structuur van het metrieke stelsel kwam al naar voren toen leerlingen bij een grootheid zochten naar een geschikte verfijning van de maat, om het meten goed mogelijk te maken en ook om de meetresultaten betekenisvol te laten zijn. Wanneer leerlingen het metrieke stelsel verder verkennen, gaan leerlingen ook op zoek naar relaties tussen maten van verschillende grootheden. Rekenen met het metrieke stelsel moet geoefend worden, liefst in betekenisvolle situaties.

Betekenisvol

Wanneer kinderen weten dat een beker een inhoud van zo'n 200 ml heeft, kun je die kennis inzetten bij de organisatie van het afscheidsfeest van groep 8. Stel: er komt een schoolfeest en kinderen mogen zelf nadenken over hoeveel pakken en flessen drinken er nodig zijn. Komen er 150 kinderen op het feest en krijgen ze allemaal twee keer drinken, dan heb je 150 × 2 = 300 bekers drinken nodig. 300 bekers × 200 ml is 60.000 ml drinken. In een pak drinken zit 1 liter en in een fles frisdrank 1,5 liter frisdrank. Het rekenwerk kan beginnen!

Na het verkennen van relaties tussen maten van een grootheid gaan leerlingen aan de slag met twee grootheden tegelijkertijd. Dat gebeurt bijvoorbeeld in de toetsopgave in afbeelding 9.13, die is ontleend aan het PPON-

AFBEELDING 9.13 Toetsopgave

onderzoek. Dit onderzoek gaat eens in de vijf jaar na hoe het gesteld is met het Nederlandse reken-wiskundeonderwijs. Het is een opgave die alleen de sterkste rekenaars goed kunnen oplossen.

Oppervlakte

Het onderdeel oppervlakte is een van de moeilijkste onderdelen van het meetonderwijs. Dat komt omdat oppervlaktematen in het algemeen gekoppeld zijn aan lengtematen. Anders gezegd, voor het rekenen met oppervlaktematen is een behoorlijke kennis van relaties binnen het metrieke stelsel onontbeerlijk.

VRAGEN EN OPDRACHTEN

9.13 Hoe zou jij leerlingen laten bewijzen dat vlakke figuren met eenzelfde oppervlakte niet altijd dezelfde omtrek hebben (en omgekeerd)? Welke contexten, visualiseringen of concretiseringen zou je daarbij willen inzetten?

9.14 Een aquarium is 5 dm lang en 4 dm diep, en het water staat 35 cm hoog. Bij het berekenen van de hoeveelheid water komt Joris op 700 cm^3. Hoe zal Joris dat berekend hebben? Hoe zou jij als leerkracht reageren op zijn antwoord?

9.6 Kennisbasis

Kennis van meten is veel en veel meer dan het kunnen omrekenen met maten binnen het metrieke stelsel. Het gaat om het kwantificeren van lengtes, oppervlakten, inhouden en andere grootheden.

Hoe staat het met jouw wiskundige en vakdidactische kennis en inzichten op het gebied van meten?

VRAGEN EN OPDRACHTEN

9.15 Samengestelde maten

Samengestelde maat

a De maat m^2/uur is een samengestelde maat. Bedenk enkele situaties waarin deze samengestelde maat naar voren komt.
b Bedenk ook enkele situaties waarin de samengestelde maat m^3/uur voorkomt.
c Wat is een bruikbare omrekenregel om m^3/uur om te rekenen in milliliter per seconde?
d Wat maakt het werken met samengestelde maten voor kinderen volgens jou zo moeilijk?

9.16 Voorvoegsels

Giga
Deca

a Een hectare is even groot als een vierkante hectometer, maar een are is iets anders dan een vierkante meter. Hoe zit dat precies?
b Ken je iemand die een gigaseconde oud is? En een gigaminuut?
c Een kind zegt: 'Een vierkante decameter is hetzelfde als tien vierkante meter, want deca- betekent tien.' Hoe zou jij reageren?

9.17 Oppervlakte en inhoud

Inhoud
Inch
Cylinder

a Hoeveel liter lucht gaat er ongeveer in je fietsband? Geef een benadering van de inhoud van een fietsband van 28 inch. Meet de band op of zoek de maten van de band op. Tip: knip de band in gedachten door en maak er een cilinder van.

AFBEELDING 9.14 Fietsband

b Voor leerlingen in de basisschool behoren cirkelformules niet tot de basisstof. Het is wel zinvolle verrijkingsstof voor sterke rekenaars. Hoe kun je sterke rekenaars in groep 7 of 8 de inhoudsformule voor een cilinder laten ontdekken?

Trapezium

c Een trapezium is een figuur met rechte zijden, waarvan er twee parallel zijn (zie afbeelding 9.15).

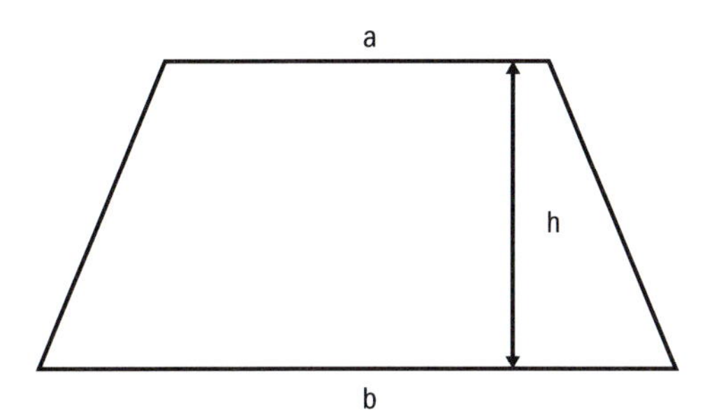

AFBEELDING 9.15 Trapezium

Je berekent de oppervlakte van een trapezium door het gemiddelde van a en b te vermenigvuldigen met de hoogte (h). Laat zien dat je deze formule ook kunt gebruiken om de oppervlakte te bepalen van een driehoek en een vierkant.

Meer oefenopgaven vind je in hoofdstuk 13, opgave 87 tot en met 91 en 93.

Samenvatting

De samenvatting van dit hoofdstuk staat op www.rwp-kerninzichten.noordhoff.nl.

In dit hoofdstuk ben je de volgende begrippen tegengekomen:

Aflezen
Afpassen
Celsius
Centi-
Conflictsituatie
Deca-
Deci-
Duim
El
Giga-
Graden
Grootheid
Hecto-
Inch
Inhoud
Kilo-
Kubieke meter
Kwantificeren
Lengte
Liter
Maat
Meetnauwkeurigheid
Mega-
Meten
Meter
Metrieke stelsel
Milli-
Natuurlijke maat
Oppervlakte
Referentiemaat
Samengestelde grootheid
Snelheid
Standaardmaat
Temperatuur
Trapezium
Tijd
Vierkante meter
Voet

BOSS

10 Meetkunde

Meetkunde gaat over greep krijgen op de ruimte om je heen. Meetkundige ontwikkeling heeft dan ook alles te maken met ruimtelijke ontwikkeling en begint al in de wieg, bijvoorbeeld wanneer een baby grijpt naar de rammelaar boven zijn hoofd. Ook het vinden van de weg naar school of de uitgang weten te vinden in een groot doolhof of warenhuis zijn aspecten die horen bij de meetkundige ontwikkeling. Andere voorbeelden zijn het lezen van de kaart, het maken van een route bij spoorzoekertje, het ontwikkelen van richtinggevoel, verstoppertje spelen en meetkundige figuren herkennen, zoals driehoeken, vierkanten en parallellogrammen.

Overzicht kerninzichten

In het domein meetkunde gaat het om vier kerninzichten. Kinderen verwerven het inzicht dat:

- voorwerpen zijn te onderscheiden met behulp van hun meetkundige eigenschappen, zoals hoekpunten, lijnen en vlakken, al of niet regelmatig (kerninzicht meetkundige eigenschappen)

- je objecten kunt zien vanuit een verschillend perspectief (kerninzicht perspectief en viseerlijnen)

- je een voorwerp – ook denkbeeldig – kunt verschuiven, spiegelen of roteren (kerninzicht schuiven, spiegelen en roteren)

- eenduidige afspraken gemaakt kunnen worden over de plaats van een punt (voorwerp) in de ruimte (kerninzicht plaats bepalen)

Deze kerninzichten sluiten aan bij de kerndoelen 23, 24, 25 en 32:

23 De leerlingen leren wiskundetaal gebruiken.
24 De leerlingen leren praktische en formele reken-wiskundige problemen op te lossen en redeneringen helder weer te geven.
25 De leerlingen leren aanpakken bij het oplossen van reken-wiskundeproblemen te onderbouwen en leren oplossingen te beoordelen.
32 De leerlingen leren eenvoudige meetkundige problemen op te lossen.

In de referentieniveaus staat welke meetkundige figuren en begrippen kinderen moeten kennen, dat ze eenvoudige routebeschrijvingen moeten kunnen volgen en in tweedimensionale representaties het ruimtelijke object moeten herkennen (foto, plattegrond, kaart, bouwplaat). Van leerlingen op niveau 1S wordt daarin meer inzicht verwacht: zij moeten ook figuren kunnen spiegelen en kunnen redeneren over symmetrie.

10.1 Meetkundige eigenschappen

Objecten hebben verschillende meetkundige eigenschappen. Dergelijke eigenschappen gebruiken we om een object te herkennen en om het te omschrijven. Kinderen komen er spelenderwijs mee in aanraking.

10.1.1 Praktijkvoorbeelden

De eerste meetkundige ervaringen worden al op jonge leeftijd opgedaan en gaandeweg krijgen kinderen enig inzicht in de meetkundige eigenschappen van verschillende voorwerpen.

Hoewel Jesaja (2) veel te jong is om een klein voorwerp op zak te hebben, is hij heel trots op zijn 'piramine' en laat hij hem aan iedereen zien. Hij heeft hem de hele dag bij zich en is er helemaal mee in zijn nopjes. Het gaat om een kleine plastic piramide met een grondvlak van 1 × 1 cm die hij ergens heeft gevonden. Zijn moeder vertelt: 'Jesaja weet dat het een piramide is omdat zijn broer Jamiro dat verteld heeft; verder weet hij nog niet echt wat een piramide is.'

Er is veel speelmateriaal waarmee kinderen iets kunnen bouwen of in elkaar zetten. Denk aan Duplo, (technisch) Lego, spoorbanen met treinen, knikkerbanen, blokkendozen en knutselmaterialen. Bij al deze materialen is de vorm belangrijk. Lego is zo ontworpen dat er altijd een andere Lego- of Duplosteen op past, waardoor er redelijk eenvoudig een bouwwerk mee gemaakt kan worden. Een goed gebouwde spoorbaan voorkomt dat een trein ontspoort en bij een knikkerbaan kun je vooraf al zien waar de knikker langs zal rollen.
Door met dit soort materiaal te spelen, thuis of op school, maken kinderen kennis met de meetkundige eigenschappen van vormen en objecten.

Leerkracht tegen Anouk (10 jaar): 'Waarom rolt een knikker weg als je er even tegenaan duwt?'
Anouk: 'Omdat die rond is.'
De leerkracht doet alsof ze het niet helemaal begrijpt en zegt: 'Maar een euro is ook rond en als die op tafel ligt, rolt die niet weg als je hem een duwtje geeft.'
Anouk reageert: 'Maar een knikker is helemáál rond, aan alle kanten!'

I Welke vormen of objecten kunnen nog meer rollen? ?

De vorm van een knikker bepaalt dat de knikker een rollende beweging zal maken. Ballen kunnen rollen en sinaasappels ook. Euro's zijn rond en plat, ze kunnen wel rollen als ze op hun kant liggen, maar niet als ze plat liggen. Voorwerpen in de vorm van een cilinder, zoals een beker en een rol wc-papier, kunnen rollen, maar een kubus rolt niet. De vraag 'waarom rolt een knikker weg?' lijkt eenvoudig, maar is op verschillende niveaus te beantwoorden. Anouk zegt dat de knikker rond is; op een hoger niveau zou het antwoord zijn: een knikker is een bol.

Cilinder
Kubus
Bol

Bij het bouwen en knutselen, ofwel construeren, doen kinderen actief ervaring op met de meetkundige eigenschappen van het materiaal. Een kleinere steen blijft beter op een grotere steen staan dan een grotere op een kleinere. Twee vierkante blokjes zijn soms precies even groot als een rechthoekig blok. Een vouwblaadje is precies vierkant: als je het over de diagonaal dubbelvouwt, heb je een driehoek. Als je een vouwblaadje twee keer dubbelvouwt en dan alle hoekjes precies naar het midden vouwt, ontstaat weer een vierkant. Een wc-rolletje is rond, maar niet zoals een bal, en je kunt er een lange strook papier omheen wikkelen. Met lege wc-rolletjes kun je leuke dingen doen, zoals een muziekinstrument maken: dan doe je er rijst in en plak je er allemaal leuke papiertjes omheen. Je kunt ze ook gebruiken om een knikkerbaan te maken (afbeelding 10.1).

Construeren
Vierkant
Diagonaal
Driehoek

AFBEELDING 10.1 Knikkerbaan

10.1.2 Kerninzicht meetkundige eigenschappen

De voorbeelden uit de praktijk laten het volgende kerninzicht zien.

Kinderen verwerven het inzicht dat je voorwerpen kunt onderscheiden met behulp van hun meetkundige eigenschappen, zoals hoekpunten, lijnen en vlakken, al of niet regelmatig.

Meetkunde
Wiskundetaal

Meetkunde richt zich op het beleven en interpreteren van de ruimte waarin wij leven. Er zijn veel ruimtelijke begrippen, ofwel er is veel wiskundetaal of meetkundetaal nodig om ervaringen op dit gebied te kunnen bespreken met anderen.
Kinderen komen spelenderwijs in aanraking met meetkundige eigenschappen van voorwerpen: een knikker en een wc-rolletje kunnen rollen, blokken kun je stapelen, een vierkant vouwblaadje kun je mooi twee keer dubbelvouwen. Aan hun meetkundige eigenschappen herkennen we meetkundige figuren, zowel ruimtelijke figuren – zoals een bol, een cilinder of een kubus – als vlakke figuren – zoals een vierkant, een rechthoek en een driehoek.

Ruimtelijk figuur
Vlak figuur

Welke namen voor meetkundige vormen ken je nog meer? Welke horen in het basisonderwijs aan bod te komen?

Ruimtelijke figuren

Rechthoek
Cirkel
Vierkant
Driehoek
Bol
Kubus
Balk
Ruit
Cilinder
Piramide

In het basisonderwijs leren kinderen de namen van veelvoorkomende ruimtelijke figuren, zowel vlak als ruimtelijk: rechthoek, cirkel, vierkant, driehoek, vierhoek, vijfhoek, zeshoek, bol, kubus en balk. De namen ruit, cilinder en piramide kunnen besproken worden met de betere leerlingen of in het voortgezet onderwijs worden aangeboden.

AFBEELDING 10.2 Meetkundige vormen

Loodrecht

Daarbij hoort ook het kunnen hanteren van meetkundige begrippen, zoals boven, onder, rond, recht, schuin, midden, horizontaal, verticaal, loodrecht en gespiegeld.
Dat de tweejarige Jesaja in het praktijkvoorbeeld een piramide herkent en (bijna) goed benoemt, is heel bijzonder. Dat wil natuurlijk niet zeggen dat hij de eigenschappen van de piramide kent. Voor hem is het een bijzonder blokje, anders dan de gewone blokken, dat 'piramine' heet, net zo goed als zijn beer 'beer' heet. Bij Jesaja gaat het louter om herkennen.

Verklaren

Bol

Anouk van ruim 10 jaar oud kent waarschijnlijk veel meer meetkundige eigenschappen. Een van die eigenschappen – namelijk het rond zijn – gebruikt ze om te verklaren dat knikkers rollen. Ze zijn immers van alle kanten rond. We zien aan de reactie van Anouk hoe moeilijk het verklaren is. Er zijn namelijk ook andere objecten die je kunt onderscheiden als rond, bijvoorbeeld euromunten. Euromunten rollen minder makkelijk dan knikkers. Daarom bedacht men al lang geleden dat het goed was onderscheid te maken tussen de aanduiding rond, voor platte voorwerpen, en bol, voor een object waarbij drie dimensies van belang zijn, zoals bij knikkers. Een knikker heeft de meetkundige eigenschappen van een bol.

Waaraan herken je het kerninzicht meetkundige eigenschappen bij leerlingen?

Uit welke kennis of handelingen van een leerling kun je als leerkracht opmaken dat een leerling inzicht toont in meetkundige eigenschappen? Dat inzicht kan sterk verschillen in niveau en kun je vaststellen als een leerling:

- gelijkvormigheid herkent (voorwerpen van gelijke vorm bij elkaar kan leggen)
- congruentie kan aantonen (kan laten zien dat twee figuren gelijk zijn omdat ze precies op elkaar passen)
- een cirkel, driehoek, vierkant en rechthoek kan benoemen
- een ovaal, vierhoek, vijfhoek, zeshoek, kubus, bol en balk kan benoemen
- bij een plaatje van een vierkant en een rechthoek het verschil kan aanwijzen en verwoorden
- kan uitleggen wat het verschil is tussen een kubus en een balk
- meetkundige vormen goed kan benutten bij bouwen en knutselen, dus stevige bouwsels en knutselwerken maakt, en bijvoorbeeld ook kan uitleggen dat bepaalde bouwwerken 'niet kunnen'
- bij mozaïek gebruikmaakt van het feit dat je met twee driehoeken soms een vierkant kunt leggen
- weet dat je bij het dubbelvouwen van een vierkant een driehoek krijgt
- weet dat een bol kan rollen
- een driedimensionaal object kan herkennen in een tweedimensionale representatie, bijvoorbeeld kan zien dat een bouwplaat een kubus oplevert, en welke plattegrond bij een blokkenbouwsel hoort

VRAGEN EN OPDRACHTEN

10.1 Kijk naar het videofragment over meetkundige eigenschappen dat je op de website vindt. Welke meetkundige eigenschappen komen hierin voor?

10.2 Wat zijn de meetkundige eigenschappen van een balk, een ruit, een cilinder en een piramide?

10.3 Vouw een vierkant (vouw-)blaadje doormidden. Hoe noem je zo'n soort driehoek precies? Wat zijn de eigenschappen van zo'n driehoek?

10.4 In afbeelding 10.3 zie je een molentje dat door een kind is gemaakt en versierd. Schrijf een instructie om dit molentje na te laten maken door andere kinderen. Welke meetkundige begrippen gebruik je daarbij?

AFBEELDING 10.3 Molentje

10.2 Perspectief en viseerlijnen

Deze paragraaf beschrijft hoe kinderen zich bewust kunnen worden van kijklijnen en perspectief, en hoe ze daar op een eenvoudige manier over kunnen redeneren.

10.2.1 Praktijkvoorbeelden

Een voorbeeld van een kind op zeer jonge leeftijd en een gesprek met een kind van 10 jaar laten zien welk meetkundig inzicht nodig is.

Dion (ruim 7 maanden) speelt het spel 'kiekeboe' graag mee. Het is een heel eenvoudige vorm van verstoppertje spelen. Vader zegt: 'Kiek kiek kiek... boe!', waarbij hij zijn handen voor zijn ogen houdt als hij 'kiek' zegt en zijn handen wegdoet bij 'boe'. Dion begint te ontdekken dat je bij dit spelletje iemand niet ziet die er wel is. Dit gaat gelijk op met het leren kennen van afstanden: het merken dat moeder bij je vandaan loopt, haar wel horen, maar niet zien en alleen zijn in een ruimte, bijvoorbeeld tijdens het slapen.

Hoe kunnen kinderen zich voor elkaar verstoppen? De leerkracht vraagt aan Fien (10 jaar) of ze weleens verstoppertje speelt en gaat na in hoeverre zij inzicht heeft in het elkaar wel of niet kunnen zien vanuit verschillende standpunten.

Juf Martine: 'Spelen jullie weleens verstoppertje?'
Fien: 'Ja, dat doen we altijd heel veel op zolder en dat is heel leuk, vooral toen papa en mama nog aan het klussen waren, want toen lagen er nog allemaal spullen en toen kon je je heel goed verstoppen.'
Juf Martine: 'Waarom kon je je toen zo goed verstoppen?'
Fien: 'Nou, omdat er was... bijvoorbeeld, stond er een bed met twee matrassen erop en daar kon je dan achter liggen en dan zag je elkaar niet en daar ging dan iedereen achter liggen en nooit iemand die daar keek, maar uiteindelijk keek iedereen daar en toen kon je daar niet meer verstoppen.'
Inmiddels is Fien een tekening aan het maken. Ze tekent zichzelf en haar vriendinnetje Nobi.
Juf Martine wijst naar de tekening: 'Kunnen Fien en Nobi elkaar nu zien?'
Fien: 'Ja, nu wel.'
Juf: 'En als Fien zich nou wil verstoppen voor Nobi, als jij je wilt verstoppen voor Nobi, hoe kan dat dan? Hoe zou je dat tekenen?'
Fien: 'Eh... een struikje en daar gaat Fien dan achter zitten, tralalalala', (ze tekent het) 'dan kan Nobi mij niet meer zien' (gelach).
Juf Martine: 'Hoe komt het dat ze je dan niet meer kan zien?'
Fien: 'Omdat ik dan achter het struikje zit en dan kijkt Nobi naar de struik en niet naar mij.'
Juf: 'En als ik nou Nobi hierboven teken met een heel grote parachute?'
Fien: 'Dan ziet ze me wel, want dan kijkt ze, van bovenaf ziet ze dan zo mijn hoofd als een soort van streepje, en dan ziet ze ook nog zo'n struikje, maar dan ziet ze mij ook achter de struik staan.'
Juf Martine: 'Ja precies, van bovenaf kan ze jou wel zien. Hoe moet je je dan verstoppen?'

AFBEELDING 10.4 De tekening van Fien

Fien: 'Dan moet ik onder een parasol gaan staan', (gelach) 'dan ziet ze me niet meer' (en ze tekent het).
Jop (bijna 8), het broertje van Fien, kijkt door een periscoop naar de tekening van zijn zus. Maar... hij ziet niet de tekening, maar de muur. Hoe kan dat?

AFBEELDING 10.5 Experimenteren met een periscoop

Fien kan zich goed voorstellen wat iemand wel en niet kan zien vanuit verschillende gezichtspunten. Als er een matras, struik, boom of parasol tussen de beide kinderen in staat, kunnen ze elkaar niet zien. Ze kan zich ook voorstellen hoe het er van bovenaf uitziet. Dit is voor Fien een mentale handeling, want ze kan het niet echt voor zich zien. Door ruimtelijk redeneren kan Fien aangeven hoe je je kunt verstoppen voor een ander. Fien vindt het nog niet makkelijk om haar redenering onder woorden te brengen. Makkelijker dan verwoorden in dit geval is het tekenen van een kijklijn, die aangeeft wie wat ziet. Zo abstract denkt Fien nog niet; ze geeft in haar tekening een schematische weergave van de werkelijkheid.

Mentale handeling

Ruimtelijk redeneren

Kijklijn

10.2.2 Kerninzicht perspectief en viseerlijnen

De praktijkvoorbeelden uit subparagraaf 10.2.1 gaan over wat je wel kunt zien en wat niet. In deze subparagraaf wordt het kerninzicht toegelicht.

> Kinderen verwerven het inzicht dat je objecten kunt zien vanuit een verschillend perspectief.

Bij een spel als verstoppertje spelen blijkt dat je niet om een hoekje kunt kijken. Het gaat erom dat je langs een rechte lijn iets kunt zien en dat je je moet afvragen: als ik hier sta, kan ik dat daar dan zien? Dit wordt viseren genoemd, wat betekent dat je langs een rechte lijn kijkt. In gedachten kun je een lijn trekken van je oog naar het voorwerp waarnaar je kijkt. Zo'n denkbeeldige lijn heet een kijklijn of viseerlijn.

Lijn

Kijklijn

Viseerlijn

In afbeelding 10.7 zie je hoe het perspectief verandert als je een weg af fietst. Op de foto links lijkt het of de weg steeds smaller wordt en bijna in één punt op de horizon samenkomt. Tekenaars noemen dat het verdwijnpunt. Op de foto's zie je ook dat hoe verder de lantaarnpalen weg staan, hoe kleiner ze lijken.

Perspectief

AFBEELDING 10.6 Viseerlijnen

AFBEELDING 10.7 Perspectief

Projecteren

In het voorbeeld van de weg met het verdwijnpunt gaat het ook om het afbeelden van ruimtelijke vormen – hier de omgeving – op het platte vlak. Dat heet projecteren. Denk maar aan het projecteren met een filmprojector, waarmee filmbeelden op een scherm of muur vertoond worden. Ook het maken van schaduwen is een vorm van projecteren. Projecteren is een activiteit die behoort binnen het leerstofdomein meetkunde en daar nader bestudeerd wordt.

Kijken in een rechte lijn

Conflictsituatie

We zijn er zo aan gewend dat je altijd in een rechte lijn kijkt, dat we ons er niet of nauwelijks bewust van zijn. Het introduceren van een conflictsituatie helpt je om je hiervan wel bewust te worden. In het praktijkvoorbeeld zie je hoe een kind gefascineerd raakt door het kijken door een periscoop. Daardoor zie je juist niet wat je verwacht.

Kijklijn
Viseerlijn
Verklaren

Een kijklijn of viseerlijn kan helpen bij het verklaren van allerlei meetkundige verschijnselen of problemen:

- Als ik jou in de spiegel kan zien, kun je mij dan ook zien?
- Hoe kan het dat je in een passpiegel wel je voeten kunt zien, terwijl de spiegel niet zo laag bij de grond zit?
- Hoe komt het dat iets kleiner lijkt als het verder weg is?
- Waarom zie je meer van de stad als je boven op de toren staat dan als je beneden staat?
- Waarom lijkt het of de treinrails in de verte steeds dichter bij elkaar liggen?
- Hoe komt het dat schaduwen buiten 's middags minder lang zijn dan 's ochtends en 's avonds?
- Waarom hebben voetballers die bij kunstlicht spelen vier schaduwen?

Waaraan herken je het kerninzicht perspectief en viseerlijnen bij leerlingen?
Uit welke kennis of handelingen van een leerling kun je als leerkracht opmaken dat een leerling inzicht toont in perspectief en viseerlijnen? Dat inzicht kan sterk verschillen in niveau en kun je vaststellen als een leerling:
- begrijpt dat het standpunt waarvandaan je kijkt, uitmaakt wat je kunt zien
- bij foto's van een situatie vanuit verschillende standpunten kan beredeneren waar de fotograaf steeds heeft gestaan
- kan verklaren waarom schaduw, bijvoorbeeld die van hem of haar zelf, in lengte en richting kan verschillen
- met kijklijnen de grootte en plaats van het spiegelbeeld in een vlakke spiegel kan aangeven
- weet hoe het komt dat iets wat verder weg is, kleiner lijkt te zijn

VRAGEN EN OPDRACHTEN

10.5 Kijk naar de videofragmenten over perspectief en viseerlijnen die je op de website vindt. Hoe speelt het kerninzicht hier een rol?

10.6 Licht aan de hand van een schets toe hoe een periscoop werkt.

10.7 Kies een van de zeven meetkundige problemen uit subparagraaf 10.2.2. Verklaar het verschijnsel met behulp van kijk- of viseerlijnen.

10.3 Schuiven, spiegelen en roteren

Je kunt objecten op drie manieren verplaatsen, namelijk door te schuiven, te spiegelen of te roteren. Kinderen kunnen ook zelf het object zijn.

10.3.1 Praktijkvoorbeelden

Draaien en spiegelen zijn ervaringen die iedereen in het dagelijks leven opdoet, zoals blijkt uit de volgende voorbeelden.

> Esther (3 jaar) heeft een puzzeldoos met vier verschillende puzzels erin: één puzzel van vier stukken, één puzzel van zes stukken, één puzzel van negen stukken en één puzzel van twaalf stukken. Bij het puzzelen begint ze met een stukje waarop ze iets herkent, zoals de snuit van Winnie de Poeh of het vel van Teigetje. Daarna zoekt ze verder op kleur, bijvoorbeeld nog een stukje tijgervel. Ze draait het puzzelstukje tot het past. Soms keert ze een puzzelstukje om en kijkt wat teleurgesteld naar de kartonnen achterkant. Als het gekozen stukje niet past, legt ze het terug bij de andere losse stukjes.

Door te puzzelen leren jonge kinderen veel over vormen. Voor peuters zijn er 'vormenpuzzels', bijvoorbeeld met dieren. De afbeelding op de puzzel bestaat dan uit een rij dieren. Elk dier is een losse vorm, die het kind op zijn plaats moet zien te krijgen. Moeilijker zijn legpuzzels waarin de afbeelding versneden is in gelijkvormige puzzelstukken. Ervaren puzzelaars leggen algauw de stukken met een rechte rand of hoek apart en beginnen met de randen. Esther hierboven doet dat nog niet. Zij zoekt naar herkenbare frag-

Hoek

Verschuiven

menten en kleuren. Ze ervaart dat je puzzelstukjes kunt draaien en verschuiven om de aansluiting bij andere stukjes te vinden.

Juf Martine speelt een doolhofnavigatiespel met Fien (10). Fien heeft eerst een klein doolhofje op het whiteboard getekend, de leerkracht verplaatst zich in de bestuurder van de auto en Fien speelt voor TomTom.
Fien: 'Dan gaan we met de TomTom, mag ik de TomTom doen? Die zegt eh... hier moet je links afslaan, over zoveel kilometer rechts afslaan. U moet hier de Katstraat in. Eindbestemming gemaakt. Oh nee, het was bereikt.'
Juf Martine: 'Heel goed! Oké, dan gaan we nu nog een keer en dan ga ik weer zo'n lijntje maken en dan doe jij de TomTom.'

AFBEELDING 10.8 Navigatiespel

Roteren
Vragen
Perspectief

Het vervolg van dit gesprek is gefilmd. Je kunt deze film bekijken op de website, clip 10.8. Fien maakt eerst een aantal fouten bij het wijzen van de weg; ze zegt bijvoorbeeld: 'Over tien kilometer rechts afslaan, dan links', waarbij ze de leerkracht erop wijst dat ze de verkeerde kant op rijdt, terwijl ze zelf het verschil tussen rechts en links afslaan nog niet goed kan bepalen vanaf haar positie. Het denkbeeldig draaien of roteren van de auto en van zichzelf moet ze combineren, en dat is niet eenvoudig. Door het stellen van vragen probeert juf Martine Fien te laten ontdekken dat het nodig is om van perspectief te wisselen of om van positie te verschuiven (bij kaartlezen kun je dan de kaart verschuiven, meedraaien) om de juiste route aan te geven.

Fien: 'Rechts afslaan.'
Juf rijdt niet de kant op die Fien bedoelt.
Fien: 'Oh, dan was het links' (giechelt).
Juf Martine: 'Welke kant wil je op? Denk eerst eens heel goed na!'
Fien: 'Is de auto zo of is de auto zo?' (Ze doet alsof ze achter het stuur zit.) 'Zo, oké, nu moet je links afslaan.'

Reflecteren

Gaandeweg het spel realiseert Fien zich dat ze de oriëntatie van de auto goed moet meewegen in haar aanwijzingen. Juf Martine staat even stil bij deze gedachte door er samen met Fien op te reflecteren. Hierdoor wordt Fien zich bewuster van haar ontdekking.

Juf Martine: 'Maar wat gebeurde er nou?'
Fien: 'Eh... de auto raakte de weg kwijt, nee, de TomTom.'
Juf Martine: 'Hoe kwam dat?'

Fien: 'Links en rechts, dat snapt de TomTom niet.'
Juf: 'Nee. Waarom snapt de TomTom dat niet?'
Fien: 'Nou, eh..., ligt eraan hoe de auto rijdt, want als de auto die kant op zou rijden, dan zou dat rechts zijn en dat links, maar als 'ie daarheen rijdt, dan zou dat links zijn en dat rechts.'

Fien komt in dit filmpje tot het inzicht dat het nodig is van perspectief te wisselen of van positie te verschuiven om de juiste route aan te geven.

Perspectief
Verschuiven

10.3.2 Kerninzicht schuiven, spiegelen en roteren

Deze paragraaf geeft een toelichting op het kerninzicht dat in de praktijkvoorbeelden hiervoor geïllustreerd is.

Kinderen verwerven het inzicht dat je een voorwerp – ook denkbeeldig – kunt verschuiven, spiegelen of roteren.

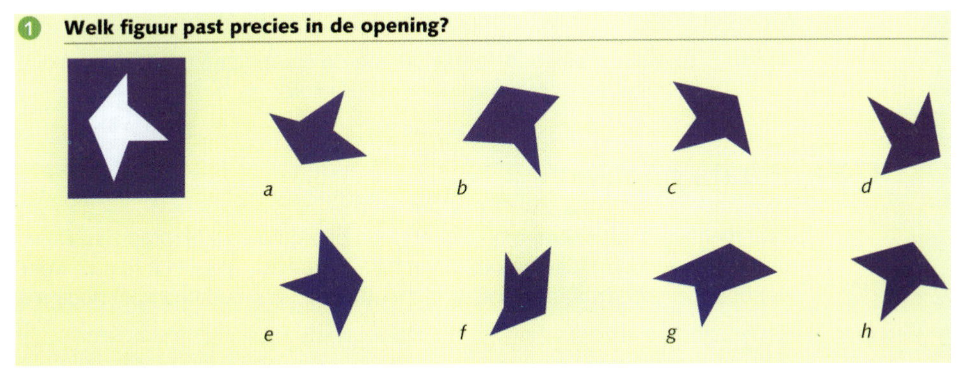

AFBEELDING 10.9 Schuiven, spiegelen, roteren

Ervaring opdoen

Spiegelen
Roteren

Je kunt objecten verschuiven, spiegelen of roteren. In het dagelijks leven maken we daar veel gebruik van: je kijkt in de spiegel of je haar goed zit, en je draait de plattegrond in de richting waarin je kijkt, om zeker te weten of je linksaf of rechtsaf moet.

Ervaren
Mentale handeling
Redeneren
Symmetrie

Met schuiven, spiegelen en draaien met figuren moeten kinderen op de basisschool veel concrete ervaring opdoen. Op grond van het ervaren kunnen ze dat ook denkbeeldig doen, als mentale handeling. Een voorbeeld: kinderen zouden in de bovenbouw door te redeneren moeten kunnen aangeven welke blokletters symmetrisch zijn. Een figuur is symmetrisch als hij uit twee helften bestaat die elkaars spiegelbeeld zijn. Op de blokletter A kun je een spiegel zetten, zodanig dat je de A precies goed ziet.

Waaraan herken je het kerninzicht schuiven, spiegelen en roteren bij leerlingen?

Uit welke kennis of handelingen van een leerling kun je als leerkracht opmaken dat een leerling inzicht toont in schuiven, spiegelen en roteren? Dat inzicht kan sterk verschillen in niveau en kun je vaststellen als een leerling:

- een meetkundige puzzel, bijvoorbeeld een tangramfiguur, kan maken als de contouren gegeven zijn
- kan aangeven of een vlakke of ruimtelijke figuur symmetrisch is of niet
- van een eenvoudige symmetrische figuur de symmetrieas(sen) kan tekenen
- een eenvoudige figuur kan spiegelen in een horizontale of verticale spiegelas
- door middel van schuiven of roteren kan aangeven of figuren al of niet gelijk zijn
- door middel van mentaal schuiven, spiegelen of roteren uitvindt welk zijaanzicht bij welk blokkenbouwsel hoort

VRAGEN EN OPDRACHTEN

10.8 Kijk naar de videofragmenten over spiegelen en roteren die je op de website vindt. Hoe kun je als leerkracht een kind helpen om meer inzicht te krijgen in het verschuiven en roteren?

10.9 Als je jezelf in de spiegel bekijkt, zijn links en rechts verwisseld. Kun je verklaren waarom links en rechts verwisseld zijn? Kun je ook verklaren waarom boven en onder niet verwisseld worden als je jezelf in de spiegel bekijkt?

10.10 Bij welk speelgoed doen kinderen de ervaring op dat vormen niet veranderen door verschuiven en draaien?

10.4 Plaats bepalen

Veel mensen hebben hun mobiele telefoon bij zich als ze op stap zijn. Daarom hoor je mensen tegenwoordig aan elkaar vragen: ‘Waar ben je nu?’ Voor het beantwoorden van deze vraag is meetkunde en meetkundetaal nodig.

Het op een meetkundige manier aangeven wat je eigen positie of die van anderen of van objecten is, leer je door daarmee veel ervaring op te doen, op school en ook buiten de school.

10.4.1 Praktijkvoorbeelden

Voorbeelden uit de thuis- en de schoolsituatie laten zien hoe kinderen leren een plaats te bepalen.

Xander (3) speelt graag met Duplo. Hij plaatst de blokken op elkaar en naast elkaar. Hij maakt een spoorbaan, die door een tunnel heen gaat. Er komen dieren en mensen bij. Xander zet een poppetje op een dakje naast de lange spoorbrug, zodat dit mannetje de treinen kan zien die uit de tunnel komen. Het poppetje is heel bewust door Xander op die plaats neergezet.

AFBEELDING 10.10 Xander speelt met Duplo

AFBEELDING 10.11 Het poppetje kan op de spoorbaan kijken

AFBEELDING 10.12 De spoorbaan gaat door een tunnel heen

Beschrijf het bouwsel van Xander aan de hand van de afbeeldingen 10.10, 10.11 en 10.12. Welke ruimtelijke begrippen gebruik je daarbij?

De spoorbaan staat *op* palen en gaat *door* een tunnel *heen*. *Ernaast* staat een gebouwtje. *Bovenop* zit een poppetje. De begrippen op, doorheen, ernaast en bovenop geven de positie aan van de spoorbaan, de tunnel, het gebouwtje en het poppetje ten opzichte van elkaar. Zo kun je de plaats van een voorwerp beschrijven door aan te geven waar het voorwerp zich bevindt ten opzichte van andere objecten. Xander wil duidelijk dat het poppetje de treinen kan zien die uit de tunnel komen. Hij begrijpt waar hij het poppetje moet neerzetten om dat te bereiken. Daarmee laat hij zien dat hij zich kan verplaatsen in een ander, in dit geval het poppetje. Dat is heel knap voor een kind van nog geen vier jaar oud. Veel kinderen hebben nog tot een jaar of zeven niet altijd door dat wat je ziet, afhangt van de plaats waar je staat, en dat het dus heel goed kan zijn dat een kind dat aan de andere kant van bijvoorbeeld een bouwsel staat iets anders ziet dan jijzelf.

Meetkunde komt ook voor in methodelessen. Het voorbeeld hierna laat een fragment zien uit een les voor groep 5.

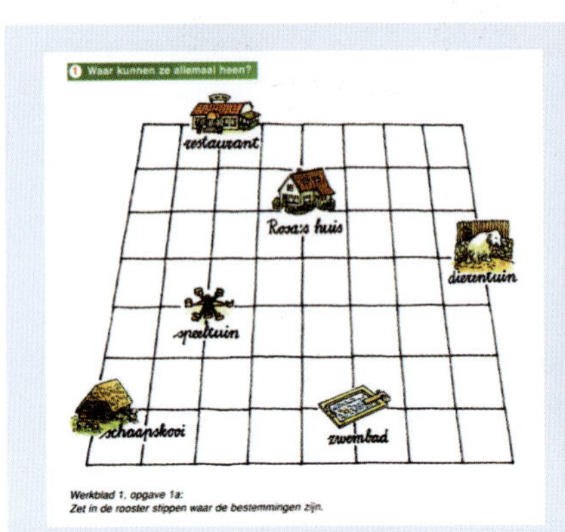

AFBEELDING 10.13 Waar kunnen ze allemaal heen?

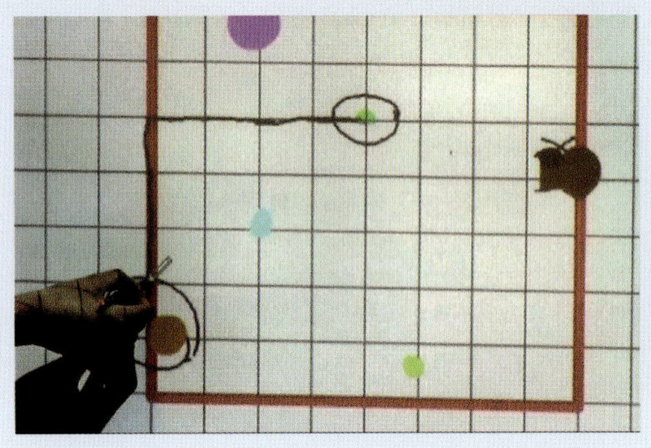

AFBEELDING 10.14 Een lijn naar de schaapskooi

Hoe ver is het van Rosa's huis naar de schaapskooi? Davy zegt zeven.
Juf Nynke: 'Wie heeft er iets anders?'
Dat zijn er veel. Youri heeft negen. Ruthy heeft acht.
Juf Nynke: 'Vrij veel kinderen hebben acht. Dan moeten we nu even kijken of het klopt.'
Juf laat het al lijnen trekkend zien en zegt: 'Davy, ik snap heel goed dat jij zeven zei, want het huis staat een beetje getekend op het eerste streepje, en dan is het moeilijk of je dat wel of niet moet meetellen.'

? I Wat leren kinderen in groep 5 van deze les?

Ruimtelijk oriënteren

In de methodeles in het voorbeeld gaat het om het ruimtelijk oriënteren op een rooster en het tekenen van routes. De kinderen leren te beschrijven waar objecten zich bevinden op een rooster, ook ten opzichte van elkaar. Juf tekent een route voor op het bord (zie afbeelding 10.14). Een goede vervolgvraag zou zijn: wie heeft een andere route genomen van Rosa's huis naar de schaapskooi? Hoe ga je dan precies? Is het even ver als de andere route of niet?

10.4.2 Kerninzicht plaats bepalen

De voorbeelden uit de praktijk illustreren welk inzicht verworven moet worden op het gebied van het plaats bepalen.

> Kinderen verwerven het inzicht dat je eenduidige afspraken kunt maken over de plaats van een punt (voorwerp) in de ruimte.

AFBEELDING 10.15 ANWB-paddenstoel

Ieder punt op aarde kan eenduidig worden aangegeven door gebruik te maken van coördinaten. Zo zijn de coördinaten van de Dam in Amsterdam 22 graden en ruim 23 minuten noorderbreedte en 4 graden en ruim 53 minuten oosterlengte. Dergelijke coördinaten spelen bijvoorbeeld een belangrijke rol bij het gebruik van gps of een navigatiesysteem van een auto. In alledaagse situaties gebruik je deze coördinaten niet. Dat neemt niet weg dat je ook dan heel goed je positie of die van anderen duidelijk kunt maken.

- In het praktijkvoorbeeld staat Xanders mannetje op het gebouw. Die plaatsbepaling is voor iedereen die meespeelt nauwkeurig genoeg.
- In het praktijkvoorbeeld staat Rosa's huis op de tweede lijn van het rooster, in het midden.
- Als Rosa van haar huis naar de schaapskooi wil, moet ze een stukje rechtsaf en een stukje naar beneden.
- Het kamertje van de directeur van de school is links naast de hoofdingang.
- De stad Groningen ligt in het noorden van Nederland.

Ruimtelijk oriënteren

Ruimtelijke oriëntatie

Bij ruimtelijke oriëntatie hoort dat kinderen leren eenvoudige routes te beschrijven en te volgen. Daarvoor zijn begrippen nodig als linksaf, rechtsaf, rechtdoor en naar/in het noorden, oosten, zuiden, westen. Ook moeten ze plattegronden kunnen lezen en interpreteren, waarbij gebruikgemaakt wordt van de legenda, de schaallijn en een rooster met coördinaten. Bij lokaliseren ligt de nadruk op het kunnen vinden van je eigen standpunt in de ruimte om je heen bij vragen als 'op welke plaats is deze foto genomen?' en 'bij welke wegwijzer op de kaart zullen we nu zijn?'

Lokaliseren

Leerlingen moeten in gedachten een standpunt kunnen innemen. Een voorbeeld: de kinderen bekijken een kaart van de eigen wijk, de eigen stad of de eigen omgeving. De kaart heeft een rooster, een legenda, een schaallijn en eventueel een register:

Legenda
Schaallijn

- In A5 staat het ziekenhuis. Kun je dat vinden?
- Door welke vakken op de kaart kom je als je van huis naar school gaat?
- Wijs eens aan hoe je van de school naar het zwembad kunt gaan. Welke straten moet je dan door?
- Als je bij het zwembad staat, welke kant moet je dan uit als je naar het ziekenhuis wilt?
- Wat betekent het dubbele zwarte lijntje op de kaart? Hoe weet je dat?

Oriënteren

Activiteiten die worden uitgevoerd om kinderen dit te leren, worden ook wel ruimtelijk oriënteren genoemd. Een specifieke moeilijkheid bij het oriënteren of plaatsbepalen is het leren dat wat je ziet, afhangt van de plaats waar je staat. Dat vraagt een blikwisseling. Veel kinderen hebben nog tot ze een jaar of zeven oud zijn, niet altijd door dat een kind dat aan de andere kant van bijvoorbeeld een bouwsel staat, misschien iets anders ziet dan zijzelf. In het hanteren van kaarten en plattegronden in de bovenbouw komt dit probleem terug in de vorm die je zag in het praktijkvoorbeeld met het navigatiespel: als je de kaart rechtop houdt en je moet 'naar beneden', dan betekent naar links op de kaart dat je in werkelijkheid naar rechts moet.

Waaraan herken je het kerninzicht plaatsbepalen bij leerlingen?

Uit welke kennis of handelingen van een leerling kun je als leerkracht opmaken dat een leerling inzicht toont in plaatsbepalen? Dat inzicht kan sterk verschillen in niveau en kun je vaststellen als een leerling:

- de plaats van een aantal voorwerpen ten opzichte van elkaar kan beschrijven
- zich kan voorstellen hoe een blokkenbouwsel eruitziet vanaf de achterkant gezien
- een eenvoudige route kan beschrijven
- een eenvoudige routebeschrijving kan volgen
- een plattegrond kan gebruiken om ergens te komen
- kan vertellen waar iets zich bevindt op een plattegrond of waar de fotograaf ongeveer heeft gestaan bij het maken van een foto

VRAGEN EN OPDRACHTEN

10.11 Kijk naar de videoclips over plaatsbepalen die je op de website vindt. Hoe is het kerninzicht plaatsbepalen bij deze leerling ontwikkeld?

10.12 In afbeelding 10.15 zie je een ANWB-paddenstoel. Gebruik Google Earth, een vergelijkbaar programma of een kaart om uit te vinden waar deze ANWB-paddenstoel waarschijnlijk staat. Welke inzichten heb je nodig om deze vraag op te lossen?

10.13 Pak een kaart of plattegrond die jij zelf weleens gebruikt. Bedenk er vragen bij voor leerlingen in de bovenbouw.

10.5 Leerlijn meetkunde

Bij het leren van meetkunde doorlopen kinderen verschillende niveaus:
1 ervaren
2 verklaren
3 verbinden

Ad 1 Ervaren

Ervaren

Al op zeer jonge leeftijd ervaren kinderen de ruimte waarin zij leven. Een baby grijpt naar de rammelaar boven zijn hoofd. Peuters ontdekken door het spel 'kiekeboe' dat iets of iemand die je niet ziet, nog niet verdwenen hoeft te zijn, dat ballen en knikkers kunnen rollen en dat je blokken kunt stapelen. Voor elk meetkundig kerninzicht is een basis nodig van vele concrete lichamelijke ervaringen. Het is goed om kinderen in de onderbouw regelmatig ervaringen te laten opdoen als:

Construeren

- meetkundige vormen voelen, zien en leren herkennen
- bouwen en knutselen, om vormen te construeren
- naar iets kijken, ook van verschillende kanten, en vertellen wat je ziet
- merken dat iemand anders soms iets anders ziet dan jij
- verstoppertje spelen en voorwerpen verstoppen en zoeken
- puzzelen, mozaïek leggen, patronen maken op de kralenplank, vouwen
- ontdekkingen doen met spiegels en spiegelende voorwerpen
- vertellen waar iets is, zodat iemand anders het kan vinden
- een eenvoudige route beschrijven
- een eenvoudige routebeschrijving van iemand anders volgen

Ad 2 Verklaren

Verklaren

Ruimtelijk redeneren

Kinderen maken vaak uit eigen beweging de overstap van het ervaren naar het verklaren van verschijnselen. Hierbij spelen beschrijven en ruimtelijk redeneren een belangrijke rol. Een knikker rolt omdat hij rond is. Ik kan jou niet zien omdat er een grote struik voor jou staat. Als je in een lepel kijkt, zie je jezelf ondersteboven omdat de lepel gebogen is. Door een periscoop kun je wel om een hoekje kijken, omdat er twee spiegels in zitten.

Hoe kun je kinderen stimuleren om naar verklaringen te zoeken voor verschijnselen in de ruimte?

Uitleggen

Vragen

Interactie

Schematiseren

Verklaren moeten kinderen zelf doen. Meetkundige verschijnselen laten zich slecht uitleggen. Kinderen moeten ruimtelijke problemen zelf zien en ervaren, en vervolgens zelf onderzoeken hoe het zit. Daarvoor zijn uitdagende onderzoeksopdrachten met bijbehorende materialen nodig. Laat kinderen onder woorden brengen wat ze ervaren. Stel vragen die kinderen stimuleren om nog beter te kijken en na te denken over wat ze zien. Benut de natuurlijke interactie tussen de kinderen en laat ze reageren op elkaar. Het schematiseren van de situatie in de vorm van een tekening, tabel of model kan heel verhelderend zijn. We geven twee voorbeelden van activiteiten op het niveau van het verklaren.

Als je jezelf in de spiegel bekijkt, zijn links en rechts verwisseld. Kun je verklaren waarom links en rechts verwisseld zijn? Kun je ook verklaren waarom boven en onder niet verwisseld worden als je jezelf in de spiegel bekijkt?

Dit is een uitdagende opdracht voor kinderen. Zorg dat ze allemaal in een spiegel kunnen kijken en laat ze met elkaar praten over wat er aan de hand kan zijn. In afbeelding 10.16 zie je de schematische tekening van de leerkracht op het bord, die duidelijk maakt dat het spiegelbeeld van de linkerarm rechts zit van het spiegelbeeld van de neus.

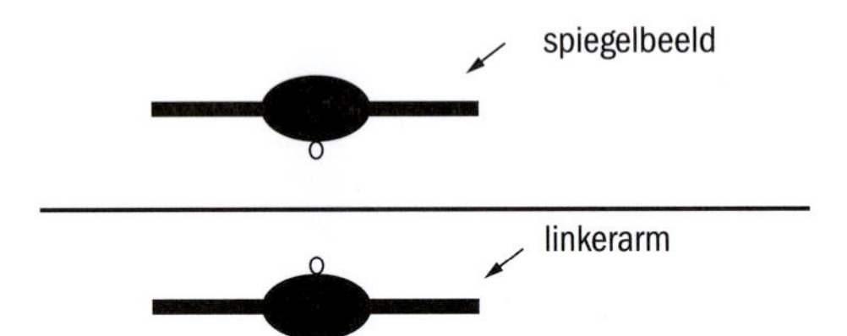

AFBEELDING 10.16 In de spiegel kijken

In het kader van een natuur- en milieuproject zien de kinderen een imker die met blote handen een honingraat uit een bijenkorf durft te halen. De bijen zoemen om hem heen, maar steken de imker niet. De honingraten zitten vol honing. De imker laat een houten raam met kunstraten zien (zie afbeelding 10.17) en vertelt dat het zo knap van de bijen is dat ze in de natuur zeshoekige honingpotjes maken.

AFBEELDING 10.17 Honingraat

AFBEELDING 10.18 Een bundel potloden

Terug in de klas heeft de leerkracht een goed idee. Met een bundel potloden kun je de structuur van een honingraat goed laten zien (zie afbeelding 10.18). De vraag aan de leerlingen is: waarom zouden bijen zeshoekige honingpotjes maken? Waarom geen ronde of vierkante of nog iets anders? De kinderen krijgen voldoende tijd om in kleine groepjes aan de slag te gaan met dit probleem. Elk groepje pakt een bosje kleurpotloden en doet er een elastiekje om. Er mag kladpapier en ruitjespapier gebruikt worden. In de klassikale uitwisseling wordt duidelijk dat zeshoeken goed tegen elkaar aanpassen, zonder loze ruimtes over te laten, zoals bij rondjes het geval is. Vierkantjes kunnen ook, maar misschien dat de bijen niet zo goed in de hoekjes kunnen als bij de zeshoeken. Driehoeken kun je tegen elkaar in leggen, maar dan worden de hoekjes nog kleiner om honing in te doen.

Ad 3 Verbinden

Na het ervaren en verklaren gaat het om het verbinden van verschillende meetkundige verschijnselen.

Verbinden

Met dat verbinden starten kinderen in de bovenbouw vaak voorzichtig, meestal onder leiding van de leerkracht. We laten zien hoe we beide voorbeelden die we gaven bij het niveau van het verklaren, kunnen verhogen naar het niveau van het verbinden.

Bij de vraag waarom links en rechts verwisselen in de spiegel gaat het om spiegelen of transformeren. We kunnen dit verbinden aan eigenschappen van vormen als we vragen welke driehoeken spiegelsymmetrisch zijn.

Spiegelen

Symmetrie

> Op welke driehoeken kun je een spiegel zetten op zo'n manier dat je in de spiegel dezelfde driehoek ziet?

Als je met een spiegel bij een paar driehoeken uitprobeert of het 'beeld' of spiegelbeeld samenvalt met de driehoek zelf, zie je snel dat het moet gaan om driehoeken waarbij de benen uit de top gelijk zijn. Deze driehoeken noemen we gelijkbenig. Gelijkbenige driehoeken zijn spiegelsymmetrisch; alle andere driehoeken niet. Heel bijzonder zijn driehoeken met drie gelijke zijden. Deze driehoeken heten gelijkzijdig. Gelijkzijdige driehoeken hebben drie spiegelassen; daarbij maakt het dus niet uit hoe je de driehoek draait.

Bij het uitzoeken van deze symmetrie-eigenschap gaat het om verbinden, omdat hier het overdenken van kenmerken van figuren – namelijk gelijkzijdigheid van driehoeken – wordt verbonden met de transformatie spiegelen.

Beeld

Gelijkbenig

Gelijkzijdig

Transformatie

In het voorbeeld van de honingraat herkennen de leerlingen de structuur van de honingraat in een bundel potloden en verwoorden hoe die gevormd kan worden door telkens de hoek vol te maken door zes zeshoekjes tegen elkaar te leggen. Wanneer je het verklaren van de structuur van een honingraat aangrijpt om na te denken over mogelijke vlakvullingen, ben je aan het verbinden. Kenmerkend voor een vlakvulling is een klein stuk van het patroon dat telkens terugkomt. In afbeelding 10.19 zie je dat je met een vijfhoek en een cirkel geen en met een zeshoek en een vierkant of rechthoek wel een vlak kunt vullen. Hier worden de kenmerken van figuren als een zeshoek verbonden met een ander onderdeel van de meetkunde, namelijk vlakvullingen.

Verbinden

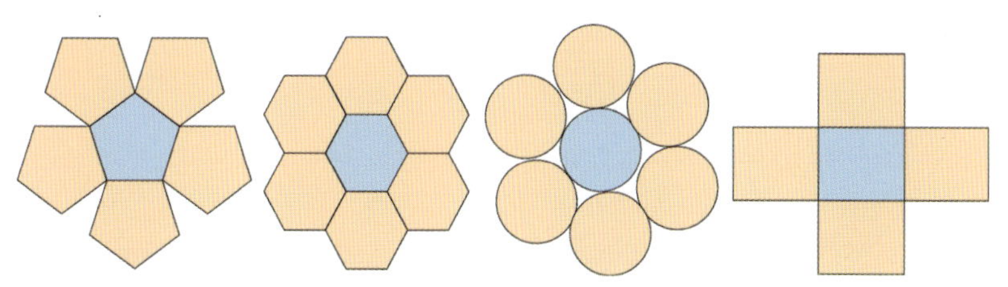

AFBEELDING10.19 Vlakvullingen

10.6 Kennisbasis

Het kan niet anders of ook jij hebt in je dagelijks leven veel met meetkunde te maken: bij deelname aan het verkeer, bij sport en spel, en bij inrichten en opruimen. En het zou best kunnen dat jij je daar niet of nauwelijks van bewust bent.

? Hoe staat het met jouw wiskundige en vakdidactische kennis en inzichten op het gebied van meetkunde?

VRAGEN EN OPDRACHTEN

10.14 Symmetrie

Symmetrie

a Een hart heeft precies een symmetrieas.

AFBEELDING 10.20 Hart met symmetrieas

Bedenk of construeer een figuur met precies twee symmetrieassen en een figuur met precies drie symmetrieassen.

Construeren

b Bestaan er ook figuren met meer dan drie symmetrieassen? Geef een voorbeeld van een dergelijk figuur of laat zien dat dit niet kan.

c Aan welke objecten of figuren denken kinderen als je ze vraagt naar symmetrische figuren? Bereid een goede vraag voor om dit aan kinderen voor te leggen. Bedenk alvast een aantal mogelijke antwoorden en voer zo mogelijk een gesprekje hierover met een paar kinderen.

10.15 Aanzichten

a Van een blokkenbouwwerk zie je het linkerzijaanzicht in afbeelding 10.21. Teken zelf het rechterzijaanzicht.

Zijaanzicht

AFBEELDING 10.21 Linkerzijaanzicht

b Verklaar dat bij een blokkenbouwwerk het achteraanzicht altijd het spiegelbeeld is van het vooraanzicht.

Vooraanzicht
Aanzicht

c Kinderen verwarren een aanzicht van een bouwwerk nogal eens met het beeld van een bouwwerk dat je krijgt als je er een foto van neemt, omdat dat precies is wat kinderen zien. Hoe kun je kinderen ondersteunen bij de overstap van 'een foto' naar het aanzicht?

10.16 Vergezichten

a Verklaar door een of enkele tekeningen dat je verder weg kan kijken als je hoger staat. Tip: bedenk hoe kijklijnen of viseerlijnen lopen.

Kijklijn

b Verklaar door een of enkele tekeningen dat je van een afstand meer hoge gebouwen ziet in een stad dan wanneer je al in de buitenwijken van de stad bent.

c Heel jonge kinderen redeneren al aan de hand van kijklijnen of viseerlijnen. Bij welke spelletjes komt dit met name naar voren?

Meer oefenopgaven vind je in hoofdstuk 13, opgave 94 tot en met 100.

Samenvatting

De samenvatting van dit hoofdstuk staat op www.rwp-kerninzichten.noordhoff.nl.

In dit hoofdstuk ben je de volgende begrippen tegengekomen:

Aanzicht
Balk
Beeld
Bol
Cilinder
Cirkel
Construeren
Diagonaal
Driehoek
Ervaren
Gelijkbenig
Gelijkzijdig
Hoek
Kijklijn, viseerlijn
Kubus
Legenda
Loodrecht
Meetkunde
Meetkundige figuur
Mentale handeling
Oriënteren
Perspectief
Piramide
Projecteren
Rechthoek
Roteren
Ruimtelijk redeneren, ruimtelijke oriëntatie
Ruit
Spiegelen
Symmetrie
Transformatie
Verbinden
Verklaren
Verschuiven
Vierkant
Vlak figuur
Vooraanzicht
Zijaanzicht
Zijde

11 Verbanden

Bij verbanden gaat het om het op een overzichtelijke manier in beeld brengen van een relatief grote hoeveelheid informatie. Het maken van een dergelijk beeld vraagt om schematiseren en ordenen van gegevens. Kinderen maken daar in de basisschool al kennis mee: zij leren hun eigen leefwereld in beeld te brengen in grafieken of andere representaties, en gaan aan de slag met grafieken die door anderen zijn gemaakt. Dat kunnen grafieken zijn van medeleerlingen, maar ook grafieken uit de krant of van het Jeugdjournaal. Dan ligt de nadruk op het interpreteren van de grafische gegevens.
Dit hoofdstuk beschrijft wat kinderen leren op het gebied van verbanden en welke kennis leraren van dit domein hebben. Verbanden is het leerstofonderdeel dat gaat over het in grafieken en schema's weergeven van informatie. Het is pas enkele jaren geleden toegevoegd als afzonderlijk onderdeel van het reken-wiskundeonderwijs in de basisschool, bij de introductie van de referentieniveaus en met het oog op de doorlopende leerlijn van basisonderwijs naar voortgezet onderwijs.

Overzicht kerninzichten
Bij het leren van verbanden gaat het erom dat kinderen het inzicht verwerven dat:

- je verbanden tussen grote hoeveelheden data schematisch in beeld kunt brengen (ordenen en ontwerpen)

- schema's je de mogelijkheid bieden te redeneren over verbanden (analyseren en interpreteren)

Dit vatten we op als een kerninzicht met twee aspecten.

Dit kerninzicht sluit aan bij de kerndoelen 23, 24 en 25:
23 De leerlingen leren wiskundetaal gebruiken.
24 De leerlingen leren praktische en formele reken-wiskundige problemen op te lossen en redeneringen helder weer te geven.
25 De leerlingen leren aanpakken bij het oplossen van reken-wiskundeproblemen te onderbouwen en leren oplossingen te beoordelen

Verbanden komen niet letterlijk in de kerndoelen naar voren. Dat is wel het geval bij de referentieniveaus, die beschrijven hoe de rekenvaardigheid van leerlingen zich ontwikkelt, ook na de basisschool. In de referentieniveaus is aandacht voor verbanden omdat deze voorbereiden op het maken van grafieken in het voortgezet onderwijs.

De referentieniveaus op het 1F-niveau beschrijven dat vrijwel alle leerlingen aan het eind van de basisschool informatie moeten kunnen halen uit veelvoorkomende tabellen en grafieken. Deze leerlingen zijn daarbij ook in staat gegevens uit deze tabellen en grafieken te halen, om daarmee eenvoudige berekeningen uit te voeren. Leerlingen die het 1S-niveau behalen, moeten bovendien tabellen en grafieken in eenvoudige gevallen zelf kunnen maken op grond van een beschrijving in woorden. Ze moeten daarbij een geschikte vorm kunnen kiezen. De 1S-leerlingen moeten weten wat een legenda is en conclusies kunnen verbinden aan wat ze in grafieken en tabellen aflezen. Ze moeten de informatie uit verschillende bronnen kunnen vergelijken. Bovendien moeten ze eenvoudige patronen in een rij getallen of een figuur kunnen herkennen. Dit laatste past bij het onderdeel 'verbanden', omdat het voortzetten van een gevonden regelmaat een belangrijke stap is op weg naar het algemeen verwoorden of weergeven van een verband.

11.1 Aan de slag met verbanden

Een grafiek of tabel ontwerpen is niet veel anders dan het schematisch in beeld brengen van informatie. Dat doe je om anderen snel overzicht te bieden en hun zo de kans te geven de gegevens te interpreteren.

11.1.1 Praktijkvoorbeelden

Twee voorbeelden laten zien hoe kinderen op verschillende manieren hun eigen wereld schematisch in beeld kunnen brengen met een grafiek.

De kinderen uit de onderbouw beginnen vandaag op het schoolplein. Langs het schoolplein staan enkele ouders met borden, waarop activiteiten zijn afgebeeld. De leerkracht vraagt de kinderen om bij het bord met hun lievelingsactiviteit te gaan staan. Dat is natuurlijk een beetje moeilijke vraag voor de jongste kinderen en ook de oudere kinderen moeten even nagaan wat hun lievelingsactiviteit is. Daarom is de vraag al besproken in de kleutergroepen en deze voorbespreking maakte de kinderen al nieuwsgierig naar de keuzen van anderen. Welke activiteit zal er winnen?
Als de leerkracht de vraag stelt, lopen de kinderen naar het bord van hun keuze. De levende grafiek die is ontstaan laat snel zien wat lievelingsactiviteiten zijn. Vooral buitenspelen en fietsen zijn populair.

AFBEELDING 11.1 Kleuters maken een levende grafiek

Als de kinderen in de rij staan bij 'hun' lievelingsactiviteit, merken ze wel al waar kinderen vaak en minder vaak voor kiezen. Ze zien ook als ze in de rij staan goed welke rij er langer is en welke korter. Sommige kinderen merken dat ze niet in dezelfde rij staan en dat dit betekent dat ze een verschillend antwoord gegeven hebben. Toch is het niet makkelijk om een volledig overzicht te krijgen over deze levende grafiek. Het is daarom goed dat er foto's gemaakt zijn. Die bieden de kans om nog even rustig stil te staan bij wat deze levende grafiek de kinderen precies vertelt over zichzelf. De kinderen gaan op deze Grote Rekendag de hele dag aan de slag met grafieken maken.

Staafgrafiek
Beelddiagram

Door in een rijtje te gaan staan achter het bord met daarop een antwoord op de gestelde vraag, vormen de kinderen een levende staafgrafiek of, wellicht beter, een levend beelddiagram. Die grafiek toont gelijk waar de voorkeuren van de kinderen liggen. Daarvoor hoef je als kind maar om je heen te kijken. Je meet dan als het ware met je ogen de lengte van de 'staven' om snel vast te stellen welke rij langer of korter is.

Grafiek interpreteren

Het is een effectieve manier om de gegevens van zo'n grafiek te interpreteren als een van de rijen aanzienlijk in lengte verschilt van de andere. Je hoeft in dat geval namelijk geen kinderen te tellen om erachter te komen wat de meest gekozen lievelingsactiviteit is.

Tellen via één-één-relatie

Dat hoeft overigens ook niet als de aantallen dichter bij elkaar liggen. Dan kunnen kinderen gebruik maken van tellen door het leggen van een één-één-relatie tussen leerlingen in de ene rij en in de rij ernaast. Het is dan of je in gedachten ieder kind in de ene rij een kind in de daarnaast gelegen rij de hand laat vastpakken. Als ieder kind verbonden is met precies één ander kind, dan staan in de twee rijen precies evenveel kinderen. Als er kinderen zijn zonder buurman of buurvrouw die ze bij de hand kunnen pakken, dan staan deze kinderen in de langste rij. Dus door middel van het maken van een één-één-relatie kun je nagaan of een van de rijen langer is, en daarmee of een activiteit vaker gekozen is.

?

Ken je nog andere situaties waarin kinderen aantallen vergelijken via het leggen van een één-één-relatie?

Telrij

Eén-één-relatie

Het ordenen van objecten gaat bij jonge kinderen veelal vooraf aan het goed beheersen en gebruiken van de telrij. Het leggen van een één-één-relatie gebruiken kinderen daarom vaak al eerder als strategie om hoeveelheden te vergelijken, als zij nog niet goed kunnen tellen. Daarbij is het overigens in het algemeen niet zo dat de geordende objecten in een rij staan of liggen om vergeleken te worden. De één-één-relatie gebruiken kinderen bijvoorbeeld ook om te bedenken of er voor iedereen aan tafel een bord, een beker en een lepel is, of dat een kind mist in de kring als een van de stoeltjes onbezet blijft.

Grafiek
Schematiseren

In het algemeen is het goed om een grafiek na te bespreken. Dat kan met een foto die de schematische weergave toont, maar ook als de schematische voorstelling op een andere manier tot stand is gekomen. Bij de levende grafiek op het schoolplein biedt een foto dit overzicht. Zo'n foto lijkt heel concreet – want hij beeldt de werkelijkheid af – maar is toch een schematische weergave, omdat het niet langer gaat om de concrete rij kinderen.

Activeren

Aflezen

De foto roept de activiteit echter wel op. Het bekijken van deze foto maakt het mogelijk nog even met de kinderen terug te kijken op de activiteit. Daar gaan ze graag in mee, want nog steeds gaat het over hun lievelingsactiviteit, en natuurlijk zijn ze daarin geïnteresseerd, omdat ze zichzelf en hun groepsgenoten op de foto zien. Deze interesse kunnen we mooi gebruiken om de kinderen enkele vragen te stellen over het aflezen van de levende grafiek, zoals wat er vaak gekozen is en wat veel minder vaak.

Groep 6 van basisschool De Vierhoek gaat morgen op schoolreisje. De dag ervoor neemt juf Melanie de komende dag nog even met de kinderen door. Dan is ook aan de orde wat kinderen wel en niet moeten meenemen.

Juf Melanie: ‘Je neemt boterhammen mee voor tussen de middag en ook iets te drinken.’ Ze wijst daarbij nadrukkelijk op de brief die de ouders van de kinderen hierover een week eerder hebben gekregen.
Juf Melanie vertelt verder over de kleding die past bij een schoolreisje. Je doet dan natuurlijk kleren en schoenen aan die vies mogen worden. ‘Maar’, vervolgt ze, ‘welke jas moet je nu aantrekken?’ Dat stond niet precies in de brief aan de ouders en daarom bespreekt juf Melanie dit wat uitgebreider met de kinderen. Ze vertelt dat ze even op internet keek naar het weer en laat de grafiek zien die ze toen heeft gevonden.

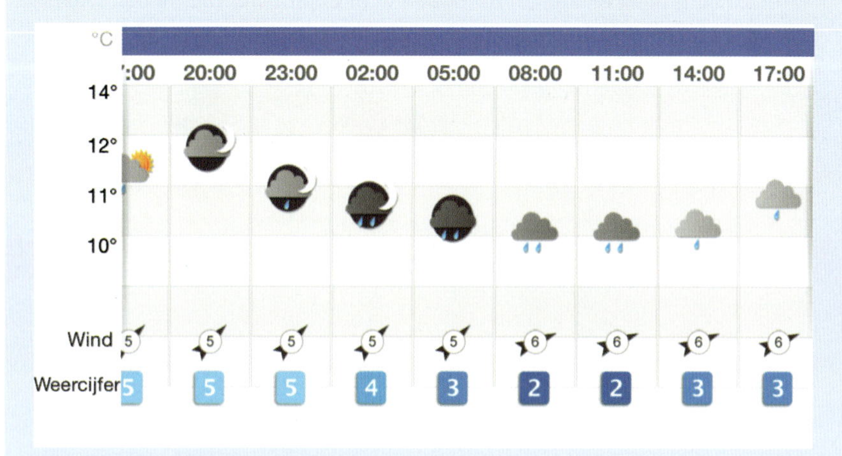

AFBEELDING 11.2 De weergrafiek

Ze vraagt de kinderen even rustig naar de grafiek te kijken. Zonder iets te zeggen mag ieder kind voor zich bedenken wat voor weer het morgen wordt en wat dat betekent voor de jas en schoenen die je aantrekt.
Als iedereen gekeken heeft, mag Rianne reageren. Zij stelt resoluut: ‘Het gaat morgen regenen, dus ik neem een paraplu mee.’ Janneke keek naar het weercijfer. Dat is de hele ochtend een ‘2’, dus rotweer. Borre weet wel waarom het rotweer is: ‘Het is om 11 uur 10 graden, het regent en het waait.’ Maar hij voegt daaraan toe dat hij een storm wel spannend vindt.
Juf Melanie vraagt nog even door hoe je aan de grafiek ziet dat het om 11 uur 10 graden wordt en hoe je weet dat het dan gaat stormen. Ze vervolgt geruststellend: ‘De pijl met de zes betekent dat het windkracht 6 wordt. Dan waait het wel, maar het is geen echte storm.’

Kinderen kijken vaak lang uit naar een schoolreisje. Dat maakt dat ze zich graag verdiepen in een grafiek die iets zegt over de manier waarop de dag gaat verlopen. De vragen die juf Melanie stelt, maken daarom dat de leerlingen gericht naar de grafiek kijken, er informatie uit aflezen en die gelijk interpreteren. Zo bedenken veel leerlingen redelijk snel wat de betekenis is van de getallen op de assen langs de grafiek.
De getallen boven de grafiek geven de tijd aan. Het schoolreisje begint halfnegen en duurt tot drie uur ’s middags. Die tijden staan niet aangegeven,

Grafiek
Aflezen
Grafiek interpreteren
As

maar de meeste kinderen kunnen hun kennis van digitale tijden goed inzetten om te interpreteren dat ze tussen 8 en 17 uur moeten zijn.

Tijd-afstand-grafiek

De tijden staan niet aan de onderkant van de grafiek, hoewel dat in een tijd-afstandgrafiek wel de plek van de tijdas is. In plaats daarvan staat daar het rapportcijfer voor het weer. De '2' die precies onder 8 uur staat, betekent dat het weer om 8 uur het rapportcijfer '2' krijgt.

Vragen stellen

In de grafiek zijn veel aspecten van het weer tegelijkertijd weergegeven. De open vraag van juf Melanie om te bedenken wat je in de grafiek ziet en wat dit betekent voor je kleding tijdens het schoolreisje, maakt dat ieder kind op een eigen manier naar de grafiek kan en mag kijken. Gezamenlijk analyseren ze de grafiek en komen zo tot een interpretatie die voor het schoolreisje in ieder geval heel bruikbaar is.

Leerlingen van groep 8 van basisschool El Kadisha maken vandaag grafieken over hoe actief ze zijn. Daartoe verzamelen ze eerst gegevens op het schoolplein. Vervolgens zetten ze de verzamelde gegevens in een grafiek. Een groepje meiden zoekt uit hoeveel keer hun klasgenoten kunnen touwtjespringen in een halve minuut. Op het werkblad bij deze opdracht noteren zij bij iedere leerling een getal dat aangeeft hoe vaak er in een halve minuut gesprongen is. Tijdens het verzamelen van deze informatie wordt voor veel leerlingen al duidelijk dat de meiden veel beter zijn in touwtjespringen dan de jongens. Dat is dan ook precies de reden waarom de meidengroep het interessant vindt om juist deze gegevens in een grafiek te zetten. Ze willen duidelijk maken dat zij het beter doen.
De grafiek komt op een groot vel te staan en de meiden hebben weinig tijd nodig om te bedenken hoe ze kunnen laten zien dat zij het best zijn in touwtjespringen. Ze bedenken namelijk dat als je de jongens links in de grafiek zet en de meiden rechts, de grafiek van links naar rechts gelezen eerst heel laag zal zijn, om vervolgens hoog te eindigen bij de meiden.

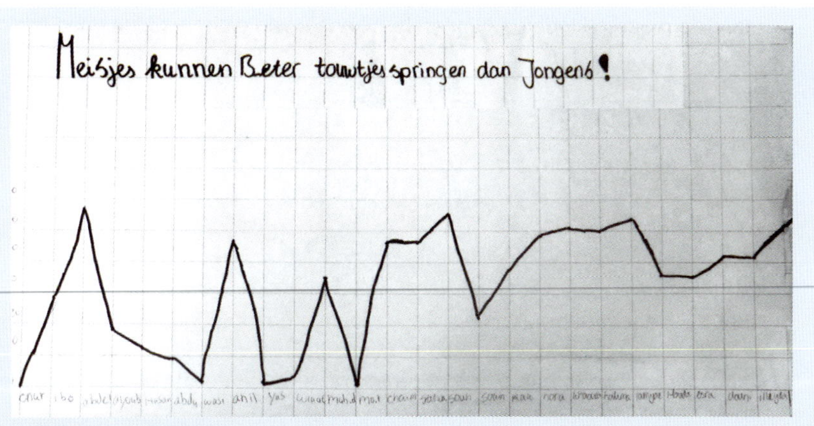

AFBEELDING 11.3 Grafiek touwtjespringen

Uiteindelijk maken de meiden een lijngrafiek om hun boodschap over te brengen. Die past hier natuurlijk minder goed, omdat op de as onder in de grafiek de namen van de leerlingen staan. Dat weten de meiden ook, want de lijnstukken die de resultaten van de kinderen verbinden, betekenen eigenlijk niets. Maar er is een reden om toch voor een lijngrafiek te kiezen: op die manier zie je goed dat de lijn naar boven gaat als die bij de springprestaties van de meiden aankomt.

De leerlingen in het tweede praktijkvoorbeeld stellen zich letterlijk de vraag hoe zij de grote hoeveelheid informatie pakkend in beeld kunnen brengen. Daar lokt de situatie ook toe uit. De meiden uit groep 8 willen door middel van een grafiek laten zien dat zij in sportief opzicht niet onderdoen voor de jongens. Die indruk kregen zij al tijdens het verzamelen van de data voor de grafiek. Zij stelden zich daarna de vraag hoe ze deze informatie zouden kunnen ordenen om hun standpunt duidelijk te maken.
En dat is precies wat zij deden. De grafiek maakte aan alle twijfel een einde. Meiden zijn beter in touwtjespringen dan jongens.

Lijngrafiek

Continu

Discreet

De meiden kozen er overigens voor om een lijngrafiek te maken. Dat is een grafiek die in dit geval eigenlijk niet gebruikt mag worden, omdat een van de twee gegevens niet continu, maar discreet is. Een ander soort grafiek, bijvoorbeeld een staafgrafiek, zou daarom vanuit een wiskundig standpunt een betere keuze zijn geweest.

Hoe zou jij reageren op de keuze voor een soort grafiek die niet bij de situatie past?

Staafgrafiek

Kinderen kiezen vaak voor een staafgrafiek om gegevens in beeld te brengen. Vaak gaat het dan om informatie per leerling, dus hoe vaak hij of zij gesprongen heeft, in hoeveel tijd hij een rondje gelopen heeft, hoeveel huisdieren hij heeft, enzovoorts. Dan ligt het voor de hand om bij iedereen een strook te maken, waarbij de lengte het getal in de tabel aangeeft: een staafgrafiek dus.

TABEL 11.1 Hoeveel keer gesprongen?

	Hoeveel keer gesprongen in 30 seconden?
Myrthe	43
Kim	38
Mohammed	27
Yildiz	48

Het is daarom mooi als kinderen gaan experimenteren met andere grafieken, want dat vormt een bruikbare aanleiding om met elkaar van gedachten te wisselen waarom zo'n grafiek hier eigenlijk niet past. Dan kan het gesprek verlegd worden naar situaties waarin je wel een lijngrafiek gebruikt en in welke gevallen bijvoorbeeld een cirkeldiagram handig kan zijn.

Cirkeldiagram

11.1.2 Kerninzicht verbanden

Na deze praktijkvoorbeelden kun je in deze subparagraaf lezen waar het in dit kerninzicht precies om gaat.

Kinderen verwerven het inzicht dat:

- je verbanden tussen grote hoeveelheden data schematisch in beeld kunt brengen (ordenen en ontwerpen)
- schema's je de mogelijkheid bieden te redeneren over verbanden (analyseren en interpreteren).

Ordenen en ontwerpen

Een van de opvallendste kenmerken van de eenentwintigste eeuw is de enorme dichtheid aan informatie. Met een smartphone kun je bijvoorbeeld op ieder moment informatie opvragen die je precies op dat moment nodig hebt. In veel gevallen krijg je ook informatie waarop je niet echt zit te wachten.
Bij zo'n bombardement van informatie is het zaak het geheel overzichtelijk te houden. Dat overzichtelijk houden is feitelijk niets anders dan ordenen, en schema's lenen zich bij uitstek om informatie te ordenen. Specifieke informatie tref je in een schema op een specifieke plek. Dat is makkelijk en overzichtelijk. Het is vaak zelfs zo gewoon geworden dat het je wellicht nauwelijks opvalt dat je met een schema te maken hebt. Denk maar aan de manier waarop de tijd, de datum, Facebookberichten en bijvoorbeeld het weer op je mobiele telefoon worden weergegeven.

Schematiseren

Schema's en grafieken zijn bedoeld om een grote hoeveelheid informatie overzichtelijk weer te geven, zodat je in één keer overziet wat er aan de hand is. Omdat situaties verschillen en je niet altijd hetzelfde in beeld wilt brengen, zijn er verschillende soorten grafieken. Een leerkracht basisonderwijs hoort thuis te zijn in de volgende grafieken: lijngrafiek, cirkeldiagram, histogram, staafdiagram, stengel- en bladdiagram of steelbladdiagram, blokdiagram, puntenwolk, stroomdiagram en beelddiagram. Het overzicht in tabel 11.2 toont al deze grafieken en geeft daarbij aan in welk type situaties ze gebruikt worden.

TABEL 11.2 Soorten grafieken

<table>
<tr><th>Grafiek</th><th>Voorbeelden</th><th>Beeld</th></tr>
<tr><td>Een lijngrafiek is een grafiek waarbij twee continue grootheden (variabelen) op de assen staan. Vaak is een daarvan de tijd, maar dat hoeft niet.</td><td>De koers van een munt in een bepaalde periode of het temperatuurverloop over een dag of ander tijdvak wordt wel weergegeven in een lijngrafiek. Een tijd-afstandgrafiek.</td><td>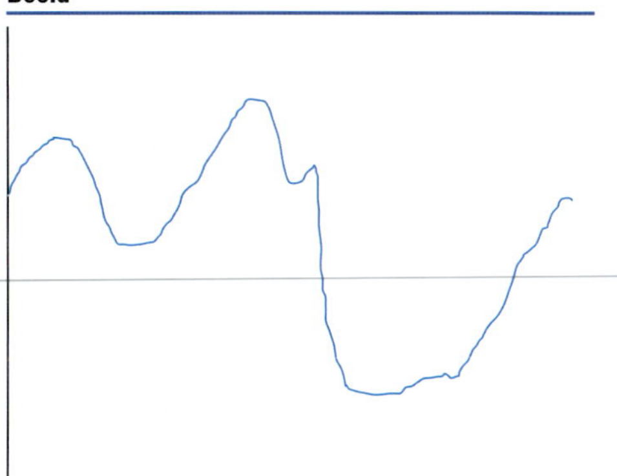</td></tr>
<tr><td>Een cirkeldiagram wordt gebruikt als een deel-geheelrelatie in beeld moet worden gebracht. De cirkel maakt het geheel (of honderd procent) goed zichtbaar.</td><td>De uitkomst van een stemming kan worden weergegeven in een cirkeldiagram.</td><td>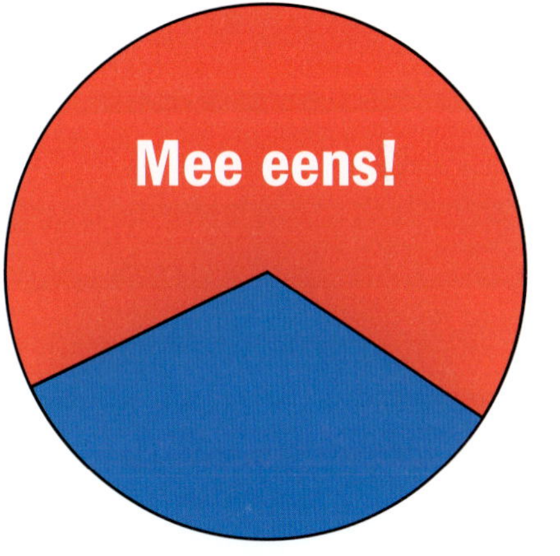
</td></tr>
<tr><td>Een histogram is een diagram met staven, waarvan de waarden op de onderste as in klassen worden opgedeeld.</td><td>In een histogram kun je weergeven hoe vaak mensen in een maand met de trein gaan. Je neemt vijf, zes, zeven, acht of negen reizen samen in een staaf.
De lengte van de staven staat voor het aantal mensen.</td><td>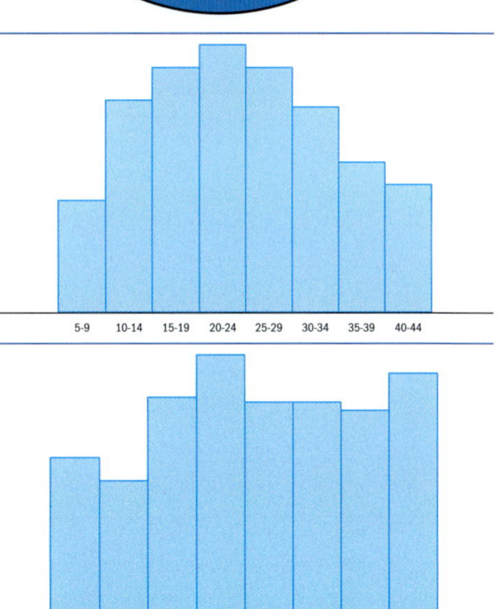
</td></tr>
<tr><td>Een staafgrafiek geeft feitelijk losse tellingen of metingen weer in de lengte van de staven. De waarden op de horizontale as zijn losstaand.</td><td>Een staafgrafiek kun je maken van de lengtes van kinderen in de klas. Je maakt dan een staaf voor ieder kind en zet op de onderste as de namen van de kinderen.</td><td></td></tr>
</table>

11

TABEL 11.2 Soorten grafieken (vervolg)

Grafiek	Voorbeelden	Beeld
Een *stengel- en bladdiagram* of *steelbladdiagram* is een overzichtelijk manier om metingen te groeperen. Je geeft de variatie in de laatste decimaal weer.	Een stengel- en bladdiagram of steelbladdiagram is goed bruikbaar om de lengtes van kinderen op een rij te zetten. In de diagram hiernaast zie je drie leerlingen van 145 cm, één van 148 cm en twee van 149 cm, twee van 151 cm, enzovoorts.	14 | 5 5 5 8 9 9 15 | 1 1 2 3 3 4 5 5 8 9 16 | 1 3 3 3 6 6 17 | 0 0 1 1
Een *blokdiagram* is een diagram waarin functionele relaties worden weergegeven.	Blokdiagrammen vind je nogal eens in voorschriften voor het eerste gebruik van nieuwe elektronische apparaten.	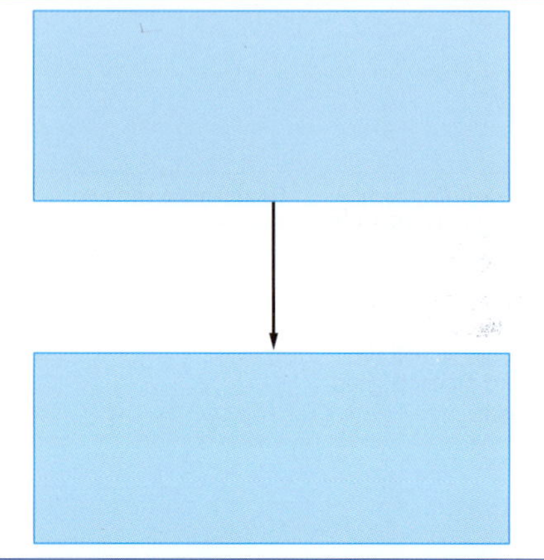
Een *stroomdiagram* is een blokdiagram waarin voorwaardelijke stappen een rol spelen.	Stroomdiagrammen moet je weleens invullen om na te gaan of je ergens voor in aanmerking komt.	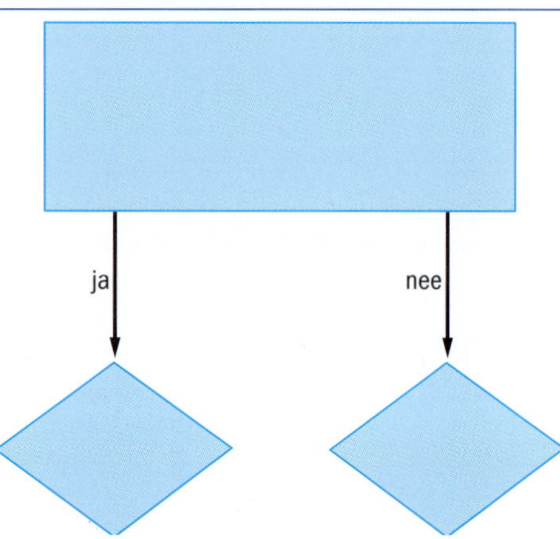

TABEL 11.2 Soorten grafieken (vervolg)

Grafiek	Voorbeelden	Beeld
Een *puntenwolk* is een verzameling metingen die in een assenstelsel als punten is weergegeven.	Als je wilt nagaan of kinderen met langere benen ook sneller lopen, meet je eerst de beenlengtes en daarna de tijd die ze nodig hebben om 50 m te lopen. Het resultaat van ieder kind komt als één punt in de grafiek.	
Een *beelddiagram* is een diagram waarin de beelden (of kleuren) de betekenis duidelijk maken, waardoor er geen waarden op de assen hoeven te staan.	Ieder kind legt een kaartje neer met wat hij of zij het liefst op brood eet. Je ziet dat hagelslag het populairst is.	

Leerlingen in groep 1 en 2 maken al kennis met staafdiagrammen en beeldgrafieken, zo laat het praktijkvoorbeeld uit de vorige paragraaf zien. In de bovenbouw leren kinderen werken met een cirkeldiagram, bijvoorbeeld in situaties waar een hele cirkel staat voor het geheel of voor honderd procent. In subparagraaf 6.2.2 heb je meer kunnen lezen over de vergelijking tussen het cirkeldiagram als grafisch model en als denkmodel. Het zelf maken van een cirkeldiagram vinden kinderen vaak lastig, vooral het verdelen van de cirkel in sectoren.

Cirkeldiagram

Sector

Histogram

As

Histogrammen lijken op staafdiagrammen, maar in een histogram is de informatie op een andere manier geordend. Op de horizontale as staan geen afzonderlijke gevallen – bijvoorbeeld de namen van de kinderen – maar zijn kleine intervallen aangegeven. Met zo'n histogram kun je bijvoorbeeld zichtbaar maken hoe laat kinderen naar bed gaan. Ieder kind mag aangeven in welk tijdsinterval zijn bedtijd ligt.
Specifiek voor een histogram is dat het verandert wanneer je de intervallen verkleint of vergroot. Te grote en te kleine intervallen op de horizontale as maken dat je onvoldoende ziet.

> Waarom zegt een histogram niet veel als je de intervallen te groot of te klein maakt? Kun je dat verklaren?

Als je bij een histogram de intervallen heel groot maakt, komt alles in één interval te staan en zie je niet veel van de verschillen tussen de verschillende waarnemingen die je in de grafiek hebt gezet. Wanneer je daarentegen de intervallen heel klein maakt, krijg je bij iedere waarde enkele waarnemingen en verlies je het zicht op de globale ontwikkeling die je in beeld wilt brengen.

Wiskundetaal

Wanneer kinderen leren werken met grafieken, leren ze ook de wiskundetaal die past bij de grafieken of het maken ervan. Die taal is niet altijd even gemakkelijk voor kinderen. Denk maar aan een situatie waarin een grafiek zichtbaar moet maken dat er sprake is van een toename. Dan zie je de grafiek in het algemeen stijgen, of de opeenvolgende staven worden langer.

Stijgen

Dalen

Variabele

Kinderen leren bijvoorbeeld dat je bij staafgrafieken, histogrammen of lijngrafieken één of meer assen hebt, waarop zichtbaar wordt waarover de grafiek gaat. Bij lijngrafieken spreekt men van stijgen en dalen. Dat komt omdat bij lijngrafieken op de horizontale as veelal de variabele tijd is weergegeven. We zagen in het praktijkvoorbeeld dat de leerlingen daarom voor een lijngrafiek kozen om de jongens en de meiden te vergelijken. Daar ging het niet om tijd; het ging erom het stijgen in een andere situatie in beeld te brengen, namelijk om te laten zien dat meiden beter kunnen touwtjespringen dan jongens. Overigens betekent stijgen of dalen in een lijngrafiek vaak een stijging of daling in de loop van de tijd.
Grafieken kunnen verder een minimum en een maximum hebben. Dat is bij een lijngrafiek waar het dalen overgaat in stijgen, of juist andersom. Telkens is het van belang dat je als leerkracht goed oog hebt voor de betekenissen die kinderen geven aan de grafiekentaal, in het bijzonder aan de rol van de variabelen.

Stengel- en bladdiagram

Steelblad-diagram

Het schematisch weergeven van gegevens die door de kinderen zijn verzameld, kan ook leiden tot een stengel- en bladdiagram of steelbladdiagram. Een dergelijke grafiek is goed bruikbaar om de maat van iets weer te geven, bijvoorbeeld van zonnebloemen die kinderen hebben gekweekt op de schooltuin. De zonnebloemen staan nu vol in bloei en iedereen heeft de lengte van zijn of haar langste zonnebloem gemeten. Deze maat noteerde ieder kind op een briefje, dat 's middags onderwerp van gesprek is. Juf Wieke wil dat gesprek zo richten dat iedere meting straks terechtkomt in een stengel- en bladdiagram of steelbladdiagram.

Juf Wieke informeert bij de leerlingen van groep 6 welke lengtes ze allemaal vonden. Jorine weet dat haar zonnebloem de langste is. Die was wel 1 m en 73 cm. Andere kinderen brengen ook de lengtes van hun zonnebloemen naar voren. Dan vraagt de juf om in kleine stapjes naar beneden te gaan, te beginnen bij Jorine: wie heeft er nog meer een zonnebloem die langer is dan 170 cm?
Naast elkaar komt op het bord te staan: 170 171 171 173. Dan krijgt juf Wieke een idee. Om te voorkomen dat er heel veel getallen op het bord komen, noteert ze:
17 | 0 1 1 3.
Ze bespreekt met de kinderen waarom hier in het kort hetzelfde staat als wat er eerder op het bord stond. Als de kinderen goed kunnen verwoorden dat de laatste 3 staat voor de langste zonnebloem, worden de zonnebloemen tussen de 160 en 169 cm genoteerd. De kinderen noemen op verzoek van juf Wieke alleen het laatste cijfer in hun meting. Even later staat op het bord: 16 | 2 4 5 5 8. Zo praat juf Wieke door met de kinderen en uiteindelijk staat op het bord:

17 | 0 1 1 3
16 | 2 4 5 5 8
15 | 0 0 3 3 3 3 7
14 | 1 1 1 8
13 | 4
12 | 3 7 7 8 8 8
11 | 1 1 2 2 5 6
10 | 9

Juf Wieke gaat na of iedereen zijn zonnebloem kan terugvinden. Dat lukt niet iedereen, want je weet bij drie dezelfde lengtes natuurlijk niet precies welke van jou is.

Een steelbladdiagram geeft snel overzicht over de gegevens. Het laat je bijvoorbeeld snel zien dat er drie zonnebloemen zijn van 141 cm. Het lijkt zo een beetje op een histogram met – in het geval van de zonnebloemen – intervallen van 10 cm.

Je kunt aan de hand van een stengel- en bladdiagram of steelbladdiagram snel bepalen wat de mediaan in de gegevens is. Hoe zou je dit kunnen doen?

Gemiddelde

De gemiddelde lengte van de zonnebloemen is niet gemakkelijk af te lezen uit het stengel- en bladdiagram of steelbladdiagram. Je zou daarvoor eigenlijk de waarnemingen moeten nivelleren of gladstrijken. We gebruiken daarvoor meestal een berekeningswijze die weinig met deze grafiek te maken heeft, namelijk alle gegevens optellen en delen door het aantal.

Mediaan

De mediaan kun je wel uit het stengel- en bladdiagram of steelbladdiagram aflezen. De mediaan is van een serie waarnemingen eigenlijk de middelste waarde. Die middelste waarneming kun je makkelijk vinden, omdat de waarnemingen in de grafiek geordend zijn. Het gaat hier om drieëndertig waarnemingen; de zeventiende is daarvan de middelste. De mediaan is 141 cm.

Modus

Uit de grafiek kun je ook de modus of modale lengte van de zonnebloemen afleiden. Dat is de waarde die het vaakst voorkomt. Dat is 153 cm.

Centrummaat

Het rekenkundig gemiddelde, de modus en de mediaan zijn drie verschillende centrummaten. Een centrummaat geeft in één getal een indruk van de gegevens of de verdeling.

Redeneren

Verhoudingstabel

Getallenlijn

We zien zo dat een grafiek leidt tot allerlei redeneringen die de schematische weergave mogelijk maken. Het redeneren aan de hand van schematische of modelmatige weergaven zien we in het reken-wiskundeonderwijs veel vaker. Dat geldt bijvoorbeeld voor modellen die een rol spelen bij het leren van gehele getallen of van breuken, verhoudingen, procenten en kommagetallen. Typische voorbeelden van dergelijke schema's zijn de verhoudingstabel, de getallenlijn en de dubbele getallenlijn.

Interpreteren en analyseren

Representatie

Vaak geven grafische weergaven als grafieken, schema's en tabellen aanleiding om de vertaalslag te maken van representatie naar werkelijkheid en omgekeerd. Wanneer je dat doet, zoek je naar verklaringen en betekenissen, bijvoorbeeld hoe je kunt zien dat de meeste kinderen het liefst buiten spelen in hun vrije tijd. Je analyseert de grafiek en interpreteert wat die betekent. Kinderen overwegen zo bijvoorbeeld dat als er een langere rij bij 'buiten spelen' staat, dit betekent dat meer kinderen hiervoor hebben gekozen.

Grafiek interpreteren

Context

Analyseren en interpreteren van wat een grafiek te melden heeft, is voor kinderen vaak goed te doen als de kinderen bekend zijn met de context. Dat geldt ook voor grafieken die veel informatie bieden, zoals de grafiek rond het weer tijdens de schoolreis.

Tijd-afstand-grafiek

De tijd-afstandgrafiek in afbeelding 11.4 gaat over twee fietsers. Op de horizontale as is de tijd weergegeven, en op de verticale as de afgelegde afstand.

11

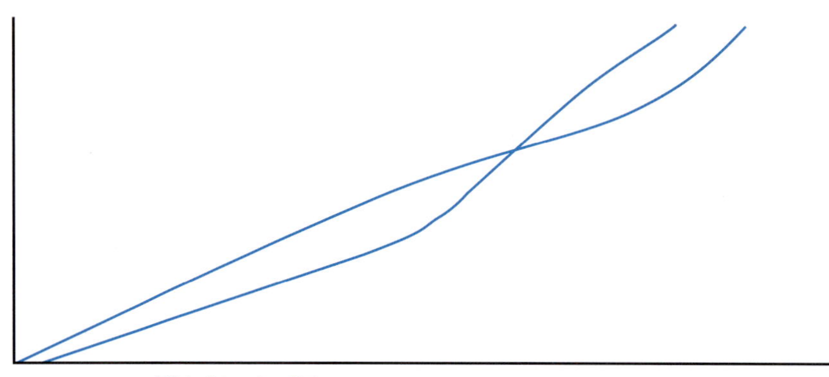

AFBEELDING 11.4 Tijd-afstandgrafiek

Je besluit deze informatie op de assen weg te laten, om de kinderen de kans te geven de grafiek vrij te interpreteren.

? Wat zie jij als voordeel van het weglaten van de informatie op de assen bij het interpreteren van een grafiek?

Door met kinderen te praten over wat een grafiek laat zien, kunnen zij meer greep krijgen op de grafiek. Deze grafiek gaat over fietsers en hier ligt de vraag voor de hand wat de twee fietsers precies gedaan hebben. Wat kunnen de kinderen daarover zeggen? Dan valt op dat ze niet tegelijkertijd beginnen met rijden; daarom ligt een van de fietsers waarschijnlijk ook een tijdje achter. Het snijpunt van de lijnen is een punt dat aandacht verdient. Wat gebeurt daar?

Aflezen

Al pratend kun je als leerkracht de grafiek voorzien van labels bij de assen en van getallen op deze assen. Dat maakt bijvoorbeeld mogelijk dat de kinderen aflezen op welk tijdstip de grafieken snijden en hoe ver er op dat moment al gereden is. Als deze getallen gevonden zijn, kan zelfs schattend nagegaan worden of de fietsers snel fietsen of juist niet. Zo richt het interpreteren van de grafiek zich niet alleen op de horizontale as, maar ook op de verticale. Die geeft de afgelegde weg aan. Dat betekent dat als de grafiek van de ene fietser onder die van de andere ligt, die ene fietser achter ligt.

Het achter liggen gaat bij het snijpunt over in het voor liggen. Leerlingen weten in het algemeen wel hoe dat gaat als je een wedstrijd tegen elkaar fietst. Je haalt de ander in. Als de fietsers een aanrijding hadden gehad, zou de grafiek er anders uitgezien hebben. Vaak duurt het even voor je weer op gang komt. De grafiek verandert even in een horizontale lijn.

Lijngrafieken zijn krachtige manieren om ontwikkeling te laten zien. Veel mensen kiezen er daarom voor om bijvoorbeeld een puntenwolk tot lijngrafiek te maken, door de punten te verbinden. Als je dat doet, voeg je informatie toe door te interpoleren. De grafieken die zo ontstaan, bieden vaak ook een mogelijkheid om de lijn door te trekken, te extrapoleren. Door dit te doen gaat men ervan uit dat de grafieken continu zijn, maar dat is niet altijd zo.

Puntenwolk

Interpoleren

Extrapoleren

Continu

> Kun je een voorbeeld geven waar interpoleren of extrapoleren niet mag, omdat de grafiek waarschijnlijk niet continu is?

?

Het doortrekken van een grafiek gebeurt in nogal wat gevallen onterecht. Dat kun je bijvoorbeeld goed inzien bij een grafiek rond de temperatuur. Als je drie dagen na elkaar de temperatuur om vier uur 's middags meet, dan geeft een recht doorgetrokken lijn vast niet de echte temperatuur aan, omdat die 's nachts en in de ochtend vaak veel lager ligt. Dat geldt bijvoorbeeld ook in het geval dat het enkele dagen na elkaar warmer is geworden. Het extrapoleren leidt dan tot de conclusie dat het alsmaar warmer wordt, en dat hoeft niet het geval te zijn.

Het is belangrijk bij het bespreken van grafieken met kinderen dit soort overwegingen te betrekken. Dit helpt hen de grafiek te interpreteren en conclusies te trekken op grond van een grafiek. Daarbij helpt het ook als de kinderen op grond van de getallen in de grafiek berekeningen maken die het interpreteren ondersteunen.

Grafiek interpreteren

Waaraan herken je het kerninzicht verbanden

Kinderen verwerven het inzicht dat verbanden tussen grote hoeveelheden data schematisch in beeld kunnen worden gebracht en dat deze schema's de mogelijkheid bieden te redeneren over deze verbanden. Dat betekent dat we dit kerninzicht zien op momenten dat kinderen grafieken of schema's maken of ontwerpen, en wanneer kinderen grafieken en andere representa-

Redeneren

Educatief ontwerp

ties analyseren of interpreteren. Dit inzicht rond het ontwerpen kun je vaststellen als een leerling:
- kaartjes kan neerleggen bij de keuze van zijn voorkeur
- bedenkt hoe je de grafiek zo kunt aanpassen dat je snel kunt zien of jongens en meisjes dezelfde voorkeuren hebben
- een manier bedenkt om in een grafiek te laten zien dat je schoenmaat weinig van doen heeft met je lengte
- een grafiek extrapoleert op grond van kennis van de situatie en de manier waarop die in de grafiek is weergegeven
- bij een verhaal over een schaatstocht van twee kinderen – met verschillende snelheden, passeerpunten, 'constante snelheden' en rustmomenten – een correcte lijngrafiek en verantwoording maakt

Het interpreteren en analyseren van grafieken kun je vaststellen als een leerling:
- naar aanleiding van een grafiek over het weer voor de komende dagen concludeert dat het warm is voor de tijd van het jaar
- aan een cirkelgrafiek snel kan zien welke partij de verkiezingen gewonnen heeft
- beredeneert welke van de gegeven schetsen van lijngrafieken hoort bij een gegeven situatie
- het oneens is met een medeleerling die beweert dat het snijpunt van twee 'treingrafieken' betekent dat de treinen botsen
- vertelt dat een recht lijnstuk in een tijd-afstandgrafiek betekent dat er sprake is van 'dezelfde' (constante) snelheid: 'in elk minuut leg je dezelfde afstand af'
- uitlegt dat een rechte, horizontale lijn betekent dat de trein stilstaat, 'want de tijd gaat door, maar de afstand niet'
- bij het interpreteren van twee gelijkende grafieken – bijvoorbeeld over de ijsverkoop en aantal verdrinkingen in een warme periode – kan uitleggen dat er geen sprake is van een oorzakelijk verband

11.2 Leerlijn verbanden

Schematiseren
Ordenen
Niveauverhoging

In de loop van hun schoolcarrière en ook daarna leren kinderen en volwassenen om hun werkelijkheid steeds efficiënter schematisch in beeld te brengen en zijn ze ook steeds beter in staat om schematische voorstellingen in verband te brengen met de werkelijkheid. Deze groei in efficiëntie tekent de leerlijn verbanden: het schematiseren en ordenen vindt telkens op een hoger niveau plaats. Dit verhogen van het niveau zie je onder meer aan het type grafiek dat ontstaat. Op ieder niveau gaan leerlingen aan de slag met het verzamelen van gegevens en het ordenen en schematiseren hiervan, om vervolgens de grafiek die aldus ontstaan is te analyseren en te interpreteren. Wanneer leerlingen kant-en-klare grafieken voor zich krijgen, ligt de nadruk op het analyseren en interpreteren, al is het belangrijk dat de kinderen ook dan doordenken over de manier waarop de ordening of schematisering tot grafiek tot stand is gekomen.

Gegevens verzamelen

In subparagraaf 11.1.1 zag je de grafiek van een groep meisjes die met hun grafiek zichtbaar wilden maken dat meisjes beter touwtjespringen dan jongens. Om daar achter te komen, begonnen ze met het noteren van het

aantal sprongen dat de leerlingen maakten in een halve minuut. Ze verzamelden die gegevens in een tabel. Achter de naam van iedere leerling kwam een getal dat het aantal sprongen aangaf.
Het verzamelen van gegevens is altijd de eerste stap bij het maken van een grafiek. Vaak gaat het bij de te verzamelen gegevens om meetgetallen. Deze meetgetallen ontstaan door metingen waarvan het resultaat genoteerd wordt. Het blaadje met deze getallen is vervolgens het basismateriaal om de grafiek te gaan maken. De getallen noteer je natuurlijk niet zomaar op het blad. Het is belangrijk te bedenken hoe je de getallen zo op je blaadje kunt zetten, dat het vervolgens maken van de grafiek makkelijker wordt.

Meetgetal

Bij de grafiek over het touwtjespringen kozen de leerlingen voor een lijngrafiek, maar omdat het om losse metingen gaat, zou een staafgrafiek correct zijn. Die grafiek wordt ook uitgelokt door het blad met achter de naam van iedere leerling een getal. Als we bij iedere leerling dit getal representeren door een strook, staat de grafiek er eigenlijk al bijna.

Representeren

Overzicht krijgen door ordenen en schematiseren
Jonge kinderen ordenen hun omgeving al spontaan tijdens hun spel om overzicht te krijgen. Dat gebeurt bijvoorbeeld bij het patronen maken en ook in de bouwhoek, waar ze blokken van eenzelfde soort bij elkaar leggen of juist opstapelen om een bouwwerk te maken. Dit ordenen gebeurt bijvoorbeeld ook als de kinderen hoeveelheden vergelijken. Ze leggen de te vergelijken hoeveelheden dan vaak in rijtjes naast elkaar. In afbeelding 11.5 zie je kleuters bezig met de vraag 'zijn er meer sinaasappels dan citroenen?' Juf Esther heeft er een 'grafiekenkleed' – een belangrijk element in de voorbereiding en organisatie van de les – bij gegeven, waardoor ze meteen goed kunnen zien van welk fruit er meer zijn. De kinderen maken zo feitelijk een beelddiagram.

Organiseren
Beelddiagram

AFBEELDING 11.5 Zijn er meer sinaasappels dan citroenen?

Het al spelend of redenerend een schema of grafiek maken gebeurt niet alleen in groep 1 en 2. Het is ook aan de orde in groep 6, als kinderen nader kennismaken met verhoudingen.

Meester Ronald bespreekt met de kinderen van groep 6 hoe je limonade kunt maken van limonadesiroop en water: 'Voor een groepje van negen kinderen neem ik twee bekers siroop en zeven bekers water. Dat giet ik bij elkaar en ieder kind krijgt een beker van het mengsel.'
De kinderen begrijpen dat dit niet genoeg limonade oplevert, want er zitten dertig kinderen in de groep. De leerkracht zoekt met de kinderen een oplossing en zet die ondertussen schematisch op het bord.

Welke vragen zou jij de kinderen stellen zodat je de reacties kan gebruiken om te komen tot een overzichtelijk schema op het bord?

Verhoudingstabel

Een ordening hoeft niet altijd een 'echte' grafiek te worden. Hier leidt de ordening tot een verhoudingstabel. Feitelijk raken hier de leerlijnen rond verhoudingen en die rond verbanden elkaar. In beide gevallen gaat het om het analyseren van een situatie.

Meester Ronald vertelt de leerlingen dat het niet makkelijk is om gelijk te bedenken hoe er voor dertig leerlingen limonade gemaakt moet worden. Dat zou het wel zijn als de groep zevenentwintig of zesendertig kinderen zou tellen. Hij vraagt de leerlingen te bedenken waarom dat wel makkelijk zou zijn. Dat wil een aantal kinderen wel vertellen: die getallen zitten in de tafel van 9. De leerkracht schrijft mee met wat de kinderen naar voren brengen. Na enige tijd staat de volgende verhoudingstabel op het bord.

Siroop	Water	Kinderen
2 bekers	7 bekers	9 kinderen
6 bekers	21 bekers	27 kinderen
8 bekers	28 bekers	36 kinderen
7 bekers	24½ beker	31½ kind

De kinderen besluiten dat ze voor de hele klas het best zeven bekers siroop kunnen mengen met vierentwintig bekers water. Dat is goed voor eenendertig bekers limonade, die een beetje zoeter zijn dan bedoeld.

Gericht kiezen voor soort grafiek

Staafgrafiek

Als kinderen zelf gegevens verzamelen om daar vervolgens een grafiek van te maken, leidt dat nogal eens tot een staafgrafiek. Het is echter belangrijk dat kinderen ook met andere grafieken in aanraking komen. Dit bereik je door, nadat de kinderen gegevens verzameld hebben, met hen van gedach-

ten te wisselen over hoe je die nu het overzichtelijkst in beeld brengt. Daarbij komt natuurlijk ook naar voren wat je precies in beeld wilt brengen.
Wanneer de gegevens die de leerlingen verzameld hebben continue gegevens zijn, zoals meetgegevens, dan ligt een lijngrafiek vaak voor de hand. In een dergelijk geval hebben alle tussenliggende waarden een betekenis. Een lijngrafiek past bijvoorbeeld bij een temperatuurgrafiek over de hele dag, ook als je maar eens in het uur of eens in de twee uur de temperatuur meet. Je mag tussen de punten die je zo krijgt een lijn trekken, omdat de tijd tussen twee meetmomenten doorliep en er op die momenten ook sprake was van een temperatuur.

Continu
Lijngrafiek

Bij gegevens die niet continu – ofwel discreet – zijn, past een lijngrafiek niet. Daarom paste bij het touwtjespringen eigenlijk geen lijngrafiek. Als je de punten in deze grafiek verbindt, hebben de verbindingsstukken geen betekenis. Immers: halverwege twee naast elkaar gelegen waarnemingen deed je geen waarneming. Bij dit punt in de grafiek hoort ook geen leerling.

Discreet

11

In sommige gevallen past een histogram goed bij een grafiek waarin meetgegevens verwerkt zijn. Denk daarbij aan een grafiek die leerlingen maken rond het tijdstip waarop ze naar bed moeten. Als de kinderen dat invullen op een interval, kunnen deze intervallen op de horizontale as gezet worden; het aantal kinderen dat daarbij hoort, kan daarboven neergezet worden in de vorm van een staaf.

Histogram

| Kun je uitleggen waarom dit een histogram is, en geen staafgrafiek?

Staafgrafieken en histogrammen lijken sterk op elkaar, maar zijn toch heel verschillend. Dit verschil zit hem in de eenheid die op de horizontale as geplaatst wordt. Als op de horizontale as intervallen van meetresultaten staan, krijg je een histogram. Als het discrete waarden zijn, zoals de namen van leerlingen, gaat het om een staafgrafiek. Het verschil tussen deze twee soorten grafieken is dat het bij een histogram nodig is om de lengte van het interval op de horizontale as passend te bepalen. Dat is bij een staafgrafiek natuurlijk niet nodig.

Analyseren en interpreteren

Als een grafiek eenmaal gemaakt is, gaan leerlingen hem bekijken. Ze vragen zich af wat ze nu precies hebben uitgezocht. Ze analyseren de situatie via de grafiek en interpreteren wat dit bijvoorbeeld voor henzelf betekent.

Grafiek interpreteren

Verhoudingstabel

Dit laatste doen kinderen ook als de grafieken al kant-en-klaar zijn. Dat geldt bijvoorbeeld voor een schema als een verhoudingstabel. Een lege verhoudingstabel die al in het werkboek klaarstaat, leidt er vaak toe dat kinderen alleen maar invullen volgens rekenregels, zonder zich te realiseren wat de getallen betekenen. Als de kinderen overgaan tot het analyseren en interpreteren, wanneer ze de grafiek niet zelf maakten, is het belangrijk om de opdracht voor de kinderen zo te formuleren dat zij naar deze betekenis op zoek moeten gaan.

Context

Vaak is daarvoor overigens geen opdracht nodig, maar leidt de context ertoe dat kinderen moeten bedenken wat de betekenis is van de getallen en symbolen in een schema. Dat gebeurt al in groep 1 en 2, als de kinderen op een magneetbord vinden wie waar speelt of werkt.

Vragen stellen

Redeneren

Aflezen

Algemeen geldt dat het bij het lezen van schema's en grafieken zaak is vragen te stellen die kinderen aanzetten tot redeneren. Met andere woorden, de leerkracht stelt niet alleen vragen over het aflezen zelf, maar vraagt ook naar verklaringen. Bij een staafgrafiek die de lengte van de leerlingen in groep 5 weergeeft, is een mogelijke vraag bijvoorbeeld hoe je kunt zien dat alle kinderen tussen de 120 en 150 cm lang zijn. Overigens kan een vraag om een verklaring ook al in groep 1 en 2 gesteld worden, bijvoorbeeld als een kind niet meer voor de bouwhoek mag kiezen. Als kleuter weet je immers dat als daar op het bord al vier leerlingen staan, je er niet meer naartoe mag.

Voorspellingen doen

Wanneer een grafiek zo in de groep besproken wordt, richt het gesprek zich vooral op het verklaren van wat de grafiek precies vertelt. Op die manier geef je feitelijk aan hoe je denkt wat in de gegeven situatie geldt. Dat doe je eigenlijk ook voor gegevens die (nog) niet in de grafiek verwerkt zijn. Anders gezegd, het interpreteren van de compacte representatie die een grafiek is, biedt aanleiding om algemene uitspraken te doen (of om die te ontkrachten). Omdat je niet helemaal zeker weet of de algemene uitspraken wel gelden, doe je op grond van de grafiek een voorspelling.

Representatie

In de volgende situatie doen leerlingen uit groep 8 bijvoorbeeld een voorspelling naar aanleiding van een door henzelf gemaakte grafiek. De leerlingen zetten in een tabel de leeftijd van een kind en de tijd die het kind nodig heeft om 60 meter te rennen. Ze kijken zo niet alleen naar de kinderen in groep 8, maar ook naar de kinderen in groep 5, 6 en 7. Uiteindelijk verwerken ze de vier vellen met gegevens in een puntenwolk.

Puntenwolk

Hoe zou je de leerlingen helpen met het maken van deze grafiek, zonder te verklappen dat een puntenwolk hier goed bruikbaar is?

De leerlingen maken een grafiek met op de horizontale as de leeftijden van de kinderen en op de verticale as de gelopen tijden. In het grafiekdeel zetten de leerlingen van groep 8 een puntje voor iedere leerling, die zo leeftijd en tijd met elkaar verbindt. Als zo meer dan honderd punten gezet zijn, maakt de grafiek duidelijk zichtbaar dat hoe ouder kinderen zijn, hoe harder ze lopen. Deze bevinding maakt dat enkele leerlingen doorredeneren: 'Mijn broer zit in de tweede van het vo. Hij loopt nog veel sneller.' Een ander reageert: 'En mijn opa gaat nog veel sneller.' Dat laatste is niet het geval, weten de kinderen. De leerlingen extrapoleren de grafiek op deze manier; ze doen dus een voorspelling van de snelheden buiten de bestaande grafiek, maar weten ook wat daarvan de beperking is. Je kunt op grond van de grafiek wel een voorspelling doen, maar die geldt waarschijnlijk alleen voor jongeren.

Extrapoleren

Als leerlingen op deze manier met grafieken bezig zijn, zullen ze ongetwijfeld grafieken tegenkomen die de suggestie wekken dat je de toekomst kunt voorspellen, maar die feitelijk alleen een vertekend beeld van de werkelijkheid geven. Het is belangrijk ook deze 'lieggrafieken' met leerlingen te bespreken.

VRAGEN EN OPDRACHTEN

11.1 Observeer en analyseer de videoclips die je bij deze vraag op de website vindt. Welke inzichten herken je bij de leerlingen? Waaraan zie je dat? Wat is de rol van de leraar daarbij?

11.2 Verhoudingssituaties kun je weergeven in een verhoudingstabel en vaak ook in een lijngrafiek. Die maakt dan een lineair verband zichtbaar.
- a Hoe ziet een dergelijke grafiek er in het algemeen uit?
- b Welke voor kinderen betekenisvolle situatie kan kinderen helpen om de vertaalslag te maken van verhoudingstabel naar lijngrafiek?
- c Hoe werken kinderen hierbij aan het kerninzicht 'verbanden'.

11.3 Beweringen toetsen. Leerlingen roepen weleens: 'Logisch dat je sneller loopt: je hebt langere benen!'
- a Hoe kun je een experiment opzetten waarin je leerlingen deze hypothese kunt laten toetsen? Hoe kun je daarbij gebruikmaken van grafieken?
- b Is hier sprake van interpoleren of extrapoleren, of van beide?

11.4 Grafieken interpreteren. Bekijk een of enkele videofragmenten bij dit hoofdstuk en geef aan hoe de leerlingen de grafieken die aan de orde zijn interpreteren.

11.3 Kennisbasis

In de hierna volgende opgaven gaat het om jouw eigen kennis van verbanden. De opgaven geven het niveau aan van het soort problemen dat een leerkracht basisonderwijs moet kunnen oplossen om 'boven de stof' van de eigen leerlingen te staan.

> Hoe staat het met jouw wiskundige en vakdidactische kennis en inzichten op het gebied van verbanden?

?

VRAGEN EN OPDRACHTEN

11.5 Verhoudingstabel en grafiek

a Een verhoudingstabel heeft algemeen als vorm:

A	a	c	e	g	i
B	b	d	f	h	j

Variabele

Hierin zijn A en B variabelen en a, b, ..., j getallen die we voor deze. variabelen kunnen invullen, zodat de verhouding telkens gelijk blijft. We zetten de punten (a, b), (c, d), (e, f), (g, h) en (i, j) in een assenstelsel. Wat kun je zeggen over de ligging van deze punten in het assenstelsel?

Tip: als je het moeilijk vindt om met variabelen te werken, kun je eerst een concreet voorbeeld nemen. Je kunt bijvoorbeeld beginnen met vraag b.

b Je bespreekt met kinderen in groep 7 de grafiek over het mengen van limonadesiroop van afbeelding 11.6.

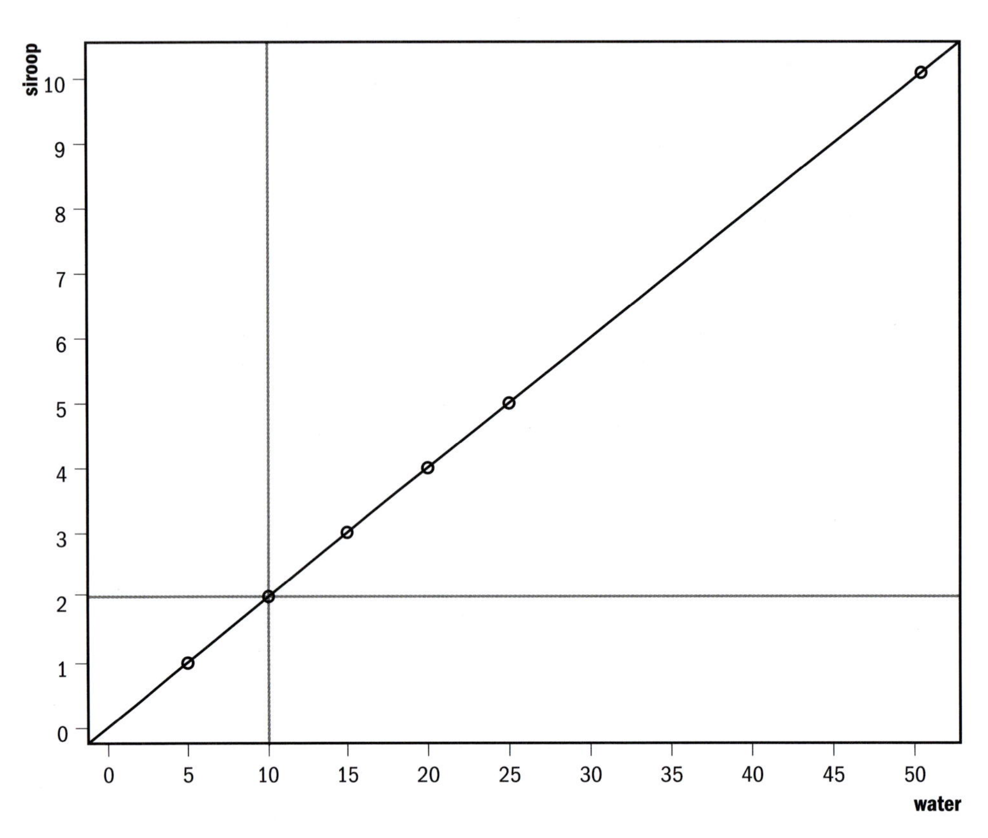

AFBEELDING 11.6 Grafiek water en siroop

Een van de kinderen reageert: ‘Volgens mij wordt de siroop steeds zoeter.’
Hoe reageer jij op deze uitspraak?

11.6 Blokdiagram

a Het blokdiagram in afbeelding 11.7 gaat over het oplossen van aftrekopgaven van de vorm ‘a – b’ onder de 1000.

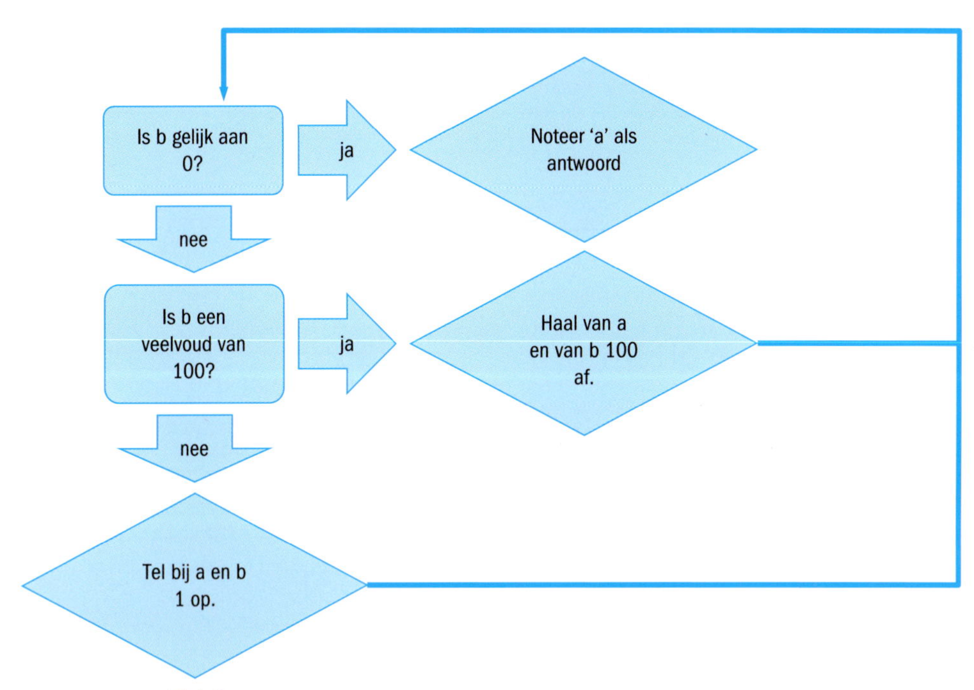

AFBEELDING 11.7 Blokdiagram

Bepaal met dit blokdiagram het antwoord van 563 – 298.

b Laat zien dat je met de aanpak uit het blokdiagram iedere aftrekopgave op een correcte manier uitrekent. Beschrijf in natuurlijke taal welke strategie in dit blokdiagram in beeld wordt gebracht. Geef ook aan in welke gevallen het handig is deze strategie te gebruiken.

c Hoe zou je dit blokdiagram samen met de kinderen kunnen ontwerpen, om zo meer greep te krijgen op de bedoelde strategie voor het aftrekken?

11.7 Koers

In de grafiek in afbeelding 11.8 zie je de koers van de Singapore dollar tegen de euro in de eerste week van mei 2014.

a Kun je uitleggen waarom het lijkt of de koers geweldig schommelt, terwijl dat eigenlijk niet het geval is?
b Kun je globaal aangeven hoe de grafiek eruitziet wanneer de euro wordt uitgezet tegen de Singapore dollar?
c Een grafiek die behoorlijke schommelingen laat zien die er eigenlijk niet zijn, is een vorm van wat we aanduiden als lieggrafiek. Hoe kun je kinderen in groep 6, 7 of 8 laten kennismaken met een lieggrafiek in een context die kinderen goed kennen? Denk aan de lengte van de kinderen, de tijd die het ze kost om naar school te gaan of het tijdstip waarop ze 's morgens opstaan. Bedenk verder dat lieggrafieken voor kinderen in het algemeen geen lijngrafieken zijn. Je kunt ook best een staafgrafiek maken die 'liegt'.

Bron: XE charts

AFBEELDING 11.8 Koersgrafiek

Meer oefenopgaven vind je in hoofdstuk 13, opgave 22, 30 en 92. Verder hoofdstuk 8, opgave 8.7 en 8.9, en hoofdstuk 12, opgave 12.1 en 12.2. Zie ook de afbeeldingen 5.15, 8.7, 9.3 en 9.4.

Samenvatting

De samenvatting van dit hoofdstuk staat op www.rwp-kerninzichten.noordhoff.nl.

In dit hoofdstuk ben je de volgende begrippen tegengekomen:

Aflezen
As
Beelddiagram
Blokdiagram
Centrummaat
Cirkeldiagram
Continu
Dalen
Discreet
Eén-één-relatie
Extrapoleren
Gemiddelde
Grafiek, grafisch model
Histogram
Interpoleren
Lijngrafiek
Lineair verband
Mediaan
Modus
Puntenwolk
Redeneren
Representatie, representeren
Schematiseren
Sector
Staafgrafiek
Steelbladdiagram
Stengel- en bladdiagram
Stijgen
Stroomdiagram
Tijd-afstandgrafiek
Verhoudingstabel

DEEL 4
Verdieping van de professionaliteit

12 Visie en samenhang 313
13 Honderd opgaven 331

12 Visie en samenhang

Dit hoofdstuk toont je de meer algemenere ideeën achter het reken-wiskundeonderwijs zoals dat in methoden voor de basisschool is vormgegeven. We laten zien hoe de kerninzichten in de voorafgaande hoofdstukken samenhangen. We gaan in op:

- gecijferdheid in het dagelijkse leven en professionele gecijferdheid van de leerkracht basisonderwijs
- waarden in het reken-wiskundeonderwijs
- kerndoelen en referentieniveaus
- leer- en onderwijsprincipes van het realistisch reken-wiskundeonderwijs

De gegeven informatie is bedoeld om je te ondersteunen bij het bepalen van een eigen positie of het onderbouwen van je eigen positie vanuit de theorie. Een dergelijke goed onderbouwde visie helpt om gericht op onderzoek te gaan naar het optimale reken-wiskundeonderwijs voor jouw (stage)groep of (stage)school.

Overzicht kerndoelen

De 31 kerninzichten in dit boek laten de kern zien van wat leerlingen voor het vak rekenen-wiskunde moeten leren in de basisschool. Ze sluiten aan bij de kerndoelen:

23 De leerlingen leren wiskundetaal gebruiken.
24 De leerlingen leren praktische en formele reken-wiskundige problemen op te lossen en redeneringen helder weer te geven.
25 De leerlingen leren aanpakken bij het oplossen van reken-wiskunde-problemen te onderbouwen en leren oplossingen te beoordelen.
26 De leerlingen leren structuur en samenhang van aantallen, gehele getallen, kommagetallen, breuken, procenten en verhoudingen op hoofdlijnen te doorzien en er in praktische situaties mee te rekenen.
27 De leerlingen leren de basisbewerkingen met gehele getallen in elk geval tot 100 snel uit het hoofd uitvoeren, waarbij optellen en aftrekken tot 20 en de tafels van buiten gekend zijn.
28 De leerlingen leren schattend tellen en rekenen.
29 De leerlingen leren handig optellen, aftrekken, vermenigvuldigen en delen.
30 De leerlingen leren schriftelijk optellen, aftrekken, vermenigvuldigen en delen volgens meer of minder verkorte standaardprocedures.
31 De leerlingen leren de rekenmachine met inzicht te gebruiken.
32 De leerlingen leren eenvoudige meetkundige problemen op te lossen.
33 De leerlingen leren meten en leren te rekenen met eenheden en maten, zoals bij tijd, geld, lengte, omtrek, oppervlakte, inhoud, gewicht, snelheid en temperatuur.

12.1 Gecijferdheid

Als leerlingen de basisschool verlaten, moeten zij zich kunnen redden in alledaagse situaties waarin getallen of getalsmatige informatie een rol spelen. Ze moeten de betekenis van de getallen kunnen achterhalen en ermee kunnen rekenen, om zo de situatie verder te verhelderen. Ze moeten de situatie als het ware kritisch kunnen bevragen. We noemen iemand die op een dergelijke manier met getallen en getalsmatige informatie kan omgaan gecijferd. Iemand die gecijferd is, kan niet alleen goed rekenen met getallen, hij of zij kan ook de vertaalslag maken van een situatie of context naar de wiskunde. We zeggen dat een gecijferd mens in staat is te mathematiseren. Vrijwel alle kerninzichten die in de voorafgaande hoofdstukken werden besproken, hebben iets van dit mathematiseren in zich. Dat geldt bijvoorbeeld voor het kerninzicht rond procenten: 'Leerlingen verwerven het inzicht dat procenten een gestandaardiseerde verhouding weergeven, waarbij het beoogde totaal op honderd wordt gesteld.' In hoofdstuk 8 zag je hoe Timon en Yehudi proberen te bedenken wat meer is: 1 op de 20 of 1 op de 25. Ze kiezen ervoor de verhoudingen om te zetten in procenten. Dit geeft ze greep op de getallen en helpt ze een passende conclusie te trekken. Door op een dergelijke manier om te gaan met getallen, toon je gecijferdheid.

Gecijferd

Mathematiseren

Bij het verhoudingsgewijs vergelijken door Timon en Yehudi zijn de getallen gegeven. Dat is in veel alledaagse situaties niet zo. Hoe hard gaat bijvoorbeeld een achtbaan? Er worden ter plekke weinig getallen gegeven, maar je kunt er als bezoeker van Walibi World zeker iets over zeggen.

Verhoudingsgewijs

AFBEELDING 12.1 El Condor

AFBEELDING 12.2 Plattegrond El Condor

Walibi World in Biddinghuizen heeft een achtbaan: El Condor. Als je in deze achtbaan zit, voel je hoe je snelle bewegingen maakt en van links naar rechts geslingerd wordt. In korte tijd ga je enkele keren over de kop. Hoe hard gaat zo'n achtbaan, kun je je afvragen?
Op je horloge kun je zien dat een ritje ongeveer twee minuten duurt. Je gebruikt de plattegrond van het park om een indruk te krijgen van de lengte van de baan. Op die plattegrond zie je dat je één keer over de lengte van de attractie heen gaat en dan weer terug, en dan nog een keer heen en terug. In totaal leg je ongeveer vier keer de lengte van de attractie af. Door langs de attractie te lopen merk je dat de El Condor op een veldje staat van ongeveer 150 meter lang. De hele attractie zal dus zo'n 600 meter zijn. Als je 600 meter in 2 minuten aflegt, ga je dan snel? Eigenlijk niet, want dat betekent dat je 6 kilometer in 20 minuten aflegt en dat is maar 18 kilometer per uur. Als je een beetje doorfietst, ga je aanmerkelijk sneller.

Verklaar waarom een ritje in de El Condor het gevoel geeft dat je veel sneller gaat dan 18 km/u.

?

Het voelt niet alleen of je veel sneller gaat, je gaat ook veel sneller dan 18 km/u – in ieder geval als we de informatie over deze achtbaan op Wikipedia mogen geloven. Daar vinden we:

Topsnelheid	80 km/u
Lengte baan	662 m
Hoogte baan	31 m
Ritduur	2 min 2 sec

Blijkbaar zegt een gemiddelde snelheid van 18 kilometer per uur weinig. De ene keer ga je heel snel en op andere momenten weer heel langzaam. Een grafiek is een middel om een dergelijk ritverloop in beeld te brengen.

Grafiek

VRAGEN EN OPDRACHTEN

12.1 Kun je een grafiek maken die helder in beeld brengt hoe een dergelijke achtbaanrit, met een lage gemiddelde snelheid, maar met het gevoel dat je telkens heel hard gaat, kan verlopen?

12.2 Welke kerninzichten zet je in bij het nagaan van de snelheid tijdens een ritje met de El Condor?

12.2 Waarden in het reken-wiskundeonderwijs

Er zijn verschillende redenen waarom het vak rekenen-wiskunde in de basisschool op het rooster staat. Dit hangt samen met de opdracht van het basisonderwijs en met waarden in het reken-wiskundeonderwijs. Het gaat dan om:

- de algemeen praktische waarde
- de voorbereidende waarde
- de (persoonlijk) vormende waarde
- de intrinsieke waarde

In de volgende subparagrafen worden deze waarden verder uitgewerkt.

12.2.1 Vier waarden

Voor het vak rekenen-wiskunde heeft de basisschool enkele belangrijke opdrachten. De basisschool moet leerlingen in de eerste plaats zoveel kennis en vaardigheden meegeven dat zij zich in de maatschappij kunnen redden. Een leerstofonderdeel waarin dit bijvoorbeeld terugkomt, is het leren klokkijken, zowel op een analoge klok als in situaties waar de tijd digitaal is weergegeven. Wanneer je daarin onvoldoende vaardig bent, heb je duidelijk een probleem in het maatschappelijk functioneren.
Een andere belangrijke opdracht betreft het voorbereiden van leerlingen op het vervolgonderwijs. De basisschool legt de basis voor verdere scholing. In het voortgezet onderwijs gaat men ervan uit dat leerlingen kunnen rekenen met breuken en bijvoorbeeld met verhoudingstabellen en andere modellen kunnen werken.

In het maatschappelijk debat over het vak rekenen-wiskunde ligt de nadruk vaak op deze twee opdrachten. Iemands kennis en vaardigheden in rekenen-wiskunde zijn nu eenmaal een belangrijke bepaler voor zijn toekomstige maatschappelijke succes.
Maar er zijn meer belangrijke opdrachten, en die hebben te maken met de wiskunde zelf en de persoonlijke groei van de lerende. De basisschool moet leerlingen laten ervaren dat rekenen-wiskunde een eigen schoonheid heeft. Wiskunde leer je niet alleen omdat het nodig is voor je carrière, maar ook omdat het spannend en uitdagend is. Wanneer de basisschool hierop inzet, draagt hij bij aan de persoonlijke vorming van leerlingen.

Dat zie je bijvoorbeeld bij een spelletje als Sudoku. Hierbij vul je negen keer de getallen van 1 tot en met 9 in in negen vierkanten, zodat de getallen in elk vierkant één keer voorkomen, en ook in iedere rij en kolom.

9				6				3
1		5		9	3	2		6
	4			5				9
8						4	7	1
		4	8	7				
7		2	6		1			8
2								
5				3	2		9	4
	8	7		1	6	3	5	

AFBEELDING 12.3 Sudoku

Ga na welke wiskundige activiteiten als 'redeneren' en 'systematisch werken' je onderneemt bij het oplossen van deze Sudoku.

Wiskundige activiteiten

Het spelen van Sudoku vraagt om verschillende wiskundige activiteiten. Je zoekt – al redenerend over de mogelijkheden – naar een geschikt startpunt voor het oplossen. Als dat niet gelijk lukt, ga je bijvoorbeeld systematisch rijen, kolommen en vierkanten af om na te gaan waar je je eerste getal kunt invullen. Zo ga je verder. Je bedenkt of beredeneert bijvoorbeeld dat er in een rij nog geen 9 staat, en dat er maar één plek is waar dat gebeurt in een vierkant waar ook nog geen 9 staat. Dit geeft je in één keer een deeloplossing erbij. Zo zoek je systematisch door, waarbij je de puzzel telkens op een andere wijze beschouwt, tot je alle getallen hebt ingevuld.

Het spelen van een Sudoku past bij de opdracht om leerlingen wiskundig te vormen. In het algemeen worden de genoemde opdrachten voor rekenen-wiskunde in het basisonderwijs vaak aangeduid met de waarden van het rekenwiskundeonderwijs, namelijk de voorbereidende waarde, de algemeen praktische waarde, de (persoonlijk) vormende waarde en de intrinsieke waarde.

VRAGEN EN OPDRACHTEN

12.3 Kun je in je eigen woorden aangeven wat er met de algemeen praktische waarde bedoeld wordt?

12.4 Kun je een voorbeeld geven van de intrinsieke waarde van de wiskunde?

12.5 Formuleer enkele argumenten om in het basisonderwijs aandacht te besteden aan de persoonlijk vormende waarde.

12.2.2 Waarden en kerninzichten

De hoofdstukken 1 tot en met 11 beschrijven welke kerninzichten leerlingen voor rekenen-wiskunde in de basisschooltijd zouden moeten verwerven. We laten hier zien hoe het verwerven van de kerninzichten samenhangt met de vier waarden van het reken-wiskundeonderwijs.

Marjoke (6) speelt met drie vriendinnetjes verstoppertje. Marjoke is hem. De vriendinnetjes willen een behoorlijke tijd om zich te verstoppen. Ze spreken af dat Marjoke tot honderd moet tellen. Marjoke zegt stoer dat ze dat wel kan. Ze begint snel met 1, 2, 3, 4, 5, enzovoorts, tot en met 20. Dan gaat het tellen minder snel. Boven de veertig construeert Marjoke de getallen hoorbaar: 'Eén en veertig, twee en veertig, drie en veertig...', en bij het overbruggen van het tiental – van 'negenenveertig' naar 'vijftig' – moet ze even nadenken.
Als Marjoke zo bij de zestig is aangekomen, is duidelijk dat iedereen zich verstopt heeft. Marjoke maakt sprongen van tien om snel op zoek te kunnen gaan: 'zeventig... tachtig... negentig... honderd!'

Construeren

Marjoke is op weg naar het verwerven van de kerninzichten 4 en 5: het inzicht dat de waarde van een cijfer in een getal afhangt van de plaats/positie waar het cijfer staat en van het aantal bundels van tien (eenheden, tientallen, honderdtallen, enzovoort) dat het cijfer aangeeft. Het opnoemen van de getallen tot 100 maakt dat zij telkens moet bedenken hoe het getal in elkaar zit. Dat gebeurt bij Marjoke nog door het getal als woord te construeren. Het is nog wel een hele stap om deze constructie in te zetten om tot getallen in cijfers te komen en te bedenken wat de betekenis van de cijfers in de getallen is, maar Marjoke heeft al wel een belangrijke stap gezet.

I Wat zou een volgende stap kunnen zijn op weg naar dit kerninzicht?

Ordinale functie
Plaatswaarde

Marjoke zit binnenkort in groep 3. Daar introduceert de leerkracht onder meer een getallenlijn. Eerst loopt die tot 10 en 20, en voordat Marjoke naar groep 4 gaat, heeft ze al kennisgemaakt met een getallenlijn tot 100. De ordinale functie van getallen komt bij de getallenlijn goed naar voren. De plaatswaarde is goed zichtbaar als je de getallen op de lijn naast het kralensnoer legt, met telkens tien witte en tien rode kralen. Ergens tussen 40 en 50 op de lijn ligt het getal 43. Om daar te komen moeten vier sprongen van tien kralen gemaakt worden, en dan nog drie sprongetjes van één kraal.

Het spelen van aftelspelletjes gebeurt vaak spontaan. Dat neemt niet weg dat het spelen van dergelijke spelletjes waardevol is voor het leren van rekenen-wiskunde. Ga maar na, dergelijke activiteiten bereiden voor op het rekenen op de getallenlijn, en later op het rekenen tot 100 en 1000.

Aftelspelletjes hebben daarom een voorbereidende waarde. Het kunnen aftellen heeft ook een algemeen praktische waarde, zo toont het voorbeeld. Het is praktisch dat Marjoke in deze situatie gaat aftellen.
Het spelen van een aftelspelletje brachten we hier naar voren als een activiteit die aansluit bij het kerninzicht van de plaatswaarde. We zijn tegenwoordig gewend aan het gebruik van de plaatswaarde, maar die was er niet zomaar. De mensheid heeft vele eeuwen geëxperimenteerd met het noteren van getallen; zo ontstonden al duizenden jaren voor Christus enkele positionele talstelsels, waarbij de plaats van de getalsymbolen bepalend was voor de waarde van het symbool in het getal.

Plaatswaarde

Talstelsels

Positionele getallenstelsels zijn lastig te hanteren als er geen nul is. Kun je verklaren waarom je in dergelijke stelsels altijd een nul nodig hebt?

De getallen zoals we die nu kennen, komen uit de Arabische wereld. Daar maakte men getallen met negen verschillende symbolen. Met een klein puntje werd in een getal duidelijk gemaakt dat een positie leeg was. Dat is belangrijk, want zonder een dergelijk symbool kan 34 vierendertig zijn, maar ook driehonderd en vier. Tegenwoordig noteren we een 0 (een leeg rondje) op de lege plaats.

Bij het op deze manier verkennen van getalrelaties komen we uit bij de intrinsieke waarde van de wiskunde. We bekijken de wiskunde als een goed doordacht systeem, dat het ons mogelijk maakt om grote getallen kort weer te geven. Wanneer we in dit denken meegaan, leidt het kerninzicht tot een persoonlijk vormende waarde. Je ervaart dan bijvoorbeeld hoe mooi het positionele getallensysteem in elkaar zit of verbaast je erover dat je in een dergelijk getallenstelsel – in tegenstelling tot bijvoorbeeld het stelsel met Romeinse cijfers – met maar heel weinig tekens heel grote getallen kunt maken.

VRAGEN EN OPDRACHTEN

12.6 Kies een kerninzicht in dit boek dat je aanspreekt en bekijk het beschreven praktijkvoorbeeld. Hoe komen in het kerninzicht en in het voorbeeld de vier waarden van het reken-wiskundeonderwijs naar voren?

12.7 In het algemeen krijgen 'de voorbereidende waarde' en 'de algemeen praktische waarde' van het reken-wiskundeonderwijs de meeste aandacht en 'de (persoonlijk) vormende waarde' en 'de intrinsieke waarde' veel minder. Hoe zou jij in je reken-wiskundeonderwijs aandacht willen besteden aan 'de (persoonlijk) vormende waarde' en 'de intrinsieke waarde' van het reken-wiskundeonderwijs?

12.3 Kerndoelen en referentieniveaus

Onderwijs is zeker niet vrijblijvend. De overheid heeft door middel van het formuleren van kerndoelen aangegeven wat de verschillende inhouden van het onderwijs zijn, zo ook voor rekenen-wiskunde. Daarnaast beschrijft de overheid in de kerndoelen het karakter van het vak rekenen-wiskunde in de basisschool.

'In de loop van het primair onderwijs verwerven kinderen zich – in de context van voor hen betekenisvolle situaties – geleidelijk vertrouwdheid met getallen, maten, vormen, structuren en de daarbij passende relaties en bewerkingen.'
Bron: *Kerndoelenboekje*, pag. 37

Deze vertrouwdheid met getallen, maten, vormen en structuren omschrijven we in het algemeen als gecijferdheid. Het basisonderwijs maakt van leerlingen gecijferde mensen.
In 2009 werden de kerndoelen aangescherpt tot referentieniveaus. Deze referentieniveaus geven nauwkeurig aan wat leerlingen op verschillende momenten in hun onderwijscarrière moeten kennen en kunnen.
Een belangrijk moment waarvan het referentieniveau is beschreven, is het einde van de basisschool. Voor dit moment zijn drie niveaus beschreven: het 1F-niveau, het fundamentele niveau dat door 90 procent van de leerlingen gehaald moet worden, het 1S-niveau, het streefniveau dat aan het einde van de basisschool door 65 procent van de leerlingen gehaald moet worden, en het X-niveau, dat geldt voor excellente leerlingen.

12.3.1 Praktijkvoorbeeld

In een op het oog eenvoudige les werkt juf Monica aan verschillende kerndoelen tegelijk.

Juf Monica laat in groep 6 op het digibord een afbeelding van een dvd-speler zien. Ze vertelt dat de afbeelding uit een reclamefolder komt. De dvd-speler kost €79. Ze vraagt de leerlingen te bedenken hoeveel vijftien van deze dvd-spelers kosten.
De leerlingen gaan in tweetallen aan de slag. Na enkele minuten heeft iedereen een antwoord gevonden. Juf Monica zet de oplossingen naast elkaar op het bord.
Mehmet en Coen hebben de prijs afgerond op €80. Dat vinden ze makkelijk rekenen. '15 × 80 = 800 + 400 = 1200', zo rekenen ze voor. Maar dat is 15 euro te veel. De dvd-spelers kosten samen €1185.
Jannet en Daphne hebben de som net iets anders aangepakt. Zij hebben eerst uitgerekend wat tien dvd-spelers kosten. Dat is €790. Ze weten dat vijf spelers de helft van dit bedrag kosten, dat is 350 + 45 = 395. De twee gevonden bedragen tellen ze onder elkaar op:

$$\begin{array}{r} 790 \\ \underline{395} \\ 1185 \end{array}$$

Caro en Willemijn vertellen dat ze het net zo hebben gedaan, maar de optelling anders hebben aangepakt.
Caro: 'We gingen een beetje schatten, 800 + 400 = 1200. En toen hebben we er 15 afgehaald, want die waren te veel.'
Juf Monica sluit daarmee de bespreking af. Ze geeft aan dat sommige leerlingen kozen voor handig rekenen en andere leerlingen de som onder elkaar hebben gezet. Ze benadrukt dat beide aanpakken goed zijn.

Juf Monica laat drie oplossingen aan de orde komen. Zou jij dezelfde oplossingen naar voren laten komen? Zou je nog andere oplossingen aan de orde willen stellen? Waarom?

Wanneer je leerlingen een opgave voorlegt, heb je daar in het algemeen een specifiek doel mee. Het doel van juf Monica was om voor de leerlingen nog een keer de aanpakken voor hoofdrekenen en cijferen naast elkaar te zetten. Die twee oplossingen zijn in de bespreking ook naar voren gekomen, al kreeg de oplossing waarin handig gerekend werd meer aandacht.

Hoofdrekenen
Cijferen

De relatie tussen de context en de werkwijze komt onder meer naar voren in een van de kerninzichten rond het vermenigvuldigen. In hoofdstuk 3 staat beschreven dat leerlingen het inzicht moeten verwerven dat er sprake is van vermenigvuldigen in situaties waarbij het gaat om herhaald optellen van dezelfde hoeveelheid, of het maken van gelijke sprongen of een rechthoekstructuur. De leerlingen van juf Monica herkennen in de situatie van het herhaald optellen een vermenigvuldiging en ze kennen de nulregel: als je vermenigvuldigt met 10, komt er een nul achter het getal (zie hoofdstuk 2). Deze beide inzichten helpen de leerlingen om hun aanpak te verkorten tot het nemen van tien porties, en dan nog vijf om vijftien keer te maken.

Verkorten

De leerlingen van juf Monica bedachten daarbij een soort cijferende aanpak, en eentje die meer is gebaseerd op handig rekenen. In de kerndoelen lezen we dat beide aanpakken aandacht verdienen. Dit staat beschreven in de kerndoelen 29 en 30:

29 De leerlingen leren handig optellen, aftrekken, vermenigvuldigen en delen.
30 De leerlingen leren schriftelijk optellen, aftrekken, vermenigvuldigen en delen volgens meer of minder verkorte standaardprocedures.

Je ziet hier ook hoe de algemenere kerndoelen 24 en 25 iets laten zien van het leerproces. Deze kerndoelen stellen immers dat leerlingen leren praktische en formele rekenwiskundige problemen op te lossen en redeneringen helder weer te geven, en dat leerlingen leren aanpakken bij het oplossen van reken-wiskundeproblemen te onderbouwen en leren oplossingen te beoordelen. Dat is precies wat de leerlingen van juf Monica laten zien.

12.3.2 Referentieniveaus

De kerndoelen beschrijven alleen waarop het onderwijs zich moet richten en geven geen niveauaanduiding. Dat doen de referentieniveaus wel. Als we die nagaan, zien we dat juf Monica stevig werkt aan het 1F-niveau. Dat stelt namelijk onder meer dat:

Referentieniveau

- leerlingen in staat moeten zijn een eenvoudige situatie te vertalen naar een berekening
- leerlingen efficiënt moeten kunnen rekenen bij alle bewerkingen, gebruikmakend van de eigenschappen van getallen en bewerkingen, met eenvoudige getallen
- leerlingen in staat moeten zijn een vermenigvuldiging van een getal van twee cijfers met een getal van twee cijfers uit te voeren

Het 1F-niveau is het niveau dat vrijwel alle leerlingen aan het eind van de basisschool moeten halen. Er zijn leerlingen die meer kunnen: leerlingen die in groep 8 het 1S-niveau kunnen behalen. Ongeveer twee derde deel van de

leerlingen zou het 1S-niveau aan het eind van groep 8 moeten kunnen behalen.
In de beschrijving van de referentieniveaus, die je makkelijk op internet kunt vinden met de zoekterm 'referentieniveaus', kun je lezen wat het verschil is tussen het 1F-niveau en het 1S-niveau. Leerlingen die het 1S-niveau halen, kunnen hun kennis in complexere situaties toepassen en ze kennen algemene rekenregels en rekenwijzen. Voor het vermenigvuldigen betekent dat bijvoorbeeld dat leerlingen de vermenigvuldiging 15 × 79 via een standaardprocedure (onder elkaar) moet kunnen uitvoeren.

Verkorten

Niveaus van oplossen

Dat roept de vraag op of het eerder geformuleerde kerninzicht voor vermenigvuldigen een basis biedt voor het leren van een dergelijke standaardprocedure. We formuleerden in hoofdstuk 4 het kerninzicht dat er sprake is van vermenigvuldigen in situaties waarbij het gaat om herhaald optellen van dezelfde hoeveelheid, of het maken van gelijke sprongen of een rechthoekstructuur. In hoofdstuk 4 kwam naar voren dat het cijferend vermenigvuldigen feitelijk een schematische verkorting is van het herhaald optellen. Bij een som als 15 × 79 tel je vijftien keer 79 bij elkaar op. Dat doe je achtereenvolgens voor de tienen en de enen. De berekening kan dan leiden tot de volgende verkortingen, in feite niveaus van oplossen (zie afbeelding 12.4).

				79
				15
5 × 9 = 45		15 × 9 = 135		135
10 × 9 = 90	of	15 × 70 = 1050	of	1050
5 × 70 = 350		1185	nog	1185
10 × 70 = 700				

AFBEELDING 12.4 Van herhaald optellen naar cijferend vermenigvuldigen

Omdat het kerninzicht gaat over de kern van de betekenis van het vermenigvuldigen, ondersteunt het ook bij het leren handig te rekenen. Wanneer je het vermenigvuldigen bijvoorbeeld voor je ziet als het maken van gelijke sprongen over een getallenlijn, zie je snel in dat je te ver uitkomt als je die sprongen vergroot. Dit beeld van sprongen helpt je bovendien om in te schatten hoe groot de afwijking is.

De referentieniveaus gaan niet alleen over het rekenen met getallen, maar bijvoorbeeld ook over meten. Een van de invalshoeken die daarbij beschreven wordt, is 'met elkaar in verband brengen'. Hierbij gaat het om:
- meetinstrumenten gebruiken
- structuur en samenhang tussen maateenheden
- verschillende representaties, 2D en 3D

Op het 1F-niveau wordt van kinderen verwacht dat zij *paraat hebben*:
- 1 dm^3 = 1 liter = 1000 ml
- een 2D-representatie van een 3D-object, zoals een foto, een plattegrond, een landkaart (inclusief legenda) of een patroontekening

Ook moeten ze hun kennis *functioneel* kunnen *gebruiken*, bijvoorbeeld door:
- in betekenisvolle situaties de samenhang te zien tussen enkele (standaard) maten (km – m; m – dm, cm, mm; l – dl, cl, ml; kg – g, mg)

- te kunnen rekenen met tijd (maanden, weken, dagen in een jaar, uren, minuten, seconden)
- afmetingen te kunnen bepalen met behulp van afpassen, schaal en rekenen
- maten te vergelijken en ordenen

Verder moeten kinderen op het 1F-niveau van sommige rekenkundige gegevens *weten waarom* ze zo zijn. Ze moeten bijvoorbeeld:

- (lengte)maten en geld in verband kunnen brengen met decimale getallen: 1,65 m is 1 meter en 65 centimeter; €1,65 is 1 euro en 65 eurocent

De referentieniveaus gaan over de leerstofonderdelen getallen, verhoudingen, meten en meetkunde, en verbanden. Deze zijn voor het einde van de basisschool uitgewerkt op de niveaus 1F en 1S. Deze niveaus zijn verder beschreven vanuit de invalshoeken 'notatie, taal en betekenis', 'met elkaar in verband brengen' en 'gebruiken'. De boven aangegeven indeling 'paraat hebben', 'functioneel gebruiken' en 'weten waarom' vinden we bij iedere invalshoek terug.

VRAGEN EN OPDRACHTEN

12.8 Boven beschreven we wat er zoal verwacht wordt van kinderen op 1F-niveau. Ga na welke kerninzichten het bereiken van dit niveau ondersteunen of mogelijk maken.

12.9 Ga in de methode van je stageschool (of in een andere methode) na hoe er gewerkt wordt aan een door jou gekozen referentieniveau en welke garanties de methode biedt dat het niveau gehaald wordt. Richt de methode zich ook op het 1S-niveau?

12.4 Leer- en onderwijsprincipes

Wanneer je de boeken van de reken-wiskundemethode op je basisschool vergelijkt met de boekjes die leerlingen zo'n twintig jaar geleden gebruikten, valt gelijk op dat de boeken veel kleuriger zijn en dat ze vol met plaatjes staan. Die plaatjes staan er niet alleen om het onderwijs op te vrolijken. Veel afbeeldingen in de methode zijn functioneel. Ze moeten het rekenen voor leerlingen inleefbaar maken, zodat ze zich er iets bij kunnen voorstellen. Door je iets bij het rekenen voor te stellen, kun je bedenken waarom je bij het rekenen bepaalde (denk)handelingen kunt verrichten.
De methode gebruikt contexten om leerlingen te helpen zich iets bij het rekenen voor te stellen. Die contexten zorgen ervoor dat leerlingen de situatie mathematiseren. Ze worden uitgedaagd er wiskunde van te maken. Dit verwiskundigen van de situatie leidt tot niveauverhoging. Wanneer de situatie leidt tot het maken van tekeningen, is daarin alleen de wiskundige essentie terug te vinden. De leerlingen hebben zo een model van de situatie gemaakt. Het gebruiken van contexten en het inzetten op niveauverhoging zijn twee onderwijsprincipes van het realistisch reken-wiskundeonderwijs, die in vrijwel alle reken-wiskundemethoden zijn uitgewerkt.

Contexten

Mathematiseren

Niveauverhoging

Model

12.4.1 Praktijkvoorbeeld

In de les van juf Jantien zie je hoe je een context kunt gebruiken om het wiskundige niveau van de leerlingen te verhogen.

Maarten en Winfried drinken alle twee graag cola. Ze maken ruzie over wie de goedkoopste cola koopt. Maarten koopt blikjes, omdat die volgens hem heel goedkoop zijn. Winfried koopt zijn cola in een fles van anderhalve liter. Die kost meer, maar je doet er ook veel langer mee.

AFBEELDING 12.5 Blikje en flessen cola

Juf Jantien legt deze situatie voor aan haar leerlingen in groep 7. Ze vraagt de leerlingen wie er gelijk heeft: Maarten of Winfried? Enkele leerlingen reageren meteen. Die weten dat je altijd voordeliger uit bent met een grote verpakking. Juf Jantien prikkelt de leerlingen verder: 'Dat is in het algemeen zo, maar is dat hier ook het geval?' En ze vervolgt: 'Zouden we het kunnen controleren?'
Dit laatste is geen eenvoudige vraag. Een van de leerlingen reageert: 'Dan moet je eerst weten hoeveel er in een blikje gaat.'
Andere leerlingen sluiten zich daarbij aan. Miranda weet wel wat er op zo'n blikje staat: 33 cl. Coen sluit aan: 'Je moet kijken hoeveel blikjes er in de grote fles gaan.'
Juf Jantien pikt deze laatste opmerking op: 'Zouden we kunnen bedenken hoeveel van die blikjes in een liter passen?' Ze voegt eraan toe dat de leerlingen hierbij wel een beetje schattend mogen rekenen. Wilma snapt waar de juf op doelt: er gaan ongeveer drie blikjes in een liter, want 3 × 33 = 99, en dat is bijna 100.
Juf Jantien schrijft op het bord wat er tot dusver bedacht is. Het schema dat zo ontstaat, helpt om de prijs van een liter cola in blik uit te rekenen. Coen verwoordt: 'Dat is dan drie keer 40 cent, 120 cent, 1 euro en 20 cent.' Ook dat noteert juf Jantien op het bord.

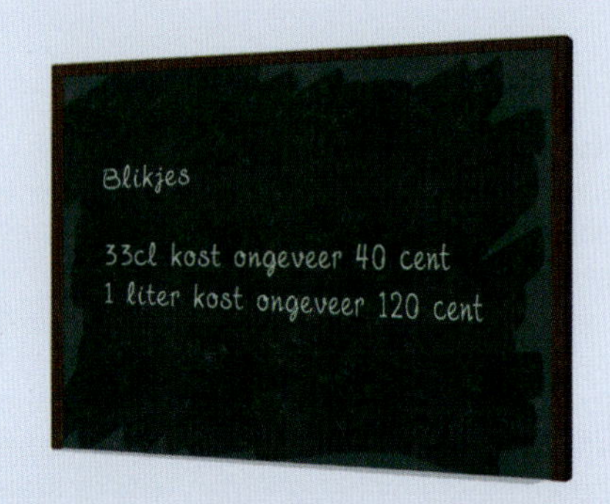

AFBEELDING 12.6 Op het bord

Nu is het niet moeilijk meer uit te rekenen hoeveel anderhalve liter kost. Willeke weet dat een halve liter 60 cent kost; voor anderhalve liter betaal je dus 180 cent. Op het bord schrijft juf Jantien mee. Gezamenlijk wordt de conclusie getrokken: de cola in blikjes is inderdaad veel duurder. Het scheelt als je anderhalve liter cola neemt zeker zo'n 30 cent.

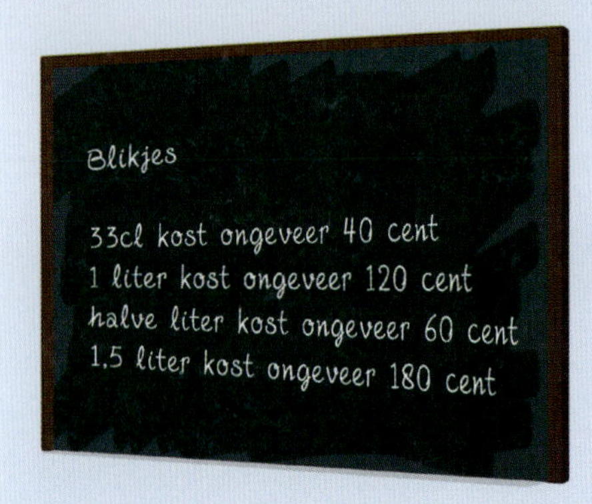

AFBEELDING 12.7 Verder op het bord

In dit praktijkvoorbeeld gebruiken en versterken de leerlingen het kerninzicht dat een verhouding een vergelijking aangeeft van aantallen die naar voren komen in getalsmatige, meet- of meetkundige aspecten van een situatie. In dit voorbeeld wordt een vergelijking gemaakt tussen de grootheden inhoud en geld in een herkenbare context. Door het schematiseren van de situatie in een soort verhoudingstabel wordt niveauverhoging bereikt.

Schematiseren
Niveauverhoging

Leerlingen in groep 7 werken al lang met verhoudingstabellen. Juf Jantien kiest er echter niet voor om die hier zomaar te gebruiken. Wat kunnen haar overwegingen daarvoor zijn?

De verhoudingstabel is een sterk verkort schema om veel informatie overzichtelijk weer te geven. Het is in feite een manier om het denken verkort weer te geven. Wanneer je onvoldoende greep hebt op de verkortingen die gemaakt zijn, helpt de verhoudingstabel niet zo veel. Je weet dan niet wat de betekenis van de getallen is. Door de situatie minder schematisch te noteren blijft die betekenis behouden.

Verhoudingstabel

12.4.2 Overzicht leer- en onderwijsprincipes

We zien dat werken aan een kerninzicht rond verhoudingen gebeurt in een betekenisvolle context en leidt tot niveauverhoging, namelijk tot de verhoudingstabel als model. Op die manier zien we in het werken aan een kerninzicht iets terug van een tweetal onderwijsprincipes van het realistisch reken-wiskundeonderwijs.
Er zijn meer leer- en onderwijsprincipes. Die worden vaak kort in paren beschreven, waarbij het eerste woord verwijst naar het leerprincipe – de manier waarop leerlingen leren – en het tweede naar het onderwijsprincipe – wat er in het onderwijs gedaan moet worden om dit leren te stimuleren.
Bekend zijn de paren:
- construeren en concretiseren
- niveaus en modellen
- reflectie en eigen productie
- sociale context en interactie
- structureren en verstrengelen

Deze paren van leer- en onderwijsprincipes staan bij elkaar om hun verbondenheid aan te geven. Er zijn uiteraard meer verbindingen tussen het leren en wat we in het reken-wiskundeonderwijs moeten realiseren. Andere verbindingen liggen ook voor de hand. In hoofdstuk 6 over breuken zagen we bijvoorbeeld dat leerlingen leren meten met stroken om breuken te maken. Dat gebeurde omdat de stroken vaak niet helemaal passen en je daarom een naam nodig hebt voor wat je overhoudt. Op deze manier doe je in je onderwijs een aantal dingen:

Breuken
Strook

- concretiseren, want de stroken zijn er echt
- preluderen op het strookmodel en de getallenlijn die gaan ontstaan
- leerlingen vragen om zelf metingen te verrichten en ze zo stimuleren tot eigen producties
- kiezen voor het meten om breuken te ontwikkelen, en daarmee de leerstofgebieden meten en breuken te verstrengelen

Getallenlijn
Eigen producties
Meten

Door op deze manier invulling te geven aan de onderwijsprincipes, wordt het leren van leerlingen rond breuken als volgt gestuurd:
- De leerlingen construeren zelf namen voor breuken.

Construeren

Niveaus

- Ze kiezen verschillende niveaus: terwijl het ene kind stukjes echt moet maken en tellen, zal een ander ze voor zich zien.

Reflecteren

- De gesprekken over constructies zetten de leerlingen aan het denken; ze reflecteren op hun handelen.

Interactie

- De gesprekken vormen de basis voor de sociale interactie tussen de leerlingen; ze praten over *hun* constructies.
- De gesprekken maken dat de leerlingen regelmaat ontdekken en met elkaar afspreken; de breuk als structuur (van gelijke stukjes) ontstaat.

Context

We zien dat de context van het meten bij breuken recht doet aan de genoemde principes. De keuze voor de onderwijsprincipes maakt dat de leerprincipes tot hun recht komen. Zo werkt het ook bij de andere kerninzichten.

VRAGEN EN OPDRACHTEN

12.10 In het praktijkvoorbeeld in paragraaf 9.1 lees je hoe juf Monique met haar leerlingen groentesoep maakt. Analyseer dit praktijkvoorbeeld ten aanzien van de relatie tussen 'niveaus en interactie'. Dat wil zeggen dat je laat zien hoe interactie hier leidt tot een hoger niveau.

12.11 'Verstrengelen' slaat hier op de verstrengeling van verschillende leerlijnen. Activiteiten dragen vaak bij aan het leren in meer dan één leerlijn. Kun je een voorbeeld geven van een onderwijsactiviteit uit je eigen onderwijspraktijk waarin dit verstrengelen naar voren komt? Welke leerprincipes zie je in de activiteit terugkomen? Hoe?

12.12 Kies een eigen praktijkervaring. Ga na in hoeverre bovenstaande leer- en onderwijsprincipes daarin naar voren komen. Wanneer je de onderwijsprincipes niet herkent: kun je aangeven of dit is gebaseerd op keuzes die je maakte?

12.13 Beschrijf zelf in enkele kernwoorden je eigen visie op reken-wiskundeonderwijs. Waar zie je belangrijke verschillen met de leer- en onderwijsprincipes van het realistisch reken-wiskundeonderwijs? Kun je de verschillen verklaren?

12.5 Rekenen-wiskunde als onderzoeksgebied

Leraren richten hun reken-wiskundeonderwijs zo in dat ze het beste uit de leerlingen halen. Dat betekent dat ze voortdurend systematisch nagaan of dat wat ze in het onderwijs willen bereiken ook gerealiseerd wordt. Als onderzoekende leerkracht ga jij ook zelf zo te werk. Als je ziet dat je onderwijs niet oplevert wat je wilt dat het oplevert, stel je je onderwijs weloverwogen bij en ga je na of de bijstelling het gewenste effect heeft.
Actieonderzoek is een manier om het onderwijs voortdurend te verbeteren. Wellicht is dat de aanpak die op je opleiding gebruikt wordt. Een andere, vergelijkbare manier is het werken volgens de cyclus van opbrengstgericht werken. Deze laatste cyclus zullen we hier wat nader bekijken.

Bij opbrengstgericht werken bij rekenen-wiskunde gaat het om het realiseren van een optimale onderwijsopbrengst voor alle leerlingen. Het kan dan gaan om het verhogen van de onderwijsopbrengst voor een bepaald onderdeel van het curriculum, zoals het hoofdrekenen, maar bijvoorbeeld ook om het verbeteren van de manier waarop leerlingen hun wiskundetaal gebruiken. In afbeelding 12.8 zie je het opbrengstgericht werken in een cyclus weergegeven.

Wiskundetaal

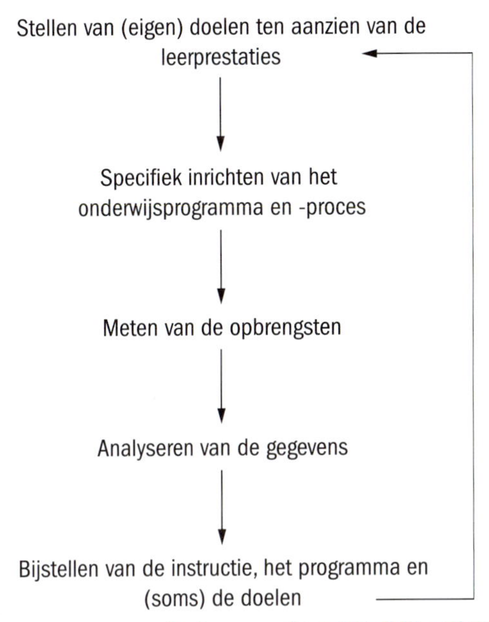

AFBEELDING 12.8 Cyclus van opbrengstgericht werken

Je ziet dat deze cyclus begint met het stellen van doelen. Als leerkracht maak je daarover binnen het team afspraken. Eerder zagen we dat je die afspraken niet zomaar kunt maken: kerndoelen en referentieniveaus bepalen wat het onderwijs uiteindelijk moet opbrengen. Je richt het onderwijs in om de door jou gestelde doelen te behalen, en meet of dat ook gebeurd is. Het meten van onderwijsopbrengst krijgt zo een centrale plek in deze cyclus. Dat brengt het risico met zich mee dat het werken volgens deze cyclus kan leiden tot louter oefenen voor toetsen.

Kun je verklaren waarom dat zo is?

Leerlingvolgsysteem

Scholen gebruiken veelal een leerlingvolgsysteem om leeropbrengsten te meten. Een lage uitslag op toetsen in het leerlingvolgsysteem vormt vaak een aanleiding om in actie te komen. We stappen dan de cyclus van opbrengstgericht werken halverwege in. De toetsgegevens blijven achter bij wat er van een bepaalde groep verwacht mag worden, en dus gaat er gewerkt worden aan het verhogen van deze toetsgegevens.

Welke stappen in de cyclus van opbrengstgericht werken worden bij deze manier van werken goeddeels overgeslagen?

Organiseren

Wanneer je systematisch werkt aan de verbetering van je reken-wiskundeonderwijs, is de cyclus van opbrengstgericht werken goed bruikbaar. Die vraagt echter wel om invulling, bijvoorbeeld een specifieke manier van organiseren van het onderwijs of een nauwkeurige analyse van de opbrengsten van het onderwijs. Als je dat doet, gebruik je de kerninzichten zoals die in dit boek beschreven zijn, jouw invulling ten aanzien van de waarden van het reken-wiskundeonderwijs, de referentieniveaus (en de uitwerkingen daarvan), en jouw visie op het reken-wiskundeonderwijs.

Dit boek ondersteunt je bij het doen van onderzoek voor het vak rekenen-wiskunde. We formuleren een algemene werkwijze, waarbij hetgeen in dit hoofdstuk en eigenlijk dit hele boek aan de orde kwam, samengebracht wordt. Formuleer vanuit jouw eigen onderwijspraktijk een onderdeel waaraan je op systematische wijze zou willen werken. Geef bij dit onderwerp aan:
- welke kerninzichten leerlingen in jouw onderwijs verwerven
- op welke wijze je bij jouw leerlingen werkt aan de waarden van het reken-wiskundeonderwijs
- hoe je invulling geeft aan de referentieniveaus (en daarbij rekening houdt met sterke en zwakke rekenaars)
- hoe je de cyclus van opbrengstgericht werken volgt of zou willen volgen
- hoe in jouw werkwijze en onderwijs je eigen visie op rekenen-wiskunde naar voren komt

12.6 Professionele gecijferdheid

We schreven aan het begin van dit hoofdstuk dat een leerkracht gecijferd moet zijn. Hij of zij moet adequaat kunnen omgaan met getallen en getalsmatige informatie. 'Gecijferd zijn' is onder meer van belang voor de maatschappelijke redzaamheid. Daarom is gecijferdheid ook als doel vastgelegd in de kerndoelen.

Een leerkracht moet dus niet alleen gecijferd zijn, hij of zij moet er ook voor zorgen dat de aan hem of haar toevertrouwde leerlingen gecijferd worden. Om dat te realiseren moet een leerkracht meer kunnen dan goed rekenen. Hij of zij moet meer in huis hebben dan een basale gecijferdheid. We noemen de benodigde gecijferdheid van de leerkracht 'professionele gecijferdheid'. Deze professionele gecijferdheid omvat de basale gecijferdheid, maar

is aanzienlijk omvangrijker. Zij omvat alle kennis van getallen die je van een leerkracht basisonderwijs mag verwachten.
Een professioneel gecijferde leerkracht is iemand die:
- getallen en getalsmatige informatie ziet in zijn of haar eigen omgeving
- getallen en getalsmatige informatie ziet in de omgeving of belevingswereld van de leerlingen
- (spontane) reken-wiskundige ervaringen van leerlingen kan plaatsen binnen de reken-wiskundige ontwikkeling van leerlingen
- leerlingen kan stimuleren de wereld te beschouwen door een wiskundige bril
- zichzelf bij het beschouwen van getallen en getalsmatige informatie regelmatig waaromvragen en hoevragen stelt
- plezier heeft in rekenen-wiskunde en dat weet over te dragen op zijn of haar leerlingen

In hoeverre beschouw je jezelf als een professioneel gecijferde leerkracht?

?

Het zal duidelijk zijn dat een professioneel gecijferde leerkracht een grotere greep heeft op getallen dan zijn of haar leerlingen. Een professioneel gecijferde leerkracht kent verder de kerninzichten en heeft een onderzoekende houding. Dat laatste is ook van belang om de gecijferdheid gedurende je hele carrière als leerkracht te laten groeien. Een professioneel gecijferde en onderzoekende leerkracht kijkt kritisch naar getallen en zijn of haar getalsmatige omgeving, en zet deze kennis in om zijn of haar onderwijs voortdurend beter te maken. Zo groei je zelf als leerkracht, maar neem je ook je leerlingen mee.

VRAGEN EN OPDRACHTEN

12.14 Ontwikkel een serie opdrachten voor leerlingen om hun gecijferdheid te toetsen. Bedenk ook op welke manier je de opdrachten aan de leerlingen voorlegt.

12.15 Interview je mentor of een medestudent om na te gaan in hoeverre hij of zij professioneel gecijferd is.

13 Honderd opgaven

Dit hoofdstuk bestaat uit honderd opgaven waarmee je aan de slag kunt om jouw kennis en inzicht voor rekenen-wiskunde en didactiek uit te breiden en te verdiepen.

De opgaven sluiten aan bij de inhoud van hoofdstuk 1 tot en met 11 uit dit boek. In het vorige hoofdstuk en in de inleiding van dit boek heb je kunnen lezen over de betekenis van professionele gecijferdheid voor (aanstaande) leerkrachten van de basisschool. Er zijn zeven kenmerken van de professioneel gecijferde leerkracht genoemd. Op die kenmerken wordt een beroep gedaan bij het oplossen van onderstaande reken-wiskundige problemen. Door de opgaven te maken breid je je kennis en inzicht uit en verdiep je bovendien het eigen niveau van professionele gecijferdheid.

Wanneer je werkt aan deze problemen is het nuttig om van tijd tot tijd afstand te nemen en na te gaan hoe en in hoeverre je kerninzichten herkent die in dit boek aan de orde zijn geweest. Dit kan je helpen om dat inzicht ook bij kinderen te zien en te bevorderen.
Uiteindelijk verwerf je daardoor de vaardigheid om in te spelen op leerprocessen van leerlingen en hen tot niveauverhoging te brengen. Als je deze opgaven kunt maken, kom je beter beslagen ten ijs als je leerlingen lesgeeft en begeleidt bij wiskundige activiteiten.

Wiskundige activiteiten

We adviseren je om de opgaven samen met medestudenten aan te pakken. Dit overleg zet je aan het denken en leidt zo tot extra leerrendement! Sommige opgaven slaan niet direct op de leerstof van de basisschool, maar de betreffende leerstof is wel vermeld in de Kennisbasis rekenen-wiskunde voor de pabo, met het oog op de doorlopende leerlijn van de basisschool naar het voortgezet onderwijs.

Uitwerkingen van deze opgaven kun je vinden op de website.

1 Beelden van getallen

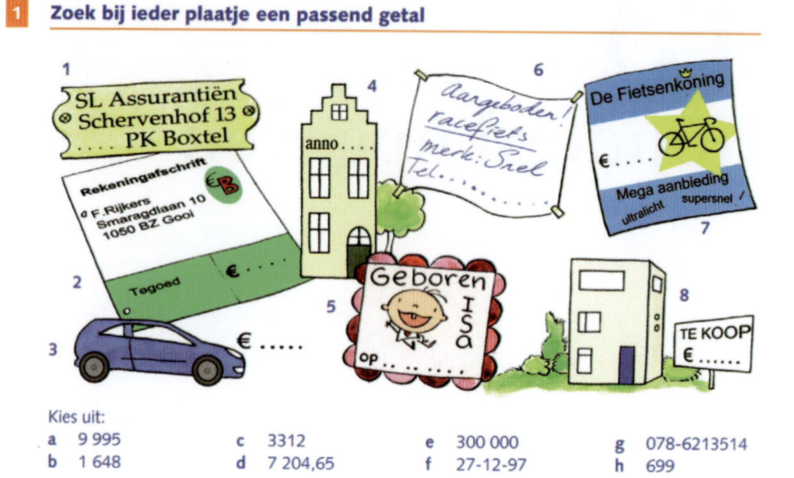

AFBEELDING 13.1 Zoek het passende getal

1.1 Maak de opgave voor groep 6 eerst zelf (zie afbeelding 13.1).

1.2 Welke combinatie van beeld en getal vond je het gemakkelijkst en welke het moeilijkst? Waarom?

1.3 Voeg er voor jezelf twee beelden en bijbehorende getallen aan toe.

1.4 Wat leren kinderen door het maken van deze opgave en welk kerninzicht vind je van toepassing?

2 Het verhaal van de kleine Gauss

De talenten van de grote wiskundige Carl Friedrich Gauss (1777-1855) werden al ontdekt toen hij 7 jaar was. Hij kreeg toen min of meer als straf van zijn onderwijzer Büttner de opdracht de getallen van 1 tot en met 100 op te tellen. Dat deed hij razendsnel en handig. Op z'n kladje stond 50 × 101 = 5050.

2.1 Probeer uit te vinden hoe Gauss kan hebben geredeneerd. Zou jij het net zo aanpakken?

2.2 Een pabostudente legde deze opgave voor aan haar stagegroep 8 en gaf er de leerlingen een honderdveld bij (zie afbeelding 13.2) met het advies: 'Dit honderdveld kun je gebruiken als je wilt.' Met welke bedoeling zou de studente dit advies geven? Wat vind je van dat advies? Geef je mening, de voor- of nadelen en eventuele alternatieve aanpakken.

2.3 Al op jonge leeftijd vindt Gauss een formule uit voor de som van een rij van 1 tot en met n, namelijk de formule $\frac{1}{2}n(n + 1)$, waarin n het aantal getallen aangeeft, in dit geval ook het grootste getal. In het voorgaande was n = 100. Ga na of de formule van Gauss klopt. Je kunt nu ook snel de som van de getallen 1 tot en met 1000 uitrekenen.

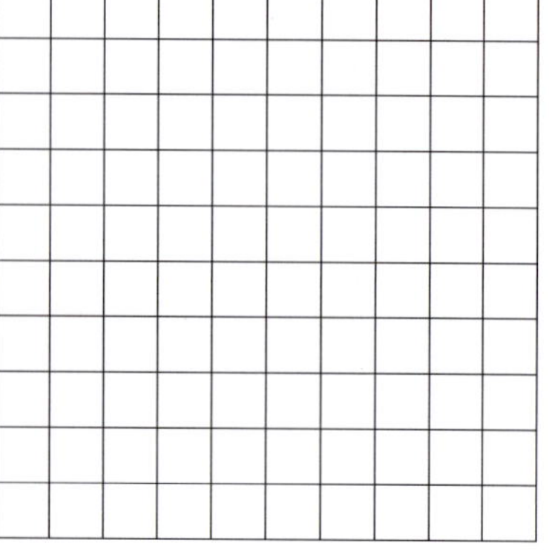

AFBEELDING 13.2 Honderdveld

3 Driehoeks- en vierkantsgetallen

Al in de oude Griekse beschaving onderzocht men de geheimen van de getallenwereld. Het waren de Pythagoreeërs, leerlingen van Pythagoras (ca. 600 v. Chr.), die bij gebrek aan pen en papier de getallen indeelden op basis van hun vorm. In afbeelding 13.3 zie je een voorbeeld van die figurale getallen, namelijk de eerste vier driehoeksgetallen: 1, 3, 6 en 10. In afbeelding 13.4 zijn de eerste vier vierkantsgetallen weergegeven.

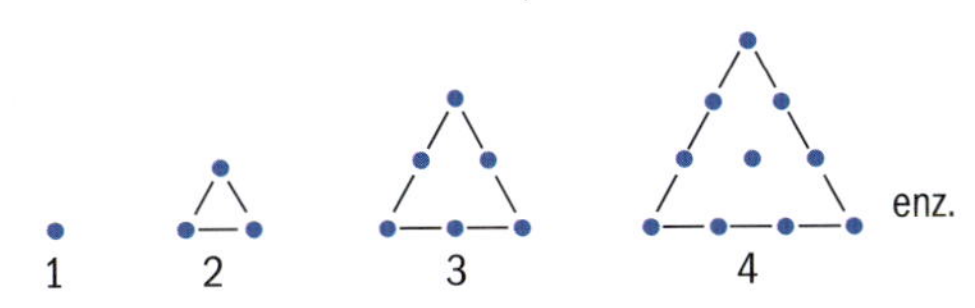

AFBEELDING 13.3 Driehoeksgetallen

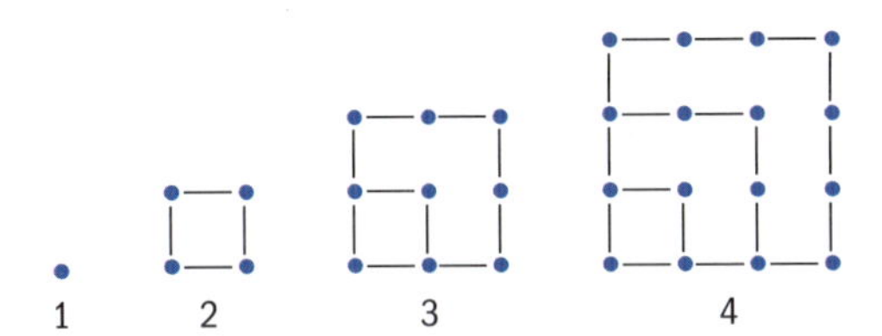

AFBEELDING 13.4 Vierkantsgetallen

3.1 Wat is het vijfde driehoeksgetal (zie afbeelding 13.3)? En het honderdste? Welk verband zie je met de ontdekking van de jonge Gauss (zie opgave 2)?

3.2 Wat is het vijfentwintigste vierkantsgetal (zie afbeelding 13.4)?

3.3 Stelling: het verschil van twee opeenvolgende kwadraten is gelijk aan de som van hun grondgetallen. In afbeelding 13.5 is de stelling in beeld gebracht voor het geval $6^2 - 5^2 = 6 + 5$.

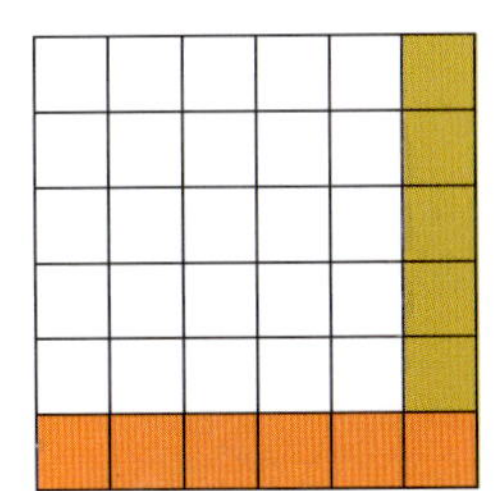

AFBEELDING 13.5 $6^2 - 5^2 = 6 + 5$

Doe dat zelf voor het geval $12^2 - 11^2 = 12 + 11$.
Wat is nu het antwoord van $123^2 - 122^2$?

3.4 In de opdrachten 3.1 tot en met 3.3 ben je bezig geweest met drie belangrijke wiskundige activiteiten, namelijk visualiseren, generaliseren en formaliseren. Geef aan waar en hoe je met welke van de drie activiteiten bezig bent geweest.

4 Tellen in ontwikkeling

Als je leerlingen observeert, kun je veel te weten komen over het niveau van hun ontwikkeling. Zo brengen telactiviteiten van kleuters vaak nuttige informatie aan het licht over hun voortgang in het betekenis geven aan getallen en tellen.

Nikki (4) heeft haar eigen oplossing voor het tellen van acht voorwerpen: 'Eén, twee, drie, vier, vijf, zes, ze-ven.' Ze eindigt altijd met 'zeven' als ze acht voorwerpen moet tellen.

Tigo (5) zegt tegen z'n vriendje: 'Dat is niet goed. Je moet zés plakkertjes doen van juf! Zes is zó', en hij tikt met twee vingers de 'dobbelsteen-zes' op z'n tafel.

4.1 Wat zou je in je verslaggeving of registratieformulier schrijven over deze momentopnamen van Nikki en Tigo? Vermeld daarbij ook de kerninzichten die volgens jou al of niet een rol spelen.

4.2 Welke aansluitende opdracht heb je voor elk van de kinderen in petto?

4.3 Andere haperingen in de ontwikkeling van tellende kleuters zijn: dubbel tellen, overslaan, niet-synchroon tellen, onsystematisch tellen en een verkeerde betekenis verlenen aan getallen door verwarring van getalfuncties. Ga na of je bij elk van die gebeurtenissen een voorbeeld kunt bedenken.

5 Een miljoen euro's

In groep 7 gaat het klassengesprek over grote getallen. Leraar Nancy heeft de kinderen gevraagd om in tweetallen te onderzoeken of het mogelijk is om een miljoen euromunten op je fiets te vervoeren.

AFBEELDING 13.6 Een miljoen euro's op de fiets

5.1 Nancy heeft die vraag uiteraard eerst zelf uitgebreid beantwoord. Voer die opdracht ook zelf uit.

5.2 In haar voorbereidingen staan ook de leerdoelen die ze met deze opdracht voor ogen heeft. Bovendien heeft ze bedacht hoe leerlingen zouden kunnen denken en rekenen aan de opdracht. Doe als Nancy en bereid de opdracht ook op die manier voor.

6 **Jarig op een schrikkeldag**

6.1 Hoeveel inwoners van Nederland zullen er ongeveer jarig zijn op 29 februari 2020?

6.2 Voor welke groep(en) lijkt jou deze opdracht geschikt? Waarom? Denk vooral ook aan de voorkennis die leerlingen moeten hebben om de opgave te kunnen maken.

6.3 Welke moeilijkheden verwacht je bij leerlingen als zij met deze opdracht bezig gaan en welke hulp denk je in die gevallen te geven?

7 **Postcodes**

In afbeelding 13.7 zie je een overzicht van de postcodes in Nederland.

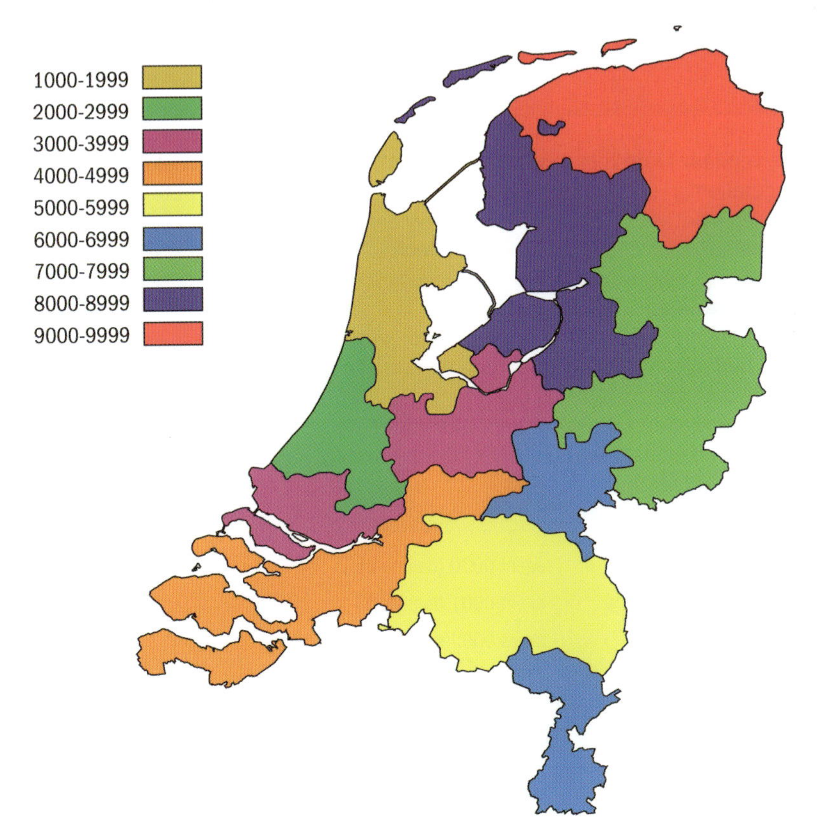

AFBEELDING 13.7 Postcodes

7.1 Hoeveel postcodes zijn er volgens jou maximaal te maken in het Nederlandse systeem (vier cijfers, twee letters)? Zouden alle Nederlandse adressen een eigen postcode kunnen krijgen?

7.2 Probeer te verklaren waarom niet alle cijfers en letters gebruikt worden en waarom de grootte van de postcodegebieden zo verschilt.

7.3 Bedenk een korte instructie waarmee je deze opgave in groep 8 introduceert.

7.4 Welke tips heb je in gedachten voor (groepjes) leerlingen die moeilijk op gang kunnen komen met deze opdracht?

8 Een geschikt model?

Thijmen zit nu in groep 4. Als zijn leraar hem vraagt 6 + 8 uit te rekenen, begint hij onmiddellijk te knikken met z'n hoofd. Na geruime tijd – meer dan tien seconden – roept hij enthousiast: 'Dertien!'
Thijmens leraar tekent vervolgens een getallenlijn met streepjes op het kladblaadje (zie afbeelding 13.8) en vraagt hem of hij die som ook op de getallenlijn kan laten zien. Thijmen begint weer te knikken... 'Ja, ook dertien', zegt hij.

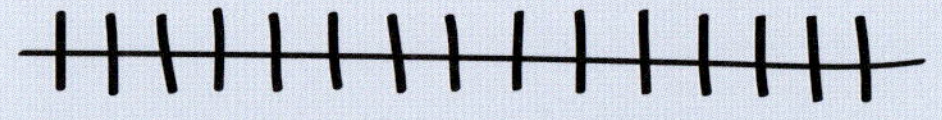

AFBEELDING 13.8 Getallenlijn met streepjes

8.1 Hoe verklaar je de telaanpak van Thijmen? Welk inzicht ontbreekt?

8.2 De getallenlijn lijkt niet het geschikte model om Thijmen tot beter inzicht te brengen. Met welke context, welk materiaal of welk model zou jij Thijmen op weg helpen met deze opgave? Hoe precies?

9 Binaire getallen

De leerlingen van groep 8 hebben onder leiding van hun leraar een codesysteem bedacht waarbij elke leerling een unieke code als naam krijgt: een kaartje met vier rondjes, al of niet ingekleurd. Iedere leerling kent de eigen code, maar alleen de leraar kent alle codes en de bijbehorende namen van de kinderen (zie afbeelding 13.9). Op die manier kan de leraar 'geheime opdrachten' uitdelen.

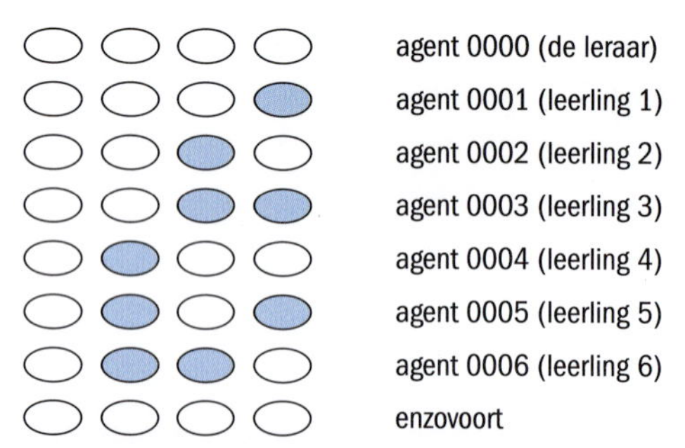

AFBEELDING 13.9 Het codesysteem

9.1 Zet de regelmaat in het codeschema voort tot alle vijftien leerlingen een codekaart hebben.

Op de website vind je een leeg codeschema om in te vullen.

9.2 Wanneer je in een code elk gekleurd rondje vervangt door het cijfer 1 en de niet-gekleurde rondjes door het cijfer 0, krijg je de eerste vijftien binaire (tweetallige) getallen. Noteer alle vijftien getallen.

9.3 In afbeelding 13.10 is een binair getal van vier cijfers uitgebeeld met blokjes. Welk binaire getal is het en met welk getal geef je dat aantal weer in het tientallig stelsel?

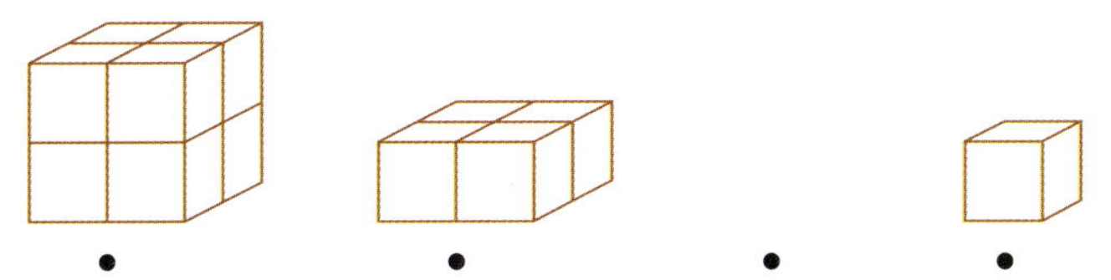

AFBEELDING 13.10 Visualisering van een binair getal

9.4 Verklaar hoe de twee kerninzichten van het tientallig stelsel (zie hoofdstuk 2) ook in dit binaire getalstelsel herkenbaar zijn.

10 Delers

Het vlot herkennen van delers van getallen helpt kinderen de vermenigvuldigstructuur van getallen te herkennen, die ze nodig hebben om handig te leren vermenigvuldigen en delen.

Vermenigvuldigstructuren van het getal 60 zijn bijvoorbeeld 1×60, 2×30, 3×10, 4×15, 5×12 en 6×10. Daarmee zijn meteen alle delers van 60 bepaald, namelijk 1, 2, 3, 4, 5, 6, 10, 12, 15 en 60 zelf.

10.1 Zoek op dezelfde manier alle delers van 50 en 125.

10.2 Zoek de gemeenschappelijke delers van 50 en 125. Wat is de grootste gemeenschappelijke deler van 50 en 125?

10.3 Vereenvoudig de breuk $\frac{50}{125}$ maximaal door gebruik te maken van de grootste gemeenschappelijke deler van 50 en 125. Doe datzelfde met $\frac{84}{120}$.

10.4 Met de vermenigvuldigingen 1×60, 2×30, enzovoort tot en met 6×10 heb je zoals gezegd een systematische aanpak om alle delers van 60 te vinden. Je hebt dan echter lang niet alle vermenigvuldigstructuren van 60.

Welke zijn er nog meer? Hoe vind je systematisch alle vermenigvuldigstructuren van 60? Hoe vind je de langste vermenigvuldiging met 60 als uitkomst?

11 Deelbaarheid door 2, 3, 4, 5, 6, 8, 9 en 10

Opgave 10 ging over vermenigvuldigstructuren en het herkennen van delers van getallen. Er zijn zogenoemde kenmerken van om snel te kunnen zien of een getal deelbaar is door bijvoorbeeld 2, 3, 4, enzovoort.

11.1 Sommige kenmerken kun je waarschijnlijk zelf verzinnen. Zo kun je aan het laatste cijfer van een getal zien of het deelbaar is door 2, 5 of 10. Probeer een verklaring te geven voor die drie kenmerken.

11.2 Het kenmerk voor deelbaarheid door 4 is iets lastiger: een getal is deelbaar door 4 als je het getal van de laatste twee cijfers van dat getal kunt delen door 4. Zo is 5936 deelbaar door 4 omdat 36 een viervoud is. De verklaring is dat honderdtallen, duizendtallen enzovoort op zich al viervouden zijn: je hoeft dus alleen maar te kijken naar het getal van de laatste twee cijfers. Let op: niet de laatste twee cijfers, maar het getal van de laatste twee cijfers.

Het kenmerk voor deelbaarheid door 8 lijkt erg op dat van deelbaarheid door 4, alleen gaat het in dit geval om het getal van de laatste drie cijfers. Probeer een verklaring voor dat kenmerk te vinden.

11.3 Een getal is deelbaar door 9 als de som van de cijfers van dat getal deelbaar is door 9. Zo is 6507 deelbaar door 9, want $6 + 5 + 0 + 7 = 18$ en 18 is een negenvoud, immers 2×9.

Een verklaring vind je door het getal als volgt te splitsen:

$$\begin{aligned} 6000 &= 6 \times 999 + 6 \\ 500 &= 5 \times 99 + 5 \\ 0 &= 0 \times 9 + 0 \\ 7 &= 0 \times 9 + 7 \end{aligned}$$

6507 = negenvoud + 6 + 5 + 0 + 7 = negenvoud + 18 = negenvoud, dus deelbaar door 9.

Meer weten? Google op internet naar de 'negenproef'.

Formuleer het kenmerk van deelbaarheid door 3 en geef een verklaring voor dat kenmerk.

11.4 Onderzoek of de volgende stelling juist is: een getal is deelbaar door 6 als het deelbaar is door 2 én door 3.

12 Puzzels

12.1 Het getal 25A35A is deelbaar door 4 en door 9. Voor welk cijfer staat A?

12.2 Een getal wordt geschreven met drie cijfers. Het eerste en het derde cijfer zijn een 6. Verder is het getal deelbaar door 26. Welk getal is het?

12.3 Bedenk een puzzel voor de bovenbouw waarin deelbaarheid aan de orde komt.

12.4 Op welke kerninzichten wordt een beroep gedaan bij de genoemde puzzels?

13 Combinaties en wiskundige structuur

13.1 Zoek de antwoorden op de volgende vijf vragen en geef daarbij aan welk schema, model of oplossingsstrategie je op weg heeft geholpen.

a Hoeveel verschillende getallen van drie cijfers kun je maken met de drie getallenkaartjes 5, 6 en 7?

b Ik heb in de kast drie shirts, twee truien en één broek. Hoeveel verschillende combinaties (shirt, broek, trui) kan ik maken om me te kleden? De combinatie hoeft niet fraai te ogen!

c Hoeveel verschillende getallen van drie cijfers kun je maken met de cijfers 5, 6 en 7?

d Hoeveel verschillende routes zijn er van A via B en C naar D, als er drie wegen zijn van A naar B, twee wegen van B naar C en één weg van C naar D (zie afbeelding 13.11)?

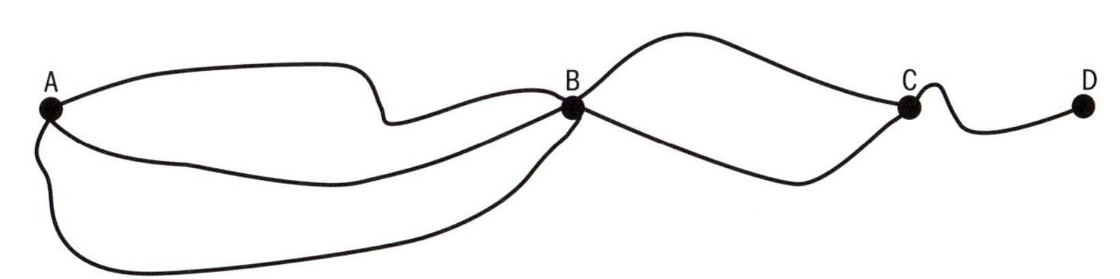

AFBEELDING 13.11 Routes

e Hoeveel getallen van drie cijfers kun je maken? Het getal mag niet met '0' beginnen.

13.2 Sommige van de vijf voorgaande situaties hebben een soortgelijke, zogenoemde isomorfe reken-wiskundige achtergrondstructuur. Dat kun je onder andere 'bewijzen' met een model, zoals een boomschema, een wegenmodel of een systematische uitwerking in een tabel. Welke van de vijf vragen hebben zo'n zelfde structuur? Hoe bewijs je dat?

14 Handig rekenen

14.1 De volgende opgaven zijn gemaakt door handig te rekenen. Probeer uit te leggen hoe er is gerekend.
2397 + 596 = 3000 – 7 = 2993
87,26 – 4,997 = 82,26 + 0,003 = 82,263
160 × 12,5 = 20 × 100 = 2000
35 : $3\frac{1}{2}$ = 70 : 7 = 10

Probeer zelf handig te berekenen:
2496 + 598 =
215,5 – 2,995 =
75 × 2,4 =
4,7 : 2 =
120 : $3\frac{1}{3}$ =

14.2 Zoë, een leerling van groep 7, schrijft in haar rekenschrift: 215,5 – 2,995 = 218,5 – 0,005 = 218,45. Hoe heeft ze waarschijnlijk gerekend? Hoe zou jij haar helpen? Welk model kan het inzicht van Zoë versterken?

15 Leerlingenwerk

Hierna zie je oplossingen van kinderen uit groep 5 en 6 bij de opgave 87 – 39. Analyseer het werk en benoem de oplossingsmanieren. Voor welke kerninzichten zie je een 'bewijs'? Welke voorbeelden duiden op een nog niet ontwikkeld (kern)inzicht? Wie heeft hulp nodig en hoe zou je helpen?

a Randy antwoordt 16. Hij rekent: 80 – 3 = 77; 70 – 9 = 61; 77 – 61 =...; 7 – 6 = 1 en 7 – 1 = 6; 16.

b Farida antwoordt 30. Zij rekent: 80 eraf 30 is 50; 7 eraf 9 kan niet; ik moet lenen, 50 wordt 40 en dan wordt 7 ... 17; dan 40 eraf 10 is 30.

c Julie geeft niet direct een antwoord. Zij denkt hardop 87, 86, 85, ... 47, waarbij zij onder tafel haar vingers gebruikt.

d Mark antwoordt 48. Hij rekent: 17 – 9 = 8, de 8 is een 7, min 3 is 4.

e Cathy antwoordt 49. Zij rekent: 87 min 30 is 57 min 9 is 49.

f Angela antwoordt 58. Zij rekent: 8 – 3 = 5; 7 – 9 kan niet; 17 – 9 = 8. Samen 58.

g Wesley zegt: dat is makkelijk; 87 – 10 = 77. Dan 77 – 29 = 52; 7 – 2 = 5 en 9 – 7 = 2. Dat is toch goed?

16 Weetjes

Op een bepaald moment moeten de leerlingen uit groep 4 de optelsommen in de tabel van afbeelding 13.12 gememoriseerd hebben.

16.1 De optelsommen van de tabel hebben verschillende kleuren. Karakteriseer de sommen per kleur.

16.2 In groep 4 zijn er altijd enkele kinderen die bepaalde sommen nog niet uit het hoofd kennen, maar ze wel kunnen uitrekenen. Kies vijf sommen rechtsonder uit de tabel en noem voor elke som twee manieren waarop kinderen die sommen kunnen uitrekenen.

16.3 Bij de tabel uit afbeelding 13.12 horen evenzovele aftreksommen die leerlingen uit het hoofd moeten kennen. Noteer de aftreksommen die je kunt afleiden van de 25 optelsommen rechtsonder in de tabel.

16.4 Naomi van groep 4 kan de aftreksom 15 – 7 = 8 alleen maar tellend maken met behulp van het rekenrek of de getallenlijn. Hoe denk je haar op weg te helpen naar het niveau van memoriseren van de opgave?

0 + 0	1 + 0	2 + 0	3 + 0	4 + 0	5 + 0	6 + 0	7 + 0	8 + 0	9 + 0	10 + 0
0 + 1	1 + 1	2 + 1	3 + 1	4 + 1	5 + 1	6 + 1	7 + 1	8 + 1	9 + 1	10 + 1
0 + 2	1 + 2	2 + 2	3 + 2	4 + 2	5 + 2	6 + 2	7 + 2	8 + 2	9 + 2	10 + 2
0 + 3	1 + 3	2 + 3	3 + 3	4 + 3	5 + 3	6 + 3	7 + 3	8 + 3	9 + 3	10 + 3
0 + 4	1 + 4	2 + 4	3 + 4	4 + 4	5 + 4	6 + 4	7 + 4	8 + 4	9 + 4	10 + 4
0 + 5	1 + 5	2 + 5	3 + 5	4 + 5	5 + 5	6 + 5	7 + 5	8 + 5	9 + 5	10 + 5
0 + 6	1 + 6	2 + 6	3 + 6	4 + 6	5 + 6	6 + 6	7 + 6	8 + 6	9 + 6	10 + 6
0 + 7	1 + 7	2 + 7	3 + 7	4 + 7	5 + 7	6 + 7	7 + 7	8 + 7	9 + 7	10 + 7
0 + 8	1 + 8	2 + 8	3 + 8	4 + 8	5 + 8	6 + 8	7 + 8	8 + 8	9 + 8	10 + 8
0 + 9	1 + 9	2 + 9	3 + 9	4 + 9	5 + 9	6 + 9	7 + 9	8 + 9	9 + 9	10 + 9
0 + 10	1 + 10	2 + 10	3 + 10	4 + 10	5 + 10	6 + 10	7 + 10	8 + 10	9 + 10	10 + 10

AFBEELDING 13.12 Opteltabel

17 Cognitief netwerk

Vrijwel alle reken-wiskundemethoden bevatten oefeningen om relatienetwerken van leerlingen op te bouwen, bedoeld om de kennis van basisvaardigheden te automatiseren en te memoriseren. Vaak worden schema's gebruikt zoals die in afbeelding 13.13, om leerlingen zelf relaties te laten leggen.

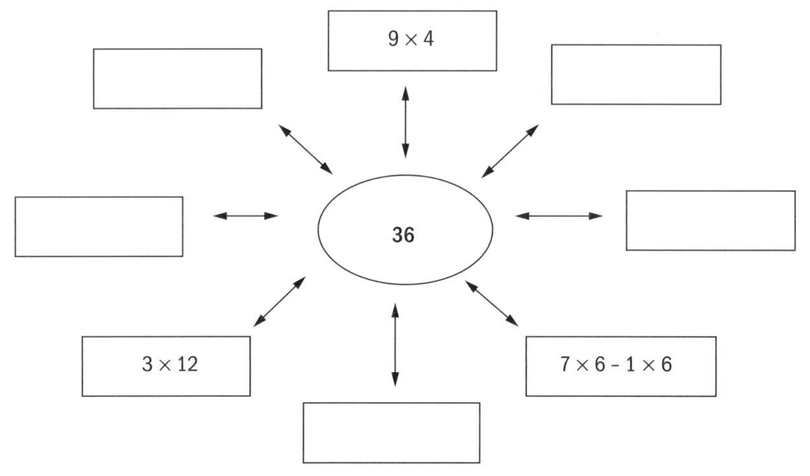

AFBEELDING 13.13 Relatienetwerk bij 36

17.1 Vul de lege kaders met passende bewerkingen. Wat leren leerlingen door deze activiteit? Wat is het belang van dit soort eigen producties als werkvorm?

17.2 Maak zelf een netwerk voor het getal 12,5. Maak het voor jezelf niet gemakkelijk. Gebruik ook procenten, breuken en andere kommagetallen. Doe het echter zo snel mogelijk, zodat je een goed beeld krijgt van je parate kennis bij het getal 12,5.

18 Functies van getallen

18.1 In afbeelding 13.14 staan verschillende soorten getallen met elk hun eigen functie. Welke functies zijn dat?

18.2 De krant kost in Nederland €1,30. Wat is de prijs in Zwitserland, omgerekend in euro's (zie de afbeeldingen 13.14 en 13.15)?

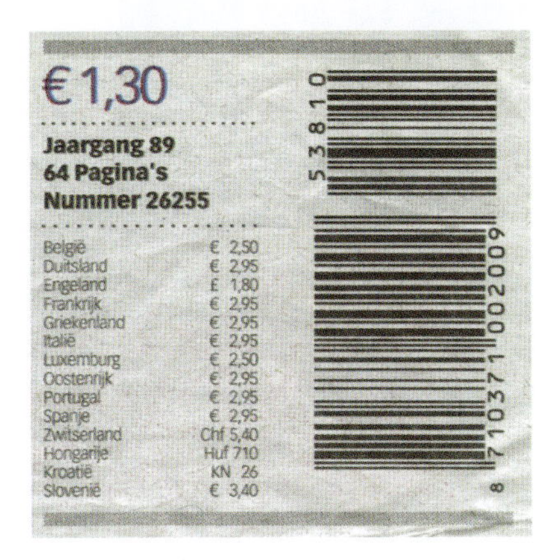

€ 1,30

Jaargang 89
64 Pagina's
Nummer 26255

België	€ 2,50
Duitsland	€ 2,95
Engeland	£ 1,80
Frankrijk	€ 2,95
Griekenland	€ 2,95
Italië	€ 2,95
Luxemburg	€ 2,50
Oostenrijk	€ 2,95
Portugal	€ 2,95
Spanje	€ 2,95
Zwitserland	Chf 5,40
Hongarije	Huf 710
Kroatië	KN 26
Slovenië	€ 3,40

5 3 8 1 0

8 710371 002009

AFBEELDING 13.14 Prijzen

Buitenlands Geld

1€ =	aankoop	verkoop
amerikaanse dlr	1,2395	1,4583
antilliaanse gulden	2,0200	2,6400
australische dlr	1,2331	1,5334
canadese dlr	1,2129	1,5067
chinese yuan	7,6500	9,8100
deense kroon	6,5492	8,1204
engelse pond	0,7837	0,9250
hongkong dlr	8,9600	11,4100
israel shekel	4,2000	5,4500
japanse yen	99,2700	122,8200
marokkaanse dirham	9,3400	12,4800
nieuw-zeelandse dlr	1,6040	2,0000
noorse kroon	6,9466	8,6131
poolse zloty	3,3820	4,4010
turkse lira	1,6995	2,1790
zuid-afrikaanse rand	8,1210	10,4460
zweedse kroon	8,0915	10,0327
zwitserse frank	1,2320	1,4330

Geldmarkt

Euro-deposito	slot	vorig
daggeld	0,33-0,38	0,33-0,38
1 maand	0,54-0,56	0,54-0,56
2 maanden	0,61-0,63	0,61-0,63
3 maanden	0,88-0,90	0,88-0,90
6 maanden	0,99-1,01	0,99-1,01
12 maanden	1,38-1,40	1,37-1,39

AFBEELDING 13.15 Vreemde valuta

18.3 Ontwerp een opdracht voor groep 8 naar aanleiding van opgave 18.2. Waar verwacht je een moeilijkheid in het denkwerk voor leerlingen? Hoe speel je daarop in?

19 Bijzondere vermenigvuldigingen

Je hebt de cijfers 1, 2, 3 en 4. Daarmee ga je vermenigvuldigopgaven maken met twee getallen. Ieder cijfer mag je één keer gebruiken, bijvoorbeeld zo:

2×143

13×42

19.1 Bedenk de vermenigvuldiging met de kleinste uitkomst.

19.2 Bedenk de vermenigvuldiging met de grootste uitkomst.

19.3 Wat leren kinderen van deze opgave?

20 Foutenanalyse

20.1 Analyseer de fouten in de hierna beschreven gevallen. Probeer daarbij telkens aan te geven:
- hoe het kind volgens jou heeft (kan hebben) gedacht
- hoe die foutieve gedachtegang kan zijn ontstaan

a Julian	b Evi	c Lynn
6508 ×3 19554	56 + 29 = 58	28 – 8 = 12

d Amy	e Tim	f Ruben
65/7638\116 715 488 390 98	76 + 8 = 164; 86 + 7 = 163; 94 + 16 = 110	46 + 29 = 17

g Anouk	h Keano	i Sanne
27 × 5 = 255; 48 × 7 = 636	163 – 45 = 218; 623 – 418 = 305	636 × 8 = 5034

20.2 Stel je voor dat je Amy wilt gaan ondersteunen. Daartoe doe je vooronderzoek.
Wat zou je in dat onderzoek te weten willen komen?

21 Gemiddelden

21.1 Kan het aantal kinderen in twee gezinnen 3,6 zijn? Waarom?

21.2 Kan het gemiddelde aantal kinderen in vijf gezinnen 1,8 zijn? Waarom?

21.3 Kan het gemiddelde aantal kinderen per gezin in Amersfoort 5,1 zijn? Waarom?

21.4 Hoe zou je leerlingen op weg helpen die niet aan deze problemen kunnen of durven te beginnen? Je kunt daarbij denken aan de inzet van passende werkvormen, modellen of andere ondersteuning.

22 Groei

22.1 Wat kom jij uit afbeelding 13.16 allemaal te weten over lengtegroei van jongens en meisjes door alleen maar naar de grafiek te kijken? Een voorbeeld is het gegeven na hoeveel jaar een kind gemiddeld de helft van zijn of haar eindlengte heeft bereikt.

22.2 Lotte (groep 8) beweert: 'Tussen 10 en 13 jaar winnen de meisjes.' Wat bedoelt Lotte waarschijnlijk? Heeft ze gelijk? Hoe zou jij reageren op haar bewering?

22.3 Waarom is maar 98,8% van de jongens en van de meisjes in de grafiek opgenomen?

23 Eigenschappen

23.1 In de onderstaande opgaven worden een of meer van de volgende eigenschappen gebruikt:
- commutatieve of verwisseleigenschap
- associatieve of schakeleigenschap
- distributieve of verdeeleigenschap
- vergroten en verkleinen van vermenigvuldigtal en vermenigvuldiger
- vergroten of verkleinen van deeltal en deler

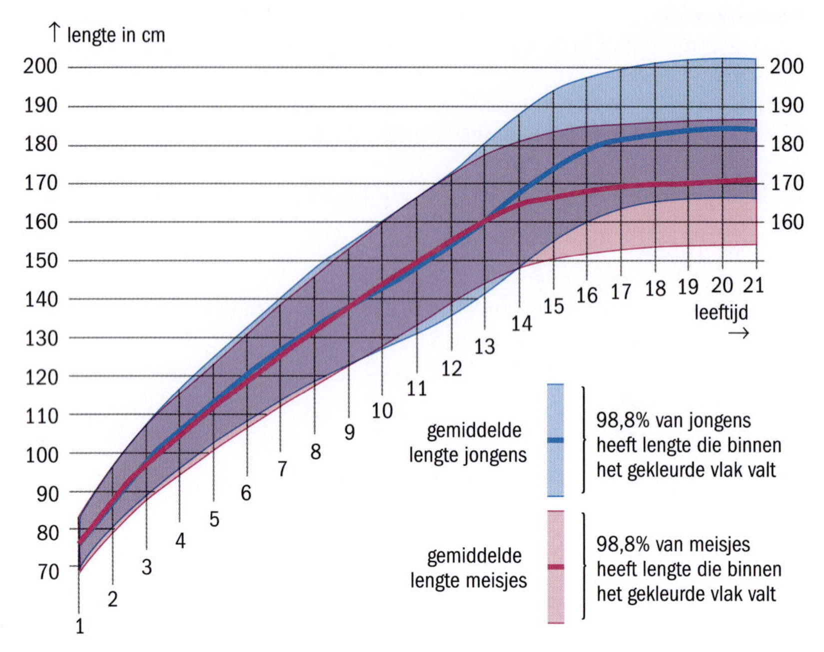

AFBEELDING 13.16 Groei

Geef bij elk van de volgende uitwerkingen aan welke eigenschappen worden toegepast.

a $0,84 \times \frac{1}{2} = \frac{1}{2} \times 0,84 = 0,42$
b $15 \times 3\frac{1}{3} = 5 \times 10 = 50$
c $168 - 29 = 168 - 30 + 1 = 138 + 1 = 139$
d $0,42 : 5 = 0,84 : 10 = 0,084$
e $32072 : 8 = 32000 : 8 + 72 : 8 = 4000 + 9 = 4009$

23.2 Reken de volgende opgaven 'handig' uit en geef aan welke eigenschap(pen) je daarbij gebruikt.

a $16\frac{1}{2} + 29 + 13\frac{1}{2} =$
b $12\frac{1}{2} \times 17 \times 8 =$
c $2397 + 598 =$
d 9% van €55 =
e $1\frac{1}{4} \times 36\frac{8}{9} =$
f $215,5 - 2,995 =$
g $4,7 : 2 =$
h $75 : 1,25 =$
i $4,4 \times 75 =$
j $2\frac{1}{6} : 6\frac{1}{2} =$

24 **Een 'sliert'**

24.1 Reken handig de volgende vermenigvuldigsommen uit:

$9 \times 20 =$
$20 \times 18 =$
$20 \times 36 =$
$20 \times 72 =$
$71 \times 20 =$
$7,1 \times 20 =$

21 × 7,1 =
7,1 × 2,1 =
0,7 × 7,1 =
0,07 × 71 =
7% van 71 =
70% van 71 =

24.2 Maak een sliert voor leerlingen van groep 7.

25 Vermenigvuldiging van drie getallen

25.1 Reken handig uit de vermenigvuldiging 0,25 × 2,5 × 48000 = . Welke eigenschappen heb je gebruikt?

25.2 Bespreek het werk van drie medestudenten A, B en C (zie afbeelding 13.17). Vertel wat je in een collegiaal gesprek als *critical friend* tegen elk van hen zou zeggen.

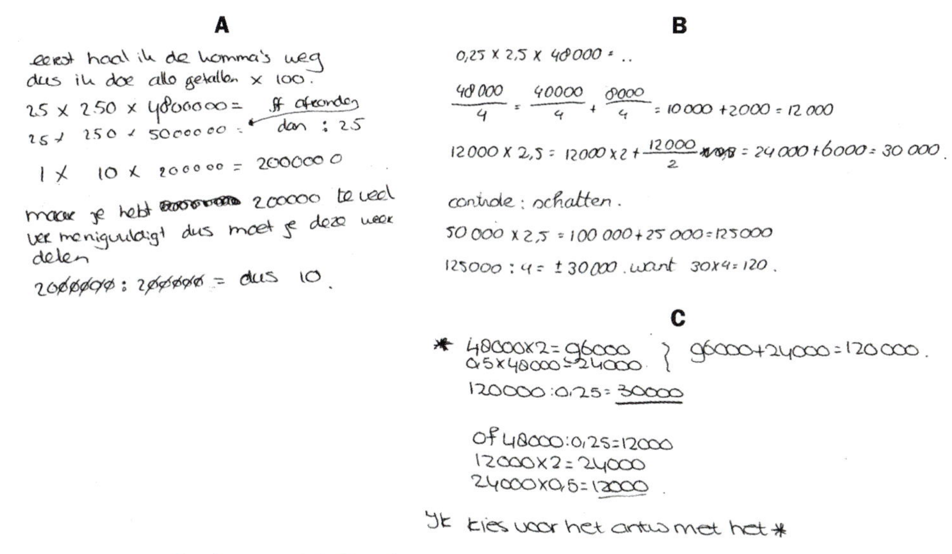

AFBEELDING 13.17 Studentenwerk A, B en C

26 Snel kiezen

26.1 Maak bij elk van de volgende opgaven zo snel mogelijk een keuze uit de vier antwoorden, zonder het precies uit te rekenen. In hoeveel seconden heb je de goede antwoorden?

634,16 + 5,96 =
a 659,72
b 639,66
c 640,12
d 629,02

780,07 – 33,43 =
a 753,50
b 813,5
c 746,32
d 746,64

1,5 × 29,8 =
a 42,40
b 29,4
c 44,7
d 31,34

29,6 : 0,8 =
a 3,6
b 28,8
c 23,68
d 37

26.2 Welk kerninzicht en welke vaardigheden moet je hebben om opgave 26.1 in één minuut met succes te kunnen maken?

27 Aftrekken met behulp van de lege getallenlijn

27.1 Bespreek de oplossingen van de opgave 75 – 48 van Marieke en Koen uit groep 5 (zie afbeelding 13.18). Hoe typeer je hun oplossingen? Wat zijn de overeenkomsten en verschillen in aanpak?

13

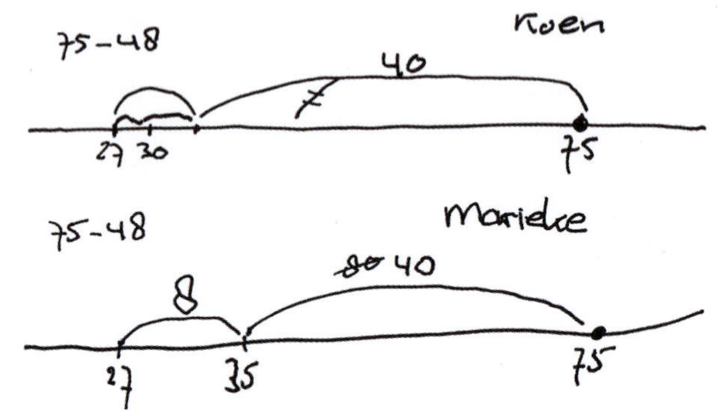

AFBEELDING 13.18 Het rekenwerk van Marieke en Koen

27.2 Beschrijf de drie waarschijnlijkste oplossingen van de aftrekking 75 – 48 die je kunt verwachten van leerlingen uit groep 5. Denk zowel aan hoofdrekenen als aan een cijfermatige aanpak.

27.3 Bedenk twee geschikte contexten bij de opgave 75 – 48 = 27.

27.4 Beschrijf in het kort vier belangrijke stappen of niveaus waarin een opgave van de soort 75 – 48 op de basisschool aan de orde kan komen.

28 Tafeltabel

28.1 Bij de meeste leerlingen wordt volledige beheersing van de tafelkennis – dat zijn de vermenigvuldig- en deelsommen met factoren tot en met 10 – in de loop van groep 5 bereikt.
Gebruik het honderdveld van afbeelding 13.2 om die tafels in beeld te brengen. Kleur de tafelproducten in die jou het moeilijkst lijken voor leerlingen.

28.2 Maak de tabel van afbeelding 13.19 af. Welke inzichten en vaardigheden heb je nodig om de getallen te vinden?

×	7	.	9
.	.	112	.
4	.	56	.
16	.	.	.

AFBEELDING 13.19 Vermenigvuldigtabel

28.3 Maak de tabel van afbeelding 13.20 af. Wat leren de kinderen door deze opgave?

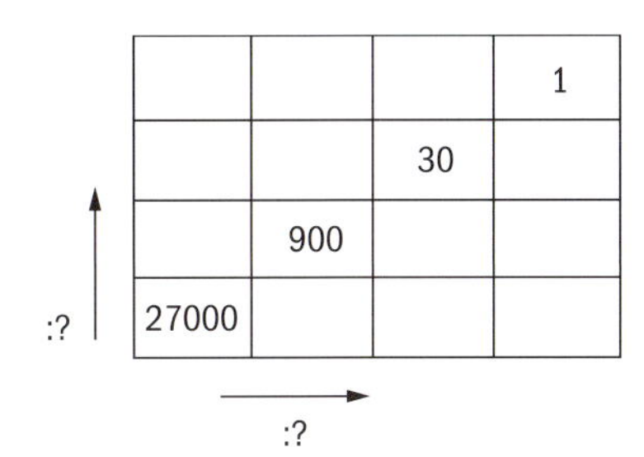

AFBEELDING 13.20 Deeltabel

29 **Een bijzondere aftrekstrategie**

De tweedejaarsstudenten zijn in groepen van twee bezig geweest met het inventariseren van hoofdrekenoplossingen bij de aftreksom 172 – 94.

29.1 Welke oplossingen kun jij bedenken?

29.2 Studente Dorien heeft de volgende oplossing: eerst 94 – 72 = 22 en daarna 100 – 22 = 78. Hoe heeft zij volgens jou gedacht?

29.3 Een van haar medestudenten bestempelt de oplossing van Dorien als een 'trucje', geen echte hoofdrekenmanier. Wat vind jij?

29.4 Enkele dagen later geeft Dorien dezelfde opgave aan haar leerlingen van groep 5 en merkt dat enkele kinderen de opgave cijferend uitrekenen: 'Twee min vier gaat niet, eentje lenen bij de zeven…', enzovoort. Dorien weet even niet wat ze hiermee aan moet. Welk collegiaal advies zou jij haar geven?

30 **Vakanties**

In 2009 zijn volgens het Centraal Bureau voor de Statistiek (CBS) 12,6 miljoen Nederlanders op vakantie geweest. Zij hebben in totaal 36,4 miljoen vakanties doorgebracht. Ruim de helft daarvan bracht men door in het buitenland, namelijk 14,6 miljoen lange en 3,8 miljoen korte vakanties. Voor lange vakanties is Frankrijk met een aandeel van 16 procent nog steeds het meest in trek, maar Duitsland is duidelijk in opkomst.

30.1 Hoeveel vakanties hebben Nederlanders in 2009 doorgebracht in het buitenland, en ongeveer hoeveel daarvan in Frankrijk, Duitsland en België samen (zie afbeelding 13.21)?

30.2 Wat is het percentage korte vakanties in 2009 in Frankrijk, Duitsland en België samen?

30.3 Tygo uit groep 7 vindt als antwoord op de vraag uit 30.2 een percentage van 64%. Hoe zou hij geredeneerd kunnen hebben?

30.4 Welke inzichten en vaardigheden heb je nodig om de voorgaande drie vragen te kunnen oplossen? Welk moeilijkheden of valkuilen zijn er voor leerlingen?

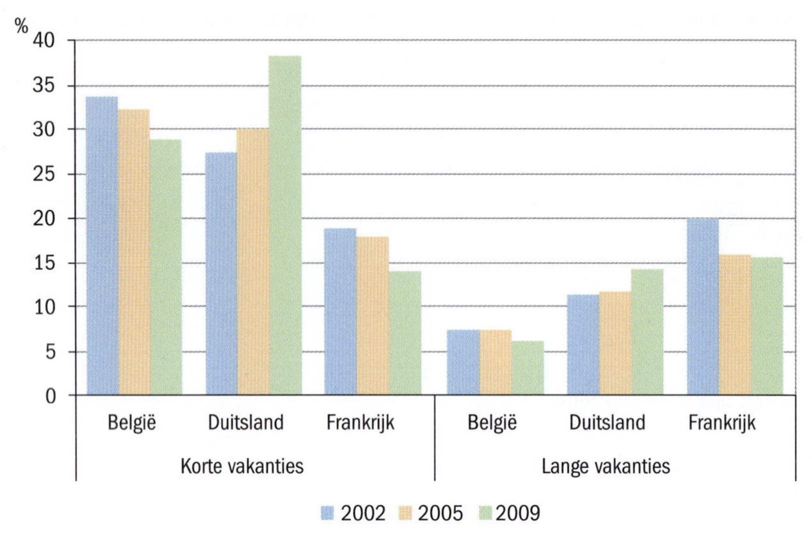

AFBEELDING 13.21 Top 3 van vakantiebestemmingen

31 **Kassabonnen**

31.1 Zie afbeelding 13.22. Heb je genoeg aan €30? Schat het totaal per bon in maximaal vijf seconden.

AFBEELDING 13.22 Kassabonnen

31.2 Welke strategieën zijn geschikt om de vorige opgave vlot te kunnen maken?

32 **Vleksommen**

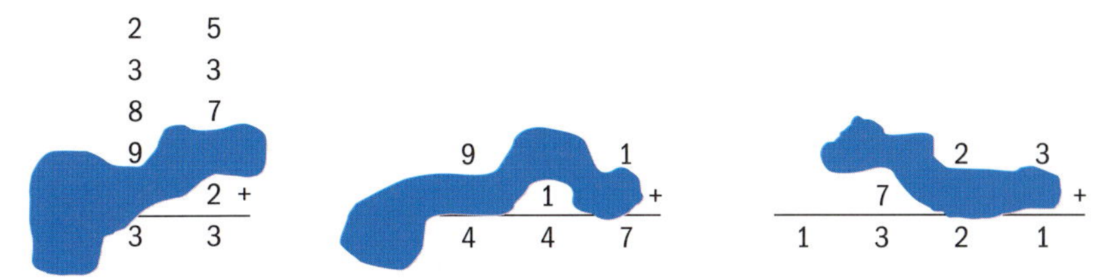

AFBEELDING 13.23 Vleksommen

32.1 Zoek de ontbrekende cijfers in de vleksommen (afbeelding 13.23) en breng je strategie onder woorden.
32.2 Welke inzichten ontwikkelen leerlingen door deze opgave?
32.3 Ontwerp zelf een aftrekvleksom.

33 **Controleer je schatting**
33.1 Schat elk van de volgende opgaven op tientallen nauwkeurig in enkele seconden. Controleer met een rekenmachine of je met je schatting dicht genoeg in de buurt zit van het exacte antwoord.

a 293 + 475 =
b 1359 + 398 =
c 3248 + 583 =
d 2634 – 421 =
e 437 – 175 =
f 1803 – 74 =
g 16 × 125 =
h 1608 × 0,55 =
i 350 × 98 =
j 3227 : 8 =
k 630 : 0,51 =
l 2985 : 27 =

33.2 Formuleer enkele strategieën die het mogelijk maken om snel een schatting te maken.
33.3 Jaron (11 jaar) heeft 315 als antwoord bij opgave k. Hij merkt door controle met de rekenmachine dat het antwoord fout is, maar begrijpt niet wat hij verkeerd doet. Welk vermoeden heb jij over zijn aanpak? Hoe zou je hem helpen?

34 **Eerst schatten, dan cijferen**
34.1 Maak eerst een globale schatting van het antwoord van de vermenigvuldiging 245 × 6586 = en reken het antwoord daarna uit door cijferend te vermenigvuldigen.
34.2 Mylan heeft dezelfde opdracht uitgevoerd. Welke aanpak kiest hij bij het schatten, welke bij het cijferen (zie afbeelding 13.24)?
34.3 Waarover zou het hulpgesprek van Mylan met zijn leerkracht gaan?

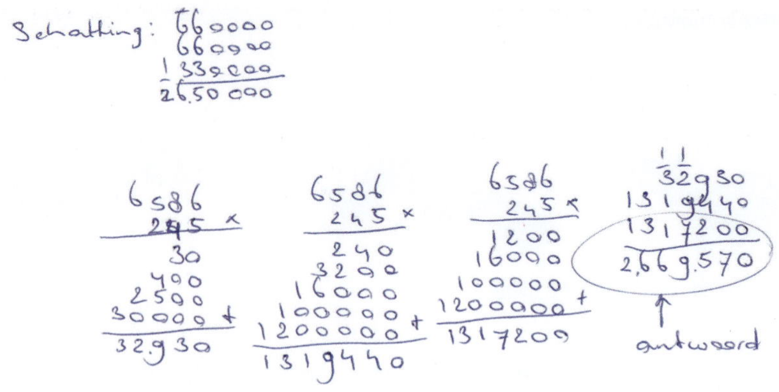

Schatting: 660000
660000
1330000
2650000

antwoord 2,669.570

AFBEELDING 13.24 Uitwerkingen van Mylan

35 Waar hoort de komma te staan?

35.1 Naomi rekent de volgende opgave uit met behulp van haar rekenmachine: (365,87 × 95,2) + 79000 = . Dat doet ze goed, maar ze vergeet de komma in het antwoord 113830824 te plaatsen.
Bepaal op drie manieren in onderstaande volgorde waar de komma komt te staan:

- **a** door te schatten
- **b** door gebruik te maken van regels met betrekking tot het plaatsen van komma's bij het cijferen met kommagetallen
- **c** met behulp van een rekenmachine

35.2 Ontwerp een context voor groep 8 waarin de voorgaande opgave centraal staat.

35.3 In afbeelding 13.25 is de redenering van Ruben weergegeven met betrekking tot de vraag waar de komma in het antwoord 113830824 moet komen te staan.

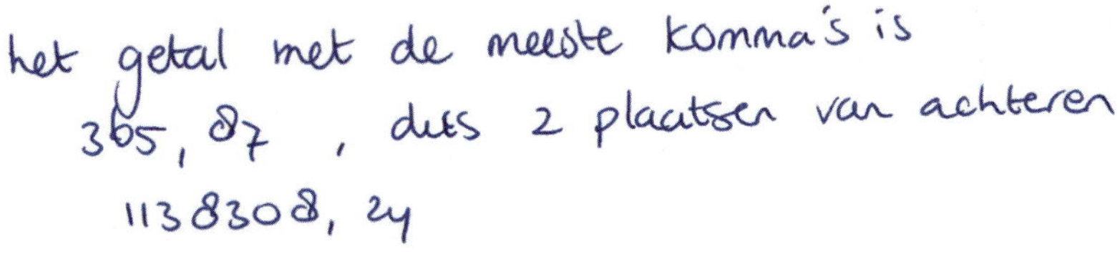

het getal met de meeste komma's is
365,87 , dus 2 plaatsen van achteren
1138308,24

AFBEELDING 13.25 De redenering van Ruben

Geef je commentaar op de reactie van Ruben en bedenk ook hoe je als leraar van Ruben zou reageren op zijn redenering.

36 Priemgetallen

Priemgetallen zijn getallen die precies twee delers hebben, namelijk 1 en zichzelf. Priemgetallen worden vaak gebruikt bij het coderen van berichten en andere toepassingen van beveiliging van gegevens. Er zijn oneindig veel priemgetallen. De Griekse geleerde Eratosthenes (200 v. Chr.) bedacht al een handige methode om bijvoorbeeld alle priemgetallen kleiner dan 100 te bepalen.

1	2	3	4	5	6	7	8	9	10
11	12	13	14	15	16	17	18	19	20
21	22	23	24	25	26	27	28	29	30
31	32	33	34	35	36	37	38	39	40
41	42	43	44	45	46	47	48	49	50
51	52	53	54	55	56	57	58	59	60
61	62	63	64	65	66	67	68	69	70
71	72	73	74	75	76	77	78	79	80
81	82	83	84	85	86	87	88	89	90
91	92	93	94	95	96	97	98	99	100

AFBEELDING 13.26 Veelvoudenveld tot 100

Dat gaat zo: je schrapt eerst 1 (zie afbeelding 13.26), dan alle tweevouden (even getallen) behalve 2 zelf, dan alle drievouden behalve 3, alle vijfvouden met uitzondering van 5 en alle zevenvouden behalve 7 zelf.

36.1 Voer de methode van Eratosthenes zelf uit met behulp van afbeelding 13.26. Welke getallen onder de 100 zijn de priemgetallen?

36.2 Probeer te verklaren waarom je niet verder hoeft te gaan met wegstrepen dan tot en met de veelvouden van zeven.

36.3 Alle priemgetallen vanaf 5 tot 100 zijn buren van zesvouden. Kun je dat verklaren?

36.4 Welke inzichten moet je hebben om de drie voorgaande vragen te kunnen beantwoorden?

37 Negatief

Het opnemen van €225 van je bankrekening bij een tegoed van €200 leidt tot een tekort van €25. Je kunt zeggen dat bij die situatie de som 200 – 225 = – 25 hoort. Het minteken bij – 225 heeft de betekenis van €225 opnemen, het minteken bij – 25 betekent een tekort hebben van €25.

37.1 Welke som hoort bij de situatie: '€25 euro rood staan en nog €150 opnemen?'

37.2 Bedenk een spaarsituatie bij de opgave: – 50 + 300 =

37.3 Lees het gesprek tussen Tessa en haar moeder, en bedenk een paar goede antwoorden die Tessa zou kunnen geven als antwoord op de laatste vraag van haar moeder.

In een warenhuis ontspint zich in de lift een gesprek tussen Tessa (9 jaar) en haar moeder.
Tessa: 'We gaan nu van de derde verdieping naar de min-tweede verdieping.' (Zie afbeelding 13.27.) 'Dat zijn eigenlijk vijf sprongen van één verdieping.'
Moeder: 'Ik weet een som bij wat je vertelt.'
Tessa: 'Welke dan?'
Moeder: 'Zeg ik niet, ik wil je wel helpen. Welke som is het als we van de derde naar de eerste verdieping gaan?'
Tessa: '3 – 2 = 1'
Moeder: 'Oké, nu kun je jouw puzzel wel oplossen denk ik. Welke som hoort bij jouw verhaal? Ben benieuwd!'

6
5
4
3
2
1
BG
-1
-2
-3

AFBEELDING 13.27 Display van de lift

38 **De grootste en kleinste uitkomst**

Maak twee getallen. Je mag daarbij één keer gebruikmaken van de cijfers 1 tot en met 4.
Vermenigvuldig die twee getallen met elkaar.

38.1 Hoe kun je de getallen zo kiezen dat de uitkomst zo klein mogelijk is?
38.2 Voor welke twee getallen wordt de uitkomst zo groot mogelijk?
38.3 Welke strategie pas je toe in de beide vorige opgaven? Kun je die strategie ook gebruiken als je vier andere cijfers zou nemen?
38.4 Welke (kern-)inzichten moet je hebben om die strategieën te kunnen vinden?

39 **Tien cent erbij**

Milan haalt kaas op de markt.
Kaasboer: 'Dat is dan €11,90, meneer.'
Milan geeft een briefje van €10 en eentje van €5 en zegt: 'Helpt het als ik er tien cent bij doe?'
Kaasboer: 'Nee, niet echt!'

39.1 Geef jouw commentaar op deze situatie.
39.2 Terwijl de kaasboer geld teruggeeft aan Milan, telt hij: 'Alsjeblieft, dat maakt twaalf euro en nog drie euro.' Welke van de twee sommen past het best bij de aanpak van de kaasboer: 15 – 11,90 = 3,10, of de inverse bewerking daarvan, namelijk 11,90 + 3,10 = 15?
39.3 Ontwerp een paar opgaven voor de bovenbouw van de basisschool waarbij leerlingen inzicht krijgen in de hiervoor beschreven situatie van handig betalen, en waarbij je een bepaalde strategie uitlokt.

40 **Betekenissen van de rest**

Hierna zie je zes contexten a tot en met f en zes verschillende antwoorden g tot en met l bij de deling 29 : 7 =

a In de schrikkelmaand februari zitten vier weken en een dag.
b Ik moet negenentwintig kinderen vervoeren met mijn busje; de bus mag niet meer dan zeven passagiers hebben. Hoe vaak moet ik rijden?
c We verdelen 29 euro met ons zevenen.
d Dit is de inverse bewerking van 29 : 7.
e Als je doorgaat met staartdelen krijg je een repeterende breuk.

f Er zijn negenentwintig quiches en we zijn met z'n zevenen.
g 5
h 4 rest 1
i 4 × 7 + 1
j $4\frac{1}{7}$
k 4,142857…
l 4,14 rest 0,02

40.1 Zoek bij elke context het geschiktste antwoord.
40.2 Ga bij de contexten a, b, c en f na welke betekenis het delen heeft in elk van die opgaven (denk ook aan bijbehorende kerninzichten).
40.3 Ontwerp zelf vijf contexten bij de deelsom 366 : 7 = , waarbij het delen in elke context een andere betekenis heeft.

41 Eigenschappen

Martijne (11 jaar) verwoordt de oplossing van de hoofdrekensom $12\frac{1}{2} \times 7$ als volgt: 'Ik doe acht keer, eerst twee keer en dat vier keer, en dan $12\frac{1}{2}$ eraf.'

41.1 Analyseer Martijnes oplossing en geef bij elke stap aan welke eigenschappen zij gebruikt.
41.2 Welke eigenschappen gebruik je om de volgende vier hoofdrekensommen te maken?
48 × 2 =
1489 – 196 =
28056 : 7 =
21,7 : 0,5 =
41.3 Kies een van de vier sommen uit de vorige opgave en breng met behulp van een model de door jou gebruikte eigenschap(pen) in beeld.

42 Even oefenen

×		52	
48			
		4004	
2	$\frac{3}{4}$		0,015

AFBEELDING 13.28 Even oefenen

42.1 Zoek de ontbrekende getallen in de tabel van afbeelding 13.28.
42.2 Wat leren en oefenen kinderen door deze opdracht? Wat zijn precies de verschillen met de tabel in opgave 28.2?
42.3 Ontwerp zelf een vermenigvuldigtabel voor groep 6 en motiveer de keuze van de getallen.

43 Kentekens

In afbeelding 13.29 is een kentekenplaat weergegeven van een oldtimer uit 1973. Sinds 19 mei 2008 zijn de nummerplaten voor auto's van het type twee cijfers, drie letters, één cijfer. Er worden voor de letters geen klinkers gebruik, met uitzondering van de kentekens voor het Koninklijk Huis (AA) en Defensie.

14-YB-85

AFBEELDING 13.29 Kentekenplaat uit 1973

43.1 Hoeveel verschillende kentekens van het type uit 1973 waren er in principe, afgezien van het feit dat sommige combinaties niet werden gebruikt?

43.2 Hoeveel meer kentekens levert de nieuwe soort op vergeleken met die uit 1973?

43.3 Hoe help je leerlingen uit groep 7 die niet kunnen beginnen aan opgave 43.1? Welk model kan daarbij ondersteunen?

43.4 Enkele leerlingen hebben als antwoord op vraag 43.1 het aantal 92. Hoe redeneren zij waarschijnlijk?

44 **Wie van de vier?**

Zoek bij elk van de volgende opgaven het juiste antwoord door te schatten. Controleer je schatting door een hoofdrekenaanpak.

44.1 4,9 × 4,9 =
- **a** 26,03
- **b** 22,81
- **c** 24,01
- **d** 23,11

44.2 60,2 × 1,25 =
- **a** 60,50
- **b** 7,450
- **c** 61,505
- **d** 75,25

44.3 Probeer uit te vinden hoe er kan zijn gerekend in het geval van 60,2 × 1,25 = 60,50 (opgave 44.2). Welk model zou een leerling die zo rekent, inzicht kunnen geven in de vermenigvuldigstructuur?

44.4 Lilian uit groep 7 maakt de opgave 60,2 × 1,25 = als volgt (zie afbeelding 13.30).

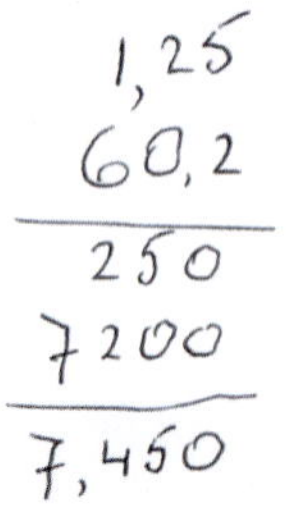

1,25
60,2
250
7200
7,450

AFBEELDING 13.30 De uitwerking van Lilian

Geef commentaar bij de oplossing van Lilian.

45 **Eerst schatten, dan cijferen**

Bepaal het antwoord van de deling 2521,5 : 8,2 =.

45.1 Maak eerst een schatting van de uitkomst van deze deling en vervolgens een precieze berekening door te cijferen. Controleer het cijferen met de rekenmachine.

45.2 Een medestudent beweert dat je bij het schatten als het even kan het deeltal moet afronden en niet in de eerste plaats de deler. Welk commentaar heb je op die uitspraak?

45.3 Sara (11 jaar) heeft 37 rest 0,5 als antwoord van de deling, Daan heeft er 3,07 rest 5 uit en Esmay komt op 3043 rest 0,5. Ga op zoek naar de aanpak van de drie leerlingen. Hoe zou je reageren?

45.4 Zoë uit groep 8 vindt het een gemakkelijke som, 'want je kunt gewoon de deling 25215 : 82 doen.' Heeft Zoë gelijk? Licht je antwoord toe.

46 **Gepast betalen**

Groep 7 is bezig met een opgave die de leerlingen in tweetallen moeten oplossen. Het gaat over Tigo die bij de bakker een paar bolletjes koopt en daarvoor €0,65 moet betalen.
De vraag aan de leerlingen is om zo veel mogelijk verschillende manieren te zoeken om Tigo gepast te laten betalen met munten van 5, 10, 20 of 50 cent, aangenomen dat hij van elke soort voldoende munten heeft.

46.1 Maak de opgave en zoek naar een systematiek om alle mogelijke manieren van gepast betalen van €0,65 met de vier soorten munten te vinden.

46.2 Wat leren kinderen van deze opgave? Welke inzichten zijn nodig om de opgave tot een goed einde te brengen? Geef je commentaar op de keuze van de leerkracht voor groepswerk.

46.3 Als de leraar tijdens het groepswerk bij Finn en Maud langskomt, ziet ze dat de twee kinderen zestien manieren hebben gevonden. Ze zeggen zeker te weten dat ze alle manieren hebben gevonden. De leraar besluit de twee flink wat ruimte te geven in de nabespreking.
Hoe zou jij als leerkracht in die nabespreking met de inbreng van Finn en Maud omgaan? Waar zou je accenten leggen? Welke tussenvragen zou jij bijvoorbeeld stellen? Of zou je het initiatief om op de oplossing te reageren vooral bij de medeleerlingen laten?

47 **Zoek de spelregel**

Meester Lars doet een rekenpuzzel met de kinderen van groep 8 ter ere van Giulia, die vandaag 12 jaar is geworden. Hij geeft hun de volgende opdracht: hoe oud ben je? Schrijf dat getal op. Vermenigvuldig dat getal met twee. Doe er daarna 60 bij. Als je dat uitgerekend hebt, trek je er 36 af. Neem nu de helft. Van het getal dat je nu krijgt, trek je het getal van je leeftijd af. Wat komt eruit?

47.1 Voer die opdracht zelf uit met verschillende begingetallen ('leeftijden'). Wat valt je op? Zoek een verklaring voor die uitkomst, in dit geval de leeftijd van de jarige Giulia.

47.2 De vorige opdracht kan in een rekenzin op de volgende manier worden weergegeven: $(2G + 60 - 36) : 2 - G = 12$. Daarin is G het gekozen getal. Kies nu voor 36 een ander getal, zodat de einduitkomst niet 12, maar 10 is.

47.3 Ontwerp een soortgelijk spel voor groep 6. Beperk je in eerste instantie tot optellen en aftrekken.

48 Regelmaat

De volgende rij vermenigvuldigingen laat een regelmatigheid zien.
31 × 39 = 1209
32 × 38 = 1216
33 × 37 = 1221
34 × 36 =
35 × 35 =

48.1 Maak de twee volgende vermenigvuldigingen van de rij zonder te rekenen. Welke regelmaat zie je?

48.2 Maak een soortgelijke rij voor 41 × 49 = en volgende vermenigvuldigingen. Voor welke vermenigvuldigingen gaat deze regelmaat op?

48.3 Er bestaan voor deze wetmatigheid een 'trucje' en een verklaring. De truc: 43 × 47 = $\underline{4 \times 5}$ $\underline{3 \times 7}$ = 2021. Je vermenigvuldigt dus 4 met 4 + 1 (= 5) en 3 met 7.
De verklaring is lastiger. Neem voor de cijfers een algemene vorm in letters en bedenk welke eigenschappen ze hebben. In plaats van 43 × 47 kies je bijvoorbeeld de algemene vorm 10a + b keer 10a + c. Daarbij is de 4 veranderd in het algemene cijfer a, de 3 in b en de 7 in c. Bedenk dat b + c = 10. Probeer nu de algemene regel te 'bewijzen'.

49 Analyse van leerlingenwerk

Sem, een zwakke leerling (eind groep 5), legt aan zijn leraar uit hoe hij z'n sommen heeft uitgerekend.
47 + 39 = 78: 'Ik heb gedaan 40 + 30 = 70, toen 7 + 9 = 18 en dan 70 + 18 = 78.'
53 + 25 = 87: 'Eerst 50 + 20 = 70, dan 3 + 5 = 8 en toen 70 + 8 = 87.'
72 – 4 = 69: 'Heb ik geteld.'
87 – 35 = 42: '80 – 30 = 50, dan 7 – 5 = 2, 10 eraf is 42.'
63 – 27 = 34: '60 – 20 = 40, dan doe ik 7 – 3 = 4 en dan moet er nog 10 af is 34.'

Zwakke rekenaars zoals Sem hebben vaak een voorkeur voor lastige hoofdrekenprocedures als splitsen en cijferen. Ze werken dan in feite met losse cijfers in plaats van met getallen. Veelvoorkomende fouten zijn omkeringen (21 opschrijven of denken in plaats van 12), telfouten (één te ver of te weinig doortellen), het door elkaar halen van tientallen en eenheden en het vergeten van een handeling.

49.1 Analyseer de antwoorden van Sem. Waar herken je de genoemde karakteristieken van zwakke rekenaars?

49.2 De leraar van Sem heeft een sterke voorkeur voor een model ter ondersteuning van de hulp aan Sem. Welk model vermoed je? Waarom juist dat model?

49.3 In afbeelding 13.31 zie je een deel van de rekenpeiling van Edwin, ook een leerling uit groep 5. Lijkt de aanpak van Edwin op die van Sem? Onderbouw je antwoord.

50 Recept

Recept voor een pompoenschotel voor vier personen:
75 gram boter
één ui
vier middelgrote pompoenen
Ahmet kookt voor zeven personen. Hij vermenigvuldigt alle hoeveelheden met $1\frac{3}{4}$.

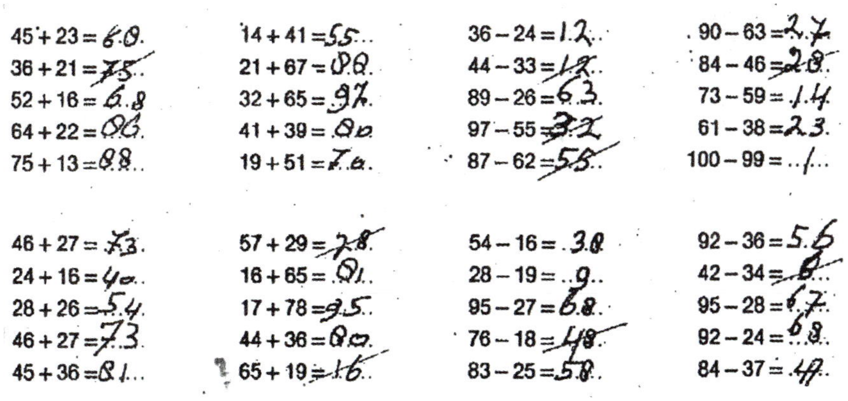

45 + 23 = 68	14 + 41 = 55	36 − 24 = 12	90 − 63 = 27
36 + 21 = 75	21 + 67 = 88	44 − 33 = 12	84 − 46 = 28
52 + 16 = 68	32 + 65 = 97	89 − 26 = 63	73 − 59 = 14
64 + 22 = 86	41 + 39 = 80	97 − 55 = 32	61 − 38 = 23
75 + 13 = 88	19 + 51 = 70	87 − 62 = 55	100 − 99 = 1
46 + 27 = 73	57 + 29 = 78	54 − 16 = 38	92 − 36 = 56
24 + 16 = 40	16 + 65 = 81	28 − 19 = 9	42 − 34 = 8
28 + 26 = 54	17 + 78 = 95	95 − 27 = 68	95 − 28 = 67
46 + 27 = 73	44 + 36 = 80	76 − 18 = 48	92 − 24 = 68
45 + 36 = 81	65 + 19 = 16	83 − 25 = 58	84 − 37 = 47

AFBEELDING 13.31 De rekenpeiling van Edwin

Alisa kookt voor drie personen. Zij vermenigvuldigt alle hoeveelheden met $\frac{3}{4}$.

50.1 Nemen Ahmet en Alisa de juiste hoeveelheden? Hoe weet je dat zeker?
50.2 Deze opgave bleek bij een onderzoek onder leerlingen van de bovenbouw het slechtst gemaakt van alle opgaven die ze kregen. Waar zitten volgens jou de moeilijkheden?
50.3 Met welk model zou jij leerlingen uit groep 7 die niet aan deze opgave kunnen beginnen op weg helpen? Hoe precies?

51 Grootste zeiljacht

AFBEELDING 13.32 Grootste zeiljacht

51.1 Zie afbeelding 13.32. Ga na of de vergelijking met het Monument op de Dam klopt.
51.2 Bedenk zelf een geschikte referentiemaat voor de lengte van deze boot.
51.3 Wat is ongeveer de schaal van deze tekening?
51.4 Maak een schatting van de totale oppervlakte van de zeilen.

51.5 Zie het overzicht van alle kerninzichten. Welke inzichten gebruikte je bij het beantwoorden van de vorige vier opdrachten? Licht je antwoord toe.

52 **De kleine en de grote kaas**

De kaasboer heeft een aanbieding: een grote kaas (8 kg) voor €75 en een kleine voor €20.
Als je ze beide koopt, betaal je €90 (zie afbeelding 13.33).

52.1 Een klant gaat in discussie met de kaasboer.
Klant: 'Je zal wel gek zijn om die grote te kopen; je ziet het zo, die kleine is de helft.'
Kaasboer: 'De verhouding is één op vier meneer, geloof me.'

AFBEELDING 13.33 De kleine en de grote kaas

Wie heeft er volgens jou gelijk? Probeer dat te 'bewijzen'.

Tip
Er zijn verschillende manieren om dit aan te pakken:
- *Neem de tekening over en knip de kazen uit. Verknip een van de kazen nu handig en vergelijk de oppervlakte.*
- *Probeer het met 'vierkante' kazen. Dat gaat ongeveer als bij de cirkels, maar nu kun je preciezer passen en meten.*
- *Neem de cirkels over op een stuk triplex. Zaag ze uit met een figuurzaag en weeg de 'kazen' op een weegschaal.*

- *Teken ruitjes op de kazen en ga na wat er met zo'n ruitje gebeurt als je van de kleine kaas een grote maakt door oprekken.*
- *Bereken de oppervlakte van elk van de cirkels met behulp van de oppervlakteformule voor een cirkel (πr^2 met r = de radiaal of straal van de cirkel en π = 3,14). Je hoeft het zelfs niet eens helemaal uit te rekenen, want je kunt de verhouding eigenlijk al meteen zien.*

52.2 Hoeveel betaal je verhoudingsgewijs meer voor de kleine kaas dan voor de grote? Hoeveel procent voordeel heb je bij aankoop van beide?

52.3 Twee leerlingen van groep 8 discussiëren over de eerste vraag (52.1). Ze komen er niet uit: hoe help je hen met een model de discussie in goede banen te leiden?

53 **Geld omwisselen**

Een Zwitser die in Nederland is op doorreis naar Noorwegen wil 250 Zwitserse franken omwisselen voor Noorse kronen (zie voor de koersen van buitenlands geld afbeelding 13.15).

53.1 De Zwitser heeft van tevoren een schatting gemaakt van het aantal kronen dat hij zal ontvangen. Hoe schat jij dat aantal?

53.2 De Nederlandse bankbediende slaat op de kassa aan:
250 × 1,232 : 8,6131. Is dat juist? Licht je antwoord toe.

53.3 Met welk verhoudingsmodel zou je leerlingen van groep 8 ondersteuning bieden bij het oplossen van deze opgave? Hoe zou je dat aanpakken? Welke alternatieven zijn er als leerlingen de uitleg niet begrijpen?

54 **Amsterdam-Parijs**

Vincent rijdt met de auto van Amsterdam naar Parijs. De afstand is 506 kilometer. Hij wil op z'n hoogst zes uur over de rit doen. Na vier uur heeft hij 325 kilometer gereden.

54.1 Moet hij het resterende deel van de route sneller gaan rijden of kan hij het juist rustiger aan doen? Laat zien hoe je redeneert.

54.2 Jason (11 jaar) gebruikt een verhoudingstabel om de vorige vraag te beantwoorden (zie afbeelding 13.34). Analyseer zijn oplossing. Wat zou je Jason willen vragen?

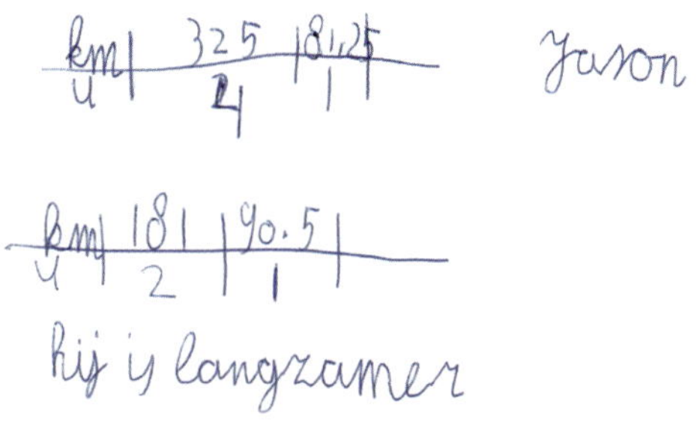

AFBEELDING 13.34 Het kladblaadje van Jason

55 **Ballpoints**

Een uitgever van schoolmaterialen heeft 23 040 ballpoints op voorraad – blauwe, zwarte en rode – per kleur verpakt in dozen van twaalf dozijn per doos. De dozen staan, ook weer per kleur gesorteerd, in stapels van gelijke hoogte.

55.1 Een medewerkster van het bedrijf kan via de camerabeveiliging van het magazijn op haar beeldscherm zien dat er negen stapels blauwe, vijf stapels zwarte en twee stapels rode pennen zijn. Ze kan helaas niet het aantal dozen per stapel zien. Toch weet ze met die gegevens snel het aantal pennen per kleur te berekenen. Hoe doe jij dat?

55.2 Welke aanwijzingen geef jij leerlingen die de gegevens van deze opgave niet kunnen interpreteren of ordenen?

56 Eerlijk spel?

Meester Jelle stelt de volgende vraag aan zijn groep 7: 'Ik verloot een prijs tussen Ali en Babs. Ze gooien met twee dobbelstenen. Babs krijgt de prijs als zij vijf ogen gooit met de twee dobbelstenen, Ali krijgt hem als hij zeven ogen gooit. Wie aan de beurt is, mag net zo lang gooien tot er vijf ogen (Babs) of zeven ogen (Ali) gegooid zijn. Is dat eerlijk?'

56.1 Eerlijk? Wat denk jij? Wat is jouw argument?

56.2 Meester Jelle zet de kinderen in tweetallen aan het werk. In een tabel van zes bij zes moeten ze alle mogelijkheden op een rij zetten en vervolgens beredeneren of de verloting eerlijk is. Maak ook zo'n tabel, als je dat nog niet gedaan hebt naar aanleiding van vraag 56.1. Wat is het nut van het maken van zo'n tabel?

56.3 Een collega van Jelle vindt dat je de tweetallen leerlingen eerst een flink aantal keren moet laten experimenteren – gooien met twee dobbelstenen dus – om hen de optelstructuren en de verhouding van kansen te laten ontdekken. Wat vind jij?

57 Klein en groot pak

AFBEELDING 13.35 Klein en groot pak sap

Afbeelding 13.35 toont een foto van een klein en een groot pak sap. De inhouden, afmetingen en prijzen van de beide pakken zijn als volgt.

- klein pakje: inhoud 0,2 liter, afmetingen 4,8 cm × 3,6 cm × 11,7 cm, voor €0,32
- groot pak: inhoud 1 liter, afmetingen 8,2 cm × 6.2 cm × 19,9 cm, voor €0,98

57.1 Onderzoek of de verhoudingen van de literinhoudsmaten en de kubieke inhoudsmaten van beide pakken ongeveer gelijk zijn, dus of die verhoudingen een evenredigheid vormen.

57.2 Hoeveel procent korting heb je naar verhouding op een groot pak in vergelijking met een klein pak? Waar schuilt volgens jou in deze opgave vooral de moeilijkheid voor leerlingen van de bovenbouw?

57.3 De fabrikant heeft bij een grootverpakking onder andere het voordeel dat er voor een groot pak naar verhouding minder karton nodig is. Wat is de verhouding tussen de hoeveelheid verpakkingsmateriaal van het kleine pak en de hoeveelheid van het grote?

57.4 Een doordenker: hoe verklaar je vanuit het voorgaande dat 1,7 × 1,7 × 1,7 = 4,913, dus ongeveer 5 is?

58 Multisap

'MultiFrutti', een vruchtendrank, bevat geconcentreerd frambozensap, appelsap en water in de verhouding 3 : 4 : 13.

58.1 Hoeveel centiliter puur frambozensap zit er in een liter MultiFrutti? Beschrijf twee verschillende oplossingen.

58.2 Hoe is de verdeling van frambozensap, appelsap en water in percentages uitgedrukt?

58.3 Gevraagd naar het percentage water in MultiFrutti geeft Myrthe uit groep 8 als antwoord: 'Ik heb afgerond op 8%.' Hoe denk je dat Myrthe heeft gerekend? Met welk model zou jij proberen haar inzicht te geven in de situatie?

59 Benzineverbruik

Auke en Benthe maken vanuit hun camping in Zuid-Frankrijk een dagtrip naar Briançon. De heenweg stijgen ze voornamelijk; de weg is soms erg steil. Auke is heel benieuwd naar het benzineverbruik van hun nog nieuwe auto. Op de heenweg blijkt de auto 1 op 12 te rijden, dezelfde weg terug rijdt hij 1 op 18.

59.1 Benthe meent dat het benzineverbruik over de totale afstand dan 1 op 15 is. Auke trekt die conclusie in twijfel en beweert dat het totale benzineverbruik minder is dan Benthe veronderstelt. Wie van hen heeft volgens jou gelijk? Waarom?

59.2 Ontwerp een instructie voor leerlingen die dit probleem niet zelfstandig kunnen oplossen, maar wel gemotiveerd zijn om het probleem aan te pakken. Gebruik onder andere een geschikt model.

60 Breuken vergelijken

Er zijn verschillende manieren om de grootte van twee breuken met elkaar te vergelijken. Dat kan bijvoorbeeld door:

a gelijknamig maken
b tellers gelijk maken
c vergelijken met een $\frac{1}{2}$
d vergelijken met een hele (1)
e omzetten in kommagetallen f werken met breuken als verhoudingen

60.1 Ga na welke van de zes manieren kunnen worden toegepast bij het vergelijken van de breuken $\frac{2}{3}$ en $\frac{4}{5}$. Beantwoord die vraag ook voor $\frac{3}{8}$ en $\frac{5}{9}$.

60.2 Als leerlingen nog niet toe zijn aan het formele vergelijken van breuken, kan een context of een model hen helpen. Zoek voor het vergelijken van een van de breukenparen uit de vorige vraag een passende context en een geschikt model.

61 Exportboter

Van een partij exportboter uit Nederland gaat twee derde deel naar Amerika en een derde deel naar Afrika. Van het voor Amerika bestemde deel gaat 40% naar New York, 25% naar New Orleans en de rest (14.000 ton) naar San Francisco. Van het voor Afrika bestemde deel gaat een kwart naar Accra en de rest naar Dakar.

61.1 Hoeveel ton boter gaat naar Dakar?

61.2 Maak met behulp van een boomdiagram (splitsboom) een duidelijk totaaloverzicht van de verdeling van de partij Nederlandse boter (in tonnen uitgedrukt) over de verschillende werelddelen en steden.

61.3 Welke (kern)inzichten en vaardigheden hebben leerlingen nodig om de voor Accra en Dakar bestemde delen te berekenen?

62 Alles in drieën

Groep 6 is bezig met de les 'Alles in drieën', zoals hun leraar dat noemt. De kinderen mogen eerst individueel allerlei voorwerpen, vouwblaadjes, hoeveelheden en getallen in drieën verdelen. Daarna bespreken ze hun resultaten in tweetallen, en ten slotte volgt een klassikale nabespreking.

62.1 Wat zou de leerkracht van groep 6 met deze les beogen?

62.2 Twee leerlingen zijn het niet eens over de oplossing van een opdracht om twee taarten in drie gelijke stukken te verdelen. Steve vindt dat Natasja de ronde taart wel, maar de vierkante taart niet eerlijk in drie gelijke stukken heeft verdeeld (zie afbeelding 13.36). Wat vind jij?

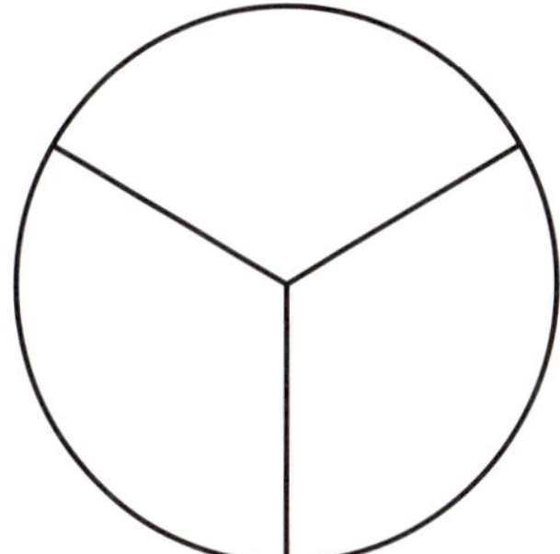

AFBEELDING 13.36 De oplossing van Natasja

62.3 De leraar daagt Steve uit om te laten zien dat hij gelijk heeft. Steve doet dat door in het vierkant een paar hulplijnen te trekken en de stukken met een breuk te benoemen. Beschrijf Steves mogelijke oplossing.

63 Betekenisvolle concretisering

Geef bij elk van de volgende bewerkingen met breuken een passende, inzichtgevende concretisering. Kies bij elke som een ander materiaal, een andere context of een ander model, met telkens een schets en een korte toelichting.

a $\frac{1}{3} = \frac{4}{12}$
b $\frac{1}{4} < \frac{1}{3}$
c $\frac{5}{6} + \frac{1}{4}$
d $3 \times \frac{5}{6} =$
e $\frac{1}{4} \times \frac{2}{5} =$
f $6 : \frac{3}{4} =$

64 Stroken en bemiddelende grootheden

64.1 Maak zelf de vijf opgaven voor groep 7 (zie afbeelding 13.37).

64.2 Welk kerninzicht speelt vooral in deze vijf opgaven?

2 Teken de stroken. Kies eerst een handig getal.

a De ene ton is voor $\frac{4}{5}$ deel gevuld, de andere ton voor $\frac{3}{4}$ deel. Welke ton is het volst?
Hoeveel is het verschil?
Welk deel is dat van de strook?

b Onze dakgoot en die van de buren worden geschilderd. Onze goot is al voor $\frac{5}{6}$ deel klaar, die van de buren voor $\frac{7}{9}$ deel.
Welke goot is het verst klaar?
Hoeveel is het verschil?
Welk deel is dat van de strook?

c Mijn oom en tante gingen naar hetzelfde vakantieadres als wij. Om 15.00 uur waren wij op $\frac{5}{8}$ deel van de route en zij op $\frac{7}{10}$ deel.
Wie waren het verst?
Hoeveel is het verschil?
Welk deel is dat van de strook?

d Mijn neef en ik hadden een even grote reep.
Hij heeft al $\frac{3}{8}$ deel opgegeten en ik $\frac{2}{5}$ deel.
Wie heeft het grootste deel opgegeten?
Hoeveel is het verschil?
Welk deel is dat van de strook?

e Mijn zusje en ik kregen allebei een flesje sinas.
Haar flesje is nog voor $\frac{2}{3}$ deel gevuld, het mijne voor $\frac{3}{5}$ deel. Welk flesje is het volst?
Hoeveel is het verschil?
Welk deel is dat van de strook?

AFBEELDING 13.37 Teken de stroken

64.3 De eerste vraag van elke opgave richt zich telkens op een andere bemiddelende grootheid; welke is dat in elke opgave? Welke functie hebben het model en de bemiddelende grootheden?

65 Het raadsel van de kamelen

Drie kinderen van een Oosterse koopman erven een deel van zijn bezit, dat bestaat uit zeventien kamelen. Het oudste kind erft de helft, het middelste een derde deel en het jongste een negende deel. Om het verdelen gemakkelijk te maken, lenen ze een kameel van een goede vriend.
Van de zo ontstane kudde van achttien kamelen krijgt het oudste kind negen kamelen, het middelste zes en het jongste kind een negende deel, dus twee kamelen. Samen hebben ze nu zeventien kamelen, zodat de geleende kameel kan worden teruggegeven. Rara, hoe zit het met de verdeling van die erfenis?

65.1 Analyseer het verhaal en probeer het raadsel te onthullen.

65.2 Welke ondersteuning geef je leerlingen van de bovenbouw zo nodig bij hun denkwerk rond dit raadsel?

66 Vijf repen met z'n zessen

De Engelse onderzoeker James Bidwell legde driehonderd kinderen van tien tot twaalf jaar de vraag voor om de vijf getekende chocoladeplakken (zie afbeelding 13.38, linksboven) eerlijk te verdelen onder zes kinderen. De opbrengst bestond uit achtentwintig verschillende verdelingen, die waren onder te brengen in drie hoofdcategorieën. De oplossingen van Andrew, David en Hugh representeren die drie categorieën.

66.1 Breng onder woorden hoe elk van de drie kinderen gedacht heeft en wat kenmerkend is voor hun oplossing.

66.2 De verdeling van Hugh wordt wel de Egyptische verdeling genoemd. Waarom wordt die oplossing wel als 'de natuurlijkste' gezien?

66.3 Bij welke verdeling weet je waarschijnlijk al van tevoren welke breuk hoort bij het deel dat iedereen krijgt? Waarom?

Andrew
David
Hugh

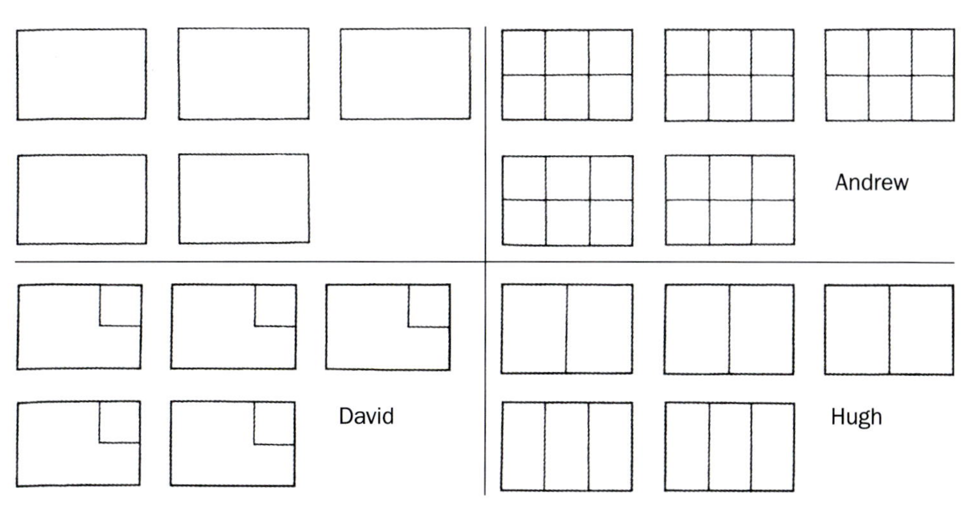

AFBEELDING 13.38 Vijf repen verdelen met z'n zessen

67 Delen door een samengestelde breuk

67.1 Maak de volgende deling en schrijf op hoe je aan je antwoord komt.
$16 : 5\frac{1}{3} =$

67.2 Analyseer de twee oplossingen A en B van de deelsom $16 : 5\frac{1}{3}$ (zie afbeelding 13.39). Probeer in beide gevallen de gedachtegang te achterhalen en bedenk hoe je als leraar zou reageren naar de makers van deze oplossingen. Oplossing A staat links, oplossing B staat rechts.

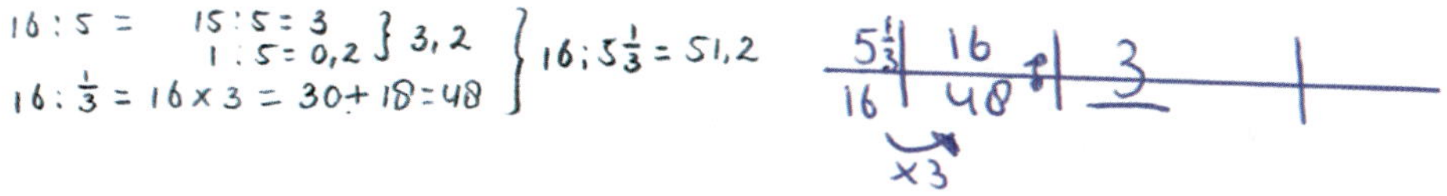

16 : 5 = 15 : 5 = 3
1 : 5 = 0,2 } 3,2
16 : 1/3 = 16 x 3 = 30 + 18 = 48
16 : 5 1/3 = 51,2
5 1/3 | 16
16 | 48
3
x3

AFBEELDING 13.39 Twee oplossingen van de opgave $16 : 5\frac{1}{3} =$

67.3 Op welke kerninzichten wordt een beroep gedaan bij het oplossen van de opgave?

68 Breuk in het midden

68.1 Zie afbeelding 13.40. De pijl wijst een getal aan midden tussen de beide breuken op de getallenlijn; welk getal is dat? Schrijf op hoe je hebt gedacht en gerekend.

5/6
1 2/3

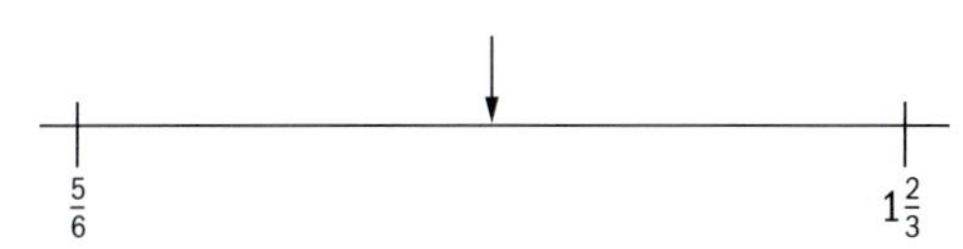

AFBEELDING 13.40 Welk getal in het midden?

68.2 Analyseer de twee oplossingen A en B (zie afbeelding 13.41).

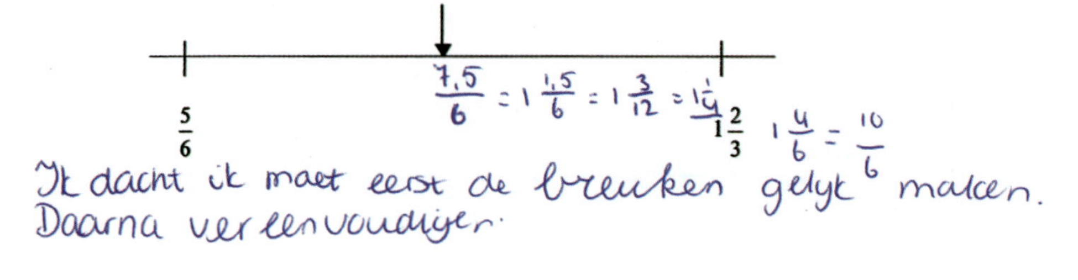

AFBEELDING 13.41 Twee oplossingen van de opgave 'Welk getal in het midden'?

68.3 Beoordeel elk van de oplossingen met een cijfer van 0 tot 10 en beargumenteer dat oordeel op basis van heldere criteria. Denk daarbij aan criteria als de inzet van kennis over de gelijkwaardigheid en gelijknamigheid van breuken, het rekenen met breuken en kommagetallen, en het begrijpen en gebruiken van een model als ondersteuning van het redeneren.

69 **Dropstaven**

69.1 Vergelijk de dropstaven. Bij elke dropstaaf hoort een van de vijf breuken uit de rij rechts (zie afbeelding 13.42).

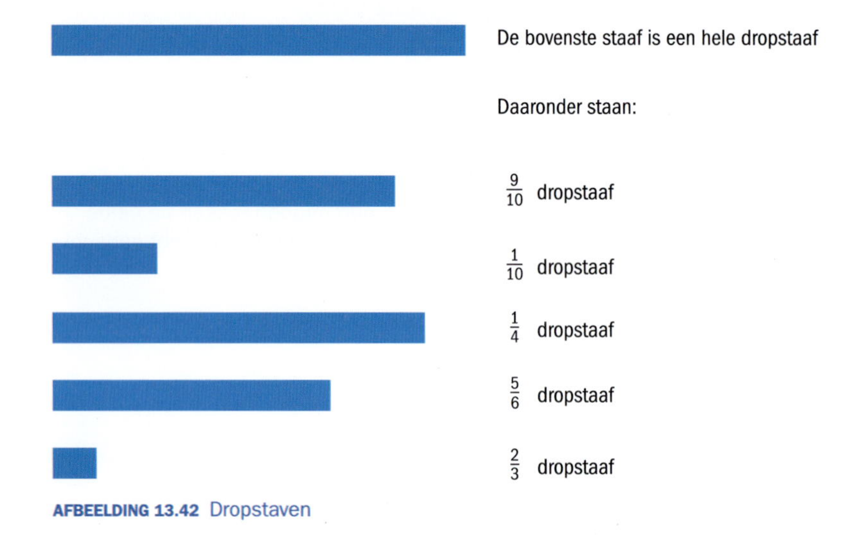

AFBEELDING 13.42 Dropstaven

69.2 De leerkracht gaf onder andere deze opdracht aan leerlingen van groep 6 tijdens een interview. Zijn bedoeling was gegevens te verkrijgen over hun inzichten en vaardigheden met betrekking tot breuken(taal), maar ook om een beeld te krijgen van hun algemene reken-wiskundige vaardigheden en inzichten.
Probeer zo veel mogelijk inzichten en vaardigheden van leerlingen te inventariseren die naar aanleiding van deze opdracht aan het licht kunnen komen.

70 Misvattingen

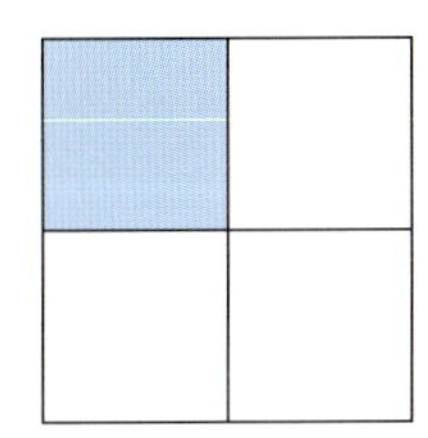
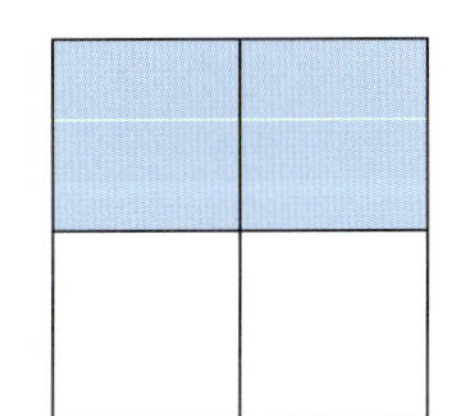

AFBEELDING 13.43 $\frac{1}{4} + \frac{2}{4}$

70.1 Amira (11 jaar) maakt twee vierkanten, kleurt die gedeeltelijk in (zie afbeelding 13.43) en schrijft op: $\frac{1}{4} + \frac{2}{4} = \frac{3}{8}$.
Wat is de misvatting bij Amira? Hoe help je haar?

70.2 Jelte (12 jaar) rekent de deling $1\frac{4}{5} : \frac{3}{10}$ als volgt uit:
$1\frac{4}{5} : \frac{3}{10} = \frac{9}{5} : \frac{3}{10} = \frac{5}{9} \times \frac{10}{3} = \frac{50}{27} = 1\frac{23}{27}$
Wat is het misverstand? Hoe kan dat zijn ontstaan? Hoe help je Jelte met een model of context?

71 Gewone en decimale breuken

71.1 Zoek bij de volgende gewone breuken de bijpassende kommagetallen (zie afbeelding 13.44). Doe dat met een staartdeling voor de breuken die je niet uit het hoofd kunt omzetten. Controleer het antwoord met je rekenmachine.

Gewone breuk	Kommagetal	Uitkomst met rekenmachine
$\frac{1}{4}$		
$\frac{2}{5}$		
$\frac{3}{8}$		
$\frac{1}{3}$		
$\frac{1}{6}$		
$\frac{4}{9}$		
$1\frac{1}{7}$		

AFBEELDING 13.44 Breuken en kommagetallen 1

71.2 Zoek bij de volgende kommagetallen de bijpassende gewone breuken (zie afbeelding 13.45).

Gewone breuk	Kommagetal	Controle met rekenmachine
	0,75	
	0,125	
	0,666666666	
	0,555555555	
	0,285714285714	
	2, 002	
	2,15	

AFBEELDING 13.45 Breuken en kommagetallen 2

71.3 In groep 7 leren kinderen kommagetallen te positioneren op de getallenlijn. Welke ondersteuning zou je hun geven als ze het getal 2,15 op de getallenlijn willen plaatsen?

72 **Hoe gedacht? Hoe ondersteunen?**

72.1 Bepaal in elk van de volgende gevallen hoe je vermoedt dat de leerling gedacht heeft.

a de helft van 28,10 is 14,5
b 27,34 + 2,6 = 29,40
c $\frac{3}{8}$ is kleiner dan 0,3749
d 0,50 × 3,2 = 0,16

72.2 Hoe zou je in elk van de vier vorige gevallen de leerling op het goede spoor willen zetten?

73 **Gewicht schatten**

Op de Alkmaarse kaasmarkt kunnen bezoekers het gewicht van een stuk kaas schatten; het stuk weegt 3,06 kg. De beste schattingen zijn:
Sanny: 2,98 kg
Ton : 3,2 kg
Saida: 3,11 kg

73.1 Wie van de drie zit er het dichtst bij? Hoe groot is het verschil van elke schatting met het werkelijke gewicht?

73.2 Welke inzichten en vaardigheden moet een leerling van de bovenbouw hebben om de voorgaande vragen te kunnen beantwoorden?

74 **Dubbele getallenlijn**

AFBEELDING 13.46 Dubbele getallenlijn

74.1 Neem de dubbele getallenlijn over (afbeelding 13.46) en zet passende breuken bij de vraagtekens onder aan de getallenlijn en kommagetallen bovenaan. Wat is volgens jou de moeilijkheid van deze opgave voor leerlingen van de bovenbouw? Waarom?

74.2 Jayden uit groep 8 kan de opgave $\frac{3}{5} - \frac{1}{2} =$ niet maken. Bedenk een context en een model met de bemiddelende grootheid lengte om hem inzicht te geven in de opgave.

74.3 De leerkracht van Jayden gebruikt de bemiddelende grootheid lengte ook om de aftreksom 5,85 – 2,096 = aan de leerlingen van groep 8 uit te leggen. Hoe zou hij dat doen? Wat kan de moeilijkheid voor leerlingen zijn met deze aftreksom? De leerkracht kiest niet meteen voor het (cijferend) aftrekken onder elkaar; waarom zou dat zijn?

75 **Cijfers poetsen**

Zet een willekeurig groot getal op de rekenmachine, bijvoorbeeld 53812,36. Het is nu de bedoeling dat je cijfer voor cijfer gaat 'wegpoetsen' door steeds een getal af te trekken, zodat je uiteindelijk op nul uitkomt. Maar... je moet de cijfers wegpoetsen van klein naar groot, dus eerst de 1 (daarvoor trek je 10 af), dan de 2 enzovoort.

75.1 Pak een zakrekenmachine en poets de cijfers weg van 53812,36.

75.2 Hoe moet je 'poetsen' als het gaat om een repeterende breuk? Schrijf bijvoorbeeld $\frac{1}{7}$ als repeterende breuk. Gebruik eventueel de rekenmachine ter controle. Kun je die breuk helemaal wegpoetsen? Hoe zit dat?

75.3 Wat leren kinderen van dit spelletje?

76 **Drie aanbiedingen**

Zie de drie aanbiedingen (afbeelding 13.47).

76.1 Ga door handig te rekenen snel na of de prijs per kg de normale kiloprijs is, of dat het de kiloprijs is die bij de aanbieding hoort. Is de prijs in elk van de gevallen juist berekend?

76.2 Reken voor elk van de aanbiedingen de oude prijs per kg uit met de rekenmachine.

76.3 Beschrijf een uitleg voor groep 8 waarin je de leerlingen duidelijk maakt hoe zij een rekenregel kunnen bedenken om met de rekenmachine snel opgave 76.2 te maken.

AFBEELDING 13.47 Drie aanbiedingen

77 **Wereldrecord 50 meter vrije slag dames**

Naam	Land	Tijd	Datum	Plaats
Britta Steffen	Duitsland	23,73	2 augustus 2009	Rome
Marleen Veldhuis	Nederland	23,96	19 april 2009	Amsterdam
Libby Trickett	Australië	23,97	29 maart 2008	Sydney
Marleen Veldhuis	Nederland	24,09	24 maart 2008	Eindhoven
Inge de Bruijn	Nederland	24,13	22 september 2000	Sydney

AFBEELDING 13.48 Overzicht wereldrecord dames

77.1 Het wereldrecord zwemmen in 2000 van Inge de Bruijn op de 50 meter vrije slag (24,13) is acht jaar later, op 24 maart 2008, verbeterd door Marleen

Veldhuis (zie afbeelding 13.48). Het tijdsverschil tussen Marleen en Inge is maar heel klein. Zou je dat verschil in afstand eigenlijk wel kunnen zien als ze (denkbeeldig) naast elkaar zouden zwemmen? Gaat het om millimeters, centimeters of meters verschil? Hoeveel precies?

77.2 Op welke afstand heeft Marleen haar eigen record van 2008 in 2009 weer verbeterd?

77.3 Diederick en Jesse uit groep 8 hebben opgave 77.1 ook gemaakt. In de afbeeldingen 13.49 en 13.50 zie je hun uitwerkingen. Bij de oplossing van Diederick staat rechtsboven nog een notitie van zijn leraar. Analyseer de beide oplossingen en beschrijf welk redeneringen je herkent.

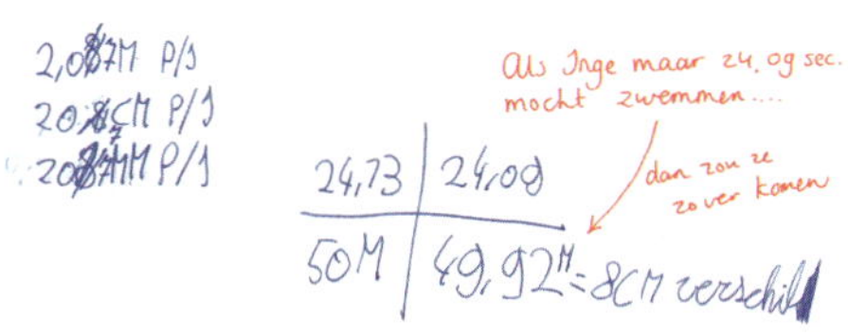

2,07M P/S
20,7CM P/S
207MM P/S

Als Inge maar 24,08 sec. mocht zwemmen....
dan zou ze zo ver komen

24,73	24,08
50M	49,92M = 8CM verschil

AFBEELDING 13.49 De oplossing van Diederick

2,07 m per seconde
0,207 m per 0,1 seconde
0,0207 m per 0,01 seconde x 4 = 0,0828 m =
8,28 cm =

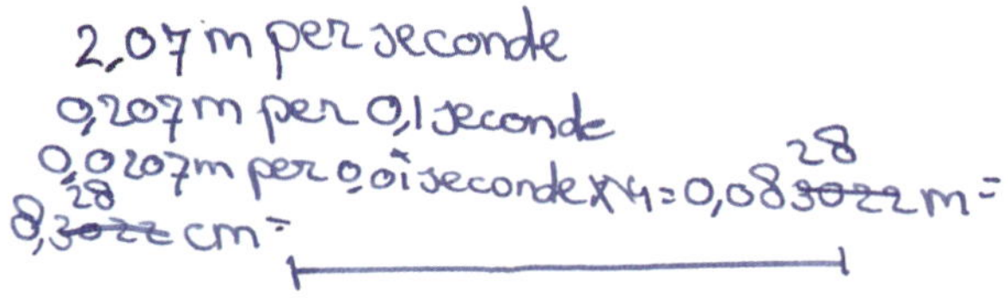

AFBEELDING 13.50 De oplossing van Jesse

78 Voordeel

Leerlingen van groep 8 maken de opgave 'Vijf halen, vier betalen' (zie afbeelding 13.51). De kinderen mogen vertellen welk percentage erbij hoort.

78.1 Welke oplossingen verwacht je van leerlingen uit de bovenbouw?

78.2 Welk kerninzicht speelt vooral een rol bij het oplossen van dit probleem?

78.3 Welk misverstand verwacht je dat er bij leerlingen kan ontstaan? Welk model kan helpen die kinderen inzicht te geven en welke vragen zou je willen stellen om het inzicht te bevorderen?

AFBEELDING 13.51 Voordeel

13

79 **Kortingen**

79.1 Ik heb €180 betaald voor een bureaustoel met 40% korting (zie afbeelding 13.52). Wat was de oorspronkelijke prijs van de stoel? Probeer deze opgave met en zonder model of tabel op te lossen.

AFBEELDING 13.52 Bureaustoel

79.2 Ik koop schoenen die €98 euro kosten (zie afbeelding 13.53). Aan de kassa betaal ik tot mijn verrassing €73,50. Hoeveel procent korting kreeg ik op deze schoenen?

79.3 Beschrijf drie verschillende manieren om 15% van €240 uit te rekenen.

AFBEELDING 13.53 Schoenen

80 **Prijsvergelijking**

AFBEELDING 13.54 Kaas

Super AHOI beweert: 'Wij zijn 25% goedkoper dan Super De Bonk' (zie afbeelding 13.54).
Super De Bonk reageert: 'Onzin, het scheelt 20%, maar wij hebben weer andere kaas die stukken goedkoper is dan bij AHOI.'

80.1 Analyseer dit probleem. Vraag je af wat hier speelt en welke inzichten hier nodig zijn om de situatie te doorgronden.

80.2 Geef een mogelijke dialoog tussen twee leerlingen van groep 8 die enthousiast met dit probleem aan de slag gaan.

81 **Rente op rente**

Je hebt op 1 januari €6533,95 op de bank voor vijf jaar vastgezet tegen een rente van 4%. Met hoeveel procent is dat spaarbedrag na vijf jaar toegenomen?

81.1 Beredeneer: meer of minder dan 20% of precies 20%?

81.2 Gebruik een zakrekenmachine om het exacte percentage te vinden.

82 **Btw**

82.1 Theater Carré in Amsterdam heeft ruim 1700 plaatsen. Maak eens een schatting van de gemiddelde opbrengst per voorstelling voor de Nederlandse schatkist, met 6% btw op de toegangskaarten (zie afbeelding 13.55). Hoe groot is die opbrengst bij 21% btw?

82.2 Ontwerp een opdracht voor leerlingen van eind groep 7 rond het onderwerp btw en vertel erbij welke niveaus van oplossen je wenselijk acht voor leerlingen van de bovenbouw.

AFBEELDING 13.55 Guus Meeuwis in Carré

83 **Toename en afname**

Jouw vriendin beweert dat jouw loon na 10% loonsverlaging en daarna 10% loonsverhoging weer op het oorspronkelijke bedrag terug is. Klopt dat?

83.1 Wat denk jij:

a ze heeft gelijk
b liever eerst 10% verlaging, daarna verhoging
c liever eerst 10% verhoging, daarna verlaging

Wat is de redenering bij jouw keuze?

83.2 Wat is hier volgens jou de kern van de problematiek? Welk kerninzicht(en) spelen daarbij een rol?

83.3 Welke vragen zou je stellen aan leerlingen die niet in staat blijken om aan dit probleem te beginnen?

84 **Foto in- en uitzoomen**

Van een foto in jouw computerbestand wil je een klein en een groot formaat hebben. Je zoomt daartoe eerst in op 50% en print de foto, en daarna zoom je 150% uit en druk je de grote foto ook af (afbeelding 13.56).

AFBEELDING 13.56 Foto's

84.1 Wat is de procentuele afname respectievelijk toename van de hoeveelheid fotopapier ten opzichte van de originele foto?

84.2 Welke kerninzicht(en) heb je als je het antwoord op deze vraag kunt geven en beredeneren?

84.3 Vind je dit een geschikt probleem om aan de orde te stellen in groep 8? Onderbouw je conclusie met argumenten en alternatieven.

85 **Niveaus in probleemsituaties**

De volgende probleemsituaties verschillen in niveau wat betreft het inzicht dat vereist is in verhoudingen en procenten. Zet de opgaven in volgorde van laag naar hoog niveau en beredeneer waarom je elk probleem die plaats in de ordening wilt geven.

a Wat is het voordeligst: vijf zakjes Bugles (elk 125 gram inhoud) met 25% korting, vijf zakjes voor de prijs van vier of vijf zakjes voor de gewone prijs met elk een extra inhoud van 25 gram?

b Een korting van 25% is hetzelfde als een kwart korting.

c Hoe reken je 27% van €683 uit met de zakrekenmachine?

d 21% btw van €550 is ongeveer een vijfde deel en dat is €110; eigenlijk 1% meer, dus 110 + 5,50 = 115,50.

e Uit het hoofd: 37,5% van €32 is €...

f Zaterdag is de neerslagkans 50%, zondag 20%. In het weekend is er dus 70% kans op regen.

g We gaan een overzicht maken van de percentages stemmen die de vijf partijen in onze groep 8 hebben gekregen in deze verkiezingsronde. Hoe zullen we dat in een duidelijke tekening weergeven?

h 200% van €28,50 is €...

i De computer downloadt een document. Welk percentage is ongeveer al binnen? (Zie afbeelding 13.57.)

AFBEELDING 13.57 Downloaden

j Uit het hoofd: is 33% van €660 meer of minder dan 40% van €550?

k De inflatie – de waardevermindering van het geld – was in 2008 en 2009 respectievelijk 2,5 respectievelijk 1,2%. Wat is er met de waarde van mijn spaarbedrag (€7000 tegen 4% rente per jaar) gebeurd in die twee jaar?

l In de Verkeerswet staat dat iemand die meer dan 0,5 promille alcohol in zijn bloed heeft, niet aan het verkeer mag deelnemen (dus ook niet op de fiets of de brommer). De hoeveelheid alcohol in het bloed, het bloedalcoholgehalte (BAG), wordt uitgedrukt in promillages. Een promillage van 0,5 wil zeggen dat 1 cc (= 1 milliliter) bloed een halve milligram pure alcohol bevat. Dit percentage bereik je al na het drinken van twee glazen alcohol in een uur. Bepaal de ontbrekende getallen in het schema (zie afbeelding 13.58) en bereken het procentuele verschil tussen de twee dranken met naar verhouding de minste en de meeste alcohol.

Soort drank	Hoeveel drank	Percentage alcohol	Pure alcohol cc (ml)	Pure alcohol in mg (sm 0,8, dus 1 ml ≈ 0,8 mg)
Bier (standaardglas)	250 cc	%	12,5 cc	12,5 × 0,8 = 10 mg
Wijn (standaardglas)	100 cc	12%	?? cc	
Sterke drank (standaardglas)	35 cc	??%	12,25 cc	
Mixdrank uit flesje	?? cc	5,6%	15,4 cc	

AFBEELDING 13.58 Overzicht hoeveelheid alcohol

86 **Hellingspercentages**

Percentages worden ook gebruikt om aan te geven hoe steil een helling is. Een hellingspercentage van 10% betekent dat de helling over elke 100 meter, horizontaal gemeten, 10 meter in hoogte stijgt (zie afbeelding 13.59).

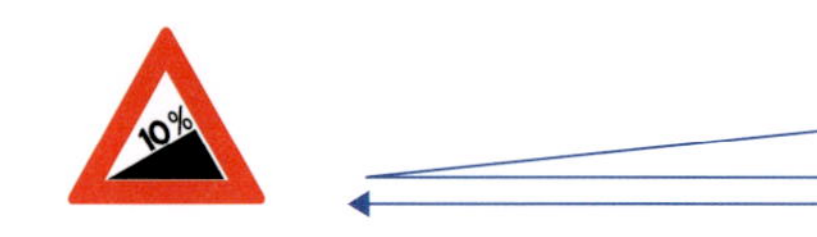

AFBEELDING 13.59 Betekenis hellingspercentage 10%

86.1 In Wales zijn weggetjes waar hellingen van 25% voorkomen. Ze worden wel *Devil's staircase* ('trappenhuis van de duivel') genoemd. Hoe ziet de bijbehorende driehoek (vergelijk afbeelding 13.59) eruit?

86.2 Stel je een helling voor waarbij elke 4 meter (horizontaal) een stijging van 3 meter betekent. Teken de bijbehorende driehoek en reken uit wat het hellingspercentage is.

86.3 Zoek in het geval van de helling bij vraag 86.2 uit hoeveel meter je stijgt als je een weg ('de schuine zijde' van de driehoek) aflegt van 550 meter.

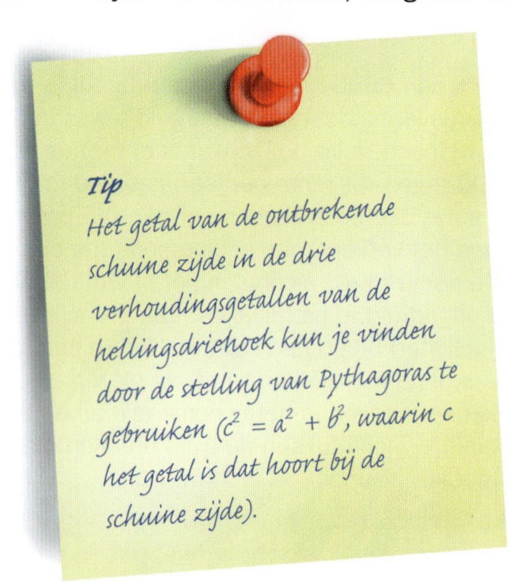

87 **Tafelblad lakken**

Wendy wil het tafelblad van haar tafel lakken met kleurvernis. De tafel is 1,50 m lang en 80 cm breed, en kan aan elk van de twee korte kanten nog

35 cm verlengd worden met een uitschuifbaar blad. Ze koopt een blikje vernis van een kwart liter. De gebruiksaanwijzing op het blikje vermeldt dat er ten minste twee lagen aangebracht moeten worden. Voor de eerste laag is 90 ml/m² nodig, voor de tweede laag ongeveer 50 ml/m².

87.1 Ga na of Wendy voor het lakken van haar tafelblad genoeg heeft aan dat ene blikje vernis.

87.2 Analyseer de oplossing van Bo (zie afbeelding 13.60) en geef kritisch commentaar.

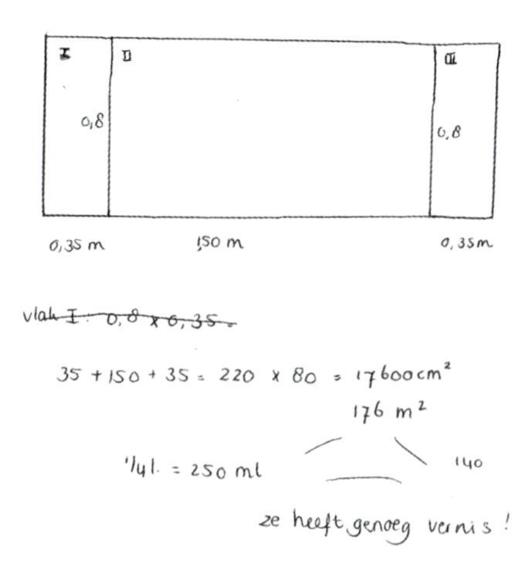

AFBEELDING 13.60 De berekening van Bo

87.3 Analyseer de oplossing van Anouk (zie afbeelding 13.61). Welke inzichten en vaardigheden heeft Anouk volgens jou vermoedelijk? Welke begeleiding zou je haar geven bij deze opgave?

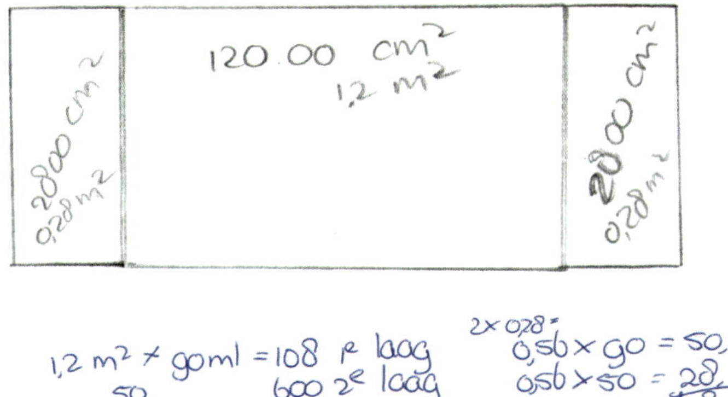

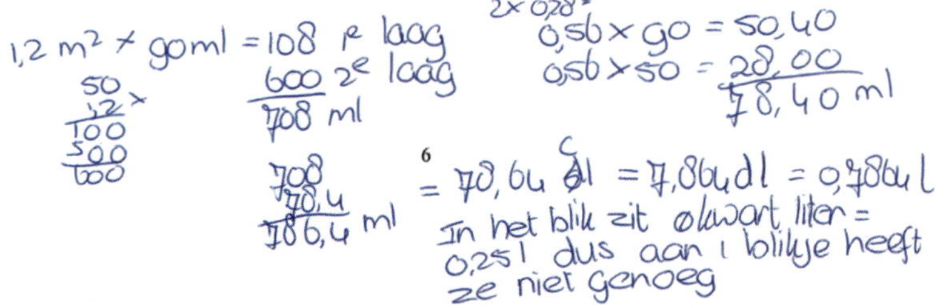

AFBEELDING 13.61 De berekening van Anouk

88 **Body Mass Index**

De Body Mass Index (BMI) is een van de methoden om te bepalen of er al dan niet sprake is van een onder- of overgewicht: deel het lichaamsgewicht door het kwadraat van de lichaamslengte. Een BMI van 20 tot en met 25 wordt beschouwd als passend bij een normaal gewicht.

88.1 Reken de BMI uit voor een persoon met een lengte van 1,56 m en gewicht van 74 kg.

88.2 Neem je eigen lichaamslengte. Wat is jouw BMI-waarde? Hoe kun je dit doen op de rekenmachine?

88.3 Ontwerp een meetopdracht voor de bovenbouw waarbij onder andere de BMI gemeten wordt, zonder dat het leerlingen met een onder- of bovengewicht in verlegenheid brengt.

89 **Pompoen**

AFBEELDING 13.62 Pompoen

89.1 Maak een schatting van de inhoud van de pompoen in afbeelding 13.62.

89.2 Welke kerninzichten spelen vooral een rol bij deze opgave?

89.3 Leerlingen van de bovenbouw kunnen op basis van verhoudingen en referentiematen opgave 89.1 wel maken, maar moeten dan vaak wel worden voorbereid op zo'n globale schatting. Hoe zou jij hen voorbereiden?
Denk aan soortgelijke, eenvoudiger opgaven, het schatten met behulp van referentiematen en het omvormen tot gemakkelijker te berekenen oppervlakten en inhouden.

90 **Flessen**

Een kunstenaar is voor zijn kunstwerk op zoek naar flessen van verschillende grootte, maar van gelijke vorm. In een glasblazerij valt zijn oog op vijf flessen (zie afbeelding 13.63).

90.1 Welke flessen zijn in principe geschikt voor zijn doel?

90.2 Welke fles is in verhouding tot zijn hoogte het breedst?

90.3 Bedenk een passende uitleg voor leerlingen van de bovenbouw bij de oplossing van de vorige vraag. Op de ontwikkeling van welke inzichten richt je je daarbij?

AFBEELDING 13.63 Vijf flessen

91 Vlieland

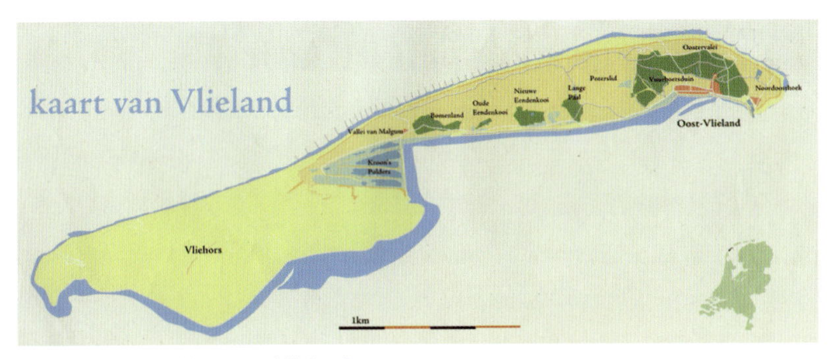

AFBEELDING 13.64 Kaart van Vlieland

91.1 Maak een schatting van de omtrek van Vlieland in kilometers nauwkeurig en van de oppervlakte van Vlieland in hectaren nauwkeurig (zie afbeelding 13.64).

91.2 Je wordt op een mooie novemberdag met een boot om 3 uur 's middags afgezet bij de uiterste westpunt van de Vliehors en maakt van daaruit een wandeling langs de Noordzeekust naar 'Noordoosthoek' en dan naar het dorp Oost-Vlieland (zie afbeelding 13.64). Ben je daar vóór het donker? Licht je antwoord toe.

91.3 Rechtsonder op afbeelding 13.64 zie je een kaartje van Nederland. Wat is ongeveer de schaal van die kaart?

91.4 Verwerk de bovenstaande vragen over Vlieland zodanig dat ze geschikt zijn voor groep 7. Welke inzichten verwerven kinderen door die opdrachten?

92 Inflatie meten

92.1 Hoe zie je aan de grafiek in afbeelding 13.65 dat de broodprijs een goede voorspeller is bij het meten van de inflatie?

92.2 Wat is de betekenis van de raakpunten van beide grafieken?

92.3 Waaruit wordt de 'bijna 3% inflatie' halverwege 2011 afgeleid (zie de tekst in afbeelding 13.65)?

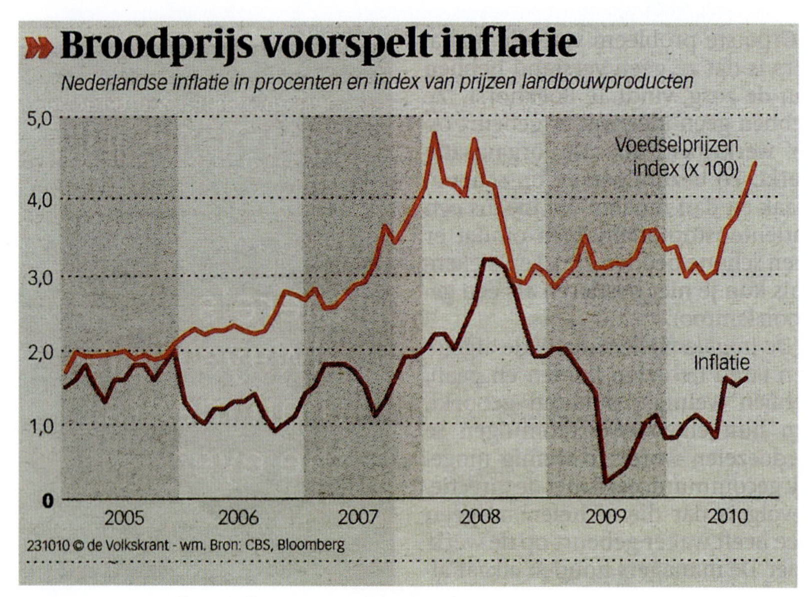

AFBEELDING 13.65 Broodprijs voorspelt inflatie

92.4 Een leerling van groep 8 vraagt je wat inflatie is. Welk antwoord geef je? Welke context, welk model of welk ander hulpmiddel zou je inzetten bij het toelichten van je antwoord?

93 Vierkante kokers

Neem twee blaadjes van A4-formaat. Vouw van één A4-blad een brede vierkante koker en van de andere een smalle vierkante koker (zie afbeelding 13.66).

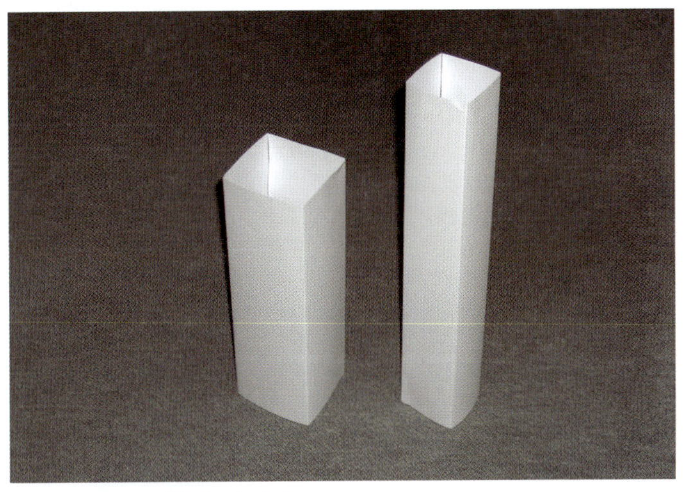

AFBEELDING 13.66 Vierkante kokers

93.1 Leerlingen van groep 8 krijgen de vraag voorgelegd of ze denken dat de inhoud van de beide kokers gelijk is of niet, en waarom. De leraar vraagt hen daarbij de inhouden niet te gaan uitrekenen. Beantwoord zelf deze vraag en voorspel enkele antwoorden en argumenten van leerlingen.

93.2 Na de eerste verkenningsvraag (93.1) krijgen de leerlingen de opdracht om de twee inhouden te berekenen. Als lengte en breedte van het blad mogen de kinderen de 'gemakkelijke' maten 28 cm respectievelijk 20 cm nemen. Bereken zelf ook de beide inhouden. Had je die uitkomsten verwacht? Welke verklaring heb je daarvoor? Waarom zou de leraar de maten 28 cm en 20 cm voorschrijven, en niet de werkelijke maten van een A4'tje kiezen?

93.3 Stelling: de inhouden van de lange en de brede vierkante kokers, gemaakt van een A4, verhouden zich als de lengte en de breedte van het A4-blad. 'Bewijs' die stelling.

93.4 Gaat de stelling van vraag 93.3 volgens jou ook op voor kokers die van andere rechthoekige bladen zijn gemaakt? Waarom? En ook als de kokers cilinders zijn? Geef een verklaring daarvoor.

94 Spin onder de loep

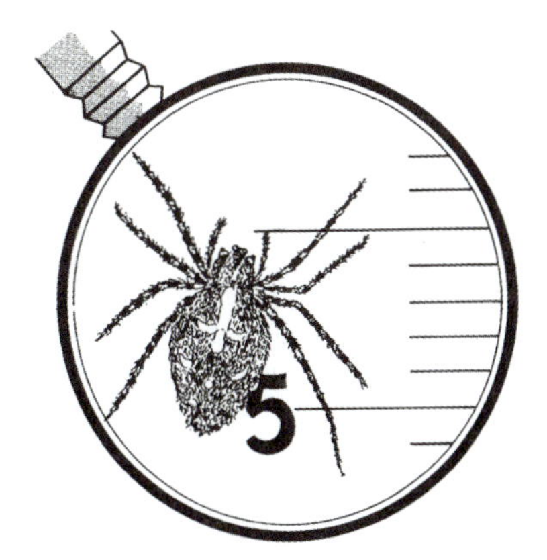

AFBEELDING 13.67 Spin op liniaal

94.1 Wat is ongeveer de vergrotingsfactor van de loep in afbeelding 13.67? Welke aanname maak je daarbij?

94.2 Kun je uit de afbeelding opmaken op welke schaal de foto is afgebeeld? Beargumenteer je antwoord.

94.3 Leerlingen van groep 7 krijgen als 'biologen' de opdracht uit te zoeken hoe groot de oppervlakte is die de spin bestrijkt. Ze moeten het oppervlak nemen dat ingesloten wordt door de lijnen die de uiteinden van de buitenste pootjes verbinden. Probeer in te schatten met welke oplossing(en) de kinderen komen.

95 **Schaduw**

Een rechtopstaande paal (2 meter lang) heeft op dit moment een schaduw van 3,2 meter. De schaduw van de toren vlakbij is 36 meter lang (zie afbeelding 13.68).

AFBEELDING 13.68 Schaduw van de toren

95.1 Bereken de hoogte van de toren met behulp van een verhoudingstabel.

95.2 Hoe bereken je vlot de hoogte met een rekenmachine?

95.3 Analyseer het rekenwerk van Alisha (zie afbeelding 13.69). Hoe help je haar, inspelend op wat zij al deed?

Alisha

2	20	24
3,2	32	36

AFBEELDING 13.69 De verhoudingstabel van Alisha

96 **De grote en de kleine bak**

De grote bak heeft een lengte van 12 cm en een hoogte en een diepte van 6 cm. De kleine bak is kubusvormig en heeft een ribbe van 3 cm. Met het kleine bakje schep je water in de grote bak (zie afbeelding 13.70).

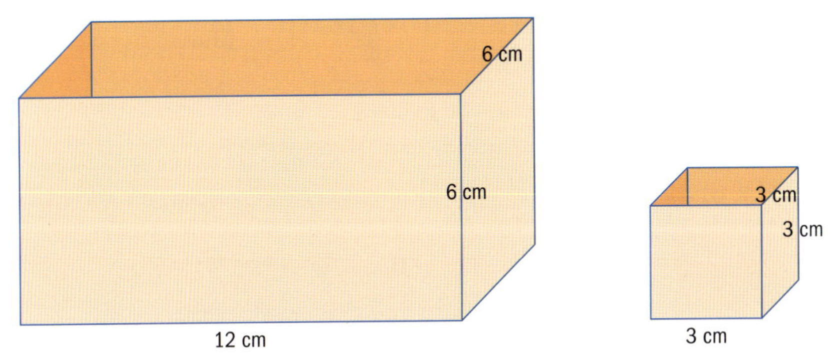

AFBEELDING 13.70 De grote en kleine bak

96.1 Hoe vaak moet je scheppen om de grote bak vol te krijgen? Laat zien hoe je redeneert om het antwoord te vinden. Weet je een tweede manier om het antwoord te vinden? Zo ja, welke oplossing heeft je voorkeur? Vertel waarom je die kiest.

96.2 Anniek kreeg een beoordeling voor haar oplossing van de vraag naar de twee manieren (zie afbeelding 13.71). Hoe zou jij dit beoordelen? Waarom?

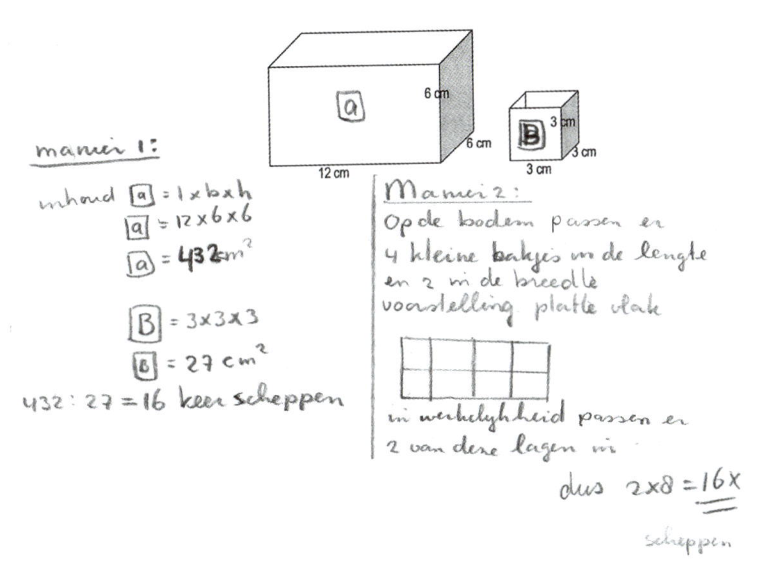

AFBEELDING 13.71 De uitwerking van Anniek

96.3 Beantwoord dezelfde vraag voor de oplossing van Bente (zie afbeelding 13.72).

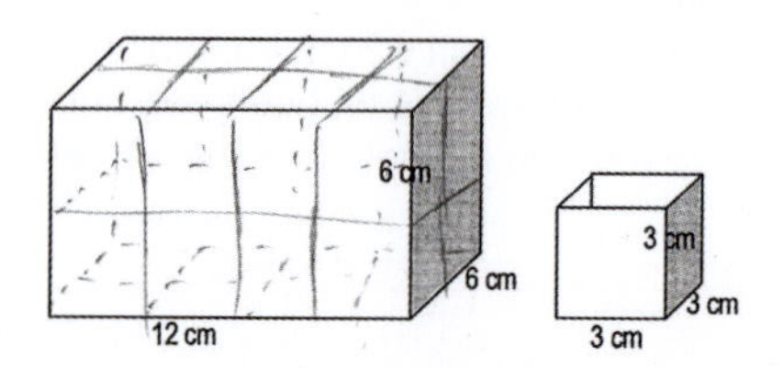

Inhoud kleine bakje = 3x3x3 = 27 cm³
" grote bak = 12x6x6 = 72x6 = 432 cm³

Er kunnen 4 kleine bakjes naast elkaar op de bodem (4x3=12)
" " 2 " " achter " " " " (2x3=6)
" " 2 " " op " want (2x3=6)
8 kleine bakjes passen in de grote

AFBEELDING 13.72 De uitwerking van Bente

97 Waar vliegt de fotograaf?

Afbeelding 13.73 toont een opdracht voor leerlingen van groep 8.

97.1 Maak zelf ook de opdracht: zoek bij elke foto het goede nummer.

97.2 Welke vaardigheden en kerninzichten verwerven kinderen door deze opdracht?

97.3 Welke moeilijkheden verwacht je voor een aantal leerlingen? Hoe denk je hen daarbij te helpen?

98 Spiegelen

98.1 Als je voor de spiegel gaat staan en je meet de breedte of hoogte van je gezicht, zul je merken dat de afmetingen op de spiegel de helft zijn van de ware afmetingen. Hoe kan dat?
Doe eerst zelf die proef door bijvoorbeeld de werkelijke breedte van je gezicht te meten. Daarna meet je het spiegelbeeld door met de liniaal op de spiegel de breedte af te passen. Probeer een verklaring van dit verschijnsel te geven aan de hand van een tekening.

98.2 Je zet twee vlakke spiegels loodrecht tegen elkaar op tafel. Zet een voorwerp in de hoek tussen de spiegels. Wat valt je op? Hoe leg je dat uit?

98.3 Kinderen vinden spiegels interessant, vooral holle en bolle spiegels. Voorspel hoe je gezicht verandert als je in een holle of een bolle spiegel kijkt. Controleer je voorspelling en verklaar de uitkomst.

AFBEELDING 13.73 Waar vliegt de fotograaf?

98.4 Wat leren kinderen van het spelen met spiegels? Welke kerninzichten worden ermee ontwikkeld? Waarin herken je hierbij de meetkundige leerfasen ervaren, verklaren en verbinden?

99 Blokkenbouwwerk

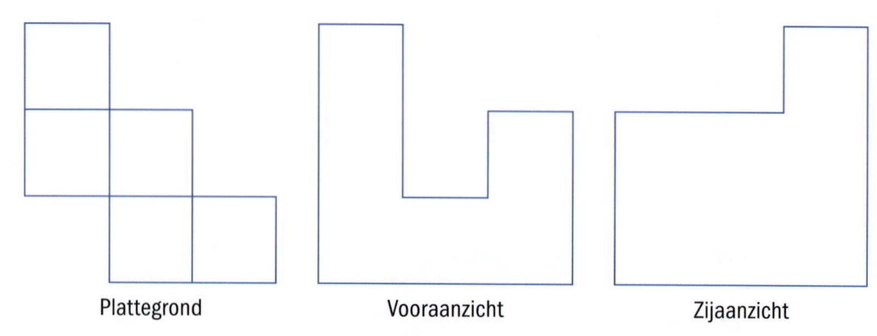

AFBEELDING 13.74 Plattegrond en aanzichten van bouwwerk A

Van een bouwwerk, bestaande uit gelijke, kubusvormige blokken, zijn drie tekeningen beschikbaar (zie afbeelding 13.74).

99.1 Hoe komt het bouwwerk eruit te zien? Geef met hoogtegetallen jouw oplossing weer in de plattegrond.

99.2 Voor welke groepen van de basisschool acht je deze opdracht geschikt? Welke kerndoelen zijn bij deze opdracht aan de orde? Wat leren de kinderen precies?

99.3 Pabostudente Maud beweert dat er zeventien verschillende blokkenbouwsels voldoen aan de gegeven plattegrond en aanzichten van bouwwerk B (afbeelding 13.75). Ben je dat met haar eens? Probeer een systematische aanpak te vinden om er zeker van te zijn dat je alle bouwwerken hebt.

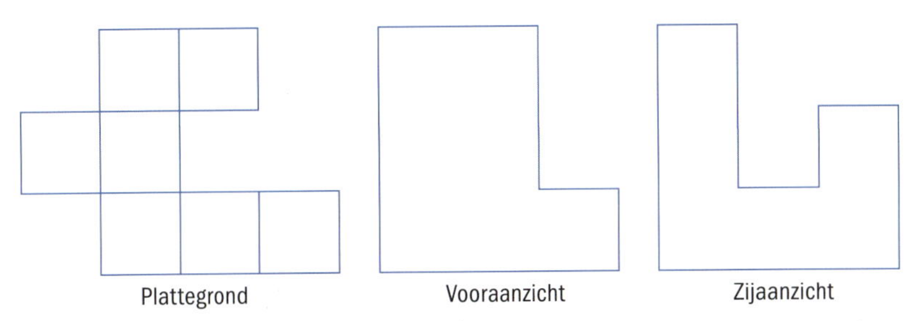

AFBEELDING 13.75 Plattegrond en aanzichten van bouwwerk B

13

100 Twee touwen om de aardbol

Twee studenten, Anne en Hassan, zijn in een heftige discussie verwikkeld. Aanleiding is het volgende probleem van 'de touwen om de aarde', die daarbij voor het gemak even als een zuivere bol wordt gezien. In gedachten worden twee touwen om de aarde gespannen, langs de evenaar. Het eerste touw komt 'over de grond' en het tweede langs paaltjes, op een meter hoogte (zie afbeelding 13.76).

100.1 Anne beweert dat het tweede touw vele kilometers langer moet zijn dan het eerste. Hassan probeert met allerlei hulpmiddelen de bewering van Anne aan te vechten. Met wie ben jij het eens? Hoe zou jij het 'bewijs' leveren van jouw gelijk?

100.2 Vind je de vorige opdracht wel of niet geschikt voor de bovenbouw? Waarom?

100.3 Ontwerp een opdracht voor groep 8 rond het probleem van de touwen waarmee in principe alle kinderen aan de slag kunnen.

AFBEELDING 13.76 Twee touwen om de aardbol

Overzicht kerninzichten

Kerninzicht 1

Synchroon tellen: kinderen verwerven het inzicht dat bij het tellen van een aantal voorwerpen het opzeggen van de telrij gelijk loopt met het aanwijzen.

Kerninzicht 2

Resultatief tellen: kinderen verwerven het inzicht dat het laatste getal bij tellen van een aantal objecten de hoeveelheid aanduidt.

Kerninzicht 3

Representeren: kinderen verwerven het inzicht dat je hoeveelheden kunt representeren met behulp van materialen, schema's en cijfersymbolen.

Kerninzicht 4

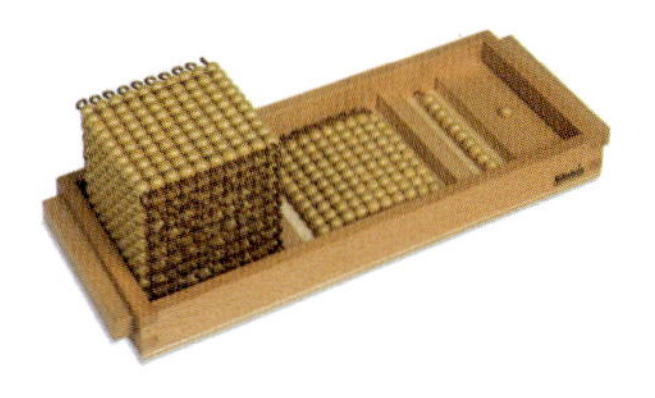

Tientallige bundeling: kinderen verwerven het inzicht dat het efficiënt is om aantallen te bundelen in bundels van tien, honderd, duizend, enzovoort.

Kerninzicht 5

Plaatswaarde: kinderen verwerven het inzicht dat de waarde van een cijfer in een getal afhangt van de plaats waar het cijfer staat.

Kerninzicht 6

Optellen: kinderen verwerven het inzicht dat er sprake is van optellen in situaties waarbij hoeveelheden worden samengevoegd of waar sprongen vooruit worden gemaakt.

Kerninzicht 7

Aftrekken: kinderen verwerven het inzicht dat er sprake is van aftrekken in situaties waar het gaat om verschil bepalen, eraf halen of aanvullen van aantallen.

Kerninzicht 8

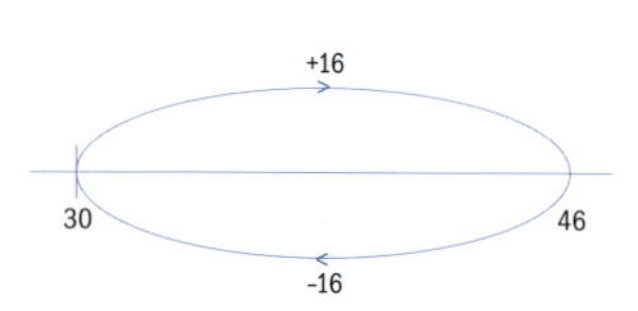

Inverse optellen aftrekken: kinderen verwerven het inzicht dat de bewerkingen optellen en aftrekken elkaars inverse zijn.

Kerninzicht 9

Vermenigvuldigen: kinderen verwerven het inzicht dat er sprake is van vermenigvuldigen in situaties waarbij het gaat om herhaald optellen van dezelfde hoeveelheid, het maken van gelijke sprongen of een rechthoekstructuur.

Kerninzicht 10

Delen: kinderen verwerven het inzicht dat er sprake is van delen in situaties die betrekking hebben op herhaald aftrekken van eenzelfde hoeveelheid of het één voor één verdelen van een hoeveelheid.

Kerninzicht 11

Inverse vermenigvuldigen delen: kinderen verwerven het inzicht dat de bewerkingen vermenigvuldigen en delen elkaars inverse zijn.

Kerninzicht 12

4x99
4x90=360
4x9=36
360+36=396

Handig rekenen: kinderen verwerven het inzicht dat je berekeningen in bepaalde gevallen efficiënt kunt uitvoeren door gebruik te maken van getalrelaties en eigenschappen van bewerkingen.

Kerninzicht 13

Schattend rekenen: kinderen verwerven het inzicht dat je een globale uitkomst kunt bepalen door te werken met afgeronde getallen.

Kerninzicht 14

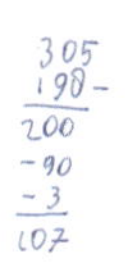

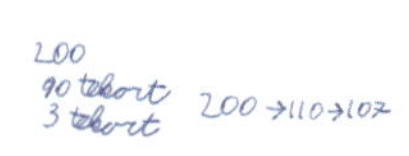

Standaardprocedures: kinderen verwerven het inzicht dat je getallen kunt bewerken via standaardprocedures, die ontstaan door maximale, schematische verkorting van rekenaanpakken.

Kerninzicht 15

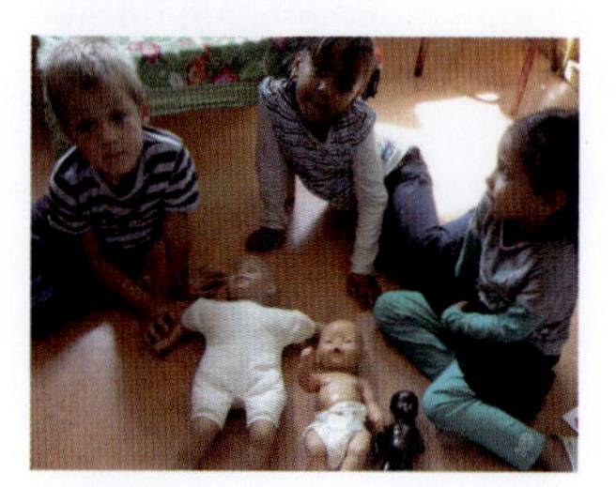

Vergelijking tussen grootheden: kinderen verwerven het inzicht dat een verhouding een vergelijking aangeeft van aantallen, die naar voren komen in getalsmatige, meetkundige of meetaspecten van een situatie.

Kerninzicht 16

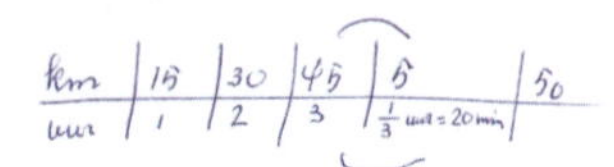

Gelijkwaardige getallenparen: kinderen verwerven het inzicht dat een verhouding een relatief begrip is en een eindeloze reeks van gelijkwaardige getallenparen vertegenwoordigt.

Kerninzicht 17

FIGUUR 6.5 Stroken vouwen

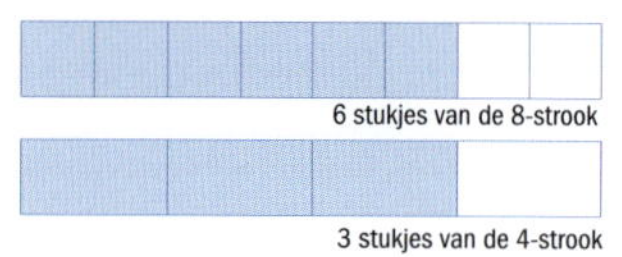

Breuken in verdeel- en meetsituaties: kinderen verwerven het inzicht dat breuken ontstaan uit verdeelsituaties en meetsituaties.

Kerninzicht 18

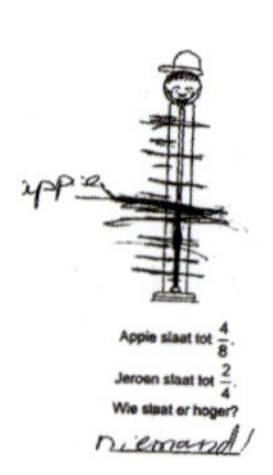

Breuk als verhouding: kinderen verwerven het inzicht dat breuken een verhouding van twee getallen weergeven.

Kerninzicht 19

Onze zelfscan al geprobeerd?
Vraag gerust om uitleg/advies
Onze medewerkers helpen u graag

	EUR
PERLA ESPRES	2,69
VENZ HAGEL	1,72
KARNEMELK	0,89
AH FRAMBOZEN	1,79
AH BIOGARDE	0,86
SINAASAPPEL	2,99
ZEEVRUCHTEN	4,00
SUBTOTAAL	14,94
AH BONUS NR.	18612597
AIRMILESNR.	141728574
SUBTOTAAL	14,94
TOTAAL	14,94

De decimale structuur van kommagetallen: kinderen verwerven het inzicht dat kommagetallen een decimale structuur hebben.

Kerninzicht 20

Decimale verfijning: kinderen verwerven het inzicht dat met kommagetallen eindeloos kan worden verfijnd met de factor 10 en dat het aantal decimalen bij meetgetallen de nauwkeurigheid van de maat aangeeft.

Kerninzicht 21

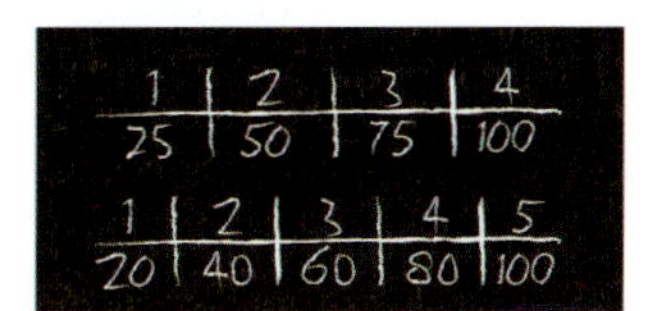

Gestandaardiseerde verhouding: kinderen verwerven het inzicht dat procenten een gestandaardiseerde verhouding weergeven, waarbij het totaal op honderd is gesteld.

Kerninzicht 22

Percentage als deel-geheelverhouding: kinderen verwerven het inzicht dat een percentage een deel-geheelverhouding bepaalt en een relatief getal is.

Kerninzicht 23

Grootheden kwantificeren: kinderen verwerven het inzicht dat je grootheden kunt kwantificeren om situaties in de omgeving te beschrijven.

Kerninzicht 24

Effectiviteit van standaardmaten: kinderen verwerven het inzicht dat het effectief is om standaardmaten te gebruiken.

Kerninzicht 25

Verfijning en nauwkeurig meten: kinderen verwerven het inzicht dat verfijning van maten leidt tot nauwkeuriger meten.

Kerninzicht 26

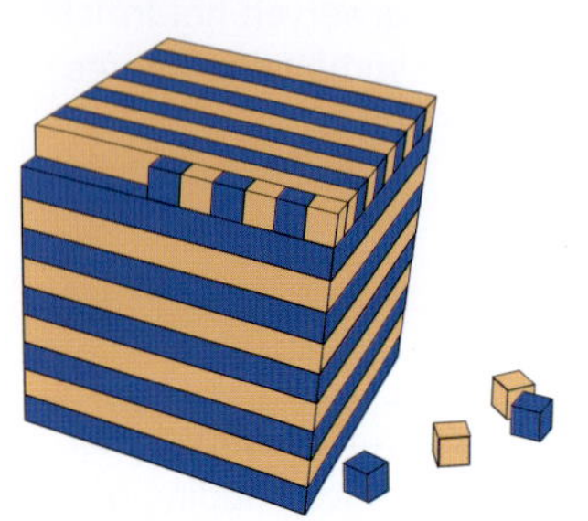

Het metrieke stelsel: kinderen verwerven het inzicht dat relaties tussen metrische maten kunnen worden herleid in machten van tien.

Kerninzicht 27

Meetkundige eigenschappen: kinderen verwerven het inzicht dat voorwerpen zijn te onderscheiden met behulp van hun meetkundige eigenschappen, zoals hoekpunten, lijnen en vlakken, al of niet regelmatig

Kerninzicht 28

Perspectief en viseerlijnen: kinderen verwerven het inzicht dat je objecten kunt zien vanuit een verschillend perspectief.

Kerninzicht 29

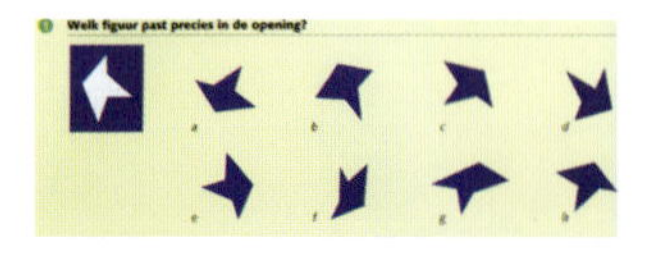

Schuiven, spiegelen en roteren: kinderen verwerven het inzicht dat je een voorwerp – ook denkbeeldig – kunt verschuiven, spiegelen of roteren.

Kerninzicht 30

Plaats bepalen: kinderen verwerven het inzicht dat eenduidige afspraken gemaakt kunnen worden over de plaats van een punt (voorwerp) in de ruimte.

Kerninzicht 31

Verbanden: kinderen verwerven het inzicht dat:

- je verbanden tussen grote hoeveelheden data schematisch in beeld kunt brengen (ordenen en ontwerpen)
- schema's je de mogelijkheid bieden te redeneren over verbanden (analyseren en interpreteren).

Begrippenregister

In dit begrippenregister vind je omschrijvingen van de belangrijke begrippen uit de reken-wiskundedidactiek die in de serie *Rekenen-wiskunde in de praktijk* aan de orde komen. De paginanummers in het register verwijzen naar de plaatsen in dit boek waar het betreffende begrip wordt gebruikt. Als er geen paginanummer is vermeld, komt het begrip aan de orde in een ander deel van de serie.

Aanpak
In de reken-wiskundedidactiek staat de aanpak van een probleem voor de manier waarop de leerling aan de slag gaat met dat probleem. Aanpak wordt ook wel als synoniem gebruikt voor strategie of oplossingsmanier (zie ook strategie). 74, 75, 77, 85, 88, 104, 164, 190, 222

Aanzicht
zie meetkunde 281, 386

Absoluut
zie relatief

Abstract niveau
zie niveaus van oplossen

Activeren
De leerkracht activeert de leerlingen, dat wil zeggen: de leerkracht zorgt dat de leerlingen actief aan de slag gaan met de leerstof. Het activeren van leerlingen kan betrekking hebben op het aanzetten tot **fysiek handelen**, bijvoorbeeld het gebruik van rekenmateriaal, maar ook tot **mentaal handelen**, zoals het 'in het hoofd' springen op de getallenlijn of het in gedachten **'wegnemen'** of **'wegdenken'** van 7 bij het aftrekken van 12 – 7. Bij de start van de les activeert de leerkracht de voorkennis van de leerlingen. In de leskern zet de leerkracht de leerlingen aan tot denken en handelen, zoals door het stellen van vragen. Bijzondere vormen van activeren zijn bijvoorbeeld het creëren van een conflictsituatie of het spelen van 'Domme August', waarbij de leerkracht zich bewust van de domme houdt, met de bedoeling het denkwerk bij de leerlingen te leggen. Zie ook conflictsituatie en voorkennis. 135, 215, 288

Aflezen
zie meten 236, 241, 288, 289, 298, 304

Afpassen
zie meten 163, 238, 252

Afronden
Een getal of geldbedrag kan worden afgerond. Een geldbedrag rond je in principe af op hele euro's. Hoe je een getal afrondt, hangt af van de situatie. Een heel getal rond je vaak af op veelvouden van 10, 100, enzovoort. Een gebroken getal kun je af-

ronden op een of meer decimalen achter de komma. Het afronden van de gegeven getallen in een opgave maakt het makkelijker om te rekenen of te schatten. Het hangt natuurlijk van de situatie af of het verantwoord is om af te ronden. 111, 112, 113, 109

Aftrekken zie bewerking 73, 76, 78

Akoestisch tellen zie tellen 40

Algoritme zie cijferen 119, 123

Analogie Een analogie is een overeenkomst; een analogieredenering is een overeenkomstige redenering. Het rekenen met grotere getallen gebeurt nogal eens naar analogie van het rekenen met kleinere getallen, waardoor de som eenvoudiger is uit te rekenen. Bijvoorbeeld: 300 + 500 = 800, want 3 + 5 = 8; 7 × 30 = 210, want 7 × 3 = 21. 64

Ankerpunt Een ankerpunt verwijst naar een voor het kind bekende som, die het kind kan inzetten om een nog onbekende som uit te rekenen. Bij het leren van de tafels van vermenigvuldiging kan bijvoorbeeld de som 5 × 8 = 40 als ankerpunt gebruikt worden voor het uitrekenen van 6 × 8 = 48 ('één keer 8 meer'). Bij het berekenen van 15% van een bedrag kunnen de ankerpunten 10% en 5% van dienst zijn. Ankerpunten worden ook wel ankersommen, kapstoksommen of steunsommen genoemd. 91, 93, 107

As zie grafiek 289, 295

Associatieve eigenschap zie eigenschap van bewerking 105, 106, 191

Automatiseren Een geautomatiseerde vaardigheid wordt vrijwel routinematig uitgevoerd. Zo heeft een leerling een opgave als 9 × 12 geautomatiseerd als hij vlot de uitkomst geeft door 9 × 10 en 9 × 2 uit te rekenen en de antwoorden op te tellen. De sommen 9 × 10 en 9 × 2 moeten daarvoor gememoriseerd zijn, dat wil zeggen uit het hoofd gekend. Zie ook memoriseren. 91, 92, 107

Balk zie meetkundige figuur 263

Beeld zie spiegelen 279

Beelddiagram zie grafiek 288, 295, 301

Beginsituatie Met de beginsituatie van leerlingen wordt aangegeven vanuit welk vertrekpunt zij aan het onderwijs gaan deelnemen. De beginsituatie geeft aan de leerkracht de informatie die nodig is bij het kiezen van de leerstof en het organiseren van het onderwijs. Bij het voorbereiden van een reken-wiskundeles is het noodzakelijk dat de leerkracht voldoende inzicht heeft in de beginsitu atie van de leerlingen voor het vak rekenen-wiskunde: welke **voorkennis** is aanwezig, welke aanpakken zullen de leerlingen hanteren en op welk niveau? Ook het pedagogisch klimaat in de groep, eerdere ervaringen met gehanteerde werkvormen en de interesse van de kinderen zijn belangrijk in het bepalen van de beginsituatie. Zie ook voorkennis. 93, 107, 120

Bemiddelende grootheid

Een bemiddelende grootheid kan gebruikt worden om betekenisvol met breuken te werken. Bij de opgave $\frac{1}{4} + \frac{1}{3}$ kun je bijvoorbeeld een uur als bemiddelende grootheid kiezen. Je rekent dan: $\frac{1}{4}$ is 15 minuten en $\frac{1}{3}$ is 20 minuten, samen 35 minuten is $\frac{7}{12}$ uur. Je hebt in dat geval steun aan de bemiddelende grootheid tijd. 167, 175, 177, 364, 369

Benoemde breuk, benoemde getallen

Een voorbeeld van een benoemde breuk is: 'één van de vier stukjes cake' of 'een vierde cakeje'. 'Cake' of 'cakeje' is hier de benoeming. Vooral in de beginfase van het leren werken met breuken kunnen kinderen zich hierdoor realiseren wat ze aan het doen zijn. 165, 173

Betekenisvol

Betekenisvolle activiteiten of situaties zijn voor leerlingen vanzelfsprekend en begrijpelijk. Kinderen raken erdoor geboeid. Die interesse draagt ertoe bij dat zij ervan leren. Een taak van de leerkracht is om zich af te vragen welke betekenis een kind kan verlenen aan activiteiten en situaties. Vragen die hierbij passen zijn: wat ziet het kind erin, heeft het er ervaring mee, wat weet het er al van? En vooral ook: hoe speel ik in op de reacties van het kind? 40, 41, 145, 173, 200, 253

Betrouwbaar

Een (valide) toets is betrouwbaar als de resultaten een goed beeld geven van wat leerlingen kunnen en nauwelijks beïnvloed worden door toeval. Bij een tweede afname van de betrouwbare toets halen leerlingen dezelfde scores. Zie toets en betrouwbaar.

Bewerking

Het rekenen in de basisschool kent vier bewerkingen, 'hoofdbewerkingen' of 'operaties', namelijk **optellen**, **aftrekken**, **vermenigvuldigen** en **delen**. Het resultaat van een optelling heet de **som**, het resultaat van een aftrekking het **verschil**, van een vermenigvuldiging het **product** en van een deling het **quotiënt**. In een opgave met meerdere bewerkingen is de volgorde:
1 bereken wat tussen haakjes staat
2 machtsverheffen en worteltrekken
3 vermenigvuldigen en delen
4 optellen en aftrekken.

Per stap, zoals vermenigvuldigen en delen, zijn bewerkingen gelijkwaardig. Gelijkwaardige bewerkingen worden van links naar rechts uitgevoerd. De oude regel 'Meneer van Dalen' geldt niet meer. Rekenmachines gebruiken verschillende regels (zie de handleiding van de rekenmachine).
Herhaald optellen wordt beschouwd als een eerste ontwikkelingsfase voor het leren vermenigvuldigen, herhaald aftrekken is een

vorm van (cijferend) delen. Aftrekken en optellen zijn elkaars omgekeerde, ofwel: de bewerking aftrekken is de **inverse** van de bewerking optellen, en de bewerking optellen is de inverse van de bewerking aftrekken. Ook vermenigvuldigen en delen zijn elkaars inverse bewerking. Je kunt de deling 18 : 6 **opvermenigvuldigen**: .. × 6 = 18?
Machtsverheffen gebeurt bijvoorbeeld als je kwadrateert (drie tot de **macht** twee, ofwel drie **kwadraat**, $3^2 = 9$). Dat gebeurt in feite ook bij het meten van oppervlakte (vierkante meter = m^2) en bij de inhoudsmeting (de derde macht bij kubieke meter = m^3). In het voortgezet onderwijs komen de bewerkingen machtsverheffen en worteltrekken uitgebreid aan bod.
Je kunt getallen ook 'bewerken' door het rekenkundig **gemiddelde** te berekenen, dat wil zeggen de getallen op te tellen en de uitkomst daarvan te delen door het aantal getallen (het gemiddelde van 2, 4 en 9 is 5).
Zie ook delen en vermenigvuldigen. 73, 80, 104, 107, 147

Biljard, biljoen
zie getalsysteem 63

Binair talstelsel
zie getalsysteem 53

Blokdiagram
zie grafiek 294, 306

Bol
zie meetkundige figuur 151, 262, 263, 264

Bouwsteenopgaven
Het begrip bouwsteenopgaven wordt gebruikt in het kader van diagnostisch onderzoek. Bouwsteenopgaven gaan in het leerproces vooraf aan de kernopgaven.
Zo zijn de opgaven 97 – 60 = 37 en 37 – 4 = 33 bouwsteenopgaven van de kernopgave 97 – 64 (zie kernopgave).
Je kunt met bouwsteenopgaven onderzoeken of een leerling over de voorkennis en het inzicht beschikt om de kernopgaven op een gewenste manier op te lossen. Zie Rekenen-wiskunde in de praktijk Verschillen in de klas (pp. 38, 97, 124).

Bovenaanzicht
zie meetkunde

Breuk (echte, decimale of tiendelige breuk, teller, noemer, gemengde breuk, gelijknamig, gelijkwaardig, samengestelde, stambreuk, breuk als operator)
Breuken of gebroken getallen ontstaan als resultaat van een niet opgaande (ver)deling bij verdeel- en meetsituaties. Een breuk wordt genoteerd met een **teller** boven de **breukstreep** en een noemer onder de breukstreep. Bij de breuk $\frac{3}{4}$ geeft de noemer de verdeling in vieren aan en de teller het aantal stukjes van de verdeling. Een breuk als $\frac{3}{4}$, met een waarde tussen 0 en 1, noem je een **echte breuk**. De breuk $\frac{1}{4}$, met 1 als teller, noem je een **stambreuk**. Een **gemengd getal** of **samengestelde breuk** bestaat uit eenheden en echte breuken, bijvoorbeeld $2\frac{3}{4}$. Een **decimale breuk, tiendelige breuk** of kommagetal is bijvoorbeeld 0,75. Een breuk staat voor oneindig veel **equivalente, gelijkwaardige** breuken ($\frac{3}{4} = \frac{6}{8} = \frac{9}{12} = \frac{12}{16}$, enzovoort). De breuken $\frac{1}{4}$ en $\frac{3}{4}$ zijn **gelijknamig,** ze hebben dezelfde noemer (naam). **Ongelijknamige** breuken, bijvoorbeeld $\frac{1}{2}$ en $\frac{3}{4}$, hebben niet dezelfde noemers. De breuk $\frac{9}{12}$ kun je **vereenvoudigen**, dat wil zeggen eenvoudiger schrijven

als de gelijkwaardige breuk $\frac{3}{4}$. **Compliceren** is het omgekeerde van vereenvoudigen (hier van $\frac{3}{4}$ naar $\frac{9}{12}$). Sommige delingen leveren een **repeterende breuk** op, een kommagetal met oneindig veel cijfers achter de komma, zoals 1 : 3 = 0,33333... of de deling 2 : 7 = 0, 285714285714... De serie getallen 285714 is het repeterend deel of **repetendum** van de repeterende breuk. Zie ook kommagetal. 130, 147, 181, 186

Breukstreep zie breuk 157, 187

Btw Belasting toegevoegde waarde, het belastingbedrag dat een ondernemer berekent op een product of een dienst en aan de staat afdraagt. Zie ook procenten. 225, 226, 373

Bundelen zie getalsysteem 52, 54, 58

Celsius zie maat

Centi- zie metrieke stelsel 250

Centrummaat zie grafiek 297

Cijferen Cijferen is het rekenen volgens vaste oplossingsmethoden. Een dergelijke vaste werkwijze wordt ook wel een **algoritme** genoemd. De procedure bestaat uit een vaste reeks elementaire handelingen die tot het ene goede antwoord leiden. Bekende cijferprocedures in de bovenbouw zijn het onder elkaar optellen, aftrekken, vermenigvuldigen en staartdelen. Neem het onder elkaar aftrekken. Je begint rechts met het aftrekken van de eenheden, dan de tientallen, enzovoort. Als je 'tekort hebt' – zoals in het geval 5 – 7 bij de opgave 345 – 67 – moet je **wisselen**, hier een tiental in tien eenheden en een honderdtal in tien tientallen (wisselen is het omgekeerde van '**bundelen**' bij het optellen). Je werkt dus met losse cijfers en niet met de hele getallen, zoals bij het hoofdrekenen. Als je grote getallen moet optellen, aftrekken, vermenigvuldigen of delen is cijferen vaak efficiënter dan hoofdrekenen. Vlot kunnen cijferen is in het onderwijs en in de maatschappij minder belangrijk geworden dan vroeger, omdat tegenwoordig veel op de rekenmachine of computer berekend kan worden. 119, 121, 321

Cijfer, cijfersymbool Cijfersymbolen zijn de vaste tekens 0, 1, 2, 3, 4, 5, 6, 7, 8 en 9, die we gebruiken om getallen voor te stellen. We noemen dit ook 'cijfers'. 36, 38, 117

Cilinder zie meetkundige lichamen 151, 255, 262, 263

Cirkel zie meetkundig figuur 263

Cirkelmodel zie model 169, 175, 213

Cirkeldiagram zie grafiek 226, 292, 293, 295

Cognitief netwerk, relatienetwerk — De kennis van een persoon kun je voorstellen als een cognitief netwerk, ook wel relatienetwerk genoemd. Cognitie (Latijn: *cognitio*) betekent leren kennen, kennis of inzicht. Kinderen leren nieuwe kennis en begrippen niet als losstaande zaken. Je breidt je kennis pas echt uit als je iets nieuws toevoegt aan wat je al wist, dus aan je bestaande kennisnetwerk. Dat gebeurt bijvoorbeeld als je ontdekt dat 6 × 8 = 48, omdat je al wist 5 × 8 = 40. Om nieuwe kennis te kunnen gebruiken, moet deze in verband gebracht worden met de bestaande kennis in je eigen cognitief netwerk of relatienetwerk. Zie ook ankerpunt. 93, 105, 341

Commutatieve eigenschap — zie eigenschap van bewerking 74, 82, 92, 105, 177, 191

Compacten — Compacten betekent dat de gewone stof uit de methode door sterke rekenaars in compactere vorm afgehandeld kan worden. Dat komt vaak neer op minder oefenen en minder herhalen van leerstof. Er blijft dan tijd over om op een uitdagender manier verder te gaan met rekenen, liefst met probleemsituaties die zo moeilijk zijn dat de leerling die problemen samen met anderen moet oplossen. Zie Rekenen-wiskunde in de praktijk Verschillen in de klas (p. 127).

Compliceren — zie breuk

Concreet niveau — zie niveaus van oplossen 87, 149, 164, 167, 176

Conflictsituatie — Een conflictsituatie is een situatie met ogenschijnlijk tegenstrijdige gegevens. In de reken-wiskundeles kan de leerkracht een conflict voorleggen aan de leerlingen met de bedoeling de leerlingen aan het denken te zetten en zo tot een verdiept inzicht te brengen. Zie ook activeren. 215, 236, 268

Congruent — zie meetkundige figuur

Construeren — In de onderbouw wordt construeren gebruikt als naam voor een categorie meetkundige activiteiten: bouwen met blokken, knutselen, vouwen, iets maken van natuurlijk materiaal – zoals dozen, oude kranten, wc-rolletjes, enzovoort. Construeren wordt ook in een abstractere betekenis gebruikt, bijvoorbeeld als het construeren van kennis; dat slaat op het actief en betekenisvol verwerven van kennis door leerlingen. 140, 196, 262, 277, 281, 318, 325

Context — In het reken-wiskundeonderwijs verstaan we onder een context een voor kinderen betekenisvolle en herkenbare situatie. Contexten ondersteunen leerlingen bij de eerste begripsvorming, maar geven zo nodig ook houvast als er moeilijkheden zijn met het latere formele rekenen. Denk bijvoorbeeld aan een context met geldbedragen, om kinderen inzicht te geven in kommagetallen, aan een context over eerlijk verdelen bij de oriëntatie op breuken of aan het gebruikmaken van referentiematen bij het meten. Zie ook **Contextgebonden handelen**, onder niveaus van oplossen. 16, 19, 42, 59, 61, 76, 86, 87, 103, 114, 133, 145, 163, 175, 177, 187, 190, 199, 209, 217, 221, 298, 304, 326, 362, 367, 369, 380

Continu of discreet karakter van kommagetallen, respectievelijk breuken
Kommagetallen hebben een continu karakter. Tussen elk tweetal opvolgende hele getallen, bijvoorbeeld 2 en 3, is een continue verdeling mogelijk door systematische verfijning met de factor 10. Eerst met tienden: 2,1 – 2,2 – 2,3, enzovoort, daarna met honderdsten en zo oneindig lang verder. Er zijn tussen elk tweetal opvolgende hele getallen ook oneindig veel gewone breuken, maar de verfijning daarvan gaat veelal met ongelijke sprongen en wordt daarmee een discrete verdeling. 291, 299, 303

Dalen en stijgen
zie grafiek 396

Deca-, deci-
zie metrieke stelsel 250, 254

Decimaal positioneel getalsysteem
zie getalsysteem 56, 246

Decimale breuk
zie breuk

Decimale verfijning
zie maat 192, 194, 195, 196, 198, 201, 202

Deelbaarheid
zie delen 338, 339

Deel-geheelrelatie, deel-geheelverhouding
Breuken geven de verhouding aan tussen een deel en het bijbehorende geheel, bijvoorbeeld 1 op 4 als een vierde deel. Een percentage van 25% geeft de deel-geheelrelatie of deel-geheelverhouding aan tussen het deel en een geheel, dat op honderd is gesteld. 164, 173, 178, 215, 216, 217, 218

Delen, deelbaarheid, deeltal, deler, GGD (grootste gemeenschappelijke deler), KGV (kleinste gemeenschappelijke veelvoud), rest
In de opgave 12 : 3 = 4 is 12 het **deeltal**, 3 de **deler** en de uitkomst 4 het **quotiënt.** De deling 16 : 3 = 5 rest 1 is een **deling met rest** (zie ook hoofdstuk 13, opgave 40). Er bestaan twee verschillende soorten delingen. Bij 12 : 3 kan het gaan om twaalf pepernoten die eerlijk verdeeld mogen worden onder drie kinderen. Je geeft elk kind er eentje, dan allemaal nog eentje, enzovoort. Elk kind krijgt vier pepernoten. We noemen dit (eerlijk) **verdelen**. Een andere situatie is het **opdelen**. Er zijn twaalf tennisballen, die in kokers verpakt worden waarin steeds drie ballen kunnen. Je pakt er drie in, dan weer drie, weer drie en nog drie, en komt tot de conclusie dat je vier kokers nodig hebt. Het is nuttig om het verschil tussen verdelen en opdelen te kennen. De opgave 2 : $\frac{1}{4}$ wordt bijvoorbeeld eenvoudiger als je opdeelt, dus jezelf afvraagt hoe vaak $\frac{1}{4}$ past in twee helen. Getallen hebben meestal meerdere delers; het getal 1 heeft uiteraard maar één deler en priemgetallen hebben er precies twee, namelijk 1 en zichzelf (voorbeelden: 2, 3, 5, 7, enzovoort). Het getal 50 heeft als delers de getallen 1, 2, 5, 10, 25 en 50 zelf. Het getal 60 heeft zelfs twaalf delers, gemakkelijk te vinden door de vermenigvuldigingen met uitkomst 60 systematisch te noteren: 1 × 60, 2 × 30, 3 × 20, 4 × 15, 5 × 12, 6 × 10. De getallen 50 en 60 hebben de delers 1, 2, 5 en 10 gemeenschappelijk. De grootste daarvan, de zogenaamde **grootste gemeenschappelijk (gemene) deler (GGD),** is 10. Veelvouden van 50

zijn 50, 100, 150, 200, 250, 300, enzovoort (de 'tafel van 50' dus). Veelvouden van 60 zijn 60, 120, 180, 240, 300, enzovoort. Het **kleinste gemene veelvoud** dat 50 en 60 gemeen hebben (**het KGV**), is dus het getal 300. Met behulp van de **kenmerken van deelbaarheid** kun je snel zien of een (heel) getal een bepaalde deler heeft. Zo is een getal deelbaar door 2 als het eindigt op een even getal. Een getal is deelbaar door 9 als de som van de cijfers van dat getal deelbaar is door negen (24507 is dus deelbaar door 9). 84, 86, 108, 115, 143, 178, 200

Diagnosticeren

Diagnosticeren is een diagnose stellen of de oorzaak van een probleem achterhalen. Wanneer men bijzonderheden opmerkt in het gedrag of werk van een kind in de groep en zo signaleert dat er bij dat kind iets aan de hand is, kan men met behulp van een **diagnostisch gesprek** of een observatie achterhalen wat precies de oorzaak van de bijzonderheden is. In reken-wiskundemethoden staan soms aanwijzingen voor het diagnosticeren. Daarnaast bestaan er specifieke toetsen en observatielijsten. Een **diagnostisch onderzoek** door het afnemen van een diagnostische toets of het voeren van een diagnostisch gesprek moet leiden tot een diagnose: inzicht in de oorzaak van een onderwijs- of leerprobleem. Dit is nodig om een goed handelingsplan of plan van aanpak te maken om te kunnen **remediëren**, de leerling verder te helpen in zijn of haar leerproces. 89, 93

Diagnosticerend onderwijzen

Diagnosticerend onderwijzen is een manier van onderwijzen waarbij voortdurend wordt ingespeeld op het denken, doen en laten van leerlingen, door steeds opnieuw hun onderwijsbehoefte te bepalen en daarop in te spelen. Zie Rekenen-wiskunde in de praktijk Verschillen in de klas (pp. 124, 149).

Diagonaal

zie meetkundige figuren 262

Dichtheid

zie verhoudingen

Differentiatie

Differentiatie is een algemene term voor het rekening houden met de verschillende onderwijsbehoeften van leerlingen. Er worden diverse soorten differentiatie onderscheiden. Zo is er differentiatie in leerstof (niet alle kinderen doen dezelfde leerstof), differentiatie in niveau van oplossen en differentiatie in tempo. Sommige scholen werken met vaste of wisselende **niveaugroepen**, een organisatievorm waarbij leerlingen die ongeveer hetzelfde rekenniveau hebben, bij elkaar geplaatst worden. **Verlengde instructie** is ook een vorm van differentiatie. Verlengde instructie kan plaatsvinden aan een **instructietafel**: een tafel in het klaslokaal waaraan de leerkracht hulp geeft aan leerlingen die extra begeleiding nodig hebben. Bij het werken met een instructietafel horen duidelijke gedragsregels: als de leerkracht met één of enkele leerlingen aan het werk is aan de instructietafel, weten de andere kinderen dat ze niet mogen storen. De leerkracht kan alleen met een instructietafel werken op momenten dat de rest van de groep zelfstandig werkt. Zie ook organisatie. 151

Discreet
zie continu of discreet karakter van kommagetallen, respectievelijk breuken 291, 303

Distributieve eigenschap (verdeeleigenschap)
zie eigenschap van bewerking 82, 92, 94, 105, 191

Doortellen
Met doortellen wordt meestal de oplossingsaanpak van een aftreksom bedoeld, bijvoorbeeld 13 – 5 =, waarbij vanaf het kleinste getal (5) wordt doorgeteld tot aan het grootste (13), dus: (5), 6, 7, 8, 9, 10, 11, 12, 13. Dat zijn acht stapjes. Op een getallenlijn is dit goed zichtbaar te maken. Een vaak voorkomende fout is dat het kleinste getal (hier 5) wordt meegeteld. Doortellen wordt ook wel aanvullen genoemd. 77, 103

Draaisymmetrie
zie symmetrie

Driehoek
zie meetkundige figuur 262, 263, 279

Driehoeksgetal
zie getal 333

Drieslagmodel
Bij het oplossen van contextproblemen zijn er drie handelingen:
- *betekenis verlenen*, dat wil zeggen bij de context een passende bewerking zoeken
- *uitvoeren*, horizontaal mathematiseren, plannen, dat wil zeggen de bewerking oplossen
- *reflecteren*, dat wil zeggen nagaan of de gevonden oplossing klopt en past bij het probleem in de context.

Zie ook heuristiek en ook Rekenen-wiskunde in de praktijk Verschillen in de klas (pp. 66, 85, 90).

Dubbele getallenlijn
zie getallenlijn 140, 142, 146, 147, 148, 169, 170, 175, 213, 223

Duim
zie maateenheid 241

Dyscalculie
Dyscalculie betekent *niet kunnen rekenen*. Vergelijk dyslexie, dat betekent 'niet kunnen lezen'. Als langdurige en intensieve begeleiding van een leerling met ernstige rekenproblemen geen effect heeft, wordt gesproken van dyscalculie. De vaststelling van dyscalculie zegt nog niets over de oorzaak van het niet kunnen rekenen. Zie Rekenen-wiskunde in de praktijk Verschillen in de klas (pp. 101, 103).

Educatief ontwerp
Een ontwerp voor het onderwijs is een educatief ontwerp. Eigenlijk is alles wat de leerkracht bedenkt en zelf ontwerpt als voorbereiding op zijn lessen een educatief ontwerp. Er bestaat een ruim scala aan educatieve ontwerpen, van klein naar groot. Een klein educatief ontwerp is bijvoorbeeld het bedenken van een uitleg of het maken van een werkblad voor de kinderen. Het opzetten van een thema in groep 6 rondom tijd gedurende de komende maand vraagt doordenking van leerlijnen en een vakoverstijgende kijk op onderwijs. Een dergelijk thema kan een voorbeeld zijn van een groot educatief ontwerp. 244, 300

Eenheid zie getalsysteem en maateenheid. 53, 64, 119, 165

Eén-één-relatie zie tellen, één-één-relatie 40, 41, 288

Eigen producties Om vaardig te worden in rekenen moeten leerlingen veel oefenen. Dat kan door oefeningen uit het boek te maken, maar ook door de leerling zelf oefeningen te laten bedenken. Voorbeelden zijn: 'bedenk zelf sommen waar 24 uitkomt' en 'maak een opdracht voor de kinderen in groep 4 (een vorige groep) die de tafel van 7 moeten leren'. Dit soort opdrachten dwingt de leerling om na te denken over de eigen oplossing: hoe deed ik het zelf, hoe ben ik dat te weten gekomen, wat hielp me om dit te begrijpen? 77, 163, 325

Eigenschap van bewerking De **associatieve eigenschap** is de eigenschap dat men de getallen in een bewerking in een andere volgorde mag afwerken, omdat de uitkomst daardoor niet verandert. De associatieve eigenschap geldt voor de bewerkingen optellen en vermenigvuldigen.
Bij optellen geldt: $(27 + 19) + 31 = 27 + (19 + 31)$
Bij vermenigvuldigen geldt: $(6 \times 8) \times 5 = 6 \times (8 \times 5)$.
De **commutatieve eigenschap** is de eigenschap dat men de getallen in een bewerking mag verwisselen, omdat de uitkomst daardoor niet verandert. De commutatieve eigenschap geldt voor de bewerkingen optellen en vermenigvuldigen. De commutatieve eigenschap wordt ook wel de omkeereigenschap of wisseleigenschap genoemd.
$35 + 48 = 48 + 35$
$2 \times 7 = 7 \times 2$
Voor de rekenkundige bewerking vermenigvuldigen geldt, binnen de verzameling van de reële getallen, de **distributieve eigenschap**: $a \times (b + c) = ab + ac$ en $a \times (b - c) = ab - ac$.
Zie het voorbeeld $12 \times 7 = 10 \times 7 + 2 \times 7$ bij denkmodel.
De distributieve eigenschap wordt ook wel de **verdeeleigenschap** genoemd. 343, 353

El zie maateenheid 241

Ervaren zie meetkunde 272, 277

Equivalent zie breuken en kommagetallen 197

Evenredigheid zie verhouding 21, 138, 140, 141, 143, 145, 147, 148, 150, 151, 169

Evenwijdig zie lijn

Externe verhouding zie verhouding 141, 151

Factor zie vermenigvuldigfactor

Fahrenheit zie maat

Formeel niveau zie niveaus van oplossen 94, 139, 199, 200

Functies van getallen	zie getal 35, 43, 46, 342
Gecijferdheid en professionele gecijferdheid	Iemand die gecijferd is, herkent getallen, bewerkingen met getallen en wiskundige structuren (schema's, modellen) in allerlei situaties en kan daar handig en kritisch mee omgaan. Gecijferdheid wordt ook wel aangeduid als wiskundige geletterdheid. Professionele gecijferdheid is het vermogen van de leerkracht om op vier, met elkaar samenhangende niveaus de nodige kennis, inzichten, vaardigheden en houding toe te passen. Die niveaus betreffen elementaire gecijferdheid, wiskunde in de eigen omgeving en in de omgeving van kinderen, oplossingsprocessen bij het oplossen van reken-wiskundeproblemen en inspelen op het wiskundig denken van leerlingen. 314
Gelijkbenig	zie meetkundige figuur 279
Gelijknamig, ongelijknamig	zie breuk 362
Gelijkvormig	zie meetkundige figuur 134, 135
Gelijkwaardigheid	zie breuk 159, 162, 164, 165, 174, 187, 189, 190, 191, 199, 218
Gelijkzijdig	zie meetkundige figuur 279
Gemengd getal	zie breuk
Gemiddelde (rekenkundig)	zie bewerking 111, 140, 203, 204, 227, 297, 343
Generaliseren	Generaliseren is een **wiskundige activiteit** waarbij men na het doen van eerdere ontdekkingen rondom een probleem een structuur ziet of regelmaat herkent en op grond daarvan een algemener geldende uitspraak durft te doen over het probleem. In feite generaliseert een leerling al als hij of zij met de uitkomst van 5 + 4 de uitkomst van 15 + 24, 25 + 74, enzovoort herkent (zie ook het begrip analogie). Dat gebeurt ook als een leerling ontdekt dat je een rij van gelijke verhoudingen of van gelijkwaardige breuken oneindig lang kunt voortzetten of dat een handeling als gelijknamig maken algemeen toepasbaar is. 23, 76, 107, 170
Gesloten en open problemen, rijk probleem	Een gesloten probleem of opgave kent één juist antwoord. Een open probleem of opgave geeft ruimte aan verschillende oplossingen. Een rijk probleem kenmerkt zich door het open karakter, een heldere, vaak maatschappelijk relevante context, het activerend vermogen en de eigenschap dat leerlingen er op verschillende niveaus aan kunnen werken. Rijke problemen nodigen uit tot samenwerken en bevorderen een positieve wiskundige attitude. Zie ook activeren en interactie.
Gestandaardiseerde verhouding	zie procenten
Gestrekte hoek	zie hoek

Getal, getalsoorten, getalfuncties

Getallen hebben een vijftal **functies** in het dagelijks leven. Ze kunnen een hoeveelheid aangeven (**kardinaal getal** of **hoeveelheidsgetal**), een ordening (**ordinaal getal** of **telgetal**), een maat (**meetgetal**) of een naam, zoals in 'bus 12' (**naamgetal**). In een opgave als 2 × 3 = 6 hebben de getallen een rekenfunctie (**rekengetal**). Getallen zijn geordend in een systeem (zie getalsysteem). Er zijn **natuurlijke getallen** (de telrij: 1, 2, 3, enzovoort), **gehele getallen** (de natuurlijke getallen uitgebreid met nul en de **negatieve** gehele **getallen**), **rationale getallen** (gehele getallen plus de breuken) en **reële getallen** (de gehele getallen plus de getallen die niet als echte breuk zijn te schrijven, bijvoorbeeld √3 en **π (pi)**). De reële getallen omvatten dus alle andere soorten. Overigens wordt die verzameling nog weer uitgebreid tot de imaginaire getallen, maar die vallen buiten het programma van de basisschool.
Verder zijn er soorten getallen, getallen met bijzondere eigenschappen, zoals:

- **driehoeksgetallen** (1, 3, 6, 10, enzovoort, weer te geven in een driehoekige vorm)
- **vierkantsgetallen** (kwadraten, weer te geven in vierkanten: 1, 4, 9, 16, enzovoort)
- **rechthoeksgetallen (**2, 6, 12, 20, enzovoort, weer te geven als 1 × 2, 2 × 3, 3 × 4, 4 × 5, 5 × 6 enzovoort)
- priemgetallen
- volmaakte getallen
- het getal π (pi).

Een **priemgetal** is een getal met precies twee verschillende delers, namelijk 1 en zichzelf. Het getal 17 is bijvoorbeeld een priemgetal, want het is alleen deelbaar door 1 en door 17 (het getal 1 is dus geen priemgetal). Een **volmaakt getal** of perfect getal is een positief natuurlijk getal dat gelijk is aan de som van zijn echte delers (dus buiten zichzelf, 1 wordt als echte deler meegerekend). In formulevorm: als s(n) de som is van alle delers van n, met uitzondering van n zelf, dan noemen we n een perfect getal als geldt s(n) = n. Voorbeeld: S(6) = 1 + 2 + 3 = 6. Het bijzondere getal **π (pi)** ontstaat als je de omtrek van een cirkel deelt door de lengte van zijn middellijn, of de oppervlakte deelt door het kwadraat van de straal. 37, 38, 104

Getalbeeld

zie structuur 43, 88

Getallenlijn, lege getallenlijn, dubbele getallenlijn

Een getallenlijn is een lijn met hokjes of streepjes waarop kinderen getallen kunnen plaatsen (positioneren) en ordenen, en die ook gebruikt wordt om optel- en aftreksommen en eenvoudige vermenigvuldigingen mee uit te rekenen. De getallenlijn wordt in groep 3 geïntroduceerd, meestal in de vorm van een waslijn met kaartjes eraan met de getallen 1 tot en met 10 erop. Bij het optellen en aftrekken tot 100 wordt van kinderen verwacht dat zij zelf bij opgaven een lege lijn tekenen en daarop de getallen aangeven waaraan zij op dat moment behoefte hebben. Deze **lege getallenlijn** wordt het denkmodel voor het rekenen tot 100.

In de bovenbouw wordt de getallenlijn onder andere ingezet bij de decimale getallen of bij een tijdbalk.
Een **dubbele getallenlijn** is een getallenlijn met onder en boven verschillende getallen of grootheden, waarbij boven- en onderkant aan elkaar gerelateerd zijn. Zie ook strook en verhoudingstabel. 39, 62, 65, 74, 88, 89, 174, 177, 178, 192, 199, 200, 325

Getalsysteem
Een getallensysteem of **talstelsel** is een wiskundig systeem om getallen voor te stellen. De getallen waarmee mensen over de gehele wereld rekenen, zijn **decimaal** ofwel **tientallig**, **positioneel** geordend, dat wil zeggen dat de waarde van een cijfer afhangt van de positie van dat cijfer, en natuurlijk ook van het aantal dat het cijfer zelf aangeeft. Links van de eenheden staan de **tientallen** (**bundels** van tien eenheden) , links daarvan de **honderdtallen** (**bundels** van tien tientallen), links daarvan de **duizendtallen**. Een **miljoen** is in cijfers 1 000 000 of 10^6 (tien tot de **macht** zes); vervolgens krijgt ieder getal dat duizend keer zo groot is een nieuwe naam: **miljard**, **biljoen**, **biljard**, **triljoen**, **triljard**, **quadriljoen**, **quadriljard**. Quadriljoen schrijf je als 10 E 24 = miljoen tot de vierde. Rechts van de **eenheden**, achter de komma, staan de tienden, rechts daarvan de honderdsten, enzovoort. In het getal 202 heeft het linkercijfer 2 door zijn plaats de positiewaarde 200, het rechtercijfer heeft de waarde 2. In een **positieschema** (H, T, E) wordt dat zichtbaar voor leerlingen.
Het Romeinse getalsysteem is niet positioneel, maar additief. De Babyloniërs werkten niet tientallig, maar zestigtallig ofwel **sexagesimaal**. Computers rekenen in een tweetallig of **binair getalsysteem**, dat alleen uit de cijfers 0 en 1 wordt opgebouwd. In de ICT-wereld wordt ook zestientallig ofwel **hexadecimaal** gerekend. 52, 56, 66, 245, 319, 337

Getalsoorten, getalfuncties
zie getal

Giga
zie metrieke stelsel 250, 254

Graden
zie hoek en maat 241

Grafiek, grafisch model, legenda, lineair verband, interpreteren, interpoleren, extrapoleren
Een grafiek of grafisch model is een visuele voorstelling van een gegevensverdeling, al of niet in percentages. Grafieken worden gebruikt om relatief grote hoeveelheden gegevens overzichtelijk weer te geven en te vertolken ofwel: te **interpreteren**. In de **legenda** bij een grafiek of kaart wordt uitgelegd wat de gebruikte symbolen betekenen (bijvoorbeeld de betekenis van de assen of de schaal van de kaart). Een **lijngrafiek** wordt gebruikt om te laten zien hoe iets zich in de loop van de tijd ontwikkelt, waarbij de tijd meestal op de horizontale **as** en de andere **variabele** op de verticale **as** staat. Een **tijd-afstandgrafiek** is een lijngrafiek met de tijdsaanduiding op de horizontale en de afstand op de verticale as. Als de lijn omhoog gaat, **stijgt** (omgekeerd **daalt**) de snelheid. Bij een lijngrafiek is er sprake van een **continu** verloop van de variabelen; tussen elk tweetal meetpunten bestaat er een tussenliggende waarde. Zo'n waarde bepalen heet

interpoleren. Je kunt ook **extrapoleren** op basis van een grafiek, in dat geval voorspel je op basis van de grafiek een waarde buiten die grafiek. Als de verhouding tussen de twee variabelen (bijvoorbeeld tijd en afstand) constant is, spreek je van een **lineair verband**; de grafiek is dan een rechte lijn. Het **cirkeldiagram** wordt veel gebruikt voor het weergeven van uitslagen van enquêtes, verkiezingen en andere verdelingen van grote aantallen gegevens. De cirkel voldoet uitstekend als grafisch model; hij geeft in één oogopslag de gegevensverdeling weer, al of niet in percentages. Een segment ('taartpunt') van de cirkel heet een **sector**. Een **beelddiagram**, **staafgrafiek** of **histogram** gebruik je voor het in beeld brengen van verschillen in aantallen. Zie verder subparagraaf 11.1.2 voor toelichtingen op en afbeeldingen van de **lijngrafiek**, het **cirkeldiagram**, het **histogram**, de **staafgrafiek**, het **blokdiagram**, een **beelddiagram**, het **stroomdiagram**, het **steelblad-** of **stengel- en bladdiagram**, en de **puntenwolk**.
Centrummaten als het **rekenkundig gemiddelde** (zie bewerking), **de modus** en de **mediaan** geven met één getal een indruk van grafische gegevens of de verdeling van die gegevens. De mediaan is van een serie waarnemingen de middelste waarde; de modus is de waarde die het vaakst voorkomt, in een staafgrafiek meestal zichtbaar door de langste staaf. 169, 236, 287, 288, 290, 291, 292, 293, 298, 299, 343

Groepjesmodel — zie model 62, 92

Groepsplan — Een groepsplan is een overzichtelijke planning waarin recht gedaan wordt aan de onderwijsbehoeften van alle leerlingen in de groep. Zie ook Rekenen-wiskunde in de praktijk Verschillen in de klas (pp. 128, 152).

Groepsstructuur — zie structuur 81, 83, 191

Grondgetal — Het bedrag of aantal waarvan je uitgaat bij de berekening van procenten wordt wel het grondgetal genoemd. Je kunt niet zonder meer zeggen dat 40% meer is dan 30%. Dat gaat alleen op als je bij de berekening uitgaat van hetzelfde grondtal. 216, 217, 222, 224

Grootheid — Een grootheid is datgene wat je kunt meten. In het basisonderwijs komen de grootheden lengte, oppervlakte, inhoud, tijd, gewicht, temperatuur en snelheid aan de orde. De grootheid lengte wordt ook wel afstand genoemd. Onder lengte vallen ook breedte en omtrek. Snelheid is een **samengestelde grootheid**, omdat die gebaseerd is op twee andere grootheden, namelijk lengte en tijd. 16, 132, 141, 143, 236, 237, 241, 252

Grootste gemene deler (GGD) — zie delen 95

Handelingsgericht werken (HGW) — HGW is een systematische, cyclisch georganiseerde aanpak om rekening te houden met verschillen in de klas. Een cyclus HGW bestaat uit drie fasen, namelijk informatie inwinnen, het leren begrijpen van leerling- en groepsgegevens, en het plannen en adequaat handelen in de klas. Zie ook Rekenen-wiskunde in de praktijk Verschillen in de klas (pp. 150, 152, 153).

Handelingsmodel

Volgens dit model zijn er vier niveaus in het handelen te onderscheiden. Op het eerste en laagste niveau leren kinderen op informele wijze door individueel of samen iets te doen of te beleven. Op het tweede niveau leren zij door over een concrete situatie te praten en daarbij gebruik te maken van afbeeldingen of situaties. Op het derde niveau leren zij op een abstracter niveau te redeneren aan de hand van schematische voorstellingen van de werkelijkheid (denkmodellen, schematiseren). Ten slotte leren zij op het hoogste niveau redeneren op basis van tekst, getallen of een combinatie van beide (formeel handelen, berekeningen uitvoeren, symboliseren). Zie ook Rekenen-wiskunde in de praktijk Verschillen in de klas (pp. 29, 64).

Handelingsplan

Een handelingsplan is een document waarin beschreven wordt welke extra, specifieke hulp wordt ingezet voor een individuele leerling. In dit document horen onder andere te staan de beginsituatie van de leerling en het concrete doel, de werkwijze en de evaluatie van de hulp. Zie ook Rekenen-wiskunde in de praktijk Verschillen in de klas (pp. 121, 122).

Handig of gevarieerd (hoofd)rekenen

Bij handig rekenen gaat het om hoofdrekenen waarbij gebruikgemaakt wordt van eigenschappen van getallen en bewerkingen. Dit wordt ook wel flexibel rekenen of **varia** genoemd. Voorbeelden zijn:

- 238 + 199 = 238 + 200 – 1 (199 ‘ligt naast’ of ‘is buur van’ 200 of ‘één minder dan 200’)
- 12,5 × 16 = 16 × 12,5 = 2 × 8 × 12,5 = 2 × 100 = 200 (achtereenvolgens de commutatieve eigenschap en de associatieve eigenschap)
- de strategie één keer meer of één keer minder: 9 × 79 = 10 × 79 – 1 × 79 = 790 – 79 = 711 (de distributieve eigenschap) 89, 102, **106,** 107, 139, 148, 200, 222, 223, 340, 370

Handspan

zie maat

Hecto-

zie metrieke stelsel 250

Herhaald optellen herhaald aftrekken

zie bewerking 81, 83, 90, 91, 177, 178, 224

Heuristiek

Heuristieken zijn manieren om problemen op te lossen waarvoor je geen standaardoplossingen kent. Problemen dus waarbij je echt moet nadenken hoe je ze kunt aanpakken. Als leerkracht kun je tijdens je onderwijs heuristieken gebruiken om kinderen te leren op welke manier ze een probleem kunnen oplossen. In grote lijnen verloopt het proces van oplossen van een wiskundig probleem via de volgende stappen:

- Wat is het probleem?
- Wat ga je doen?
- Doe het!
- Wat deed ik precies?

In de laatste stap wordt gereflecteerd op het oplossingsproces. Zo kan niveauverhoging plaatsvinden, waardoor de leerling bij een volgend probleem inziet dat er sprake is van eenzelfde structuur (zie bijvoorbeeld analogie). 211

Hexadecimaal getalsysteem of talstelsel zie getalsysteem

Histogram zie grafiek 293, 295, 303

Hoek, gestrekte hoek, rechte hoek, scherpe hoek, stompe hoek, loodrecht Een **gestrekte hoek** is een hoek van 180° (in feite dus een rechte lijn). Een **rechte hoek** is 90°, een **stompe hoek** groter dan 90°, een **scherpe hoek** kleiner dan 90°. Twee lijnen of vlakken staan **loodrecht** op elkaar als ze een hoek van 90 graden (90°) vormen. In het basisonderwijs wordt met een 'hoek', behalve als meetkundige figuur, ook wel een organisatievorm aangeduid waarbij kinderen in kleine groepjes op vaste plekken in het lokaal werken. Voorbeeld: in kleutergroepen is doorgaans een bouwhoek. 293, 295, 303

Hoeveelheidsgetal zie getal 35

Hoofdrekenen Hoofdrekenen is een van de manieren om opgaven met grotere getallen uit te rekenen, naast het schattend rekenen, het kolomsgewijs of cijferend rekenen en het werken met een rekenmachine. Hoofdrekenen hoeft niet strikt uit het hoofd te gebeuren. Er mag best iets genoteerd worden op een uitrekenblaadje; hoofdrekenen is namelijk 'rekenen met je hoofd'. 101, 107, 108, 117, 321

Inch zie maateenheid 241, 255

Informele kennis Over vrijwel alle onderwerpen die in de basisschool aan de orde komen, hebben kinderen vooraf zelf al kennis opgebouwd. Kleuters kunnen vaak al kleine hoeveelheden tellen voor ze in groep 1 komen, leerlingen van de bovenbouw kennen dikwijls al de betekenis van een kwart, 20% korting en meer. Het is verstandig om in het onderwijs rekening te houden met de informele kennis van leerlingen. Dat vergroot de kans op betekenisvol leren. 164, 172, 220

Inflatie zie procenten 150, 227, 380

Inhoud zie grootheid 237, 248, 255, 381

Instructie

Instructie is de informatie die nodig is om een actie zelfstandig uit te kunnen voeren. Instructies kunnen op papier staan of mondeling gegeven worden. Nieuwe stof wordt door de leerkracht doorgaans mondeling toegelicht. Dat geeft de leerkracht de mogelijkheid na te gaan of de leerlingen de instructie begrijpen. De instructie bij bekende oefenstof staat doorgaans voor leerlingen afgedrukt bij de oefening in het boek. Er worden verschillende soorten instructies onderscheiden, zoals klassikale, individuele en interactieve instructie. **Verlengde instructie** is bedoeld voor een klein aantal kinderen die extra hulp nodig hebben. Het begrip suggereert verlenging van de reguliere instructie. Dat kan ook zo zijn, maar het gaat vaak om specifieke aandacht van de leerkracht tijdens het zelfstandig werken. Zie ook Rekenen-wiskunde in de praktijk Verschillen in de klas (p. 134).

Instructietafel

zie differentiatie

Interactie

Er wordt over interactie gesproken als er communicatie plaatsvindt tussen twee actoren. In een klas is dit de communicatie tussen de leerkracht en leerling(en), of tussen leerlingen onderling. Of die interactie leerkrachtgestuurd (verticaal), leerlinggestuurd (horizontaal) of een combinatie van beide is (simultane, gemengde of gedeelde sturing), hangt samen met de aard van de onderwijssituatie.
Interactie is een breed begrip. In het geval van de interactieve les kun je denken aan de leerkracht die met de leerlingen praat, aan een leerkracht die iets uitlegt aan de leerlingen, aan een gesprek in de klas over een gekozen aanpak of aan een gesprek in een groepje, met een medeleerling of met de leerkracht. Een goede afwisseling van de soorten interactie vergroot de kans op een zinvolle en betekenisvolle uitwisseling van ideeën, inzichten en werkwijzen tussen leerlingen en leerkracht. 31, 107, 120, 139, 145, 202, 240, 277, 326

Interne verhouding

zie verhouding 145

Inverse

zie bewerking 78, 85, 87, 94, 108, 201

Interpoleren, extrapoleren

zie grafiek 299

Inzicht (kerninzicht)

Wiskunde is een vak waarbij inzicht een grote rol speelt. Inzicht in wiskundige essenties verwerft een mens niet lineair en stapsgewijs, maar cyclisch en sprongsgewijs. Aan het inzicht in onze getalstructuur moet bijvoorbeeld door de hele basisschool heen regelmatig worden gewerkt.
In het boek *Kerninzichten* worden de belangrijkste inzichten uitgewerkt die kinderen in de loop van de basisschool moeten verwerven. Zonder deze inzichten stagneert het leerproces. 24, 133, 163, 165, 168, 170, 173, 174, 178, 189, 190, 196, 198, 201, 202, 220, 180

Kansverhouding, kansbreuk	zie verhoudingen 171, 360
Kardinale of hoeveelheidsfunctie	zie getal
Kegel	zie meetkundige figuur 151
Kelvin	zie maat
Kernopgaven	Het begrip kernopgaven wordt gebruikt in het kader van diagnostisch onderzoek. Kernopgaven zijn kenmerkende opgaven voor een deeldomein, zoals overbruggen van de 10 of aftrekken tot 100. Als een leerling zulke opgaven onvoldoende beheerst, worden deze als uitgangspunt genomen in een diagnostisch gesprek. Zie verder Rekenen-wiskunde in de praktijk_Verschillen in de klas, pp. 88, 90, 97. Zie ook bouwsteenopgaven.
KGV (kleinste gemene veelvoud)	zie delen
Kijklijn, viseerlijn	Een kijklijn of viseerlijn is een denkbeeldige rechte lijn tussen het oog van de waarnemer en het object waarnaar hij kijkt. 267, 268, 281
Kilo-	zie metrieke stelsel 250
Kleinste gemene veelvoud (KGV)	zie delen
Kolomsgewijs rekenen	Kolomsgewijs rekenen is een oplossingsmanier voor optellen en aftrekken met grotere getallen die een overgangsfase vormt tussen het hoofdrekenen en het cijferen. Net als bij cijferen zet je de getallen bij kolomsgewijs rekenen onder elkaar. Het verschil met cijferen is dat je niet rechts begint en met losse cijfers werkt, maar gewoon van links naar rechts rekent met de volledige getallen. Zie ook rekenen met tekorten. 116, 117, 119, 120
Kommagetal, formeel, benoemd; equivalent	Een kommagetal is een getal als 1,478, waarin de cijfers achter de komma gelijkwaardig zijn aan gewone tiendelige breuken – in het voorbeeld $\frac{4}{10}$, $\frac{7}{100}$ en $\frac{8}{1000}$. Een **formeel kommagetal** is een kaal kommagetal, dus een rekengetal zonder bijbehorende grootheid; een **benoemd kommagetal** is bijvoorbeeld 23,35 m. Een formeel kommagetal heeft oneindig veel gelijkwaardige **equivalenten**: 92,7 = 92,70 = 92,700 = 92,7000, enzovoort. 23, 181, 187, 189, 190, 195, 197, 245
Kruisende lijnen	zie lijn
Kubieke meter	zie maat 237, 241, 248

Kubus	zie meetkundige figuur 262, 263
Kwadraat	zie bewerking 63
Kwalitatieve analyse	Een kwalitatieve analyse is gericht op het proces, op hoe een kind gerekend heeft. Als een kind in schriftelijk werk alleen antwoorden noteert, is het vaak niet mogelijk een kwalitatieve analyse te maken, omdat je niet zeker kunt weten hoe een kind gerekend heeft. Zie ook kwantitatieve analyse.
Kwalitatieve verhoudingen	zie verhouding
Kwantificeren	Kwantificeren is het toekennen van een hoeveelheid of getal aan een grootheid. Als je de lengte van een weg uitdrukt in een aantal meters, dan is dat getal een kwantificering van de lengte. 143, 237, 241
Kwantitatieve analyse	Een kwantitatieve analyse is een analyse van het aantal goede en foute antwoorden. Zie ook 'kwalitatieve analyse' en 'norm'.
Leerlijn	Leerlingen verwerven in de basisschool (kern)inzichten van rekenen en wiskunde. Leerlijnen geven globaal aan langs welke lijn leerlingen kerninzichten en bijbehorende begrippen kunnen verwerven. Kerninzichten en leerlijnen zijn beschreven op basis van de analyse van leerprocessen. Het is voor leraren belangrijk kerninzichten en leerlijnen als een samenhangend geheel te kennen, omdat die kennis houvast geeft bij het plannen, uitvoeren en evalueren van het onderwijs. 18, 20, 21, 58, 86, 106, 142, 172, 198, 220, 252, 277, 300
Leerlingvolgsysteem	Een leerlingvolgsysteem bestaat uit een set methodeonafhankelijke, genormeerde toetsen en daarbij behorende richtlijnen en hulpmiddelen om de resultaten systematisch te registreren en te analyseren op leerling, groeps- en schoolniveau. Het leerlingvolgsysteem geeft de leerkracht en de schoolleiding inzicht in de studievoortgang van elke leerling, maar geeft ook zicht op de kwaliteit van het onderwijs in de klas en de school. 327
Leeromgeving	Een leeromgeving – onderdeel van het curriculum – is de omgeving die bij leerlingen de vereiste leerprocessen moet oproepen, begeleiden en op gang houden om de gewenste leerresultaten te bereiken. De leeromgeving bestaat uit doelen, beginsituatie, leerinhouden, leeractiviteiten, leermiddelen, werkvormen en evaluatie. De **visie** van het schoolteam bepaalt in belangrijke mate hoe de leeromgeving voor een vak als reken-wiskunde wordt ingericht. 220
Legenda	zie grafiek 276
Lengte	zie grootheid 237
Lijn	zie meetkundige figuur 267

Lijngrafiek — zie grafiek 291, 293, 303

Lijnspiegelen — zie spiegelen

Lijnstructuur — zie structuur 62, 84, 191

Lijnsymmetrie — zie symmetrie

Lineair verband — zie grafiek 305

Liter — zie maat 237, 241, 248

Loodrecht — zie meetkundige figuur 264

Lokaliseren — zie meetkunde 276

Maat, maateenheid, natuurlijke maat, standaardmaat, samengestelde maat, meetnauwkeurigheid, decimale verfijning

Kinderen van de basisschool leren werken met **standaardmaten** als meter (m), vierkante meter (m^2), **kubieke meter** (m^3), uur, kilogram (kg), graden (temperatuur; Celsius of hoekmaat) en **samengestelde maten** als kilometer per uur (km/u). Andere maten uit het internationale basiseenheden stelsel (SI), zoals ampère (stroom), Kelvin (absolute temperatuur), hoeveelheid stof (mol) en lichtsterkte (candela) komen pas in het voortgezet onderwijs aan bod. Celsius (temperatuur) en Fahrenheit (temperatuur in de VS) zijn eigenlijk geen basiseenheidsmaten, maar 'gewoontematen'. Zie ook internet onder **SI-basiseenheden**.
Bij meetactiviteiten wordt een geschikte maateenheid gebruikt om de grootheid (lengte, oppervlakte, inhoud, gewicht, enzovoort) te meten die in de situatie gevraagd wordt. Wanneer deze maateenheid afgeleid is van lichaamsmaten (**duim, el, handspan, voet**) of andere willekeurig gekozen maten noemen we het een **natuurlijke maat**. Bij kleuters kun je hierbij denken aan het nemen van voetstappen of het gebruiken van de lengte van een schoen. Zo ontstaan meetgetallen (zes voetstappen).
Bij het gebruik van natuurlijke maten stuit je op het probleem dat deze onderling niet vergelijkbaar zijn. Daarom werden in de loop van de geschiedenis afspraken gemaakt over zogenaamde **standaardmaten**, om in onderlinge contacten (denk aan handelen op de markt) op een eenduidige manier te kunnen communiceren. Zo ontstonden onder andere de meter (lengte), de liter (inhoud), het uur (tijd) en de gram (gewicht). Om nauwkeuriger te kunnen meten zijn de standaardmaten **decimaal verfijnd** tot decimeter, centimeter, millimeter, enzovoort. Bij een meetgetal geeft het aantal decimalen de **meetnauwkeurigheid** aan. De afstand 92,7 km op een kilometerteller is tot op de hectometer nauwkeurig: de afstand kan variëren van 92,65 tot 92,75 km. Zie ook grootheid en meten. Overigens zijn de Engelse standaardmaten afgeleid van natuurlijke maten en geen decimale herleidingen van elkaar (1 **inch** = 2,54 cm; 1 foot = 12 inches = 30,48 cm; 1 **mile** = 1,609 km). 168, 237, 240, 249

Macht

zie bewerking 63, 95

Mathematiseren (horizontaal, verticaal)

Mathematiseren betekent letterlijk ver-wiskundigen, tot wiskunde maken. Mathematiseren is de werkwijze waarbij men situaties en problemen uit de concrete wereld zo bewerkt dat men de reken-wiskundige kennis erop los kan laten. Daartoe moet het probleem eerst worden beschreven in wiskundige termen, zodat het met wiskundige middelen kan worden opgelost.
Het reken-wiskundig 'vertalen' van een context heet **horizontaal** mathematiseren. Dat gebeurt bijvoorbeeld als een leerling in de volgende situatie de bijbehorende deling kan noteren. 'Er gaan 1008 supporters met een extra trein naar de voetbalwedstrijd. In een wagon zijn 48 zitplaatsen. Hoeveel wagons zijn er nodig?'
De mogelijkheid om een probleem verdergaand wiskundig te verwerken, bijvoorbeeld op een steeds hoger niveau (alsmaar grotere 'happen' eraf halen bij het delen in het voorbeeld van de supporters), heet **verticaal** mathematiseren. 73, 210, 314, 323

Mediaan

zie grafiek 297

Meetgetal

zie getal 36, 168, 169, 189, 196, 197, 200, 201, 43

Meetkunde, meetkundige activiteiten, leerfasen: ervaren, verklaren en verbinden

Meetkunde richt zich op het beleven en interpreteren van de ruimte waarin we leven.
Meetkunde op de basisschool gaat over meetkundige eigenschappen van voorwerpen en de bijbehorende taal (vlak, rechthoekig, cirkelvormig, kubusvormig) en **activiteiten**, zoals **transformatie** (**verschuiven of transleren, spiegelen, draaien**), **oriënteren** en **lokaliseren** (plaats bepalen in de ruimte, blokken bouwen, 'waar staat de fotograaf', coördinaten), **viseren** (kijklijnen gebruiken om een richting te bepalen) en **projecteren** (bijvoorbeeld het **aanzicht** van bouwwerk of schaduwen herkennen van meetkundige figuren; de plattegrond van een bouwwerk is vaak een **bovenaanzicht**).
Bij **lokaliseren** ligt de nadruk op het kunnen vinden van je eigen standpunt in de ruimte om je heen: op welke plaats is deze foto genomen? Bij welke wegwijzer op de kaart zullen we nu zijn?
Van de drie leerfasen voor meetkunde – **ervaren**, **verklaren** en **verbinden** – staat bij kleuters vooral de leerfase 'ervaren' centraal. Hiermee wordt bedoeld dat kinderen de omgeving waarin ze zich bevinden waarnemen en die omgeving verkennen. Soms wordt er ook (samen) verklaard wat er te zien is. Ze leren daarbij meetkundetaal te gebruiken, zoals namen van vormen en figuren, ook in **perspectief** weergegeven, en handelingen die met vormen en figuren kunnen worden uitgevoerd, zoals draaien en zeggen waar iets staat, wat je ziet en hoe je kijkt. Bijvoorbeeld: 'Zou je die boom kunnen zien als je uit dat raam kijkt?'
Door deze taal kunnen kinderen hun ervaringen over meetkundige activiteiten delen. De leerfase 'verbinden', de samenhang zien tussen meetkundige begrippen, komt in hogere groepen aan de orde. Daar ligt het accent bij meetkunde op de **ruimtelijke oriëntatie**, het verder ontwikkelen van het ruimtelijk inzicht en het **ruimtelijk redeneren**. 133, 134, 263

Meetkundige figuur, vlakke figuur, ruimtelijke figuur of meetkundig lichaam, congruent, gelijkvormig, hoek, lijn

De cirkel, driehoek, vierkant, rechthoek, ruit, parallellogram, trapezium en vlieger zijn **vlakke figuren** (figuren in het tweedimensionale, platte vlak). Figuren heten **gelijkvormig** als de één een vergroting of verkleining van de ander is. **Congruente** figuren zijn figuren die *elkaar* volkomen bedekken (merk op dat gelijkvormige figuren niet congruent hoeven te zijn). Een **gelijkbenige** driehoek heeft twee even lange zijden. Een **gelijkzijdige driehoek** heeft drie even lange **zijden**.
Een **diagonaal** is een lijnstuk dat twee niet-aangrenzende hoekpunten van een veelhoek (driehoek, vierhoek, enzovoort) verbindt. **Evenwijdige lijnen** zijn lijnen die parallel lopen (anders: elkaar snijden in het oneindige). **Kruisende lijnen** zijn lijnen die elkaar niet snijden en niet evenwijdig zijn.
Bol, cilinder, kegel, kubus, parallellepipedum, piramide, prisma, platonische lichamen, regelmatig viervlak, regelmatig achtvlak, regelmatig twaalfvlak en regelmatig twintigvlak zijn **ruimtelijke figuren**. (Zie voor afbeeldingen ook de figuren in de antwoorden bij paragraaf 6.5 van *Rekenen-wiskunde in de Praktijk, Onderbouw* op de website.) 134

Meetnauwkeurigheid

zie maateenheid 165, 195, 196, 204, 158, 245

Mega-

zie metrieke stelsel 250

Memoriseren

Memoriseren is het uit het hoofd leren of inprenten van feitenkennis. De optellingen tot 20 en de tafels van vermenigvuldiging tot en met 10 × 10 moeten gememoriseerd worden. Memoriseren en automatiseren liggen dicht bij elkaar. Een leerling heeft de keersom 7 × 8 gememoriseerd als hij of zij direct (zonder uit te rekenen) zegt dat het antwoord 56 is. Deze leerling zou de keersom 7 × 8 geautomatiseerd hebben, wanneer hij/zij nog snel enkele denkstappen uitvoert (bijvoorbeeld: 7 × 8 = 8 × 8 – 8 = 64 – 8 = 56) en het antwoord niet direct, maar na enkele seconden noemt. Zie ook automatiseren. 81, 89, 93, 179, 341

Mentale handeling, mentale voorstelling

Handelingen die kinderen volledig in het hoofd uitvoeren, worden mentale handelingen genoemd. Een mentale voorstelling is een 'beeld in je hoofd'. Zie ook activeren. 267, 272

Meten

Meten is het **kwantificeren** van een grootheid door afpassen of aflezen van een maat.
Via afpassen kun je een meetresultaat bepalen. **Afpassen** doe je met behulp van een maateenheid. Dat kan een natuurlijke maateenheid zijn: je meet globaal de lengte van je lokaal met behulp van grote passen. Je blijkt ongeveer acht passen te kunnen nemen. Je kunt ook meten in standaardmaten, bijvoorbeeld met een meetlat: met een meetlat (bordliniaal) van een meter pas je acht keer een meter af. Daarna kun je nog een halve meter afpassen. Met **aflezen** wordt bedoeld het bepalen van een meetresultaat met behulp van een meetinstrument. Op een liniaal bijvoorbeeld kan het resultaat worden afgelezen: het potlood is 12 cm en 3 mm lang. Op een weegschaal weeg je 100 gram meel af. Het resultaat kan op een schaalverdeling worden afgelezen. Zie ook grootheid en maateenheid. 134, 187, 237, 238, 239, 325

Meter

zie grootheid 237

Metrieke stelsel

Het metrieke stelsel is een stelsel van lengte-, oppervlakte-, inhouds- en gewichtsmaten dat zo ontworpen is dat er op een handige manier gerekend kan worden met de erin voorkomende maten. Er wordt gebruikgemaakt van de structuur van het tientallig stelsel. Elke volgende lengtemaat is een factor 10 groter dan de vorige. Zo kunnen alle lengtematen probleemloos worden omgerekend.
Er worden zo veel mogelijk dezelfde voorvoegsels gebruikt om grotere en kleinere maten aan de eenheidsmaat te verbinden. Door voorvoegsels als **kilo-, hecto-, deca-, deci-, centi- en milli-** heb je aan één maat (de meter) voldoende om voor allerlei situaties passende lengtematen te construeren.
De eenheidsmaat voor oppervlakte (de **vierkante meter**) en de eenheidsmaat voor inhoud (de **kubieke meter**) zijn afgeleid van de eenheidsmaat voor lengte (de **meter**). De termen **kilo-, mega-, giga- en terra-** duiden op respectievelijk de derde, zesde, negende en twaalfde **macht** van 10. 196, 249, 253

Mile

zie maat

Miljard, miljoen

zie getalsysteem

Milli-

zie metrieke stelsel 250

Model, denkmodel, model van, model voor

Een model of denkmodel staat in het reken-wiskundeonderwijs voor een tekening of een schema dat kan helpen bij het oplossen van een wiskundig probleem. Het model moet relatief eenvoudig zijn, zodat je het makkelijk in je hoofd kunt oproepen als je het nodig hebt. Het model moet de wiskundige structuur **visualiseren**. Een voorbeeld is het rechthoekmodel. Een schematisch getekende rechthoek kan staan voor een tegelpleintje, een krat met flesjes of een doos bonbons. In al deze gevallen wordt de wiskundige structuur, hier de **rechthoekstructuur** van de vermenigvuldiging benadrukt; de rechthoekige structuur is een **model van** de context, de inhoud van krat of doos. Zo helpt een model om bij een concrete situatie een passende formele som te vinden. Het rechthoekmodel helpt ook bij het oplossen van een vermenigvuldigsom in delen, zoals bij $12 \times 7 = 10 \times 7 + 2 \times 7$, omdat het rechthoekmodel laat zien dat je de vermenigvuldiging zo mag verdelen (distribueren). De rechthoek is nu een **model - rechthoekmodel voor** het vermenigvuldigen. Andere voorbeelden van denkmodellen zijn **het groepjesmodel, de strook**, **de lege of dubbele getallenlijn** en de **verhoudingstabel**.
Het **cirkelmodel** is van oudsher een van de bekendste modellen om breuken, percentages en verhoudingen weer te geven. Het brengt de deel-geheelrelatie mooi in beeld, maar geeft kinderen weinig steun bij het denken over en rekenen met breuken. 19, 88, 92, 104, 142, 146, 175, 147, 151, 176, 211, 212, 323, 324, 357, 362, 364, 367, 369, 380

Modelondersteund niveau zie niveaus van oplossen 149, 176

Modus zie grafiek 297

Naamgetal zie getal 36

Natuurlijke maat zie maat 241, 252

Natuurlijk getal zie getal

Negatief getal zie getal 46, 351

Niveaus van oplossen, niveauverhoging

Je kunt een reken-wiskundeprobleem op verschillende niveaus oplossen. Er worden drie niveaus van oplossen onderscheiden: concreet, schematisch en formeel. Op het **concrete niveau** wordt vaak gebruikgemaakt van voor kinderen concrete situaties of materialen. Bij het leren tellen onderscheiden we op het concrete niveau het contextgebonden handelen en het objectgebonden handelen. **Contextgebonden handelen** is het leren tellen in een betekenisvolle context. Die context helpt het kind om te bepalen hoeveel er van iets zijn, juist omdat de situatie voor het kind ook om het vaststellen van een hoeveelheid vraagt. Voorbeelden zijn: 'hoeveel kinderen mogen er in de bouwhoek?' en 'hoeveel bekertjes zijn er nodig om alle poppen iets te drinken te geven?' Als kinderen meer ervaring hebben met het tellen in betekenisvolle situaties, kunnen ze ook gewoon een aantal objecten tellen. **Objectgebonden handelen** is een fase in het leren tellen en rekenen waarbij kinderen om een hoeveelheid gevraagd wordt zonder dat er een betekenisvolle context is. Wel zijn er concrete objecten die het kind kan tellen of samenvoegen, of waarvan het wat kan wegnemen om te zien hoeveel er overblijven. Op het **schematisch** of **modelondersteund niveau** wordt gebruikgemaakt van een schematische voorstelling van de situatie of van een model dat goed past bij de situatie. Op het **abstracte**, **formele niveau** wordt gerekend met getallen door gebruik te maken van rekenfeiten, rekeneigenschappen en getalrelaties zonder daarbij een model of context te hanteren. Wanneer een kind doorgroeit van een lager niveau naar een hoger niveau, spreken we van **niveauverhoging**. Als een kind moeite heeft met een wiskundig probleem, kan het helpen om het probleem op een lager niveau aan te bieden. Bij een kale som kun je bijvoorbeeld een model aanbieden of een context oproepen. Overigens ontwikkelen kinderen zich lang niet altijd langs deze (theoretische en ogenschijnlijk lineaire) lijn. 22, 223, 322, 373

Niveaugroep zie differentiatie

Niveauverhoging zie niveaus van oplossen 148, 149, 178, 323, 325

Noemer zie breuken 157, 164, 189

Norm

Een norm is een van tevoren vastgestelde grenswaarde bij een toets. Je moet de norm halen om een voldoende te krijgen. Bekend is de '80%-norm': bij 80% goede antwoorden wordt het onderdeel beheerst. Bij methodetoetsen geven methodes vaak normen aan in de vorm van het aantal opgaven dat goed gemaakt moet worden per onderdeel. Bijvoorbeeld: bij minder dan vier van de vijf sommen goed heeft een kind een onvoldoende. Een landelijke genormeerde toets laat zien hoe de prestatie van leerlingen is ten opzichte van het landelijk gemiddelde. Zo'n landelijke norm wordt bepaald op basis van grote aantallen toetsgegevens. Zie ook Rekenen-wiskunde in de praktijk Verschillen in de klas (pp. 51, 57).

Objectgebonden handelen

zie niveaus van oplossen

Observeren

Observeren is kijken hoe iets gebeurt of hoe iemand zich gedraagt. In het reken-wiskundeonderwijs is het belangrijk om te observeren hoe kinderen rekenen, wat ze feitelijk zeggen of doen. Je kunt observeren welke strategieën een kind gebruikt, welke sommen het geautomatiseerd heeft en op welk niveau een kind een opgave aanpakt. Observeren geeft je ook informatie over de **beginsituatie** van kinderen, zodat je het onderwijs daar goed op kunt laten aansluiten. Overigens kun je ook het didactisch handelen van een collega-leerkracht observeren om te zien welk effect bepaalde acties hebben. Het observeren wordt effectief door systematische **registratie** van opvallende momenten in rekenleer- en ontwikkelingsprocessen. 31, 35

Oefenen

Oefenen is het stelselmatig herhalen van iets met de bedoeling dit steeds beter te beheersen.
Het is belangrijk dat vaardigheden eerst inzichtelijk worden verworven, maar daarna ook inzichtelijk worden beoefend. In reken-wiskundemethoden is er veel aandacht voor oefenen, maar zijn er wel accentverschillen (hoe vaak, hoe veel variatie en dergelijke). Oefenen mag nooit los komen te staan van het inzicht dat wordt nagestreefd. Bij **productief oefenen** levert de leerling zelf een actieve bijdrage, bijvoorbeeld door zelf opgaven te bedenken. Productief oefenen levert meer betrokkenheid, meer variatie en een soepele vorm van differentiatie op. 77, 93, 174, 180, 196, 202, 219, 221

Onderpresteerders

Onderpresteerders zijn hoogbegaafde leerlingen die minder goed presteren dan verwacht, omdat er sprake is van een leer- of gedragsprobleem. Deze leerlingen presteren op school dus onder hun eigen, hoge niveau. Zie ook Rekenen-wiskunde in de praktijk Verschillen in de klas (p. 108).

Onderwijsbehoefte

De specifieke onderwijsbehoeften van leerlingen, zoals het kunnen verwerven van de leerstof op een passend niveau, zijn uitgangspunt van het reken-wiskundeonderwijs. Zie ook toetsen en differentiatie. Zie verder nog Rekenen-wiskunde in de praktijk Verschillen in de klas (pp. 68 en 97).

Opbrengstgericht werken (OGW)
OGW is het systematisch en doelgericht werken door een school aan het maximaliseren van de prestaties van haar leerlingen. Handelingsgericht werken (HGW) maakt daarvan deel uit. Zie ook Rekenen-wiskunde in de praktijk Verschillen in de klas (p. 150).

Opdelen
zie bewerking 84, 178

Operator
zie vermenigvuldiger 166, 169, 177

Opereren
Als kinderen bezig zijn met vormen en figuren, spreken sommigen van opereren. Zo'n soort activiteit valt onder het domein meetkunde. Opereren met vormen en figuren is een van de deelgebieden van meetkunde in de onderbouw, waarin het gaat om meetkundige **transformatie**: figuren verschuiven, spiegelen en draaien. Ook projecteren – zoals schaduwen herkennen en maken – valt voor de onderbouw onder opereren. Het kan zowel met ruimtelijke als met vlakke objecten. Verschuiven heet ook wel **transleren**. Draaien heet ook wel **roteren**.
Het rekenen met getallen (optellen, aftrekken, vermenigvuldigen en delen) wordt ook wel 'opereren' genoemd; in dat geval is het een synoniem van bewerken. Zie ook bewerking. 191

Oppervlakte
zie grootheid 237, 248, 254, 255

Optellen
zie bewerking 73, 75

Opvermenigvuldigen
zie bewerking 94

Orde van grootte
De orde van grootte van een getal geeft aan hoe groot een getal ongeveer is. Bij een deelsom kun je schatten of het antwoord onder de honderd zal liggen, enkele honderdtallen bevat, of duizend of groter is. Kinderen leren vaak de orde van grootte van de uitkomst van een cijfersom of een berekening met de rekenmachine vooraf in te schatten of achteraf door middel van een schatting te controleren. Het gaat dan om de vraag: kan deze uitkomst ongeveer kloppen? 104, 110, 111, 112, 115, 200, 248

Ordinale of ordeningsfunctie
zie getal

Organisatie
De organisatie van het onderwijs in de **leeromgeving** van leerlingen slaat enerzijds op de organisatie van de inhoud van de lessen (plaats van de leerstof in de leerlijn, doel van de les, beginsituatie van de leerlingen), anderzijds op het klassenmanagement. Onder klassenmanagement vallen onder meer: alle maatregelen die een leerkracht neemt met betrekking tot de **instructie** en de **interactie**, en een zorgvuldige, systematische **registratie** van kenmerkende ontwikkelingsmomenten van

leerlingen. Dat alles met de bedoeling om een klimaat te scheppen waarin leerlingen met succes kunnen leren en werken. Onderzoek wijst uit dat een goede organisatie leidt tot betere leerresultaten. Zie ook leeromgeving, differentiatie, verlengde instructie en instructietafel. 301, 327

Oriënteren (bij meetkunde) zie meetkunde 276

Origineel zie spiegelen

Parallellepipedum zie meetkundige figuur

Parallellogram zie meetkundige figuur

Perspectief zie meetkunde 267, 270, 271

Pi (π) zie getal

Pijlentaal Pijlentaal is een eerste schematisch-modelmatige ‘vertaling’ van een context, op weg naar het gebruik van een rekenkundige bewerking (horizontale mathematisering). In groep 3 wordt vaak pijlentaak gebruikt om het instappen (optellen) en uitstappen (aftrekken) van passagiers in een bus te verbeelden. Met een getal wordt aangegeven hoeveel passagiers in de bus zitten. De pijl geeft een schematische voorstelling van de activiteit van het in- en uitstappen en het resultaat daarvan. Hetgebruik van de pijl gaat geleidelijk over in het gebruik van het =-teken in de formele rekentaal. Zie ook afbeelding 12.3. 87

Piramide zie meetkundige figuur 263

Plaatswaarde, positiewaarde De getallen waarmee mensen over de gehele wereld rekenen, zijn tientallig positioneel geordend. Dat wil zeggen dat de waarde van een cijfer afhangt van de positie waarop dat cijfer staat, en natuurlijk ook van het aantal dat het cijfer zelf aangeeft. In het getal 235,87 staan links van de vijf eenheden de drie tientallen, links daarvan de twee honderdtallen, enzovoort. Rechts van de eenheden, achter de komma, de acht tienden, rechts daarvan de zeven honderdsten, enzovoort. Zie ook decimaal positioneel getalsysteem. 56, 189

Platonische lichamen zie meetkundige figuur

Positioneel getalsysteem zie getalsysteem 56

Positioneren Met het positioneren van getallen bedoelt men het plaatsen van getallen op de juiste plaats op een getallenlijn. Het getal 45 komt precies in het midden tussen 40 en 50 te staan. De breuk $\frac{3}{4}$ komt midden tussen $\frac{1}{2}$ en 1. Zie ook getallenlijn. 174, 194

Positieschema zie getalsysteem 63, 64, 66

Priemgetal zie getal

Prijs-gewichtcontext Prijs-gewichtcontexten zijn geschikt om betekenis te geven aan bewerkingen met breuken en kommagetallen. Het volgende voorbeeld laat dat zien. De prijs-gewichtcontext in de opgave 'wat kost 750 gram druiven van €3,65 per kilo ongeveer?' helpt leerlingen betekenis te geven aan de opgave $\frac{3}{4} \times 3{,}65 \cong 3 \times 0{,}90 = 2{,}70$. Dat komt vooral door de benoemde breuk, $\frac{3}{4}$ kilo, en door de bemiddelende grootheid geld, waardoor de vermenigvuldiging $\frac{3}{4} \times 3{,}65$ begrepen kan worden als 'drie vierde deel nemen van', met de breuk $\frac{3}{4}$ als operator. 177, 202

Prisma zie meetkundige figuur

Procedurele kennis Procedurele kennis ('weten hoe') is kennis van (mentale) handelingen die nodig zijn om een probleem systematisch aan te pakken en om die aanpak onder controle te houden. Zo is de strategie die je kunt gebruiken bij een bepaald type som een voorbeeld van procedurele kennis. Voor procedurele kennis wordt vaak de term 'hoe-kennis' gebruikt. Hiertegenover staat de 'weten dat-kennis', ook wel declaratieve kennis genoemd. Declaratieve kennis omvat alle informatie die je over een bepaald onderwerp in je hoofd hebt of waarvan je weet waar je die kunt opzoeken. Zie construeren en constructief netwerk.

Procenten, percentage, promille Een **percentage** is een **gestandaardiseerde verhouding** van zoveel op de honderd. Het totaal wordt op 100% gesteld. Rekenen met procenten is een handige manier om deel-geheelrelaties en verhoudingen snel te kunnen vergelijken. In situaties met een toe- of afname kan de groeifactor in een percentage worden uitgedrukt. Bekende voorbeelden zijn rentepercentage en kortingspercentage. **Inflatie** – de waardevermindering van geld– wordt ook meestal in percentages weergegeven. Zie ook deel-geheelrelatie. Een **promille** ('per duizend') is een **gestandaardiseerde verhouding** van zoveel op de duizend. Het totaal wordt dan op 1000‰ gesteld. 211, 218, 220, 221, 222, 226

Procentenasymmetrie Het berekenen van procenten gedraagt zich niet symmetrisch, zoals dat bij het optellen en aftrekken van hele getallen gebeurt. Immers: als je optelt 100 + 10 = 110, weet je dat de terugweg 110 – 10 weer 100 oplevert. Dat is niet zo bij procentberekeningen: met 10% loonsverhoging en daarna 10% loonsverlaging kom je niet op het oorspronkelijke loon uit. In het eerste geval vermenigvuldig je feitelijk met 1,1 en in het tweede met 0,9. 211

Procentenstrook zie strook 212, 221, 222, 223

Product zie bewerking 81

Productief oefenen zie oefenen

Projecteren zie meetkunde 268

Puntspiegelen zie spiegelen

Puntsymmetrie zie symmetrie

Quadriljard, quadriljoen zie getalsysteem 63

Quotiënt zie bewerking 86, 200

Rationaal getal zie getal

Rechte hoek zie hoek

Rechthoek zie meetkundig figuur 263

Rechthoekmodel zie model 92

Rechthoeksgetal zie getal

Rechthoekstructuur zie structuur 81, 84, 191

Redeneren Kinderen kunnen leren (logisch) denken en redeneren bij het oplossen van een wiskundig probleem, onder meer door de oplossing in wiskundetaal aan anderen uit te leggen. Door te redeneren worden argumenten verbonden tot conclusies en tot nieuwe argumenten. Een veel voorkomende soort redenering is de zogenaamde **als-danredenering**. Zie ook uitleggen. 19, 22, 133, 140, 143, 163, 165, 174, 175, 179, 195, 221, 248, 249, 272, 297, 299

Referentiegetal, referentiemaat Men spreekt van referentiegetallen of -maten als iemand persoonlijke kennis koppelt aan een getal of een maat, of omgekeerd. Referentiegetallen kunnen bijvoorbeeld zijn je eigen leeftijd of het hoogst behaalde cijfer. Referentiematen: bij een meter denken aan een stap, bij een kilo denken aan een pak suiker. Door gebruik te maken van referentiematen heb je een beeld bij een maat. Referentiegetallen en -maten geven leerlingen houvast bij het onthouden van **ankerpunten** en het leren kennen en gebruiken van maten. 115

Referentieniveaus Referentieniveaus zijn door de overheid vastgestelde eisen aan wat leerlingen aan het einde van een schoolperiode moeten kennen en kunnen op het gebied van taal en rekenen. Met ingang van augustus 2010 zijn die niveaus vastgelegd op basis van het advies van de Expertgroep Doorlopende Leerlijnen Taal en Rekenen. Aan het eind van de basisschool moeten leerlingen in principe niveau 1S halen; leerlingen voor wie dit niet realistisch is, halen niveau 1F. **21**, 23, 30, 51, 73, 100, 130, 156, 186, 208, 235, 260, 286, **321**

Reflecteren

Onder reflecteren wordt verstaan het beschouwen van het eigen handelen met de bedoeling hiervan te leren voor toekomstige situaties. Reflectie kan plaatsvinden voor, tijdens en na het oplossingsproces. Kinderen reflecteren in de reken-wiskundeles op hun oplossing, bijvoorbeeld door die te vergelijken met oplossingen van medeleerlingen. Als leerkracht ondersteun je kinderen in dit leerproces door goede vragen te stellen of hints te geven. Nadenken over het eigen handelen is belangrijk, omdat wiskunde nu eenmaal voornamelijk uit denkwerk bestaat. Hoe zit dit eigenlijk? Wat was er goed/fout/handig/onhandig aan mijn oplossing? Als leerkracht reflecteer je op je eigen gedrag om zo goed mogelijk te kunnen anticiperen en inspelen op leerprocessen van leerlingen. Zie ook wiskundige attitude. 66, 78, 270, 326

Regel van drieën

De regel van drieën wordt toegepast bij het rekenen met verhoudingen op formeel niveau: indien er drie getallen zijn gegeven van de evenredigheid ? : 64 = 100 : 160, kan het vierde getal bepaald worden met de formule:

$$\frac{64 \times 100}{160} = \frac{64 \times 10}{16} = \frac{64}{16} \times 10 = 4 \times 10 = 40$$

139, 142

Regelmatig twaalfvlak, regelmatig twintigvlak, regelmatig achtvlak, regelmatig viervlak

zie meetkundige figuur

Registratie

zie organisatie en observeren

Rekenen met tekorten

Het rekenen met tekorten is een manier van rekenen bij aftreksommen die met een splitsende aanpak worden gemaakt. Bij hoofdrekenen ziet dat er voor de aftreksom 35 – 17 = als volgt uit: 30 – 10 = 20; 5 – 7, dan heb ik 2 tekort; die 2 moeten nog van 20 worden afgetrokken, is 18.
Bij het kolomsgewijs rekenen – een overgangsvorm van hoofdrekenen naar cijferend rekenen – wordt aan het rekenen met tekorten bijzondere aandacht besteed. Zie ook kolomsgewijs rekenen. 103, 117

Rekengetal

zie getal 36

Rekenrek

Het rekenrek wordt als didactisch hulpmiddel gebruikt bij het verkennen van de getallen tot 20, en bij het optellen en aftrekken tot 20. Het rekenrek maakt het gebruik van drie structuren mogelijk: de tienstructuur, de vijfstructuur en de dubbelstructuur. Met behulp van deze structuren kunnen de kinderen de optel- en aftreksommen tot 20 automatiseren. 43, 67, 88

Relatief en absoluut begrip, relatief en absoluut getal
Het begrip verhouding is relatief: in feite een eindeloze reeks van gelijkwaardige getallenparen. Het relatieve karakter van breuken komt tot uitdrukking als deze verwijzen naar een deel van een geheel (aantal, bedrag, meetresultaat). De grootte van een vierde deel kan meer zijn dan de grootte van een derde deel. Een deel nemen is relatief zolang het geheel niet bekend is. Hetzelfde geldt voor procenten: bij €15 korting is 15 een absoluut getal, maar bij 15% korting is 15 een relatief getal. Het absolute karakter van breuken komt tot uitdrukking als deze worden beschouwd als een rationaal getal, een punt op de getallenlijn of een formeel getal waarmee kan worden gerekend. 167, 168, 171, 208, 211, 216, 217, 218

Relatienetwerk
zie cognitief netwerk 141, 163, 164, 175, 196, 200, 201, 218

Rente
zie procenten 211, 218, 225, 373

Repetendum, repeterende breuk
zie breuk 181

Representatie, representeren
Representaties zijn betekenisvolle, symbolische weergaven in de context van bijvoorbeeld een spel, zoals tekeningen of grafieken van eigen bouwwerken en verhalen. Een belangrijke wiskundige representatie is de weergave van telbare hoeveelheden tot 10 met behulp van vingers, streepjes of stippen. 37, 38, 53, 297, 304,

Rest
zie delen 191, 352

Resultatief tellen
zie tellen 33, 34, 35, 41

Rijgen
Optellingen en aftrekkingen tot 100 of tot 1000 kunnen op verschillende manieren opgelost worden. Bij het rekenen via de rijgmethode wordt in een optelling of aftrekking het eerste getal intact gelaten en wordt het tweede getal gesplitst. Dit tweede getal wordt, al of niet in gedeelten, aan het eerste getal toegevoegd of ervan afgehaald. Bijvoorbeeld: 37 + 28 =; 37 + 20 = 57; 57 + 8 = 65. De lege getallenlijn kan hierbij als ondersteunend model dienen, omdat je daarop het rijgen zichtbaar kunt maken. Zie ook getallenlijn. 74, 88, 102, 107, 117

Rijk probleem
zie gesloten en open problemen

Roteren
zie opereren en bewerking 270, 272

Ruit
zie meetkundige figuur 263

Ruimtelijk redeneren, ruimtelijke oriëntatie
zie meetkunde en redeneren 267, 275, 277

Samengestelde breuk
zie breuk

Samengestelde grootheid, samengestelde maat
zie grootheid respectievelijk maat 150, 236, 254

Schaal, schaalberekening, schaallijn, schaalverhouding
De schaal van een kaart of maquette geeft de verhouding weer tussen de lengte op de kaart en die in de werkelijkheid. Een schaalverhouding wordt vaak aangeduid met een schaallijn, een soort dubbele getallenlijn. De schaallijn van de schaal 1 : 200.000 geeft bijvoorbeeld boven aan de lijn de centimeters weer, met daaronder de bijbehorende afstanden in kilometers, zoals 1 cm boven en 2 km onder. Bij de schaalberekening wordt in dit voorbeeld in feite elke afstand verkleind met de factor $\frac{1}{200\,000}$. 133, 135, 141, 146, 147, 149, 170, 171, 202, 276

Schatten, schattend rekenen, schattend meten
Schatten is op een beredeneerde manier een globaal antwoord krijgen. Raden is 'zomaar' een gokje wagen, zonder een achterliggende redenering. Schattend rekenen is het rekenen met afgeronde getallen of geschatte waarden, met als resultaat een globale uitkomst. Er zijn verschillende vormen van schatten:

- Het rekenen met afrondingen van precies gegeven getallen, met de bedoeling een globaal antwoord te vinden. Het afronden wordt gedaan om handig of snel te kunnen rekenen met mooie getallen (bijvoorbeeld 99 x 99 is ongeveer 100 x 100 is 10.000).
- Het schattend rekenen waarbij de benodigde gegevens niet of niet volledig voorhanden zijn (bijvoorbeeld het schatten van de tijd die nodig is voor het maken een fietstocht).
- Schattend meten, oftewel een meetresultaat bij benadering vaststellen. Daarbij kun je gebruik maken van referentiematen (bijvoorbeeld de lengte van je tuin schatten door een aantal grote stappen te nemen). 109, 112, 133, 181, 191, 200, 203, 223, 349

Schematisch niveau, schematiseren
In het reken-wiskundeonderwijs wordt schematisering beschouwd als een representatie (symbolische weergave) van de wereld van het kind. Schematiseringen zijn bijvoorbeeld tabellen, modellen, (bouw) tekeningen en verhalen. Zie ook niveaus van oplossen. 277, 288, 292, 300, 325

Scherpe hoek, scherphoekig
zie hoek

Sector
zie grafiek 295

Sexagesimaal
zie getalsysteem 53, 246

Snelheid
zie grootheid 140, 149, 236

Snijdende lijnen
zie lijn

Som
zie bewerking 74

Spiegelen
Spiegelen is een meetkundige activiteit, als onderdeel van het opereren met vormen en figuren. Bij spiegelen verandert de oorspronkelijke vorm van een meetkundig figuur in een nieuwe vorm (de gespiegelde figuur). De bekendste spiegel is de vlakke spiegel (bijvoorbeeld de passpiegel). Een spiegel weerkaatst licht, waardoor van een **origineel** (lijn, voorwerp, gezicht, enzovoort) een **beeld** ontstaat. Er zijn ook holle spiegels (scheer- of make-upspiegel) en bolle spiegels (achteruitkijkspiegel). Behalve spiegelen in een vlak kun je ook **lijnspiegelen** of **puntspiegelen**. Zo hebben vlakke, symmetrische figuren altijd een of meer symmetrieassen waarin de figuur in zichzelf gespiegeld wordt. De cirkel en de bol zijn voorbeelden van 'ideale' puntspiegelingen in zichzelf, via hun middelpunt en een waaier van middellijnen. Zie ook meetkunde. 134, 135, 272, 279, 384

Splitsen
In groep 3 leren kinderen getallen onder de 10 splitsen. Bijvoorbeeld: 7 kun je splitsen in 3 en 4. Splitsen is ook de naam van een oplossingsmanier voor optellen en aftrekken tot 100 of tot 1000. Bij het rekenen via de splitsmethode worden de getallen gesplitst in tientallen en eenheden, waarmee afzonderlijk wordt opgeteld of afgetrokken. Bijvoorbeeld: 37 + 28 =; 30 + 20 = 50; 7 + 8 = 15; 50 + 15 = 65. Vergelijk het splitsen met rijgen. 65, 89, 103, 107, 120

Staafgrafiek
zie grafiek 288, 291, 293, 302

Stambreuk
zie breuk

Standaardmaat
zie maateenheid 240, 241, 244, 250, 252

Standaardverhouding
zie verhouding en procenten

Steelblad- of stengel- en bladdiagram
zie grafiek 294, 296

Stelling van Pythagoras
Van een rechthoekige driehoek kun je de lengte van de schuine zijde c uitrekenen met behulp van de Stelling van Pythagoras: $a^2 + b^2 = c^2$. Het kwadraat van de lengte van de schuine zijde c is gelijk aan de som van de lengtes van de rechthoekszijden in het kwadraat. 333

Steunpunt
zie ankerpunt 91

Stompe hoek, stomphoekig
zie hoek

Strategie
Een strategie is een aanpak of een plan waarvoor men kiest om een bepaald probleem op een doelgerichte manier te beheersen of op te lossen. In het rekenwiskundeonderwijs kun je spreken van een telstrategie, denkstrategie of oplossingsstrategie. Zo is de strategie van **verdubbelen en halveren** een handige strategie om 32 x 25 uit het hoofd te berekenen.

Het gaat in alle gevallen om een uitgekiende, breed inzetbare werkwijze die je volgt om een bepaald soort problemen op te lossen. Het ontwikkelen bij kinderen van eigen strategieën bij het oplossen van rekenproblemen krijgt in het huidige reken-wiskundeonderwijs veel aandacht. Zie ook handig rekenen. 76, 90, 91, 103, 106

Strook, strookmodel

De strook is een van de modellen die in het reken-wiskundeonderwijs goed gebruikt kan worden om de kinderen in de gelegenheid te stellen een brug te slaan tussen contexten en formele wiskundige leerstof. De strook heeft nauwe relaties met de getallenlijn – een ander veelvuldig gebruikt model – en kent alle eigenschappen die de getallenlijn ook heeft. Voorbeelden van stroken zijn de breukenstrook en de procentenstrook. Bij breuken speelt de strook als meetstrook een essentiële rol. De strook wordt ook gebruikt als dubbele getallenlijn. Zie ook getallenlijn en model. 139, 189, 166, 169, 170, 173, 174, 176, 177, 190, 203, 217, 218, 219, 325, 223, 158

Structuur, decimale structuur, groepsstructuur, lijnstructuur, rechthoekstructuur, tienstructuur

Vaak moet je om een probleem te kunnen oplossen de wiskundige structuur erin ontdekken. Jonge kinderen zien bijvoorbeeld de structuur van de dobbelsteenzes al vroeg als 'drie-drie'. Voor het kunnen vinden van structuren heb je een wiskundige houding nodig. Je moet ten minste alert zijn op regelmaat en patronen. In de onderbouw wordt het herkennen van structuren onder andere benut om kinderen getalbeelden te leren, zoals de vijf- en de tienstructuur op het rekenrek. We spreken van een **getalbeeld** als kinderen zich een visuele voorstelling van een hoeveelheidsgetal kunnen maken. Dit aantal is zodanig gestructureerd dat het getal in één oogopslag wordt herkend. Hierbij kun je bijvoorbeeld denken aan de zes ogen op een dobbelsteen of aan acht kralen (vijf rode, drie witte) op een rekenrek.
De **tienstructuur of decimale structuur** houdt verband met ons tientallig stelsel.
De vermenigvuldigstructuur van een context kan een **groepsstructuur, lijnstructuur** of **rechthoekstructuur** zijn. Vermenigvuldigen ziet er dan respectievelijk uit als een aantal groepjes van gelijke grootte, een aantal sprongen van gelijke lengte op de getallenlijn of een aantal gelijke rijtjes in een rechthoek. Zie ook vijfstructuur. 39, 43, 45, 52, 81, 190, 223

Structurerend rekenen

Het is de bedoeling dat kinderen optel- en aftrekopgaven uiteindelijk leren oplossen zonder te tellen en zonder dat ze er vingers of materiaal bij nodig hebben. Dat kunnen kinderen leren door gebruik te maken van structuren. Bijvoorbeeld: bij 5 + 5 denken aan de vingers van twee handen, dus 5 + 5 = 10. Als je dat weet, kun je ook 4 + 5 uitrekenen, want dat is er eentje minder: 4 + 5 = 9. Of 10 – 5 en 9 – 5.
Ook bij vermenigvuldigen wordt gesproken van structurerend rekenen. Bijvoorbeeld: bij de opgave 4 × 3 rekenen kinderen niet meer 3 + 3 + 3 + 3, maar verdubbelen ze 2 × 3 = 6 en dan nogmaals tot 12. 88, 90

Symmetrie

Symmetrie (of vollediger lijnsymmetrie) is het in spiegelbeeld aan elkaar gelijk zijn van twee helften. Het gaat bij symmetrie dus meestal om een geheel dat is opgebouwd uit stukken die op elkaar lijken of helemaal hetzelfde zijn. Je kunt tussen de stukken die op elkaar lijken of helemaal hetzelfde zijn een lijn of vlak denken: de spiegelas of het spiegelvlak. Een figuur is **lijnsymmetrisch** als je een lijn kunt trekken zodanig dat de figuur aan beide kanten van die lijn precies gespiegeld is. Die lijn heet een spiegelas. Als je een spiegel op de lijn zet, zie je in de spiegel weer het originele figuur. Een figuur is **draaisymmetrisch** als het hetzelfde blijft als je het figuur een stukje ronddraait. **Puntsymmetrie** is een bijzondere vorm van draaisymmetrie. Men spreekt van puntsymmetrie als een tweedimensionale figuur op zichzelf wordt afgebeeld door te spiegelen in een punt, wat hetzelfde is als dat hij 180° om dat punt wordt geroteerd. Zie ook spiegelen. 56, 272, 279, 280

Synchroon tellen

zie tellen 32, 35, 40

Systeemscheiding

Bij het leren van rekenen-wiskunde kan de scheiding tussen geheugensporen – de zogenaamde systeemscheiding – een negatieve rol spelen. Dat gebeurt bijvoorbeeld als leerlingen het formele systeem (formeel rekenen met kale sommen) ervaren als gescheiden van het taalsysteem ('verhalen' uit het dagelijks leven; contexten). Ze kunnen dan bijvoorbeeld wél de opgave 64 – 57 oplossen, maar hebben geen idee dat die opgave past bij de volgende situatie (of omgekeerd): 'Het boek heeft 64 bladzijden, ik ben op bladzijde 57; hoeveel bladzijden moet ik nog lezen?' Zie ook Rekenen-wiskunde in de praktijk Verschillen in de klas (p. 140).

Talstelsel

zie getalsysteem 53

Telgetal

zie getal 35

Tellen, telrij, akoestisch tellen, resultatief tellen, synchroon tellen, één-één-relatie

De **telrij** is de rij van getallen in de volgorde van klein naar groot: 1, 2, 3, enzovoort. Het tellen van een aantal voorwerpen door de voorwerpen één voor één aan te wijzen, ofwel een **één-één-relatie** leggen, met als doel de hoeveelheid van dit aantal te bepalen, heet **resultatief tellen**. Daartoe moeten kinderen begrijpen dat er een één-één-relatie bestaat tussen het telwoord en het te tellen voorwerp, dat er geen telwoorden uit de telrij mogen worden overgeslagen, en dat het laatst uitgesproken telwoord de hoeveelheid aanduidt van het aantal te tellen voorwerpen. Voorafgaande niveaus van tellen zijn: **synchroon tellen** (tellen loopt gelijk met aanwijzen), asynchroon tellen en akoestisch tellen. Bij **akoestisch tellen** zeggen kinderen de telrij op zonder dat ze zich ervan bewust hoeven te zijn dat er geteld wordt. Het woord 'akoestisch' duidt erop dat de vaste opeenvolging van klanken slechts de betekenis heeft van het opzeggen van een versje. 31, 32, 33, 34, 35, 39, 40, 41, 52, 58

Tellen met sprongen
Tellen met sprongen of sprongsgewijs tellen is een vorm van verkort tellen. De kinderen tellen dan met een aantal tegelijk, bijvoorbeeld: 2, 4, 6, 8, ... of 3, 6, 9, 12, 15, enzovoort. Je kunt die (mentale) handeling in beeld brengen met sprongen op de getallenlijn. Tellen met sprongen is een voorbereiding op het leren vermenigvuldigen. 45, 87, 90

Tellend rekenen
Er zijn kinderen die hun rekenopgaven tellend oplossen. Kinderen die zo blijven rekenen, worden tellers genoemd. Wordt de opgave 18 + 7 = tellend opgelost, dan ziet dat eruit als (18), 19, 20, 21, 22, 23, 24, 25. Wanneer kinderen (in groep 3) de opgave 3 + 4 = moeten uitrekenen (bijvoorbeeld in een situatie waarin eerst drie kastanjes worden neergelegd, er vervolgens vier worden bijgelegd, en de vraag luidt hoeveel kastanjes er nu bij elkaar zijn), dan doen sommigen dat door drie keer tellend te rekenen. Eerst 1, 2, 3, dan 1, 2, 3, 4, en ten slotte 1, 2, 3, 4, 5, 6, 7. Tellend rekenen is na verloop van tijd ongewenst omdat het risico van fouten maken groot is (bijvoorbeeld het eerste getal meetellen, dus één hoger uitkomen) en omdat tellend rekenen het formele rekenen en memoriseren in de weg staat. 88

Teller
zie breuk 157, 164

Telrij
zie tellen 31, 40, 52, 58

Temperatuur
zie grootheid 237, 244

Tiendelige breuken
zie breuken 189, 196

Tienstructuur
zie structuur 53, 59, 62

Tijd, tijdstip, tijdsduur tijdbalk
Tijd is een **grootheid**. Een **tijdstip** geeft een moment van de dag weer in uren, minuten en/of seconden (bijvoorbeeld twee uur, 14 u 22 of 14:22:07). Bij officiële sportwedstrijden worden vaak ook nog honderdsten van seconden gebruikt, bij chemische processen microseconden. De **tijdsduur** geeft een tijdsinterval weer (van 14.00 uur tot 14.15 uur is een tijdsduur van een kwartier ofwel vijftien minuten). Bij het gebruik van tijdsaanduidingen in historische beschrijvingen wordt voor het overzicht wel een **tijdbalk** gebruikt, een soort getallenlijn waarop jaartallen en tijdsperioden worden weergegeven. 237, 245, 246

Tijd-afstandgrafiek
zie grafiek 290, 298

Toename-/ afnamesituaties
In situaties waarbij sprake is van een toename of afname van bedragen – zoals kortingen, rente en loonsverhoging- of verlaging – kan er asymmetrie ontstaan bij het werken met procenten. Zie ook procentenasymmetrie. 21, 211, 296, 374

Toets

Toetsen zijn bedoeld als middel om de leerresultaten van leerlingen te bepalen. Toetsen zijn, naast observatie, gesprekken met leerlingen en correctie van leerlingenwerk, belangrijke informatiebronnen om de **onderwijsbehoeften** van leerlingen te bepalen, bijvoorbeeld meer oefening, passende uitleg, meer uitdaging of een geplande, specifieke begeleiding. In het reken-wiskundeonderwijs worden meestal twee soorten toetsen gebruikt, namelijk de toetsen die gebruikt worden bij de rekenwiskundemethode, en valide en betrouwbare toetsen die enkele malen per jaar vergelijking op groeps-, school- of landelijk niveau mogelijk maken. 327

Transformatie, transleren

zie meetkunde 279

Trapezium

zie meetkundige figuur 255

Triljard, triljoen

zie getalsysteem

Uitleggen

Uitleggen speelt in het reken-wiskundeonderwijs een grote rol. Er bestaat een enorme variatie aan soorten uitleggen. Voorbeelden daarvan zijn uitleggen door:

- te vertellen hoe het moet
- te demonstreren
- vragen te (laten) stellen
- gebruik te maken van contexten, schema's en modellen
- te laten overtuigen (door leerlingen)
- Domme August te spelen

Zie ook vragen stellen. 65, 107, 119, 164, 248, 277

Valide

Een valide toets meet wat je wilt meten. Als je iets wilt weten over het rekenniveau in het algemeen, moeten daarin dus alle relevante opgaventypen voorkomen. Zie ook 'betrouwbaar'.

Varia

zie handig of gevarieerd rekenen 104

Variabele

Een variabele wordt in de wiskunde aangegeven met een letter die staat voor een willekeurig element van een verzameling, meestal een verzameling getallen. Zo staat de x-coördinaat van het punt P(x,y) van een afstand-tijd grafiek bijvoorbeeld voor de variabele (grootheid) tijd en de y- coördinaat voor de bijbehorende (grootheid) afstand. In feite worden leerlingen in de onderbouw van de basisschool al voorbereid op het begrip variabele als zij bijvoorbeeld stipsommen als 3 + . < 12 maken. In wiskundetaal kun je die opgave schrijven als $3 + x < 12$, waarbij de variabele x een geheel getal is. 293, 296, 306

Verbinden

zie meetkunde 279

Verdelen

zie bewerking 84, 163, 168, 172, 176

Verdubbelen en halveren

zie strategie 104

Vereenvoudigen zie breuk

Vergroten, vergrotingsfactor

Als een figuur – bijvoorbeeld een plaatje op een computerscherm – via de punt van de figuur naar alle kanten gelijkelijk wordt vergroot of verkleind, is er sprake van een vergrotingsfactor (groter of kleiner dan 1). Bij factor 1,5 worden bijvoorbeeld alle zijden van een rechthoek anderhalf keer zo lang; overigens wordt de oppervlakte dan niet anderhalf keer, maar 1,5 × 1,5 keer zo groot. 135, 142, 149, 151, 382

Verhaaltjessom

Verhaaltjessommen of tekstopgaven zijn 'sommen bij een verhaal', niet te verwarren met contextopgaven. Bij een verhaaltjessom gaat het slechts om het oproepen van een som bij een verhaal, een contextopgave is bedoeld om wiskundig handelen uit te lokken en het zelf 'construeren' van reken-wiskundige concepten te bevorderen. Zie ook 'context'. 87

Verhoudingen, verhoudingsgetal, verhoudingsgewijs, deel-geheelverhouding, evenredigheid, interne en externe verhouding, kansverhouding, standaardverhouding

Bij verhoudingen gaat het om het vergelijken van twee of meer grootheden (aantallen, maten) met een getalrelatie. De verhouding is **intern** als het gaat om gelijksoortige grootheden (getal : getal; lengte : lengte) en **extern** als het gaat om verschillende grootheden. Intern is bijvoorbeeld de verhouding: 'Eén op de tien Nederlanders gaat niet met vakantie' of 'De lengten van Nabila en haar moeder verhouden zich als 3 : 4.' Een voorbeeld van een externe verhouding is: 'Het benzineverbruik van mijn auto is ongeveer 1 op 18' of 'Bij de super is een aanbieding van vier pakjes waspoeder voor €9,50; ik koop er acht voor €19.' Bij externe verhoudingen is er vaak sprake van samengestelde grootheden.
De leerstofgebieden breuken, kommagetallen en procenten zijn sterk met elkaar verweven, omdat alle drie het denken in verhoudingen als overkoepelend begrip hebben. Zo kan 3 op de 4 (of drie van de vier) gezien worden als deel (breuk) van een object of hoeveelheid (**deel-geheelverhouding**), als 75% van iets (procenten) of als het kommagetal 0,75 wanneer we hiermee gaan rekenen.
In het geval van **procent** ('per honderd') en **promille** ('per duizend') is er sprake van een **standaardverhouding**: het totaal wordt op 100% respectievelijk 1000 ‰ gesteld.
Een **evenredigheid** is een gelijkheid van verhoudingen (9 : 12 = 15 : 20). In groep A met negen jongens en twaalf meisjes zitten verhoudingsgewijs (naar verhouding; relatief beschouwd) evenveel jongens en meisjes als in klas B met vijftien jongens en twintig meisjes. In absolute zin heeft groep B uiteraard meer jongens en meisjes.
Verhoudingen kunnen behalve getalsmatig ook meetkundig van aard zijn. Zo kun je de vraag of een foto van 10 × 15 cm vergroot kan worden tot een poster van 50 × 75 cm rekenkundig oplossen, maar ook meetkundig (door bijvoorbeeld een schets op schaal te maken). Ook een kans kun je weergeven in een **kansverhouding** of kansbreuk: met een dobbelsteen heb je een kans van 1 op 6, een kans van $\frac{1}{6}$, om in één keer vier ogen te gooien.

Bij verhoudingsproblemen kan het gaan om:

- het vaststellen van een verhoudingsrelatie
- het vergelijken van verhoudingen
- het maken van gelijkwaardige verhoudingen
- het bepalen van de vierde evenredige
- het bepalen van de **dichtheid** (van bevolking, van materiaal, van verkeer) 132, 133, 142, 168, 178, 221, 359

De verhoudingstabel is een schema voor het rekenen met verhoudingen. De verhoudingstabel helpt bij het denken in verhoudingen en bij het structureren van een probleem. De verhoudingstabel geeft ook steun en overzicht bij de berekeningen. Modellen waar de verhoudingstabel op voortbouwt, zijn de strook en de dubbele getallenlijn. In de verhoudingstabel worden de twee grootheden die onderling in verhouding zijn, in twee rijen neergezet. Zie ook model en verhoudingen. 17, 18, 21, 142, 144, 145, 149, 151, 172, 215, 224, 297, 302, 304, 305, 325, 382

Verklaren

Behalve de meer algemene betekenis van verklaren – iets helder maken door te verwoorden of uit te leggen (zie ook uitleggen) – wordt verklaren in de meetkunde beschouwd als een van de drie leerfasen voor meetkunde: ervaren, verklaren en verbinden (zie ook meetkunde). 264, 268, 277

Verkorten

Verkorten slaat in de reken-wiskundedidactiek op het verkorten van een oplossing. Tellen in sprongen is een verkorting van één voor één tellen. Vermenigvuldigen is een verkorte oplossing voor herhaald optellen. Bij verkorten is er sprake van niveauverhoging. Zie ook niveaus van oplossen. 44, 117, 118, 119, 121, 321, 322

Verkort tellen

Verkort tellen is een vorm van resultatief tellen waarbij alle voorwerpen niet meer één voor één worden geteld. Er wordt dan geteld met eenheden die groter dan één zijn, bijvoorbeeld het tellen met sprongen van twee, dus 2, 4, 6, enzovoort. Bij elke tel moeten nu ook twee voorwerpen tegelijk worden aangewezen. Denk bijvoorbeeld aan het tellen van schoenen (in paren). Verkort tellen wordt gestimuleerd en gemakkelijk gemaakt door een structuur (een patroon of een regelmaat) in het te tellen materiaal. Verkort tellen geeft een opstap naar het vermenigvuldigen en kan op de getallenlijn met sprongen in beeld gebracht worden. Zie ook tellen met sprongen. 45

Verlengde instructie

zie instructie

Vermenigvuldigen

zie bewerking en vermenigvuldiger 24, 81, 83, 212

Vermenigvuldiger, vermenigvuldigtal, vermenigvuldigfactor

In de vermenigvuldiging $7 \times 3 = 21$ is 7 de vermenigvuldiger en 3 het vermenigvuldigtal; beide noem je een **(vermenigvuldig-) factor**. Bij de opgave $\frac{2}{3}$ deel van 60 kun je de breuk gebruiken als **vermenigvuldiger** of **operator**: je doet $\frac{2}{3} \times 60$ omdat je weet dat $\frac{2}{3}$ keer 60 hetzelfde is als twee derde deel van 60 nemen. 81, 166, 169, 151, 195, 224

Verschil	zie bewerking 75, 76, 103
Verschuiven	zie meetkunde 270, 271
Verschijningsvorm	Getallen, waaronder ook breuken of kommagetallen, komen naar voren in verschillende betekenissen ofwel verschijningsvormen. Zo kan een getal verschijnen als meetgetal (5 m), als uitkomst van een verdeling (twaalf kersen verdelen onder twee kinderen, ieder zes), als deel van een geheel ($\frac{1}{2}$ reep of €0,50), als verhouding of als kans (één op de vier kinderen krijgt een prijs). 164
Vierkant	zie meetkundig figuur 262, 263
Vierkante meter	zie metrieke stelsel 237, 241
Vierkantsgetal	zie getal 84, 333
Vijfstructuur	Er is sprake van een vijfstructuur als een hoeveelheid zo is gestructureerd dat daarin gemakkelijk groepjes van vijf te herkennen zijn. De vijfstructuur is toegepast bij het rekenrek, de eierdoos en de twintigketting. De meeste kinderen zijn vertrouwd met het werken met de vijfstructuur, omdat deze ook aanwezig is bij de vingers (vijf vingers is een volle hand). Door handig gebruik te maken van de vijfstructuur kunnen kinderen gemakkelijk hoeveelheden herkennen zonder de voorwerpen één voor één te tellen. Zie ook structuur. 44
Visie	Een visie op onderwijs – in dit geval reken-wiskundeonderwijs – geeft een weloverwogen mening van bijvoorbeeld een leraar, een schoolteam of een onderwijsinstelling over de gewenste richting waarin het onderwijs zich zou moeten ontwikkelen. Zo'n visie kan bijvoorbeeld worden uitgewerkt in leer- en onderwijsprincipes. In de meeste Nederlandse reken-wiskundemethoden is de realistische visie uitgewerkt. Er zijn ook methoden die gestoeld zijn op de zogenoemde mechanistische of traditionele visie op reken-wiskundeonderwijs. Zie ook leeromgeving. 313
Visualiseren	zie model 82, 173
Vlak figuur	zie meetkundige figuur 263
Vlieger	zie meetkundige figuur
Vooraanzicht	zie meetkunde 281
Voorkennis, voorervaring	Met de voorkennis van leerlingen wordt de kennis bedoeld die zij aan het begin van de les al bezitten. In een reken-wiskundeles is het belangrijk goed aan te sluiten bij de voorkennis van de leerlingen en die te activeren. Dat versterkt de motivatie en biedt hun gelegenheid om door te denken op hetgeen ze al weten en als **voorervaring** hebben opgedaan. Zie ook beginsituatie. 19, 90, 178, 221

Voet zie maateenheid 241

Volmaakt getal zie getal

Vragen (laten) stellen Vragen en antwoorden spelen een grote rol in de onderwijskundige interactie. Meestal is het de leerkracht die vragen stelt en moeten de leerlingen antwoorden. De precieze vraagstelling door de leerkracht is van groot belang. Maar ook het uitnodigen van leerlingen om (elkaar) vragen te stellen kan een belangrijke rol vervullen in het onderwijsleerproces. 35, 290, 109

Wiskundetaal Wiskundetaal is de formele taal van de wiskunde. Zo is '5 + 3' wiskundetaal. In het dagelijks leven gaat het wellicht om de uitspraak 'Ik heb vijf liter melk 's ochtends en drie liter melk 's middags nodig; hoeveel is dat per dag?' In de kerndoelen staat dat leerlingen de wiskundetaal moeten leren gebruiken. De wiskundetaal betreft onder andere reken-wiskundige en meetkundige zegswijzen, formele en informele notaties, schematische voorstellingen, tabellen en grafieken, en opdrachten voor de rekenmachine. 23, 87, 90, 146, 162, 164, 173, 190, 191, 263, 296, 327

Wiskundige activiteit zie wiskundige attitude 133, 163

Wiskundige attitude Een wiskundige attitude of wiskundige houding van iemand is uiterlijk vooral herkenbaar aan het plezier en de betrokkenheid van het bezig zijn met rekenen- en wiskunde. De inzet van gevarieerde **wiskundige activiteiten** (**vergelijken, ordenen, visualiseren, generaliseren, schematiseren, structureren, redeneren**) en het reflecteren op eigen oplossingsgedrag zijn daarbij essentieel. Maar het gaat ook om nieuwsgierigheid, zelfkritiek en het gericht zijn op nauwkeurigheid, volledigheid, structuur en eenvoud. Het zelf hebben en uitdragen van een wiskundige houding is voor de leerkracht een eerste voorwaarde voor het ontwikkelen van een wiskundige houding bij leerlingen. 112, 210

Zijaanzicht zie meetkundige figuur 281

Zijde zie meetkundige figuur 279

Zijvlakken zie meetkundige figuur

Zone van de naaste ontwikkeling Het idee 'Zone van de naaste ontwikkeling' komt van de Russische psycholoog Vygotsky (1896-1934). Leerlingen kunnen door uitgekiende hulp die past bij hun ontwikkeling en aanleg (in de zone van de naaste ontwikkeling) veel meer dan waartoe ze zelfstandig in staat zijn. De leerkracht zorgt steeds voor situaties waarin het kind uitgedaagd wordt om tot niveauverhoging te komen. 41

Illustratieverantwoording

Afbeelding 0.2 Noordhoff Uitgevers, *Rekenrijk*. Rekenboek 7A, editie, p. 17.
Afbeelding 1.9 Malmberg, *Pluspunt.* Lesboek voor groep 4, p. 42.
Afbeelding 2.3 ThiemeMeulenhoff, *Alles Telt. Reken-wiskundemethode voor het basisonderwijs.* Leerlingenboek 5B, 1e editie, p. 54.
Afbeelding 2.11 Noordhoff Uitgevers, *Rekenrijk*. Leerlingenboek 3B, tweede editie, p. 61.
Afbeelding 2.12 Malmberg, *De wereld in getallen*. Rekenboek A groep 4, p. 63.
Afbeelding 2.15 Freudenthal Instituut, *Leren vermenigvuldigen met meercijferige getallen* (proefschrift). Kees Buijs, p. 65.
Afbeelding 2.17 Noordhoff Uitgevers, *Rekenrijk*. Rekenboek 8B, editie, p. 68.
Afbeelding 2.18 Noordhoff Uitgevers, *Rekenrijk*. Rekenboek 8B, editie, p. 68.
Afbeelding 3.13 Malmberg, *Pluspunt.* Werkboek groep 3, p. 88.
Afbeelding 3.14 ThiemeMeulenhoff, *Alles Telt. Reken-wiskundemethode voor het basisonderwijs.* Leerlingenboek 4A, tweede editie, p. 89.
Afbeelding 3.16 Noordhoff Uitgevers, *Rekenrijk.* Didactisch Handboek, p. 90.
Afbeelding 3.17 Noordhoff Uitgevers, *Rekenrijk.* Didactisch Handboek, p. 91.
Afbeelding 3.19 Malmberg, *Pluspunt.* Lesboek voor groep 5, p. 93.
Afbeelding 4.1 Malmberg, *Pluspunt.* Lesboek voor groep 5, p. 101.
Afbeelding 4.6 Noordhoff Uitgevers, *Rekenrijk*. Leerlingenboek 6B, tweede editie, p. 108.
Afbeelding 4.11 Bekadidact, *Wis en Reken*. Wisboek 1 groep 8, p. 114.
Afbeelding 4. 14 Freudenthal Instituut, *Leren vermenigvuldigen met meercijferige getallen* (proefschrift). Kees Buijs, figuur 9.14, p. 118.
Afbeelding 4. 15 Freudenthal Instituut, *Leren vermenigvuldigen met meercijferige getallen* (proefschrift). Kees Buijs, figuur 9.15, p. 118.
Afbeelding 4.18 Noordhoff Uitgevers, Wiskunde en Didactiek, p. 122.
Afbeelding 5.3 Madurodam, p. 132.
Afbeelding 5.4 Madurodam, p. 132.
Afbeelding 5.15 Malmberg, *Pluspunt.* Lesboek voor groep 3, p. 144.
Afbeelding 5.18 Noordhoff Uitgevers, *Rekenrijk.* Leerlingenboek 6A, tweede opgave 1, p. 146.
Afbeelding 6.1 Instituut voor leerplanontwikkeling (SLO), *De Breukenbode*. Les 43, p. 158.
Afbeelding 6.9 Noordhoff Uitgevers, *Rekenrijk*. Leerlingenboek 8B, tweede editie, p. 170.
Afbeelding 6.12 Noordhoff Uitgevers, *Rekenrijk*. Leerlingenboek 7A, derde editie, p. 173.
Afbeelding 6.16 Malmberg, De wereld in getallen. Rekenboek B groep 7, p. 179.
Afbeelding 6.17 ThiemeMeulenhoff, *Alles Telt. Reken-wiskundemethode voor het basisonderwijs.* Leerlingenboek 8A, 1e editie, p. 180.
Afbeelding 7.7 Noordhoff Uitgevers, *Rekenrijk*. Leerlingenboek 6B, tweede editie, p. 199.
Afbeelding 7.10 ThiemeMeulenhoff, *Alles Telt. Reken-wiskundemethode voor het basisonderwijs.* Leerlingenboek 7B, 1e editie, p. 201.
Afbeelding 8.7 Noordhoff Uitgevers, *De Bosatlas van Nederland*, p. 213.
Afbeelding 8.14 ThiemeMeulenhoff, *Alles Telt. Reken-wiskundemethode voor het basisonderwijs.* Leerlingenboek 7A, 1e editie, p. 220.
Afbeelding 8.20 Shutterstock, New York, p. 226.
Afbeelding 9.11 Freudenthal Instituut, TAL bovenbouw, p. 250.

Afbeelding 9.12 Noordhoff Uitgevers, *Rekenrijk*. I-schrift 7B, tweede editie, p. 252.
Afbeelding 9.13 CITO, 2004, Opgave uit het PPON-onderzoek, p. 254.
Afbeelding 9.14 Shutterstock, New York, p. 255.
Afbeelding 10.9 Noordhoff Uitgevers, *Rekenrijk*. Leerlingenboek 6B, tweede editie, p. 271.
Afbeelding 11.5 Noordhoff Uitgevers, *Rekenen – wiskunde in de praktijk Onderbouw*, 1e druk, pagina 110, p. 301.
Afbeelding 13.1 Noordhoff Uitgevers, *Rekenrijk*. Leerlingenboek 6A, derde editie, p. 332.
Afbeelding 13.12 Noordhoff Uitgevers, *Rekenvaardig*, p. 341.
Afbeelding 13.18 Koninklijke Van Gorcum bv., *Willem Bartjens*, jrg 9, nr. 2, p. 346.
Afbeelding 13.32 de Volkskrant, Amsterdam, Grootste zeiljacht ter wereld, 15 oktober 2010, p. 357.
Afbeelding 13.37 Noordhoff Uitgevers, *Rekenvaardig*, p. 364.
Afbeelding 13.38 Noordhoff Uitgevers, *Wiskunde & Didactiek*. Derde deel, p. 23, 25 en 26. p. 365.
Afbeelding 13.65 de Volkskrant, Amsterdam, Kaart van Vlieland, p. 380.
Afbeelding 13.73 Noordhoff Uitgevers, *Rekenrijk*. Leerlingenboek 8B, tweede editie, p. 385.
Saskia de Boer: grote afbeelding, p. 98.
Stijn Brouwer: afbeelding 1.2, afbeelding 1.6, afbeelding 7.6, afbeelding 9.6, afbeelding 9.8.
Chris Bus, Violenschool Hilversum: grote afbeelding hoofdstukopening 11, p. 284.
Wil Oonk, Violenschool Hilversum: kleine afbeelding hoofdstukopening 11, p. 284.
Wim Ridder: grote afbeelding hoofdstukopening 12, p. 312.
Monica van der Vliet: afbeelding 1.10.
Nationale Beeldbank, Amsterdam, Grote afbeelding hoofdstukopening hoofdstuk 3.
Novumnieuws, Amsterdam: grote afbeelding, p. 70.
Overige afbeeldingen afkomstig van de auteurs.

Over de auteurs

Frits Barth studeerde onderwijskunde en werkt sinds 1976 als opleider, eerst als docent pedagogiek en onderwijskunde, en vanaf 1987 als docent rekenen-wiskunde & didactiek bij de Christelijke opleiding tot leerkracht basisonderwijs van de Stenden Hogeschool (voorheen CHN) te Leeuwarden. Frits heeft meegewerkt aan de Kennisbasis rekenen-wiskunde voor de pabo's, die in 2009 is opgesteld in opdracht van de HBO-raad. Hij is redactielid van het tijdschrift *Reken-wiskundeonderwijs: onderzoek, ontwikkeling, praktijk – Panama-Post*. (webredacteur)

Martine den Engelsen is Master of Educational Science & Technology en heeft zich gespecialiseerd als lerarenopleider Pabo, Master Leren & Innoveren en Master Special Educational Needs in rekenen-wiskunde & didactiek en moderne media in het onderwijs. Sinds 2009 werkt zij onder de naam 'Credutien' aan ontwerp en ontwikkeling van (digitale) leermiddelen. (coauteur deel 3)

Ronald Keijzer studeerde wiskunde en promoveerde in 2003 aan de VU op een proefschrift rond het leren van breuken. Hij is sinds oktober 2009 lector rekenen-wiskunde en didactiek aan de Hogeschool iPabo en werkt daarnaast bij de Universiteit Utrecht. Ronald Keijzer is een van de auteurs van de TAL-boeken voor de bovenbouw van de basisschool, projectleider van de Grote Rekendag, hoofdredacteur van *Reken-wiskundeonderwijs: onderzoek, ontwikkeling, praktijk – Panama-Post* en geeft leiding aan de onderzoeksgroep van ELWIeR. Ronald Keijzer heeft meegewerkt aan de Kennisbasis rekenen-wiskunde voor de pabo's, die in 2009 is opgesteld in opdracht van de HBO-raad en zit in het redactieteam van de Kennisbasistoets rekenen-wiskunde voor de pabo. (eindredactie en auteur)

Anita Lek startte haar loopbaan als Montessorileerkracht. Daarna studeerde zij onderwijskunde aan de Universiteit Utrecht met reken-wiskundedidactiek als specialisatie. Anita werkte als onderwijskundig adviseur bij het Schooladviescentrum in Utrecht (SAC) en de Stichting Nederlands Onderwijs in het Buitenland (SNOB). De laatste acht jaar was zij docent rekenen-wiskunde op Pabo Arnhem (HAN). Zij was werkzaam bij de SLO als leerplanontwikkelaar met als specialisatie rekenen-wiskunde. Sinds 2010 is zij onderwijsadviseur voor rekenen-wiskunde bij Marant. (coauteur deel 1 en 2)

Sabine Lit studeerde onderwijskunde en specialiseerde zich in het reken-wiskundeonderwijs op de basisschool. Na haar afstuderen werkte zij aan de Erasmus Universiteit Rotterdam voor het project 'Kwantiwijzer voor Leerkrachten', dat leidde tot een van de eerste hulpmiddelen voor leraren om te werken aan zorgverbreding bij rekenen-wiskunde. Van 1990 tot 2008 was zij docent rekenen-wiskunde aan de Hogeschool Domstad, lerarenopleiding basisonderwijs in Utrecht. Sinds 2009 werkt zij als zelfstandig onderwijskundige en tekstschrijver. (eindredactie en auteur)

Wil Oonk was leraar basisonderwijs, docent wiskunde in het voortgezet onderwijs, pabodocent en cursusleider van een parttime lerarenopleiding voor wiskunde. Hij promoveerde in 2009 aan de Universiteit Leiden op het onderwerp 'Met theorie verrijkte praktijkkennis in de lerarenopleiding voor het vak rekenen-wiskunde & didactiek'. Tegenwoordig is hij gastonderzoeker aan het Freudenthal Instituut en geeft mede leiding aan een landelijke opleidersgroep. Wil Oonk is coauteur van *Reken Vaardig* en redactielid van het tijdschrift *Reken-wiskundeonderwijs: onderzoek, ontwikkeling, praktijk – Panama-Post*. (eindredactie en auteur)

Caroliene van Waveren Hogervorst rondde een studie Toegepaste Onderwijskunde en de opleiding tot leraar basisonderwijs af. Zij werkte op diverse lerarenopleidingen als docente pedagogiek, onderwijskunde en rekendidactiek. Van 1998 tot 2009 was ze opleidingsdocente in de vakgroep rekenen-wiskunde en didactiek van de Marnix Academie te Utrecht. Momenteel werkt Caroliene onder andere als opleider voor de bètavakken bij de eerstegraadslerarenopleiding van de Graduate School of Teaching (Universiteit Utrecht). (coauteur deel 1)